普通高等教育"十三五"规划教材

大学计算机基础

（第四版）

肖 明 主 编

姜远明　马晓敏　李瑞旭　副主编

齐永波　孙风芝　李 玲　胡 光　参 编

中国铁道出版社有限公司

CHINA RAILWAY PUBLISHING HOUSE CO., LTD.

内 容 简 介

本书是在第三版基础上，根据教育部高等学校大学计算机课程教学指导委员会提出的《大学计算机基础课程教学基本要求》，并立足通识教育，以计算思维为出发点，培养思维能力和应用能力为主线而编写。全书共 11 章，主要内容包括：计算思维导论、计算机中的信息表示、计算机硬件系统、计算机操作系统、办公软件基础知识与功能设计、数据库技术基础、计算机网络基础、多媒体技术基础、信息社会与安全、问题求解的算法基础与程序设计、计算机发展前沿技术等。

与同类教材相比，本书具有如下特点：强化了计算思维、计算理论、问题求解等基础知识，将著名的大众型"办公软件"的抽象概念、所用技术、功能设计和界面设计做了归纳和总结，体现了计算思维中的工程设计和实现的思想，这是其他教材所没有的。书中没有软件操作，进一步精练了专业性极强的数据库、网络和多媒体等章节的基础和概念，使得内容更加通俗易懂。

本书是一线教师的经验总结，内容丰富，语言精练，通俗易懂，适合作为高等学校计算机基础课程的教材，也可作为计算机学习者自学用书和解决日常计算机应用问题的参考书。

图书在版编目（CIP）数据

大学计算机基础/肖明主编. —4 版. —北京：中国铁道出版社有限公司，2019.7 （2022.8 重印）

普通高等教育"十三五"规划教材

ISBN 978-7-113-25737-8

Ⅰ.①大… Ⅱ.①肖… Ⅲ.①电子计算机-高等学校-教材 Ⅳ.①TP3

中国版本图书馆 CIP 数据核字（2019）第 091671 号

书　　名：**大学计算机基础**
作　　者：肖　明

策　　划：潘晨曦　　　　　　　　编辑部电话：（010）63560043
责任编辑：何红艳　包　宁
封面设计：刘　颖
责任校对：张玉华
责任印制：樊启鹏

出版发行：中国铁道出版社有限公司（100054，北京市西城区右安门西街 8 号）
网　　址：http://www.tdpress.com/51eds/
印　　刷：北京铭成印刷有限公司
版　　次：2007 年 2 月第 1 版　2019 年 7 月第 4 版　2022 年 8 月第 4 次印刷
开　　本：787 mm×1 092 mm　1/16　印张：21　字数：509 千
书　　号：ISBN 978-7-113-25737-8
定　　价：49.80 元

前　　言（第四版）

20 世纪中期以来，计算机及互联网成为人类发明史上具有划时代意义的新事物，一方面，传统学科借助计算机技术呈现出崭新的学科形态和精彩的研究成果；另一方面，经济社会各个领域与互联网融合发展催生出新领域、新业态，促进了人类社会生活面貌的巨大改变。人们逐渐认识到，支撑这一巨大变化的不仅仅是技术和工具，还有一种全新的思维方式，即计算思维。无处不在的计算思维成为人们认识和解决问题的基本能力之一，也成为所有大学生应该具备的素质和能力。高校大学计算机基础教育也需要随之适应和改变。为此，教育部高等学校大学计算机课程教学指导委员会提出了《大学计算机基础课程教学基本要求》（以下简称《基本要求》）。本书正是基于这一《基本要求》，贯穿计算思维的通识教育，以培养利用计算机技术分析问题、解决问题的能力为目的而编写的计算机基础教育的教材。

本书共 11 章，从内容上可分为：基础知识、应用技术和提高能力三大部分。

基础知识部分由第 1 章计算思维导论、第 2 章计算机中的信息表示、第 3 章计算机硬件系统、第 4 章计算机操作系统 4 章组成。阐述了计算和计算思维的概念、计数及计算工具的演化，现代计算机的理论基础与发明，计算理论基础（模型、复杂性、求解过程和典型算法思维与应用）；讲解了计算机系统平台，涉及计算机硬件组成及工作原理、计算机操作系统结构及功能、计算机软件与硬件关系、数制与信息编码表示；介绍了信息、知识与社会等基础知识，为理解和应用计算机打下理论和平台基础。

应用技术部分由第 5 章办公软件基础知识与功能设计、第 6 章数据库技术基础、第 7 章计算机网络基础、第 8 章多媒体技术基础、第 9 章信息社会与安全 5 章组成。讲解了现代办公软件技术和特点，从一个成功的软件中学习其问题提出、分析和概念抽象，操作文件和内容、功能和界面设计等，取消了办公软件的操作等讲解；介绍了网络的基本知识和原理以及应用，讲解了网络技术的未来发展和网络计算；讲解了多媒体信息的处理原理、技术和应用，采集和使用多媒体信息的主要形式与方法。介绍了数据库基本知识、技术和应用，讲解了数据模型、关系数据库和设计与管理；介绍了信息安全的概念、目标和主要的安全威胁，数据加密模型及密码体制等应用技术。通过掌握和应用各种技术培养学生处理各种信息的综合能力。

提高能力部分由第 10 章问题求解的算法基础与程序设计、第 11 章计算机发展前沿技术 2 章组成。分析和讲解了计算机求解问题过程，核心是算法设计。为此，介绍了算法分类、特性和评价方法，算法结构、表示和发现，常用典型算法实例，以及程序设计和编程思想。问题的最终求解实现是通过编程、调试和运行来完成的；为了认识计算机的发展趋势和专业应用，介绍和引入了人机交互、高性能计算和人工智能。讲解了由高性能计算产生的大规模并行计算、大数据处理等，以及数字地球、物联网、智慧地球、区块链、自动驾驶、云计算的概念和核心技术等计算机发展前沿技术和应用，从而认识算法是计算机求解问题的核心，同时将推进计算机前沿技术与专业应用相结合的能力。

与第三版比较，保留了原来的章节和内容结构，以及重点内容。第四版主要是将专业性极强的内容，更进一步精练，以适合非计算机专业学生学习。如第 6 章数据库技术基础、第 7 章计算机网络基础和第 8 章多媒体技术基础 3 章减少精练了内容，将概念、原理和技术讲解得更准确、易懂。另外，对第 3 章计算机硬件系统和第 11 章计算机发展前沿技术等内容，做了补充和调整，使内容更贴近时代。

本书有以下 3 个特色：

（1）以培养计算思维和意识为主线，强化问题求解方法与分析能力培养

本书与同类教材相比，更注重展现的是计算和计算机理论基础，系统原理、结构、体系和平台等系统思想，以及硬件、软件、算法、数据、通信等计算机技术，到问题求解过程、编程思想、算法设计等实现程序化方法，以达到培养思维能力和问题求解能力的目的。

（2）以提升内容深度为宗旨，重视思想性、知识性和原理性内容的讲解

书中内容分为三大部分（11 章），每章同时设置有小结和习题，便于学生总结和练习。书中不涉及计算机的软件操作，纠正了人们关于计算机传统的"狭隘工具论"的认识，但同时也不排除讲解"应用软件或工具"实现的原理性知识。例如，针对著名的大众型"办公软件"归纳和总结出抽象概念、所用技术、功能设计和界面设计等系统构造的原理性内容，体现了计算思维中的工程设计和实现的思想。

（3）突出主教材的理论性和实践教材的应用性，提高教材的适应性

主教材在设计上不介绍应用软件的具体操作，重点讲解计算机理论、原理、方法和技术，避免了因应用软件的升级而改版。配套的实践教材增加了应用软件的介绍，同时有详细的实验操作讲解，便于学生自主学习和实践。

本书由肖明任主编，姜远明、马晓敏、李瑞旭任副主编，齐永波、孙风芝、李玲、胡光参与了编写。编写分工：第 1、4 章和第 5 章 5.1 节和 5.2 节由肖明编写，第 2 章由胡光编写，第 3 章由齐永波编写，第 5 章 5.3 节由孙风芝编写，第 6 章由李瑞旭编写，第 7、8 章由马晓敏编写，第 5 章 5.4 节和第 9、10 章由姜远明编写，第 11 章由李玲编写。全书由肖明教授统稿。

在本书编写过程中，许多老师和领导提出了宝贵的建议和意见，国内高校一些专家也给出了具体指导，在此一并表示衷心的感谢。此外，本书参考了许多著作和网站的内容，在此表示感谢。

由于计算机技术发展很快，加之编者水平有限，书中难免有疏漏与不妥之处，恳请读者批评指正，以便再版时及时修订。

编　者

2019 年 5 月于烟台大学

目 录

第一部分　基础知识

第1章　计算思维导论 1
1.1　计算机科学 1
1.2　计算与计算思维 2
　　1.2.1　计算的含义 2
　　1.2.2　思维概述 4
　　1.2.3　计算思维的概念 5
1.3　数与计算工具 7
　　1.3.1　数与计算 7
　　1.3.2　计算工具 9
　　1.3.3　计算机的雏形 13
　　1.3.4　计算机的理论基础 15
　　1.3.5　电子计算机的诞生 17
　　1.3.6　计算机的分代 19
　　1.3.7　现代计算机在中国的发展 ... 21
　　1.3.8　计算机的特点和应用 23
1.4　计算理论 26
　　1.4.1　可计算性问题 26
　　1.4.2　计算复杂性 27
　　1.4.3　计算模型——图灵机 29
　　1.4.4　求解问题过程 30
1.5　典型问题的思维与算法 32
　　1.5.1　数据有序排列——排序
　　　　　 算法 32
　　1.5.2　汉诺塔求解——递归思想 ... 33
　　1.5.3　国王婚姻问题——并行
　　　　　 计算 34
　　1.5.4　旅行商问题——最优化
　　　　　 思想 35
　　1.5.5　计算思维的应用 36
1.6　信息社会与知识社会 38
　　1.6.1　信息和信息社会 38
　　1.6.2　信息社会特征 40

　　1.6.3　个人素质与信息素养 41
小结 42
习题 43
第2章　计算机中的信息表示 45
2.1　数制与转换 45
　　2.1.1　进位计数制 45
　　2.1.2　数制间的转换 47
　　2.1.3　二进制数的运算规则 49
2.2　数据的存储单位 50
2.3　数值数据的表示 51
　　2.3.1　定点数与浮点数 51
　　2.3.2　带符号数的表示 54
2.4　信息编码 55
　　2.4.1　十进制数的编码 56
　　2.4.2　ASCII 编码 57
　　2.4.3　汉字编码 58
　　2.4.4　Unicode 编码 60
　　2.4.5　多媒体信息的表示 61
小结 61
习题 62
第3章　计算机硬件系统 63
3.1　计算机系统组成 63
3.2　计算机硬件基础 64
　　3.2.1　图灵机的理论模型 64
　　3.2.2　冯·诺依曼体系结构 64
　　3.2.3　计算机实现 64
　　3.2.4　计算机硬件构成 66
　　3.2.5　计算机的指令系统与工作
　　　　　 原理 67
3.3　微型计算机概述 69
　　3.3.1　微型计算机的硬件组成 ... 69
　　3.3.2　微型计算机的类型 69
3.4　主机系统和外围设备 71
　　3.4.1　中央处理器 71

3.4.2 主板 74

3.4.3 存储器 77

3.4.4 I/O 总线与 I/O 接口 83

3.4.5 其他外围设备 86

3.5 微型计算机配置参考 89

小结 90

习题 90

第 4 章 计算机操作系统 91

4.1 计算机软件系统 91

4.1.1 计算机软件的概念 91

4.1.2 计算机程序的工作机制..... 92

4.1.3 专有软件、自由软件
和开源软件 93

4.1.4 计算机软件与硬件的关系 ... 95

4.1.5 计算机软件的分类
与层次结构 95

4.2 操作系统的定义和类型 97

4.2.1 操作系统的概念 97

4.2.2 操作系统的分类 98

4.2.3 操作系统的特征 101

4.3 常见的操作系统 101

4.4 操作系统的结构和组成 106

4.4.1 操作系统的层次结构 106

4.4.2 操作系统的功能组成 107

4.4.3 进程管理 107

4.4.4 存储器管理 110

4.4.5 设备管理 113

4.4.6 文件管理 117

4.5 Windows 操作系统 129

4.5.1 概述 129

4.5.2 系统结构 131

4.5.3 系统管理 131

4.5.4 启动和停机 132

小结 133

习题 134

第二部分 应用技术

第 5 章 办公软件基础知识与功能设计 135

5.1 办公软件包 135

5.2 文字处理软件 137

5.2.1 文字处理概述 137

5.2.2 文字处理的基本概念 137

5.2.3 Word 2010 的功能设计
与操作原理 145

5.2.4 Word 2010 的文档制作
流程 151

5.2.5 案例分析 152

5.3 电子表格软件 154

5.3.1 电子表格概述 154

5.3.2 电子表格的基本概念 155

5.3.3 Excel 2010 的功能设计
与操作原理 161

5.3.4 Excel 2010 表格的制作
流程 166

5.3.5 案例分析 167

5.4 演示文稿软件 169

5.4.1 演示文稿概述 170

5.4.2 演示文稿基本概念 170

5.4.3 PowerPoint 2010 的功能
设计与操作原理 171

5.4.4 PowerPoint 2010 的演示
文稿制作流程 174

5.4.5 案例分析 174

小结 176

习题 176

第 6 章 数据库技术基础 178

6.1 数据库技术基础知识 178

6.1.1 数据库的基本概念 178

6.1.2 数据管理技术的发展 180

6.1.3 数据库系统的特点 182

6.2 数据库系统的内部体系结构 182

6.2.1 三级模式 183

6.2.2 两级映射 184

6.3 数据模型 184

6.3.1 数据模型的基本类型 184

6.3.2 E-R 模型 185

6.3.3 常用的逻辑数据模型 187

6.4 关系数据库 189

6.4.1 关系术语 189

6.4.2 关系的完整性................... 190
6.4.3 关系运算 191
6.5 数据库设计 191
6.5.1 数据库设计概述 192
6.5.2 需求分析 192
6.5.3 概念设计 193
6.5.4 逻辑设计 194
6.5.5 物理设计 195
6.6 SQL 语言 195
6.6.1 SQL 的概念 195
6.6.2 SQL 的特点 196
6.6.3 一个使用 SQL 的例子....... 197
小结 199
习题 199
第 7 章 计算机网络基础 200
7.1 计算机网络概述 200
7.1.1 计算机网络的组成与分类.... 200
7.1.2 计算机网络通信基础 206
7.1.3 计算机网络工作模式 211
7.2 组建网络：硬件、软件、协议
与体系结构 213
7.2.1 网络硬件 213
7.2.2 网络软件 217
7.2.3 计算机网络协议与体系
结构 218
7.3 网络的网络：因特网 222
7.3.1 因特网的历史 223
7.3.2 因特网的组成及常用专业
术语 224
7.3.3 因特网的 IP 地址及域名
系统 225
7.3.4 网络命令 230
7.3.5 接入因特网的上网方式..... 230
7.4 因特网的资源 233
7.4.1 WWW 和网站 233
7.4.2 电子邮件服务 235
7.4.3 搜索引擎 236
7.4.4 文件传输 238
7.4.5 社交媒体 239
7.5 发展中的因特网 241

7.5.1 第二代互联网 Web 2.0
和第三代互联网 Web 3.0 .. 241
7.5.2 GPS 和智能手机 242
7.5.3 电子商务和电子支付 242
小结 243
习题 243
第 8 章 多媒体技术基础 245
8.1 多媒体概述 245
8.1.1 多媒体技术的基本概念 ... 245
8.1.2 多媒体信息处理的关键
技术 248
8.1.3 多媒体技术的应用领域 ... 249
8.1.4 多媒体技术的发展方向.... 250
8.2 多媒体系统 251
8.2.1 多媒体系统简介 251
8.2.2 多媒体硬件系统 251
8.2.3 多媒体软件系统 252
8.3 数字图形图像处理 253
8.3.1 图形与图像的基本参数..... 253
8.3.2 图形和图像概念 254
8.3.3 数字图像的获取 255
8.3.4 数字图像的压缩 256
8.3.5 数字图像的存储格式
或压缩标准 257
8.3.6 数字图像处理软件 258
8.4 数字声音处理 259
8.4.1 声音基本概念 260
8.4.2 声音信号数字化 261
8.4.3 常见数字声音的文件格式 .. 263
8.4.4 声音处理软件 264
8.5 数字视频处理 265
8.5.1 数字视频基本概念 265
8.5.2 视频信号数字化和压缩..... 266
8.5.3 数字视频的文件格式 267
8.5.4 数字视频的处理软件与
应用 269
小结 270
习题 271
第 9 章 信息社会与安全 273
9.1 社会影响 273

9.1.1 社会问题 273
9.1.2 计算机犯罪 274
9.2 计算机与环境 274
9.3 计算机与人类健康 275
9.4 信息安全基础 275
9.4.1 计算机安全工程 276
9.4.2 因特网面临的攻击 277
9.4.3 常见网络安全技术 278
9.4.4 计算机病毒 279
9.4.5 反病毒软件的机制与防治 ... 279
9.4.6 网络黑客及防范 280
小结 281
习题 281

第三部分 提 高 能 力

第 10 章 问题求解的算法基础与程序
设计 282
10.1 计算机求解问题过程 282
10.2 算法的概念 283
10.3 算法的分类、特性和评价方法 ... 284
10.3.1 算法的分类 284
10.3.2 算法的特性 284
10.3.3 算法的评价方法 284
10.4 算法的三种结构 285
10.4.1 顺序结构 285
10.4.2 分支结构 285
10.4.3 循环结构 286
10.5 算法的表示 286
10.5.1 自然语言 287
10.5.2 传统流程图 287
10.5.3 N-S 图 287
10.5.4 伪代码 288
10.6 算法的发现 288
10.7 算法举例 289
10.7.1 基本算法 290
10.7.2 迭代 291
10.7.3 递归 291

10.7.4 排序 292
10.7.5 查找 294
10.8 程序设计基础 295
10.8.1 程序设计语言分类 295
10.8.2 程序设计语言的基本元素 ... 296
10.8.3 面向过程与面向对象的
语言 297
小结 298
习题 299
第 11 章 计算机发展前沿技术 300
11.1 交互新技术 300
11.1.1 动作识别人机交互 300
11.1.2 声音识别人机交互 301
11.1.3 情感识别交互 301
11.1.4 可穿戴的交互设备 302
11.2 高性能计算 303
11.2.1 新型计算机 303
11.2.2 大规模并行计算技术 306
11.2.3 大数据智能处理 307
11.2.4 虚拟现实和 3D 打印 309
11.3 人工智能 311
11.3.1 人工智能技术求解
问题的独到之处 311
11.3.2 人工智能的应用领域 313
11.3.3 人工智能的未来 316
11.4 数字化生存 317
11.4.1 数字化地球 317
11.4.2 物联网 321
11.4.3 智慧地球 323
11.4.4 区块链 323
11.4.5 自动驾驶 323
11.4.6 云计算 324
小结 324
习题 324
参考文献 326

第一部分 基础知识

第1章 计算思维导论

教育的作用是使受教育者知道世界是什么样的，成为一个有知识的人；知道世界为什么是这样，成为一个会思考的人，一个有分析能力的人；知道怎样才能使它更美好，成为一个具有探索和创造能力的人。由此可知，教育的根本任务是培养学生的思维模式和方法论。计算机科学中有3个基本问题：①这个问题可解吗？②解决这个问题有多复杂？怎样求解才是最佳方法？③模型或算法的编程实现。这3个问题的认识和理解正是从计算机角度科学体现教育功能的全过程，最终有意识地用计算思维的模式和方法探索世界和求解问题。

计算机科学在求解问题方面已体现出巨大的优越性，深刻地改变着人们的生活、学习与工作。本章从计算机科学的角度出发介绍计算、思维和计算思维，以及计算工具和计算机的理论基础、计算理论与模型、典型问题的思维与算法、信息社会与知识社会等问题。

1.1 计算机科学

在没有计算机的条件下，很多想到的事也做不成，不但缺少工具，而且也限制了思维方式。计算机的诞生，不但有了工具，而且直接推动了计算机科学的产生和发展。著名计算机科学家Edsger Dijkstra 曾经指出："计算机科学并不只是关于计算机，就像天文学并不只是关于望远镜一样。"计算机科学（Computer Science，CS）是一门包含各种各样与计算和信息处理相关主题的系统学科。学科早期主要研究计算数学的一些理论问题。目前，计算机科学已发展成为一门研究计算与相关理论、计算机硬件、软件及相关应用的学科。作为一个学科，它有4个主要领域：计算理论、算法与数据结构、编程方法与编程语言，以及计算机元素与架构。重要领域是软件工程、人工智能、计算机体系结构、计算机网络与通信、数据库系统、并行计算、分布式计算、人机交互、机器翻译、计算机图形学、操作系统、数值和符号计算，以及不同层面的各类计算机应用。

现如今计算机科学已成为一门重要的学科，其他学科也越来越多地融合了各类计算机相关学科的思想。计算机科学研究也经常与其他学科交叉，比如心理学、认知科学、语言学、数学、物理学、统计学和经济学。甚至提出计算科学，它更注重构建数学模型和量化分析技术，同时通过计算机算法和程序来分析并解决科学、社会、经济问题。

西方发达国家和我国一直将计算机科学视为关系国家命脉的国家战略给予高度重视，把计算机学科中的重要思想与方法提炼成"计算思维"，进行通识教育不仅必要，也十分有意义。

1.2　计算与计算思维

在科学研究中，总会伴随着大量的计算问题，有些计算任务从数学上证明是费时或难解的，有了计算机问题便可解决。现今大数据、复杂问题的计算都离不开计算机。因此，有了计算机，计算的本意也在发生变化。计算机是人类 20 世纪最伟大的发明之一。从电子计算机诞生之日起，还没有哪一项技术能和计算机技术一样发展迅速，今天计算机技术已经渗透人类工作和生活的方方面面。历史上，每一项巨大的技术发明对人类的影响都不会局限在技术本身，它还会影响人们的道德价值观和思维方式，计算机技术也不例外。计算机技术的发展和应用，也推动了人们对计算和计算思维的认识和研究。

计算机的出现和发展正在不断地改变这种状态，许多过去的难解问题得以解决，计算机已成为科学研究不可或缺的重要工具。

1.2.1　计算的含义

从汉语词语中理解计算，有"核算数目，根据已知量算出未知量，即运算"和"考虑，即谋划或谋虑"两种含义。从数学名词中理解计算，是一种将单一或复数的输入值转换为单一或复数的结果的一种思考过程。

计算的定义有许多种表述方式，有相当精确的定义，例如使用各种算法进行的"算术"，也有较为抽象的定义，例如在一场竞争中"策略的计算"或是"计算"两人之间关系的成功概率。因此，计算就是一种思考过程或执行过程。

可见计算有以下特点：①计算要有可用的数据；②在一定的时间内完成计算，故要有速度；③计算是个过程；④要有适合和科学的方法（算术、规则、变换、算法、策略等）；⑤计算过程和结果要有精度；⑥计算对错都要有结果。

计算中存在关系包括：数据与数据的关系（是其内在性质和物理位置决定的），数据与计算符的关系，计算符与计算符的关系。

下面从不同视角理解计算，如计数、逻辑、算法等。

1. 计数与计算

在远古时代人类祖先就利用身边的物品计数，如石头、手指。在中国，我们的祖先大约在新石器时代早期开始用绳子打结计数，石头、手指和绳结就是人类进行计数和计算最简单的工具。

古人曰："运筹策帷幄中，决胜于千里外"。筹策又称算筹，它是中国古代普遍采用的一种计算工具，也是世界上最古老的计算工具，如图 1-1 所示。算筹不但可以代替手指帮助计数，而且还能进行加、减、乘、除等算术运算。据古书记载和考古发现，算筹大多数是用竹子制作的小棍，放在布袋里随身携带。通过随时随地反复摆弄这些小棍，移动进行计算，从而出现了"运筹"一词，运筹就是计算。大约六七百年前，中国人发明了算盘。算筹和算盘都属于硬件，而摆法和算盘的使用规则就是

图 1-1　算筹工具

它们的软件，它们的计算功能是加、减、乘、除、开方等运算，这就是计数与计算。

我国南北朝时期的杰出数学家祖冲之（429—500 年），借助算筹将圆周率 π 值计算到小数点后 7 位，成为当时世界上最精确的 π 值。特别值得惊叹的是，计算圆周率时，需要对很多位

进行包括开方在内的各种运算达 130 次以上，而这样的过程就是现在的人利用纸和笔进行计算也比较困难。

2．逻辑与计算

逻辑是人的抽象思维，是人通过概念、判断、论证来理解和区分客观世界的思维过程。逻辑（Logic）一词的含义主要包括：客观事物的规律、某种理论或观点、思维规律或逻辑规则、逻辑学或逻辑知识等。英国著名唯物论哲学家霍布斯（Thomas Hobbes，1588—1679 年）认为："正如算术学者教人数字的加与减；几何学家教人在线、形、角、比例、快速程度、力等方面进行加与减；逻辑学家则教人在字（词）的推论方面进行加与减……一切思维不过是加与减的计算。"逻辑的本质是寻找事物的相对关系，并用已知推断未知。

推理和计算是相通的：数理逻辑在计算机科学发展过程中不但提供了重要的思想方法，也已成为了计算机科学重要的研究工具。逻辑是探索、阐述和确立有效推理原则的学科，最早由古希腊学者亚里士多德创建。德国人莱布尼茨对其进行改造和发展，使之更为精确和便于演算。沿着莱布尼茨的思想，爱尔兰的数学教授布尔提出了逻辑代数。所以，用数学的方法研究关于推理、证明等问题的学科就叫作数理逻辑，也叫作符号逻辑。

德国人莱布尼茨（G.W.Leibniz，1646—1716 年）是一位知识广博的数学家与物理学家，他也是最早主张东西方文化交流的著名学者。他主张在有逻辑机器中采用二进制的思想，这对数字计算机的发展产生了深远影响。莱布尼茨认为，基于符号化方法可以建立"普遍逻辑"和"逻辑演算"，建立一个普遍符号系统，制造一种"自动概念发生器""推理演算器"，用机械装置自动推理或理解过程解决问题。

1847 年，爱尔兰的数学教授布尔（1815—1864 年）出版了《逻辑的数学分析》，提出了逻辑代数。布尔认为：符号语言与运算可用来表示任何事物，他使逻辑学由哲学变成了数学。布尔建立了一系列的运算法则，利用代数的方法研究逻辑问题，初步奠定了数理逻辑的基础。为什么要研究数理逻辑？我们知道，要使用计算机就首先要编制程序。通常，程序=算法+数据结构，而算法=逻辑+控制。为了更好地使用计算机，就必须学习逻辑。数理逻辑研究形式体系，作为其组成部分的命题演算与谓词演算在计算机科学中有着巨大的作用和深远的影响。

数理逻辑的许多研究成果都可应用于计算机科学，计算机科学的深入研究又推动了数理逻辑的发展。目前，数理逻辑的形象化方法已广泛渗透计算机科学的多个领域，例如软件规格说明、形式语义、程序交换、程序的正确性证明、计算机硬件的综合和验证等。

3．算法与计算

一般来说，算法是对特定问题求解步骤和方案的一种描述或解法。

《周髀（bì）算经》是中国最古老的天文学和数学著作，约成书于公元前 1 世纪，在数学上的主要成就是介绍了勾股定理及其在测量上的应用以及怎样引用到天文计算。《九章算术》（见图 1-2）是中国古代第一部数学专著，给出了四则运算、最大公约数、最小公倍数、开平方根、开立方根、求素数等各种算法。在世界上最早系统叙述了分数运算的著作，在世界数学史上首次阐述了负数及其加减运算法则。它们都有一个共同的特点，阐述问题求解的步骤，这就是算法，而不是简单的四则运算。算法的英文

图 1-2　《九章算术》

Algorithm 来源于公元 9 世纪的"波斯教科书"（Persian Textbook），后来被赋予了更一般的定义：算法是一组确定的、有效的、有限的解决问题的步骤。

例如：6-5=1 和 6+（-5）=1 有什么区别？前者为算术，后者为算法，它有了负数的概念。

算法可分为数值计算类、非数值计算类。例如，科学计算中的数值积分、线性方程求解等就是进行数值计算的算法，而信息管理、文字处理、图像分类、检索等算法就是进行非数值计算的算法。

从计算机实现算法的角度来看，算法中的基本操作步骤对应计算机的操作指令，指令描述的是一个计算。当其运行时，能从一个初始状态和初始输入开始，经过一系列有限而清晰定义的状态，最终产生输出，并停止于一个终止状态。所以，算法的过程正好就是可以在计算机上执行的过程。

从现代角度来看算法，算法有 3 个基本要素：一是数据对象；二是基本运算和操作，主要有算术运算、逻辑运算、关系运算和数据传输；三是控制结构，主要有顺序、分支、循环 3 种结构。一个算法的功能结构不仅取决于所选用的操作，而且还与各操作之间的执行结构顺序有关。算法并不给出问题的具体解，只是说明按什么样的操作才能得到问题的解。

从现代角度来看计算，计算包括数学计算、逻辑推理、文法的产生式、集合论的函数、组合数学的置换、变量代换、图形图像的变换、数理统计等；人工智能解空间的遍历、问题求解、图论的路径问题、网络安全、代数系统理论、上下文表示感知与推理、智能空间等；甚至包括数字系统设计（例如逻辑代数），软件程序设计（文法），机器人设计，建筑设计等设计问题。

总之，问题的求解就是计算，求解算法中的每一步骤也是计算。计算的过程就是执行算法的过程，算法又由计算步骤构成，计算的目的由算法实现，算法的被执行由计算完成。从这个意义上说，计算机科学本质上就是算法科学。

1.2.2　思维概述

人是一种高级动物，除了可以通过眼、耳、鼻、舌、皮肤等感觉器官与外界环境发生联系，对周围事物的变化进行感知外，还可以通过大脑的思维对外部事件发生间接的反映。感觉通常是人类感官对客观世界的一种直接反映，反映的是事物的个别属性或者外部特征，属于感性认识。思维（Thinking）是人类的高级心理活动，是人的大脑利用已有知识和经验对具体事物进行分析、综合、判断、推理等认识活动的过程，是人脑对客观现实概括的间接反映，它反映的是事物的本质和事物间规律性的联系，属于理性认识。

在认识过程中，思维实现了从现象到本质、从感性到理性的变化，使人达到对客观事物的理性认识，从而构成人类认识的高级阶段。

思维有多种类型。根据思维的主体和客体的不同特点，人类的思维活动通常分为形象思维、逻辑思维和灵感 3 种类型。其中，形象思维是通过各种感觉器官在大脑中形成的关于某种事物的整体形象的认识世界的过程，与人的主观认识和情感有关；逻辑思维是在表象、概念基础上进行分析、综合、判断、推理等认识活动的过程；灵感是突发的、不知不觉中迅速发生的认识过程，与人的潜意识有关。

形象思维和逻辑思维是人类思维的两种基本形态。如果按照思维的形成和应用领域，思维又可分为科学思维和日常思维。在这里主要结合计算机科学讨论科学思维。

从计算角度来看，思维又是一种心理活动中的信息处理过程，是一种广义的计算。

1. 科学思维

科学思维（Scientific Thinking）通常是指人脑对科学信息的加工活动，它是主体对客体理性的、逻辑的、系统的认识过程。科学思维必须遵守 3 个基本原则：在逻辑上要求严密的逻辑性，达到归纳和演绎的统一；在方法上要求辩证的分析和综合两种思维方法；在体系上要求实现逻辑与历史的一致，达到理论与实践具体的、历史的统一。

总之，科学思维是关于人们在科学探索活动中形成的、符合科学探索活动规律与需要的思维方法及其合理性原则的理论体系。科学思维的方式包括归纳分类、正反比较、联想推测、由此及彼、删繁就简和启发借用等，而科学思维能力应包括审视能力、判误能力、浮想能力、综合能力和归纳能力等。

2. 科学思维的分类

从人类认识世界和改造世界的思维方式出发，科学思维包括理论思维、实践思维和计算思维 3 种，可分别对应于理论科学、实践科学和计算机科学。

① 理论思维（Theoretical Thinking）又称逻辑思维，是指通过抽象和建立描述事物本质的概念，应用科学的方法探寻概念之间联系的一种思维方法。理论思维以抽象、推理和演绎为主要特征，以数学学科为代表，是作为对认识者的思维及其结构以及作用的规律的分析而产生和发展起来的。理论源于数学，理论思维支撑着所有的学科领域。正如数学一样，定义是理论思维的灵魂，定理和证明是它的精髓，公理化方法是最重要的理论思维方法。只有经过理论思维，人们才能达到对具体对象本质的把握，进而认识客观世界。

② 实践思维（Experimental Thinking）又称实证思维，是通过观察和实验获取自然规律法则的一种思维方法。它以观察、归纳和验证自然规律为特征，以物理学科为代表。实践思维的先驱是意大利科学家伽利略，他被人们誉为"近代科学之父"。与理论思维不同，实践思维往往需要借助某种特定的设备，使用它们来获取数据以便进行分析。

③ 计算思维（Computational Thinking）是指从具体的算法设计规范入手，通过算法过程的构造与实施来解决给定问题的一种思维方法。它以可行或可操作、设计和构造为特征，以计算机学科为代表。提供思维过程或功能的计算模拟方法论，使人们能借助计算机解决各种问题，逐步实现人工智能的较高目标。诸如模式识别、决策、优化和自控等算法都属于计算思维范畴。

计算机不仅为不同专业提供了解决专业问题的有效方法和手段，而且提供了一种处理问题的构造思维方式。熟悉使用计算机及互联网，为人们终身学习提供了广阔的空间以及良好的学习工具与环境。了解计算机系统的思维：学习计算机工作原理，理解计算机系统的功能如何能够越来越强大；利用计算机系统的思维：理解计算系统如何控制和处理，满足数字化生存与发展的需求。

1.2.3　计算思维的概念

计算思维在人类思维的早期就已经萌芽，大约到了 20 世纪，计算思维作为一种科学概念提出，但是对于计算思维的研究却进展缓慢。其主要原因是在考虑计算思维的可构造性和可实现性时，相应的手段和工具的进展一直是缓慢的。尽管人们提出了很多对于各种自然现象的模拟和重现方法，设计了复杂系统的构造，但都因缺乏相应的实现手段而束之高阁。由此对于计算思维本身的研究也就缺乏动力和目标。

在科学的发展中，学科总是在不断地分化和融合。进入 21 世纪，计算机技术已经越来越深入到各个学科，不仅为其他学科的研究提供了新的手段和工具，其方法论特性也直接渗透和影响其他学科，并延伸到各个基础研究领域，形成新的交叉学科。

计算思维虽然具有计算机的许多特征，但是计算思维本身并不是计算机的专属。实际上，即使没有计算机，计算思维也会逐步发展，甚至有些内容与计算机没有关联。但是，正是由于计算机的出现，给计算思维的研究和发展带来了根本性的变化，计算思维的精髓是运用计算机科学的思想与方法分析问题、行为理解、系统建模与设计实现，计算机的出现强化了计算思维的意义和作用，所以计算机科学成为计算思维的基础。在此，行为理解是指描述、识别和理解个人行为、个人与外界环境之间的交互行为以及群体中人与人的交互行为。

1. 计算思维定义、本质和特征

人类的思维与工具有关，计算机技术的发展和应用的普及，正在影响和改变着人们对世界的认识，也影响着人们的思维方式。目前，广泛使用的计算机思维的概念是由美国学者周以真（Jeannette M Wing）教授2006年提出的：计算思维是运用计算机科学的基础概念进行问题求解、系统设计以及人类行为的理解等涵盖计算机科学之广度的一系列思维活动。

此定义给出了计算思维的三大部分，即问题求解、系统设计和工程组织（人类行为理解）。计算思维最根本的内容，即其本质是抽象（Abstract）和自动化（Automation）；其特征为能行性、构造性和确定性。

周以真教授给出的定义涉及以下三部分内容：

① 求解问题中的计算思维，采用的一般数学思维方法。首先将实际的应用问题转换为数学问题，建立模型、设计算法和编程实现，最后在计算机中运行并求解。前两步为计算思维中的抽象，后一步为自动化。

计算思维是概念化思维，不是程序化思维。计算机科学不等于计算机编程，计算思维更不是用计算机编写程序，它要求能够在抽象的多个层面上思考问题。同样计算机科学不只是关于计算机，就像通信科学不只是关于手机，音乐产业不只是关于麦克风一样。

② 设计系统中的计算思维，使用了现实世界中复杂系统设计与评估的一般工程思维方法。计算思维的核心方法是"构造"，就是工程思维方法中的解决方案的组织、设计和实施。例如，在计算机科学中的系统结构设计、功能设计、算法设计、流程设计、界面设计、对象设计等，以及对它们的实施和验证。这里面包括了3种构造形态：对象构造、过程构造和验证构造。

由上两点可以看出，计算思维中包括了数学思维和工程思维，采用数学思维实现问题的抽象形式化表述和解释；利用工程思维构造能够与实际世界互动的系统。

③ 理解人类行为中的计算思维，面对复杂性、智能、心理、人类行为理解等的一般科学思维方法。计算思维是基于可计算的手段，以定量化方式进行的思维过程，能满足信息时代新的社会动力学和人类动力学要求。利用计算手段进行人类行为研究，即通过各种信息技术手段，设计、实施和评估人与人、人与环境之间的交互和作用，也有学者称为社会计算。研究生命的起源与繁衍、理解人类的认识能力、了解人类与环境的交互以及国家的福利与安全等，都属于该范畴，都与计算思维密切相关。在人类的物理世界、精神世界和人工世界这3个世界中，计算思维是建设人工世界（工程组织）所需要的主要思维方式。这方面的研究和应用，将会大有作为。

为了让人们更易于理解，周以真教授又将"计算思维"从方法上做了进一步定义：通过约简、嵌入、转化和仿真等方法，把一个看来困难的问题重新阐释成一个人们知道问题怎样解决的方法；是一种递归思维，是一种并行处理，是一种把代码译成数据又能把数据译成代码的方法；是一种多维分析推广的类型检查方法；是一种采用抽象和分解来控制庞杂的任务或进行巨大复杂系统设计的方法，是基于关注分离的方法（SoC方法）；是按照预防、保护及通过冗余、容错、纠错的方式，并从最坏情况进行系统恢复的一种思维方法；是利用启发式推理寻求解答，即在不确定情况下的规则、学习和调度的思维方法；是利用海量数据来加快计算，在时间和空间之间，在处理能力和存储容量之间进行折中的思维方法。

在这里提到的计算思维的方法或属性或者"部件",如:约简、嵌入、转化、仿真、递归、并行、多维分析、类型、抽象、分解、保护、冗余、容错、纠错、系统恢复、启发式、规划、学习、调度、折中术语,都是计算思维的一些方法和技术特点或技巧,也是计算思维区别于逻辑思维和实证思维的关键点。

2. 思维技能和求解途径

计算思维是人类本身的一种根本的思维技能。因此,它是人的思维,不是计算机思维,是人类解决各种问题的方法和途径,人类借助于计算机的强大计算和存储能力,更好地解决各类需要进行大量计算的问题。由于计算机能够对信息与符号进行快速的处理,大大拓展了人类认知世界和解决问题的能力,因此,许多原本仅仅是理论上可行的处理过程变成了可以实现的过程,海量数据处理、复杂系统模拟、大型工程组织等许多方面的问题都可以借助于计算机实现从最初的想法到最终实现过程中的自动化、精确化和过程的可控制。计算思维也是基础技能,每个人为了在现代社会中发挥应有的职能都需要掌握。

3. 重要手段和有效工具

计算思维的提出还不算是一种新的思维形态,但是,计算思维比其他学科的思维具有更强的普适性,它是从概念到逻辑、从逻辑到物理实现的重要手段。从自然科学中的计算机模拟、仿真和计算机辅助设计,到社会科学中的大数据收集、处理和分析,社会问题的风险评估、预测和控制,无不与计算机技术有关,都涉及计算机思维。当计算思维真正融入人类活动的整体时,它作为一个解决问题的有效工具,人人都应当掌握,处处都会被使用。

总之,在问题求解中,借助于计算机强大的能力进行问题求解的思维和意识就是计算思维的方法。计算思维通常表现为人们在问题求解时对计算、算法、数据及其组织、程序、自动化等概念的潜意识应用。

计算思维正在影响人们传统的思考方式。例如,计算生物学正在改变着生物学家的思考方式,计算博弈理论正在改变着经济学家的思考方式,纳米计算正在改变着化学家的思考方式,量子计算正在改变着物理学家的思考方式,计算机网络正在改变着社会学家和政治家的思维广度,等等。因此,开展计算思维的训练对于学科的发展、知识创新及解决各类自然和社会问题都具有重要的作用。

1.3　数与计算工具

数这种高度抽象的概念,是人类在生产和生活中逐渐形成的概念,以至于最终有了计算工具,来完成计算,解决生产和生活中的问题。

1.3.1　数与计算

数是量化事物多少的概念,它是抛开事物具体特征,对事物的高度抽象,被誉为自然科学之父。从数的概念产生之日起,计数和数的计算问题也相伴而生,并始终伴随着人类的进化和人类文明的发展历程。

1. 数的起源

人们或学者试图从已有的研究成果中探究数的起源,但发现这和关于人类的起源一样,没有定论。关于数的概念,一种朴素的说法是人类的祖先为了生存和生活而逐渐产生的。在长期的群居生活、狩猎和采摘果蔬中,他们需要交流思想和感情,于是产生了语言,需要分享食物,表达多少,在语言的发展中,逐渐有了数的概念。最早的数的概念是"有"和"无",后来随着问题的复杂，把"有"分解成"一""二""三"和"多"，"多"又分为"许多、很多、太多"等情况，这样，就有了数的概念。

2．计数、符号和数量

古人如何记录数，用什么符号？考古学家发现，古人在树木或者石头上刻痕划印来记录流失的日子，大约在 5000 年以前，在草纸上书写数的符号。公元前 1500 年，南美洲秘鲁印加族（印第安人的一部分）习惯于"结绳计数"，他们每收进一捆庄稼，就在绳上打一个结，用结的多少来记录收成。"结"与痕一样的作用，也是用来表示自然数的。

在中国的先民也是"结绳而治"，就是用在绳上打结的办法来记事表达数的意思。后来又改为"书契"，即用刀在竹片或木头上刻痕计数，用一画代表"一"。《周易》中说"上古结绳而治，后世圣人易之以书契"，就是说上古没有文字，用结绳记事的方法治理天下，后世圣人改以刻痕文字和文书治理政事。直到解放初，我国有些少数民族仍然采用结绳和刻木的方法计数，也有用水果核计数的，如杏核，当吃完后数核交钱。今天的人们还常用"正"字来计数，它表达的是"逢五进一"的意思。

在中国，计数法发展出数字符号计数和算筹计数两种方法。数字符号计数可以追溯到中华文明的早期。在西安半坡遗址就出土了大量带有数字符号的陶片，在临潼姜寨遗址，距今 4400—4600 年的陶片上也有很多的数字符号。在登封的陶文中有算筹计数符号。在甲骨文（商朝后期）中的数字符号则更加完备，计数法采用了现代意义上的十进制计数法。

甲骨文数字的演变和写法有一种说法认为是古代货物交易时用的手势：买方希望一个好价钱，又不希望让别的买家知道价钱，所以买方和卖方在袖管里通过触摸对方的手势获得价钱信息。图 1-3 所示为手势、甲骨文数字符号和中文数字及关系。

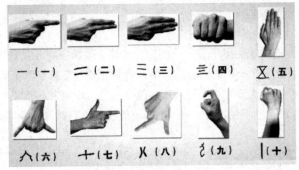

图 1-3　手势、甲骨文数字符号和中文数字及关系

数量的概念也是逐渐形成的。3 世纪，古印度的一位科学家巴格达发明了阿拉伯数字。最古老的计数数目大概最多到 2 或 3，他们把 3 说成"2、1"，而 4 设想成"2、2"；把五说成"2、2、1"，这实际上是一种加法表示法。《老子》说"道生一，一生二，二生三，三生万物"都表达了数和数量的概念，以及事物演变的规律与数量有关。

3．阿拉伯数字

考古发现，不同的文明和文字都有独特的计数法，例如：中国数字、罗马数字、阿拉伯数字等。但这些不同的计数法中，阿拉伯数字的影响最为广泛。阿拉伯数字是由印度人发明，经阿拉伯人传入欧洲，被欧洲人误认为是阿拉伯人的计数法。阿拉伯数字由 1、2、3、4、5、6、7、8、9、0 十个符号组成，采用十进制计数法，笔画简单，书写方便。阿拉伯数字逐渐在各国流行起来，成为世界各国通用的数字计法。大约在 13 世纪，阿拉伯数字从欧洲传入中国，由于中国的汉字数字表示方式也很方便，所以没有普遍使用，直到 20 世纪初阿拉伯数字才在中国逐渐推广使用。

4．中国人发明十进制

中国人于公元前 14 世纪，发明了十进计数制，到了商朝，中国人就已经能够用 0～9 十个数字来表示任意大的自然数。这种十进制记数法简洁明了，已是国际通用的计数法。英国皇家学会会员李约瑟教授认为："如果没有十进制，几乎就不能出现我们现在这个统一的世界了。"十进制在计算机科学和计算技术的发展中起了非常重要的作用，充分展示了中国古代劳动人民的独创性，在世界计算史上有着重要的地位。

1.3.2　计算工具

古人最初的结绳、刻痕、石子/贝壳、手指/木棒、果核等计数不仅仅是一种计数法，本身也包含着简单的计算，只是这种计算太简单不能记录大数目，但已具备了数和计算的概念。在人类文明的发展过程中，人们在社会生产劳动中总是在不断地创造新的生产、生活工具，这也包括了计算工具，这个过程是一个极其漫长的过程。计算工具的发展同时也是从简单到复杂，过程非常漫长，如公元前 700 年左右的算筹、算盘到 17 世纪 30 年代，之后的计算尺、机械式计算器，它们的记录和计算数据功能也变得由简单到复杂。

《数术记遗》系中国古算书，位列我国算术的"十经"之一，介绍了我国古代 14 种算法，除第 14 种"计数"为心算无须计算工具外，其余 13 种均有计算工具。1992 年，曾长期师从李培业教授进行珠算研究的经济师程文茂，率先破译了失传一千多年的"太乙算"，并发明出"太乙算棋"。2002 年 5 月下旬，程文茂受汉中石门十三品的启发，依据李培业的《汉中甄鸾古算十三品草图》，历经 10 年时间潜心研究，制作完成了国内第一个完整、系统、科学地将我国古代 13 种计算工具恢复旧制的"古算十三品"，如图 1-4 所示。

在图 1-4 中的 13 种计算工具当中，为什么只留下了上下两层结构的算盘？也就是说留下的算盘结构是否最优？是否计算够用？在制作和使用上，学习上是否方便？需要大家思考。有人说能留下来的，一般会是最优的！

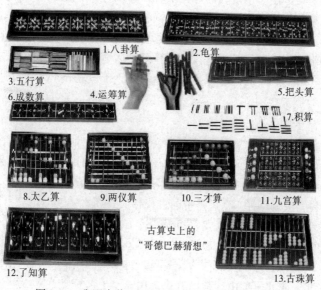

图 1-4　我国古代 13 种计算工具"古算十三品"

1．算筹

据史书记载和考古发现，中国的算筹出现于春秋战国晚期战国初年，即公元前 722—公元前

221 年，它是中国古代发明的计数和计算工具，是世界上最古老的计算工具之一。古代的算筹是一根根同样长短和粗细的小棍子，长约 12 cm，径粗 2~3 cm，多用竹子制成，也有用木头、兽骨、象牙、金属等材料制成的。大约二百七十几根为一束，放在一个布袋里（见图 1-1、图 1-4 和图 1-5），随身携带，随时可用。

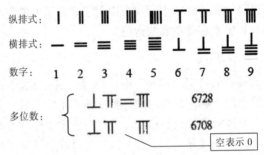

（a）算筹布袋　　　　　　　　　　　（b）算筹计数

图 1-5　算筹和布袋

在算筹计数法中，是以纵横两种排列方式来表示单位数目的，其中 1~5 分别以纵横方式排列相应数目来表示，6~9 则以上面的算筹再加上下面相应的算筹来表示。表示多位数时，见图 1-5（b）算筹计数 "6728" 或 "6708"，个位用纵排式（8），十位用横排式（2），百位用纵排式（7），千位用横排式（6），依此类推，遇零则置空（0）。

从本质上说，筹表示的是一种位置模式。算筹在算板上按照需要排列形成筹式，同样的筹，所在的位置不同，表示的数也不同，这是十进制的思想，可见中国古代的算筹计数法亦已有十进制思想了。人们发明了算筹的一些基本法则，可以使用算筹完成四则运算、开方、方程求解等多种复杂的计算。中国古代数学之所以在计算方面取得许多卓越的成就，在一定程度上应该归功于这一符合十进制的算筹计数法。用现代的观点来看，可认为算筹属于硬件，摆法或排列或位置方式就是软件或规则，算筹作为工具进行的计算也叫 "筹算"。

算筹在中国使用了两千多年，但是遇到复杂运算问题常弄得繁杂凌乱，让人感到不便，直到后来发明算盘使用起来更加方便，被推广以后，算筹才逐渐被取代。然而，与算筹有关的语汇却保留至今，如 "筹划" "筹策" "运筹策帷幄之中，决策于千里之外" 等，可见，算筹的创造在中国科学文化史上所起的伟大作用。

2. 算盘

算盘是用算珠代替算筹，用木棒将算珠穿起来，固定在木框上，用一定的指发拨动算珠代替移动算筹的计算工具，恢复的古代算盘见图 1-4 中的 "13.古珠算"，目前使用的算盘如图 1-6 所示。这种美妙的设计是对算筹的绝好改进，彻底解决了算筹的繁杂混乱，携带麻烦且容易丢失等问题。算盘是中国古代伟大发明之一，人们往往把算盘的发明与中国古代四大发明相提并论。

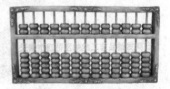

图 1-6　当前 13 档算盘

发明算盘的确切时间有多种说法，最早可追溯到公元前 700 多年。1450 年，吴敬在《九章详注比类算法大全》里，对算盘的用法记述比较详细。早在北宋或北宋前中国就已普遍使用算盘了。算盘使用中人们总结出许多计算口诀，使计算的速度更快，这种用算盘计算的方法叫珠算。在明代，珠算已相当普及，并出版了不少有关珠算的书籍，其中流传至今、影响最大的是程大位（1533—1606 年）的《算法统宗》。其中，载有算盘图示和珠算口诀，以及口诀的演算实例，在该书上首先提出了开平方和开立方的珠算法。在 20 世纪 80 年代以前，算盘还是各部门会计人员的必备工具，计算速度很快。即使在现代计算机普及使用的今天，还有不少人将它作为计算训练工具。

珠算有完整、成熟的运算口诀，算盘是方便、实用的器械，因此它软硬件都很完善，可以进行复杂的计算和大量数据的运算。珠算是中华民族对人类的一大贡献。

3. 计算尺

1630 年，英国数学家埃德蒙·甘特（Edmund Gunter）发明了一种使用单个对数刻度的计算工具，可以与另外的测量工具配合用来做乘除法。同年，剑桥大学的威廉·乌特雷德（William Oughtred）发明了圆算尺，1632 年，他组合两把甘特式计算尺，形成可被视为现代计算尺的设备。

计算尺由上下两条相对固定的尺身，中间一条可以移动的滑尺和可在尺上滑动的游标三部分组成。游标是一个刻有极细标线的玻璃片，用来精确判读。尺身和滑尺的正反面备有许多组刻度，每组刻度构成一个尺标。尺标的多少与安排方式是多种多样的，在一般的排列形式中，从上到下刻有 A 尺标、B 尺标、CI 尺标、C 尺标和 D 尺标，每个尺标左端的 1 为始点，右端的 1 为终点。其中 A、B、C、D 是以 10 为底的对数刻度：$\log(N)$，CI 是对数的倒数刻度：$1/\log(N)$，从左到右排列，如图 1-7 所示。

在对数刻度上，计算尺上的刻度（距离）对应的是对数值 $x=\log(N)$，即对数刻度，标的数值是 N 值，这样就可以进行 $x=\log(N)$ 与 N 的转换，实现两个数的乘法运算。如果是对数的倒数刻度线，就可以实现两个数的除法运算了。由于对数满足以下公式：

$$X = \log(x \times y) = \log(x) + \log(y)$$
$$Y = \log(x / y) = \log(x) - \log(y)$$

因此，乘或除法可以用尺身 A[$\log(x)$]和滑尺 B[$\log(y)$]上的两段长度相加或相减来求得。

用计算尺进行 $1.26 \times 3.38=4.26$ 的乘法计算为例：首先，将滑尺 B 起始刻度 1 与 A 尺刻度 1.26 对齐，相当于 A 尺的刻度右移了 $\log(1.26)$ 的距离，再加上滑尺 B 刻度 3.38 的距离 $\log(3.38)$，就是 $\log(1.26)+\log(3.38)$；其次用滑动游标线对准滑尺 B 刻度 3.38，从游标线在 A 尺刻度上读取数据为 4.30（最后一位为估读值），即是求得结果，如图 1-7 所示。

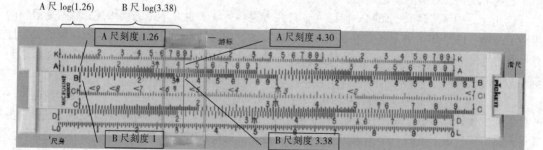

图 1-7　计算尺

计算尺除了对数刻度，还可以有其他数学函数刻度，如常用的三角函数、乘方、开方等，来实现复杂的运算。精度可达 3 位有效数字，能满足一般的工程计算的精度要求。

在计算器出现之前的几百年里，计算尺随着科学技术的发展、生产需要的增加和工艺水平的提高而逐渐进步。18 世纪末，瓦特独具匠心，在尺座上添置了一个滑标，用来存储计算的中间结果。大约在 19 世纪后半段，工程开始逐渐成为一种得到认可的职业活动，计算尺也被改进成更现代的形式，并被大规模生产。一直到 20 世纪 70 年代，历经数百年，计算尺终于成为计算工具发展历史上工艺最先进、制造最精美、品种最繁多的计算工具。计算尺一度被认为工程师的象征而被广泛使用。

4．机械式计算器

17 世纪，欧洲的天文学、数学和物理学研究非常活跃，科学家在研究中面临繁重的计算工作。就在计算尺发明的同一时期，人们开始了机械式计算机器的设计。在当时，钟表已经经历了 300 多年的发展，欧洲的钟表业已经比较发达，机械钟表采用齿轮转动进行计时，这体现了计算和进位的思想，为机械式计算工具的设计和生产打下了基础。

1623 年德国科学家威廉·契克卡德（Wilhelm Schickard）教授为他的挚友天文学家约翰尼斯·开普勒（Johannes Kepler）制作了一种机械计算机器。这是人类历史上的第一台机械式计算机器，这台机器能够进行 6 位数的加减乘除运算。1993 年，契克卡德家乡的人重新制作出契克卡德计算机器，惊讶地发现它确实可以工作。1993 年 5 月，德国为契克卡德诞辰 400 周年举办展览会，隆重纪念这位被一度埋没的计算机器先驱。

1642 年，法国科学家布莱斯·帕斯卡（Blaise Pascal）为了帮助年迈的父亲计算税率税款，而设计制造了一台机械式计算机器。他费时三年共做了 3 个模型，第三个模型于 1642 年完成，称为"加法器"。帕斯卡加法器是一种系列齿轮组成的机械装置，面板上有一列显示数字的小窗口，旋紧发条后才能转动，使用专用的铁笔来拨动转轮输入数字。这种机器开始只能做 6 位加法和减法。帕斯卡加法器的成功向人们展示了，用一种纯机械的装置去代替人们的思考和记忆是完全可以做到的。

1674 年，德国著名数学家莱布尼茨（Gottfried Wilhelm Leibniz）发明了一种更加完整的机械计算器——"乘法器"。当时，莱布尼茨在研读了帕斯卡关于"加法器"的论文之后，激发起了强烈的发明欲望，决心将这种机器的功能扩大到乘除运算。在一些著名的机械专家和能工巧匠的帮助下，终于在 1674 年造出了一台更加完整的机械计算器，称之为"乘法器"。在这台计算器中，莱布尼茨利用"步进轮"装置使连续重复的加减运算变成了乘除运算。在著名的《大不列颠百科全书》中，莱布尼茨被称为"西方文明最伟大的人物之一"，正是他系列地提出了二进制的运算法则，奠定了现代计算机的理论基础。

17 世纪，中国清政府（1644—1911 年）对西方科学的发展也并不是毫无兴趣，特别是清朝的康熙（1654—1722 年）皇帝非常重视西方科学的发展。在清宫中，出现了康熙年间御制的象牙计算尺及仿制的手摇计算器。为了广泛传播西方先进的科学技术，许多传教士不惜远涉重洋，来到东方文明的发源地——中国，他们用科学的钥匙叩开了中国宫廷的大门。

17 世纪末期，手摇计算器传入中国，并由中国人制造出了 12 位数的手摇计算器，独创出一种算筹式手摇计算器。手摇计算器作为 20 世纪中叶的计算工具，主要用于科研、财政、统计、税务等方面，曾代表了当时一个国家工业及机械制造业的最高水平，其精密的构造与灵巧的计算原理至今令人惊叹不已。图 1-8（a）所示为中国 20 世纪 60～70 年代常见的一种上海计算机打字机厂出品的飞鱼牌机械式计算器；图 1-8（b）所示为国外制造的机械式计算器。

在机械式计算器中，内部由一组互相连锁齿轮组成，当一个齿轮转到 10 时，会让高位的齿轮转 1 位，这是十进制"逢十进一"的思想，面板上有若干列数字按键，每列有 10 个数字 0～9，用于输入数字。面板中数字键的列数和算盘类似，表达了数字的范围。上面有一组窗口，显示计算结果。

（a）中国制造的飞鱼牌机械式计算器

（b）国外制造的机械式计算器

图 1-8　机械式计算器

5. 电子式计算器

20 世纪 50 年代，随着电子式计算器的诞生，一种采用集成电路的便携式的电子式计算器也随之出现，机械式计算器随之退出历史舞台。

电子式计算器只是简单的计算工具，有些具备函数计算功能，有些具备一定的存储功能，但一般只能存储几组数据。使用的是固化的处理模块或程序，只能完成特定的计算任务；它不能自动地实现这些操作过程，必须由人来操作完成。

因此，电子式计算器一般不需要编写程序，直接进行各种算术运算，分为简单计算器、科学型计算器和各种专用计算器。简单的算术型计算器主要进行加、减、乘、除等简单的四则运算；科学型计算器可进行乘方、开方、指数、对数、三角函数、统计等方面的运算，具有 1～6 个存储器，又称函数计算器；专用计算器进行专门任务计算，如个人所得税计算器、房贷计算器、油耗计算器等，一般以软件的形式存在。所以，目前电子式计算器既可以是硬件，也可以是开发出的软件计算器，如图 1-9 所示。

（a）硬件电子式计算器

（b）软件电子式计算器

图 1-9　电子式计算器

1.3.3　计算机的雏形

在计算工具发展的漫漫征程中，使用工具的计算过程不能自动化，都需要人的直接参与，它们分为三类：①纯手动式手工计算工具，如算筹、算盘；②机械式计算工具，如计算尺、机械式计算器；③电子式计算工具，如电子式计算器。它们的计算能力和数据分析能力有限。1642 年，法国科学家帕斯卡发明了加法器，这是计算工具发展过程中的一次巨大的飞跃，它向计算的自动化迈出了历史上的第一步。下面讲述的巴贝奇的"差分机"与"分析机"，则是最早提出程序设计，即"存储程序"思想，使得计算的自动化向前迈出了一大步。

任何一项伟大的发明，除了社会需求的推动，还要有一定的理论基础和物质基础。19 世纪，人们对现代计算工具的研究从未停止。特别是 20 世纪初期，各种计算机陆续研制成功，预示着电子计算机时代的来临。

查尔斯·巴贝奇（Charles Babbage，1792—1871 年）是科学管理的先驱，如图 1-10（a）所示。他出生于一个富有的银行家的家庭，他在童年时期就显示了极高的数学天赋，年轻时就读于剑桥大学，并留校任教。1819 年设计完成了"差分机"，是计算机研究的先驱人物之一。

18 世纪末，法国发起了一项宏大的人工编制"数学用表"的计算工程，在没有先进计算机工具的那个年代，这是一件极其艰巨的工作。法国数学界调集大量的人力，组成了人工手算的流水线，最终完成了 17 卷的大部头书稿。即便如此，计算出的数学用表仍然存在大量错误。据说有一天，巴贝奇与著名天文学家赫舍尔凑在一起，对两大部头的天文数表进行评论，发现了很多错误。面对错误百出的数学用表，巴贝奇目瞪口呆，这件事也许就是巴贝奇萌生研制计算机构想的起因。巴贝奇在他的自传《一个哲学家的生命历程》里，写到了大约发生在 1812 年的一件事："有一天晚上，我坐在剑桥大学分析学会的办公室里，神志恍惚地低头看着面前打开的一张对数表。一位会员走进屋来，瞧见我的样子，忙喊道：'喂！你梦见什么啦？'我指着对数表回答说：'我正在考虑这些表也许能用机器来计算！'"

1812 年，巴贝奇的第一个目标是制作一台"差分机"，那年他刚满 20 岁。他从法国人杰卡德发明的提花织布机上获得了灵感，差分机设计闪烁出了程序控制的灵光——它能够按照设计者的意图，自动处理不同函数的计算过程。1822 年，巴贝奇亲自动手，完成了第一台差分机的制作［见图 1-10（b）所示］，它可以处理 3 个不同的 5 位数，计算精度达到 6 位小数，当即就演算出好几种函数表，这种机器非常适合于编制航海和天文方面的数学用表。这个目标的实现，也耗去了巴贝奇整整 10 年。

 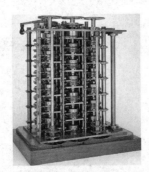 

（a）查尔斯·巴贝奇　　　（b）1822 年设计的差分机　　　（c）1834 年设计的分析机

图 1-10　查尔斯·巴贝奇及其设计的差分机和分析机

随后，成功的喜悦激励着巴贝奇要求政府资助他建造第二台运算精度为 20 位的大型差分机。他破天荒地获得英国政府的 1.7 万英镑的资助，自己另贴进去了 1.3 万英镑巨款，用以弥补研制经费的不足。在当年，这笔款项的数额无异于天文数字。但是第二台差分机的研制中，精度要求高出当时制造水平，因此困难重重。差分机大约有 25 000 个零件，10 年过去后，全部零件亦只完成不足一半数量，经费用完，结果人去楼空。在 1834 年，大型差分机研制受挫时，巴贝奇就提出了一项新的更大胆的设计。他最后冲刺的目标，不仅仅是能够制表的差分机，而是一种通用的数字计算机，巴贝奇将其新的设计叫"分析机"，它能够自动解算有 100 个变量的复杂算题，每个数可达 25 位，速度可达每秒钟运算一次。巴贝奇首先为分析机构思了一种齿轮式的"存储库"，每一齿轮可存储 10 个数，总共能够储存 1 000 个 50 位数。分析机的第二个部件是所谓"运算室"，其基本原理与帕斯卡的转轮相似，但他改进了进位装置，使得 50 位数加 50 位数的运算可在一次转轮中完成。此外，巴贝奇也构思了送入和取出数据的机构，以及在"存储库"和"运算室"之间运输数据的部件。他甚至还考虑到如何使这台机器处理依条件转移的动作。

分析机［见图 1-10（c）］的研制极其辛苦，1842 年冬天，英国著名诗人拜伦之独生女，数学天才奥欧古斯塔·爱达（Augusta Ada Byron，1815—1852 年）拜见了巴贝奇。爱达当时 27 岁时，成为巴贝奇科学研究上的合作伙伴，对巴贝奇提出的分析机设计，爱达"心有灵犀一点通"，她非常准确地评价道："分析机'编织'的代数模式同杰卡德织布机编织的花叶完全一样"。于是，为分析机编制一批函数计算程序的重担，落到了数学才女爱达肩上。她开天辟地第一次为计算机编出了程序，其中包括计算三角函数的程序、级数相乘程序、伯努利函数程序等。人们公认她是世界上第一位软件工程师。

一个多世纪过去后，现代计算机的结构几乎就是巴贝奇分析机的翻版，巴贝奇的分析机的设想可以说是现代通用计算机的雏形，同现代计算机一样可以编程，而且分析机所涉及的有关程序方面的概念也与现代计算机一致，只不过它的主要部件被换成了大规模集成电路而已。巴贝奇被国际社会公认为计算机之父。1991 年，为纪念巴贝奇诞辰 200 周年，伦敦科学博物馆采用 18 世纪的技术制作了完整的差分机，它包含 4 000 多个零件，重达 2.5 t，并且能正常运转。

1.3.4　计算机的理论基础

和早期的计算工具需要手工来操作不同，现代计算机要解决的核心问题就是计算的自动化。随着二进制、数理逻辑、布尔代数等理论研究的不断深入，科学家从理论上证明了计算自动化的可行性，这为未来现代电子计算机的物理实现奠定了理论基础。计算的自动化是指设备、系统在没有人或较少人的直接参与下，按照人的程序设计要求，自动运行、分析、求解问题，给出结论，完全是自动化的过程。

1. 二进制

1679 年，德国杰出的数学家莱布尼茨发明一种计算法，用两个数"0"和"1"代替原来的十位数，这就是今天的二进制。在德国图林根著名的郭塔王宫图书馆保存着一份弥足珍贵的手稿，其标题为："1 与 0，一切数字的神奇渊源。这是造物的秘密美妙的典范，因为，一切无非都来自上帝。"这正是莱布尼茨的手迹。

17 世纪莱布尼茨发明的二进制和传统的十进制相比，有两个突出的优点：①只有两个数字"0"和"1"，从物理上讲更容易实现计数和存储，即数的表示和存储更容易。因此，任何只有两个不同稳定状态的元件都可以用于表示二进制数，如继电器、电子管和晶体管。②计算简单，对二进制进行算术运算的规则比十进制简单得多。因为数的功能就是计数和计算，当二进制在这两方面有突出的优势时，就为现代计算机的研究提供了数据计算方面的理论和依据。

另外，现代计算机之所以采用晶体管实现二进制，是因为它具有非常重要的一些特点：

① 它具有两个完全不一样的状态（开与关，或者截止与导通，或者高电位与低电位），状态的区分度非常好。这两种状态分别对应二进制的 0 和 1。

② 状态的稳定性非常好。除非有意干扰，否则状态不会改变。

③ 从一种状态转换成另一种状态很容易，称为变换（在晶体管的基极给一个电信号就可以实现 0 变 1 或 1 变 0），这种容易控制的特性显得非常重要。

④ 状态的转换速度非常快，这一点非常重要。它决定了机器的计算速度。

⑤ 体积很小，几万个、几百万个，甚至更多的晶体管可以集成在一块集成电路里。这样既能把计算机做得很小，也能提高机器的可靠性。

⑥ 工作时消耗的能量不大，也就是功耗很小。因此，整个计算机的功能就很小了，这是大家都能使用的重要原因之一。

⑦ 价格很低廉，便于推广应用。

由上可知，计算机采用晶体管实现二进制，其功能也就是：变换、逻辑运算和加法运算。为何人们一说起计算机，功能都很强大，关键在计算机上安装了操作系统，使其功能在宏观上得以扩展。

2. 数理逻辑

在人类思维中，除了数字运算外，还有逻辑推理。古希腊哲学家亚里士多德开创了逻辑学，开展对人类思维的研究。

早在 17 世纪，就有人提出：能不能利用计算的方法来代替人们思维中的逻辑推理过程呢？德国数学家莱布尼茨曾经设想过创造一种"通用的科学语言"，把推理过程像数学一样利用公式来计算，从而得出正确的结论。

莱布尼茨的逻辑原理和他的哲学可被归纳为两点：①所有的观念或概念都是由非常小数目的简单观念复合而成的，它们形成了人类思维的方式；②复杂的观念来自这些简单观念的组合。由于当时的社会条件所限，他的想法并没有实现，但是他的思想却是现代数理逻辑部分内容的萌芽。

1847 年，英国数学家布尔发表了《逻辑的数学分析》，建立了"布尔代数"，并创造一套符号系统，利用符号来表示逻辑中的各种概念。布尔建立了一系列的运算法则，利用代数的方法研究逻辑问题，将逻辑命题的思考过程转化为对符号"0"和"1"某种代数演算，初步奠定了数理逻辑的基础。1884 年，德国数学家弗雷格（1848—1925 年）出版了《数论的基础》一书，在书中引入量词（如"全部""有些""无"等范畴）的符号，使得数理逻辑的符号系统更加完备。为建立数理逻辑学科做出贡献的，还有美国人皮尔斯，他也在著作中引入了逻辑符号（包括与、或、非、异或等），从而使现代数理逻辑最基本的理论基础逐步形成，成为一门独立的学科。

从人类认知的层面讲，数理逻辑是对人类认知心理和认知过程符号化的逻辑推导，是一个数学演算的过程。而计算机从根本上讲也是要模拟人类的认知活动，就如莱布尼茨所设计的演算推论器，通过计算机这样的一种机器，将人类的认知和推理活动自动化。不同于体力劳动的机械化，计算机是一种更高层次的机器代替人力的设计，是脑力劳动的机器化。因而，数理逻辑为计算机的设计奠定了理论基础。

3. 布尔代数

英国数学家乔治·布尔（George Boole，1815—1864 年），1854 年出版了《思维规律的研究》（*An Investigation into the Laws of Thought*），这是他最著名的著作，创立了逻辑代数，成功地把形式逻辑归结为一种代数。布尔认为：逻辑中的各种命题能够使用数学符号来代表，并能依据规则推导出适当的结论。现在以他的名字命名为布尔代数，或称逻辑代数。布尔代数起源于数学领域，它是建立在两个逻辑值［"真（True）""假（False）"］和 3 种逻辑关系［"与（And）""或（Or）"的二元运算，和"非（Not）"的一元运算］基础上的集合运算和逻辑运算。通过布尔代数进行集合运算可以获取到不同集合之间的交集、并集或补集，进行逻辑运算可以对不同集合进行与、或、非运算。

布尔代数不仅可以在数学领域内实现集合运算，更广泛应用于电子学、计算机硬件、计算机软件等领域的逻辑运算：当集合内只包含两个元素（1 和 0）时，分别对应"真"和"假"，可以用于实现对逻辑的判断。比如，数字电路设计：0 和 1 与数字电路中某个位的状态对应，如高电平、低电平。

布尔代数的典型实例就是在计算机的网络设置中，利用计算机的二进制特性，将子网掩码与本机 IP 地址进行逻辑与运算，可以得到计算机的网络地址和主机地址。

在数据库中应用，通过 SQL 语句查询数据库时需要进行逻辑运算，确定具体的查询目标。

在工程技术领域，布尔代数为自动化技术、电子计算机的逻辑设计提供了理论基础，为数字电子计算机的二进制、开关逻辑元件和逻辑电路的设计铺平了道路。由于布尔在符号逻辑运算中的特殊贡献，所以在很多计算机语言中将逻辑运算称为布尔运算，将其结果称为布尔值。

克劳德·艾尔伍德·香农（Claude Elwood Shannon，1916—2001 年）是美国数学家、信息论的创始人。1938 年，在他的硕士论文《继电器与开关电路的符号分析》中指出，能够用二进制系统表达布尔代数中的逻辑关系。即把布尔代数的"真（True）"与"假（False）"和电路系统的"开"与"关"对应起来，用 1 和 0 表示，并由此用二进制系统来构筑逻辑运算系统。并指出，以布尔代数为基础，对电子计算机来说，任何一个机械推理过程，都能像处理普通计算一样容易。哈佛大学的 Howard Gardner 教授说，"这可能是本世纪最重要、最著名的一篇硕士论文"，他把布尔代数与计算机二进制联系在一起。

香农在 1948 年发表了具有深远影响的论文《通信的数学原理》，1949 年又发表了著名的《噪声下的通信》论文。在这两篇论文中，香农阐明了通信的基本问题，给出了通信系统的模型，提出了信息量的数学表达式，并解决了信道容量、信源统计特性、信源编码、信道编码等一系列基本技术问题。两篇论文成为了信息论的奠基性著作。

1.3.5　电子计算机的诞生

人类在计算工具的研究和发展上经历了漫长的岁月，进入 20 世纪中叶，数学科学的发展和科学技术的进步，为一种新型的电子计算机的发明做好了各方面的准备。第二次世界大战在军事上对数据计算的需求又推动了新型计算工具的发展，正是在这样的一种历史背景下，使得电子计算机成为 20 世纪人类最伟大的发明，成为人类社会从工业社会进入信息社会的主要推动力。

现在国际计算机界公认的世界上第一台电子数字计算机是 1939 年制造的 ABC（Atanasoff–Berry Computer），1946 年制造的 ENIAC（Electronic Numerical Integrator And Calculator，电子数字积分计算机）为第二台。它们的研制成功是计算机发展史上的一座纪念碑，是人类在计算技术发展历程中到达的一个新起点，标志着人类进入电子计算机时代。

1. ENIAC 计算机

ENIAC 计算机的中文译为"埃尼阿克"，研制是 1943 年为了分析新式火炮炮弹轨道的实验任务，美国陆军军械部派数学家戈德斯坦中尉从宾夕法尼亚大学莫尔学院召集一批研究人员，帮助计算弹道表。项目由 36 岁的美国物理学家工程师约翰·莫奇利（John Mauchly，1907—1980 年）任总设计师，负责机器的总体设计；24 岁的电气工程师布雷斯帕·埃克特（Presper Eckert，1919—1995 年）任总工程师，负责解决复杂而困难的工程技术问题；勃克斯作为逻辑学家，负责为计算机设计乘法器等大型逻辑元件；戈德斯坦负责协调项目进展，组成了承担开发任务的四人小组，整个开发工作共有 200 多人。

冯·诺依曼（John von Neumann，1903—1957 年），20 世纪最重要的数学家之一，在现代计算机、博弈论、核武器和生化武器等诸多领域内有杰出建树的最伟大的科学全才之一，被后人称为"计算机之父"和"博弈论之父"。冯·诺依曼对人类的最大贡献是对计算机科学、计算机技术、数值分析和经济学中的博弈论的开拓性工作。

1944 年，冯·诺依曼参加原子弹的研制工作遇到极为困难的大量计算问题。夏天的一天正在火车站候车的冯·诺依曼巧遇戈尔斯坦，戈尔斯坦向冯·诺依曼介绍了正在研制的有关 ENIAC 计算机。具有远见卓识的冯·诺依曼为这一研制计划所吸引，他意识到了这项工作的深远意义。几天后，冯·诺依曼专程到莫尔学院参观了还未完成的 ENIAC，并且参加了为改进 ENIAC 而召开的一系列专家会议，并被聘为 ENIAC 研制小组顾问。他便带领这批富有创新精神的年轻科技人员，向着更高的目标进军。

1945 年 6 月，他们在共同讨论的基础上，决定重新设计一台计算机，于是冯·诺依曼起草了一份长达 101 页的设计报告《关于 EDVAC 的报告草案》（*First Draft of a Report on the EDVAC*），他将这台全新的计算机命名为 EDVAC（Electronic Discrete Variable Automatic Calculator，离散变量自动电子计算机）。在此过程中，冯·诺依曼显示出他雄厚的数理基础知识，充分发挥了他的顾问作用及探索问题和综合分析的能力。报告广泛而具体地介绍了制造电子计算机和程序设计的新思想。EDVAC 方案明确规定了新计算机由 5 个部分组成，包括：运算器、逻辑控制装置、存储器、输入和输出设备，并描述了这五部分的职能和相互关系。

报告中，冯·诺依曼就两大设计思想做了论证。设计思想之一是二进制，他根据电子元件双稳工作的特点，建议在电子计算机中采用二进制。报告提到了二进制的优点，并预言，二进制的采用将大大简化机器的逻辑线路。设计思想之二是计算机采用"存储程序和程序控制"工作原理，即用存储数据的部件存储指令，在存储程序的控制下，使整个运算完成自动化。任何复杂的运算都可以分解成一系列简单的操作步骤，这些简单操作应是计算机能直接实现的被称为"指令"的基本操作，如加法指令、减法指令等。解算一个新题目时，先确定分解的算法，编制运算过程，选取能实现其操作的适当指令，组成所谓的"程序"。如果把程序和处理问题所需的数据均以计算机能接受的二进制编码形式预先按一定顺序存放到计算机的存储器里，计算机运行时从存储器取出第一条指令，实现第一个基本操作，以后自动地逐条取出指令，执行一系列的基本操作，其结果是完成了一个复杂的运算。这就是存储程序的基本思想。

这份报告是计算机发展史上一个划时代的文献，为计算机的设计树立了一座里程碑，是所有现代电子计算机的范式，被称为冯·诺依曼计算机结构，按照这一结构建造的计算机称为存储程序计算机（Stored Program Computer）。改进的 ENIAC 和后来的 EDSAC 计算机均是按照 EDVAC 的思想方案设计制造的。

1946 年 2 月 15 日，美国宣布通用电子计算机 ENIAC 由美国的宾夕法尼亚大学宣告研制成功，如图 1-11 所示。ENIAC（埃尼阿克）是个庞然大物，共使用了 17 468 只电子管、7 200 个二极管、70 000 多个电阻器、10 000 多个电容器、6 000 多只继电器，电路的焊接点多达 50 万个，有 30 个操作平台。其总体积约 90 m^3，重达 30 t，占地 170 m^2，需要用一间 30 多米长的大房间才能存放。运算速度为每秒 5 000 次加法，或者 400 次乘法，用它完成每一条弹道的计算只需几分钟，而过去即使一个熟练的计算员，使用手摇式计算器计算一条弹道也要花 20 h，比机械式的继电器计算机快 1 000 倍。这台功率为 150 kW 的计算机，由于用电量巨大，当打开电源时，整个美国宾夕法尼亚州的电灯都为之变暗。

但即使在当时看来，ENIAC 也是有不少缺点的：除了体积大，耗电多以外，ENIAC 程序采用外部插入式，每当进行一项新的计算时都要重新连接线路。有时几分钟或几十分钟的计算要花几小时甚至 1～2 天的时间进行线路连接准备，这是一个致命的弱点，即在外部通过开关和插线来安排运算程序。其另一个弱点是存储量太小，可以说没有存储器。此外，ENIAC 没有采用二进制，而是用十进制，运算速度不够快。再就是使用电子管多，高热量电子管很容易损坏，使机器瘫痪，这在当时是难于突破的技术局限。因此，ENIAC 的问世对以后研制的计算机影响不大，而 EDVAC 的发明才为现代计算机在体系结构和工作原理上奠定了基础。

图 1-11　第一台电子数字积分计算机 ENIAC

英国剑桥大学的威尔克斯教授领导了 EDSAC（Electronic Delay Storage Automatic Calculator，电子延迟存储自动计算机）的设计与制造，吸取了冯·诺依曼体系结构思想，并于 1949 年 5 月投入运行，成为世界上首次实现的存储程序计算机。而 EDVAC 虽然设计在前，实现却较晚，直到 1951 年才运行，所以 EDVAC 只能说是首次设计的而不是首次实现的存储程序计算机。EDVAC 不仅可应用于科学计算，而且可用于信息检索等领域，这主要缘于"存储程序"设计思想。

1951 年 5 月，由 ENIAC 的主要设计者莫奇利和埃克特在自己公司设计的第一台通用自动计算机 UNIVAC（Universal Automatic Computer）交付使用，承担着美国人口统计局的工作。它使用了 5 000 个电子管，共运行了 7 万多个小时才退出使用。UNIVAC 先后生产了近 50 台，这是第一台被用在商业上的计算机，开创了日后商业处理和办公室计算机化的远景，奠定了计算机工业化的基础。它被认为是第一代电子管计算机趋于成熟的标志，其意义超过了 ENIAC。

从 ENIAC 揭开电子计算机时代的序幕，到 UNIVAC 成为迎来计算机时代的宠儿，不难看出这里发生了两个根本性的变化：一是计算机已从实验室大步走向社会，正式成为商品交付客户使用；二是计算机已从单纯的军事用途进入公众的数据处理领域，真正引起了社会的强烈反响。

2. ABC 计算机

20 世纪 70 年代，曾经出现过 ENIAC 和 ABC（Atanasoff-Berry Computer）谁是世界上的第一台计算机之争，根据美国最高法院在 1973 年的裁定，最早的电子数字计算机，应该是约翰·阿塔纳索夫（John Vincent Atanasoff，1904—1995 年）和其研究生助手克利福特·贝利（Clifford E.Berry，1918—1963 年）在 1937 年到 1941 年开发的阿塔纳索夫-贝利计算机 ABC。

当时，阿塔纳索夫在美国爱荷华州立大学物理系任副教授，为学生讲授如何求解线性偏微分方程组，由于不得不面对繁杂的计算，从而启发了他研制电子计算机的念头，并于 1935 年开始探索运用数字电子技术进行计算工作的可能性。经过两年反复研究实验，思路越来越清晰，随后，他找到当时正在物理系读硕士学位的贝利，两人在 1939 年造出来了一台完整的样机。

ABC 计算机的电路系统中装有 300 个电子真空管执行数字计算与逻辑运算，机器使用电容器来进行数值处理，数据输入采用打孔读卡办法，还采用了二进制。因此，ABC 的设计中已经包含了现代计算机中 4 个最重要的基本概念。从这个角度来说，它是一台真正现代意义上的电子计算机。

1.3.6　计算机的分代

依据计算机采用的主要元器件和性能，以及软件和应用综合考虑，一般将计算机的发展分为 4 个阶段或时代，表 1-1 列出了计算机发展的 4 个阶段。

表 1-1　计算机发展的 4 个阶段

时　代	年　份	器件和每秒浮点运算次数	软　件	应　用
一	1946—1956 年	电子管、纸带存储；数万次	二进制机器语言、汇编语言	科学计算
二	1957—1964 年	晶体管、磁芯存储；数十万次	高级语言	数据处理工业控制
三	1965—1969 年	集成电路、磁盘存储；几百万次	操作系统	文字处理图形处理
四	1970 年至今	大规模和超大规模集成电路、半导体存储；上亿次	数据库、网络等	社会的各个领域

1. 电子管计算机时代（1946—1956 年）

这一代计算机的主要特点是采用电子管作为基本器件，采用水银延迟线存储器（容量仅几千字节）、穿孔卡片和纸带外存储器，运算速度一般是每秒数千次至数万次。软件方面确定了程序设计的概念，由代码程序发展到了符号程序，如开始用二进制机器语言或汇编语言编写程序，出现了高级语言的雏形。缺点是电子管体积大、耗电量大，产生大量热量，可靠性差，价格昂贵，限制了计算机发展；系统软件非常原始，直接用二进制编程非常不方便。这一时期的计算机主要是为了军事和国防尖端技术的需要而研制，客观上却为计算机的发展奠定了基础。

2. 晶体管计算机时代（1957—1964 年）

这一时期电子计算机的基本器件为晶体管，因而缩小了体积，提高了寿命、运算速度和可靠性，而且耗电量减少，价格也不断下降。后来又采用了磁芯存储器、磁带外存储器，使速度得到进一步提高，每秒几十万次，内存容量扩大到几十千字节。软件方面出现了一系列的高级程序设计语言，比如 FORTRAN、COBOL、ALGOL 等，并提出了操作系统的概念。计算机的应用范围也进一步扩大，从军事与尖端技术方面延伸到气象、工程设计、数据处理以及其他科学研究领域。计算机设计出现了系列化的思想，缩短了新机器的研制周期，降低了生产成本，实现了程序的兼容，方便了新机器的使用。

3. 集成电路计算机时代（1965—1969 年）

这个时期的计算机硬件采用中、小规模集成电路（IC）作为基本器件，采用磁带和磁盘作为外存储器，计算机的体积更小，寿命更长，功耗、价格进一步下降，而速度和可靠性相应地有所提高，每秒运算次数可达几十万次到几百万次，计算机的应用范围进一步扩大。软件方面出现了操作系统及结构化、模块化的程序设计方法。软、硬件都向系统化、多样化的方面发展。由于集成电路成本迅速下降，便于生产成本低而功能比较强的小型计算机供应市场，从而占领了许多数据处理的应用领域。其中，1965 年问世的 IBM360 系列是最早采用集成电路的通用计算机，也是影响最大的第三代计算机。其主要特点是通用性、系列化和标准化。美国控制数据公司（CDC）1969 年 1 月研制成功的超大型计算机 CDC7600，每秒可运行一千万次浮点运算，是这个时期最成功的计算机产品。

4. 大规模和超大规模集成电路计算机时代（1970 年至今）

采用超大规模集成电路（VLSI）和极大规模集成电路（ULSI）作为基本器件，中央处理器（CPU）高度集成化是这一时期计算机的另一主要特征。超大规模集成电路上一个 4 mm² 的硅片可以容纳相当于几千万个到上亿个晶体管的电子器件。由此构成的计算机日益小型化和微型化，于是出现了微机，此后应用和发展的速度更加迅猛，产品覆盖各种类型。集成度很高的半导体存储器代替了服役达 20 年之久的磁芯存储器。目前，计算机的速度最高可以达到每秒上千万亿次浮点运算。操作系统不断完善，应用软件已成为现代工业的一部分，且进入以计算机网络为特征的时代。

从第一代到第四代计算机，虽然其电子器件有本质的不同，但计算机的体系结构都是相同的，都采用了冯·诺依曼计算机体系结构。20 世纪 80 年代开始，随着并行计算机的发展，计算机体系结构出现多样性，有人将这一时期的计算机称为第五代计算机，其特征就是硬件系统支持高度并行和推理，软件系统能够处理知识信息，具备人工智能功能。

随着计算机芯片集成度不断提高，器件的密度越来越大，由于电子引线不能互相短路交叉，引线靠近时会发生耦合，高速电脉冲在引线上传播时要发生色散和延迟，以及电子器件的扇入和扇出系数较低等问题，使得高密度的电子互联在技术上有很大困难。此外，超大规模集成电路的引线问题会造成时钟扭曲，散热也会影响芯片的正常工作，这将限制经典电子计算机的速度，也成为人们开展新型计算机研发的动力，这些新型的计算机被称为第六代计算机，如超导计算机、神经网络计算机、生物计算机等。

计算机的发展，归根结底是计算思维的传承与发扬，计算机从人工机械方式到动力机械方式，再到现在的电子器械方式，不仅是制造材料的进步，也是思维方式的进步。相信在不久的将来，计算机会成为结合众多学科交叉结合、继续传承和发扬计算思维的人类文明精灵。到那时，人类社会的文明程度必将会进入到一个史无前例的高度。

1.3.7　现代计算机在中国的发展

我国计算机事业的最早拓荒者是著名的数学家华罗庚。1952 年，华罗庚教授在中国科学院数学研究所成立了中国第一个电子计算机研究小组，将设计和研制中国自己的电子计算机作为主要任务。到 1956 年我国制定的《十二年科学技术发展规划》中选定了"计算机、电子学、半导体、自动化"作为"发展规划"的四项紧急措施，并制订了计算机科研、生产、教育发展计划，我国计算机事业由此起步。1956 年 8 月 25 日我国第一个计算技术研究机构——中国科学院计算技术研究所筹备委员会成立，著名数学家华罗庚任主任。

1958 年，中科院计算机所等单位研制出第一台小型通用数字电子管计算机（103 型），每秒能运行 30 次；到 1959 年 104 型研制成功，该机运行速度为每秒 1 万次。

1964 年，研制成功了我国第一台大型通用电子管计算机，在该机器上完成了我国第一颗氢弹研制的计算任务。

1964 年，研制成功全晶体管计算机；1971 年，研制成功集成电路计算机；1972 年，每秒运算 11 万次的大型集成电路通用数字电子计算机问世；1973 年，研制成功第一台百万次集成电路电子计算机（150 型计算机）；1979 年，每秒运算 500 万次的集成电路计算机 HDS-9 研制成功。

1991 年，中国科学院院士、中国工程院院士、第三世界科学院院士、北京大学教授王选用中国第一台激光照排机排出样书，新华社、科技日报、经济日报正式启用汉字激光照排系统，使我国的报业和出版业"告别铅与火，迈入光和电"的崭新时代。1992 年，中国最大的汉字字符集 6 万计算机汉字字库正式建立。2001 年，王选教授作为汉字激光照排系统的创始人和技术负责人获得国家最高科学技术奖。

20 世纪 80 年代以后，我国又研制了高端计算机。1983 年 11 月，国防科技大学研制成功每秒运算 1 亿次的"银河Ⅰ号"巨型计算机，1992 年 11 月银河-2 达 10 亿次，1997 年 6 月银河-3 达 130 亿次，2000 年 6 月银河-4 达 1.06 万亿次（峰值），进入万亿次行列，使中国成为继美国、日本之后第三个能独立设计和研制超级计算机的国家。

2000 年"神威Ⅰ"和 2009 年"天河一号"的诞生，标志着我国成为继美国之后世界上第二个能够研制千万亿次超级计算机的国家。但是一些计算机核心技术，如 CPU 和操作系统等，仍然掌握在西方国家手中。

2010 年，由国防科技大学研制天河一号 A 从百万亿次跨越到千万亿次，比美国"美洲虎"超级计算机实测快 1.425 倍，比天河一号快 3.45 倍。使我国成为继美国之后世界上第二个能够研制千万亿次超级计算机系统的国家，它落户天津滨海新区——中国天津国家超级计算中心。天河二号（见图 1-12）自 2013 年 6 月问世以来，到 2015 年 11 月连续 6 次位居世界超级计算机 500 强榜首（见表 1-2），比第二名美国泰坦（Titan）快近两倍。表明我国超级计算机研制技术处于国际领先水平，在我国超

图 1-12　天河二号超级计算机

级计算机发展史上具有里程碑式的重大意义。美国计划在 2025 年造出世界上最快的计算机，向每秒 100 亿亿次冲刺。

表 1-2　国防科技大学研发的天河系列超级计算机

机型	运算速度/（TFLOP/s）	生产日期	处理器和内存数量	TOP500 排名	备注
天河一号	峰值 1 206 万亿次 实测 563.1 万亿次	2009 年 9 月	通用 CPU 处理器 6 144 个，加速 GPU 处理器 5 120 个；内存 98 TB	2009 年世界第四位。相当于一台家用计算机计算 800 年	落户天津
天河一号 A	峰值 4 700 万亿次 实测 2 507 万亿次	2010 年 11 月	主处理器英特尔 14 336 个，高性能计算卡 7 168 块；国产 FT-1000 处理器 2 048 个，总计 18.64 万个核心，总计内存 224 TB	2010 年世界第一。2012 年世界排名第五	
天河二号	峰值 5.49 万万亿次 实测 3.386 万亿次	2013 年 5 月	主处理器为英特尔 3.2 万个，加速卡 4.8 万个；国产 FT-1500 处理器 4 096 个，总计 312 万个计算核心；总计内存 1.408 PB	2015 年 11 月 16 日再次蝉联第一，喜获世界超算六连冠殊荣	落户广州

注：TFLOP/s 每秒双精度浮点数运算次数，表示计算速度。国产 FT-1000 和 FT-1500 飞腾处理器由中国国防科技大学研发。

超级计算机应用领域很广泛，天河二号已为国内外近 400 家用户提供高性能计算和云计算服务，在基因分析与测序、新药制备、大型飞机和高速列车气动数值计算、汽车和船舶等大型装备结构设计仿真、电子政务及智慧城市等领域获得一系列应用，取得了显著的经济效益和社会效益。

（1）云超级计算机

国家超级计算机广州中心已构建起材料科学与工程计算、生物计算与个性化医疗、装备全数字设计与制造、能源及相关技术数字化设计、天文地球科学与环境工程、智慧城市大数据和云计算等六大应用服务平台，成为集高性能计算、大数据分析和云计算于一体的世界一流"云超级计算机"中心。

（2）加快新药研发速度

中科院上海药物研究所在天河二号（见图 1-12）上成功地开发出超高通量的药物分子虚拟筛选平台，具备一天之内完成 4 200 多万个化合物的预测评价能力，可以把包括现有药物、天然产物和人工合成有机化合物在内的地球上的所有可用于药物研发的化合物都计算筛选一遍，为应对爆发性恶性传染病的快速药物研发提供了强大的计算模拟保障。如开展面向埃博拉病毒的虚拟药物筛选，1 天时间内就完成了世界上已知结构的 4 000 万分子化合物的筛选工作。

（3）让天气预报更精准

中国气象局，广东省区域数值天气预报重点实验室与国家超级计算广州中心强强联手，成功

开发了 3 km 水平分辨率全国区域数值天气预报模式。24 h 预报只需要 19.6 min 完成，达到了历史上最快的并行效率。为天气预报业务、科研及气象决策服务提供支撑。

目前，我国自主研发的"银河""曙光""深腾""神威""天河"等系列高性能计算机，取得了令人瞩目的成果。巨型机和超级计算机的研制、开发和利用代表着一个国家的经济实力和科学研究水平。以"联想""清华同方""方正""浪潮"等为代表的我国计算机制造业也非常发达，已成为世界计算机主要制造中心之一。微型机的研制、开发和广泛应用，标志着一个国家科学技术普及的程度。

1.3.8 计算机的特点和应用

计算机作为通用的信息处理工具，归功于其强大的功能和特点。因此，计算机在社会中的应用已遍布各行各业，使得人们传统的工作、学习和生活模式发生了变化，工作效率得以提高，推动着社会快速发展。

1. 计算机的特点

计算机之所以具有很强的生命力，并得以快速发展，是因为计算机本身具有许多优点，具体体现在以下几方面：

（1）运算速度快

计算机快速处理的速度是标志计算机性能的重要指标之一。衡量计算机处理速度的尺度，一般用计算机一秒内所能执行的加法运算的次数来表示。

不断提高计算机的处理速度是计算机技术发展的主要目标。因为计算机已经或开始应用于科技发展的最尖端领域，而这些领域中的信息处理极为复杂，十分精确，处理工作量巨大。例如，生命科学、航天科学、气象科学中提出的课题。再则，由于人类活动范围不断扩大，信息量与日俱增，不同信息的交织日趋复杂、多样、精细，对信息的表现形式要求直观、自然、形象、变幻，人们对信息的需求范围日趋广大，对信息的处理要求时效性快、响应及时。所有这些都要求具备处理速度极高的计算机。当然，不同应用领域、不同应用课题对处理速度的要求各异，但就人类的需求而言是越快越好。从另一个角度来说，没有高速的处理就没有科学研究。

（2）存储容量大，保存时间长

随着计算机的广泛应用，在计算机内存储的信息愈来愈多，要求存储的时间愈来愈长。因此，计算机必须具备海量存储，信息保持几年到几十年，甚至更长。现代计算机完全具备这种能力。不仅提供了大容量的主存储器，能现场处理大量信息，还提供具有海量存储空间的磁盘、光盘。海量磁带存储器是一种超大容量的磁带存储系统，整个系统共可存储 460 GB。海量光盘存储器是一种正在发展中的海量存储器，采用激光读/写信息，实现高密度海量存储。

信息存储容量大和保存时间长是现代信息处理和信息服务的基本要求。因为有大量的软件需要在计算机内保存以便随时执行，有大量的信息需要在计算机内保存以便进一步处理、检索和查询，特别是互联网建立后，需要有庞大的信息供全球用户使用。所有这些，如果没有大容量的存储设备和不能长久地保存，将是不可想象的。

（3）计算精确度高

计算机内部采用二进制数进行运算，可以使数值计算非常精确，即保证任意精确度要求。这取决于计算机表示数据的能力，现代计算机提供多种表示数据的能力，已满足各种计算精确度的要求，如单精度浮点数、双精度浮点数运算。一般在科学和工程计算课题中对精确度的要求特别强烈，如计算机可以计算出精确到小数点后 3 355 万位的 π 值。

（4）逻辑判断能力

计算机不仅能进行算术运算，同时也能进行各种逻辑运算，具有逻辑判断能力。布尔代数是建立计算机的逻辑基础，或者说计算机就是一个逻辑机。计算机的逻辑判断能力也是计算机智能化的必备条件。如果计算机不具备逻辑判断能力，也就不能称之为计算机了。

（5）自动工作的能力

只要人预先把处理要求、处理步骤、处理对象等必备元素存储在计算机系统内，计算机启动后就可以在无须人员参与的条件下自动完成预定的全部处理任务。这是计算机区别于其他工具的本质特点。向计算机提交任务主要是以程序、数据和控制信息的形式。程序存储在计算机内，计算机再自动逐步执行程序，这个思想是由美国计算机科学家冯·诺依曼提出的，被称为"存储程序和程序控制"思想。因此把现在的计算机称为冯·诺依曼式计算机。

由此可知，计算机的二进制加法运算，即计算精度高和逻辑判断能力是其最基本的功能，计算机所表现出的强大功能和应用，是由人将人的智慧（具体为规则、算法和流程），通过程序赋予计算机而产生的。计算机的高速运算和海量存储一直是人们不断追求的性能。

2．计算机在社会各方面的应用

在工商业方面的应用，如银行的内部票据结算、储蓄业务、自动柜员机、网上银行等。每天几十亿的票据由计算机处理，效率可提高 20%～30%；商业应用中，超市、零售、仓库等进销存、电子商务等均利用计算机和网络进行商业活动；建筑业应用，建筑设计、三维视图、施工组织、预算等；工业制造应用，各种机械设备的设计、三维立体图像、自动化加工等都是由计算机完成和控制的。这些行业对计算机的依赖已经到了必不可少的程度。

教育领域的应用包括：多媒体教学、网上学校、远程教育、模拟仿真技术（计算机模拟医学解剖）、慕课（MOOC）、在线教育、混合教学等。

医药方面的应用包括：医院计算机管理、医学计算机成像（计算机断层扫描 CAT、核磁共振成像）获得平面图像和三维图像、远程医疗、医疗保健等。

政府部门的应用包括：日常工作的办公自动化、各种部门的计算机管理系统、电子政务等。

娱乐方面的应用包括：多媒体网络游戏、电影特技、电影动画、数码产品等。

科研方面的应用包括：数值计算、数据处理、统计分析、自动数据采集、模拟、成像等。

家庭中的应用包括：学习、浏览报纸、查阅图书、办公、看电视、欣赏音乐、购物、看病、发送电子邮件、信息交流（QQ、博客、微信）等。未来还可以从外面对家中的电器进行控制和管理，由计算机控制水、电、气，达到节约能源和资源的目的。

3．计算机的主要应用类型

从以上计算机在各领域中的具体应用，可以归纳出以下几个主要应用类型：

（1）科学和工程计算领域

科学和工程计算领域以数值计算为主要内容，要求计算速度快、精确度高、差错率低，主要应用于天文、水利、气象、地质、医疗、军事、航天航空、土木工程、生物工程等科学研究领域，如卫星轨道计算、数值天气预报、工程力学计算等。

（2）数据处理领域

数据处理领域以数据的收集、分类、统计、分析、综合、检索、传递为主要内容，即非数值计算，也称数据库管理。主要应用于政府、金融、企业等各个领域，如银行业务处理、股市行情分析、商业销售业务、情报检索、电子数据交换、地震资料处理、人口普查、企业管理等。

（3）办公自动化领域（也称信息管理）

办公自动化领域以办公事务处理为主要内容，主要应用于政府、企业、教学等有办公机构的地方，如起草公文、报告、信函，制作报表，收发、备份、存档、查找文件，活动的时间安排，大事记的记录，简单的计算、统计，内部和外部的交流等。

（4）电子商务领域

电子商务领域是指通过计算机和网络进行商务活动，是在 Internet 的广阔联系与信息技术的丰富资源相结合的背景下应运而生的一种网上相互关联的动态商务活动。例如，网上的商品与服务交易、金融汇兑、网络广告等商务活动。世界各地的公司通过网络方式与客户、批发商和供货商等联系，并在网上进行业务往来。其电子商务模式如下：

① B2B（Business to Business）：企业与企业或商家与商家之间通过互联网或各种商务网络平台进行产品、服务及信息的交换和交易的电子商务，例如，在网络平台，下游的生产商或商业零售商与上游的服务商之间形成的供货关系。例如，阿里巴巴网、慧聪网、中国制造网等。

② B2C（Business to Customer）：企业对消费者销售产品和服务的电子商务，B2C 电子商务网站由 3 个基本部分组成：一是为顾客提供在线购物场所的商场网站；二是负责为客户所购商品进行配送的配送系统；三是负责顾客身份的确认及货款结算的银行及认证系统。一般以网络零售商为主。例如：天猫为人服务做平台，京东自主经营卖产品，凡客自产自销做品牌。

③ C2C（Customer to Customer）：个人用户之间买卖交易的电子商务，比如一个消费者有一台智能手机，通过网络进行交易，把它出售给另外一个消费者。例如：淘宝网、易趣网、拍拍网等。

④ O2O（Online to Offline）：线上营销购买商品与服务，线下实体店享受服务，一般以餐饮、健身、看电影和演出为主，如团购网、滴滴打车。

电子商务因其高效率、低支付、高收益和全球性等特点，得到迅速发展。但也存在保密性、安全性和可靠性等问题，需要进一步从技术和法律上解决。

（5）自动控制领域

自动控制领域是指计算机实时采集监测数据，按最佳值迅速对控制对象进行自动控制或自动调节，以自动控制生产过程、实时过程、军事项目为主要内容。主要用于工业企业、军事机构、娱乐机构等领域，如化工生产过程控制、炼钢过程控制、机械切削过程控制、防空设施控制、航天器的控制、音乐喷泉的控制等。

（6）计算机辅助领域

计算机辅助领域指用计算机辅助人进行工作，以在工程设计、生产制造等领域辅助进行数值计算、数据处理、自动绘图、活动模拟等为主要内容，如计算机辅助设计（Computer Aided Design，CAD）、计算机辅助制造（Computer Aided Manufacturing，CAM）、计算机辅助教学（Computer Aided Instruction，CAI）、计算机辅助教育（Computer-Based Education，CBE）、计算机辅助工程（Computer Aided Engineering，CAE）、计算机辅助检测（Computer Aided Test，CAT）、计算机辅助诊断（Computer Aided Diagnosis，CAD）、计算机辅助工艺规划（Computer Aided Process Planning，CAPP）等。特别是近年来的计算机集成制造系统（CIMS），集成 CAD、CAM、MIS（管理信息系统）于一体，相当于一个自动化的工厂。

（7）人工智能领域

人工智能领域以模拟人的智能活动、逻辑推理、知识学习为主要内容。主要用于机器人的研究、专家系统等领域，如自然语言理解、定理的机器证明、自动翻译、图像识别、声音识别、环境适应、计算机医生等。

　　计算机的人工智能应用无疑是计算机应用的最高境界，它追求机器和人类深层次上的一致。但是，人工智能的研究和应用并不像数值计算、事务处理、计算机辅助、过程控制那样直接可以描述。因为，人类本身的思维就是最为复杂的事情，它涉及哲学、思维科学、逻辑学、生命科学、心理学、语言学、数学、物理学、计算机科学等众多学科领域，所以，人工智能的研究道路更加曲折。但是，这些年来，一些融合了人类知识的具有感知、学习、推理、决策等思维特征的计算机系统也不断出现。例如，各种建立在领域专家知识基础上的专家系统，辅助决策支持系统等都取得了良好的应用效果。无人机、智能汽车和机器人的研发制造就是很好的成功事例。

　　（8）文化娱乐领域

　　文化娱乐领域以计算机音乐、影视、游戏为主要内容，如家庭影院等。

1.4　计 算 理 论

　　计算的概念中应包括计数、运算、演算、推理、变换和操作等含义，如果从计算机角度理解，它们都是一个执行过程。计算理论是计算机科学理论基础之一，是关于计算和计算机械的数学理论，它研究计算的过程与功效，也就是在讨论计算思维时，必须了解如何计算和计算过程（计算模型），并知道可计算性与计算复杂性，从而评价算法或估算计算实现后的运行效果。本节主要讨论可计算性问题、计算复杂性、计算模型和求解问题过程。计算理论的基本思想、概念与方法已被广泛应用于计算科学的各个领域之中。

1.4.1　可计算性问题

　　可计算性理论是研究计算的一般性质的数学理论，也称算法理论和能行性理论。通过建立计算的数学模型（例如抽象计算机，即"自动机"），精确区分哪些问题是可计算的，哪些是不可计算的。对问题的可计算性分析可使得人们不必浪费时间在不可能解决的问题上（或尽早转而使用其他有效手段），并集中资源在可以解决的那些问题上。也就是说，事实上不是什么问题计算机都能计算。换句话说，有些问题计算机能计算；有些问题虽然能计算，但算起来很"困难"；有些问题也许根本就没有办法计算。甚至有些问题，理论上可以计算，实际上并不一定能行（时间太长、空间占用太多等），这时就需要考虑计算复杂性方面的问题。

　　可计算性定义：对于某问题，如果存在一个机械的过程，对于给定的一个输入，能在有限步骤内给出问题答案，那么该问题就是可计算的。在函数算法的理论中，可计算性是函数的一个特性。设函数 f 的定义域是 D，值域是 R，如果存在一种算法，对 D 中任意给定的 x，都能计算出 $f(x)$ 的值，则称函数 f 是可计算的。

　　可计算性具有如下几个特征：

　　① 确定性：在初始情况相同时，任何一次计算过程得到的计算结果都是相同的。

　　② 有限性：计算过程能在有限的时间内、在有限的设备上执行。

　　③ 设备无关性：每一个计算过程的执行都是"机械的"或"构造性的"，在不同设备上，只要能够接受这种描述，并实施该计算过程，将得到同样的结果。

　　④ 可用数学术语对计算过程进行精确描述，将计算过程中的运算最终解释为算术运算。计算过程中的语句是有限的，对语句的编码能用数值表示。

　　1936 年图灵（Alan Mathison Turing，1912—1954 年）发表了著名论文《论可计算数及其在判定问题中的应用》，第一次从一个全新的角度定义可计算函数，他全面分析了人的计算过程，把计算归结为最简单、最基础、最确定的操作动作，从而用一种简单的方法来描述那种直观上具有机械性的基本计算程序，使任何机械（能行）的程序都可以归约为这种行动。

这种简单的方法是一个抽象自动机概念为基础的，其结果是：算法可计算函数就是这种自动机能计算的函数。这不仅给计算下了一个完全确定的定义，而且第一次把计算和自动机联系起来，对后世产生了巨大的影响，这种"自动机"后来被人们称为"图灵机"。自动机作为一种基本工具被广泛的应用在程序设计的编译过程中。

因此，图灵把可计算函数定义为图灵机可计算函数，拓展了美国数学家丘奇（Alonzo Church，1903—1995 年）的论点（1935 年提出著名的"算法可计算函数都是递归函数"论题），形成"丘奇–图灵论点"，相当完善地解决了可计算函数的精确定义问题，即能够在图灵机上编出程序计算其值的函数，为数理逻辑的发展起到巨大的推动作用，对计算理论的严格化、为计算机科学的形成和发展都具有奠基性的意义。

可计算性理论中的基本思想、概念和方法，被广泛应用于计算机科学的各个领域。建立数学模型的方法在计算机科学中被广泛采用。递归的思想被用于程序设计，产生了递归过程和递归数据结构，也影响了计算机的体系结构。

1.4.2　计算复杂性

计算复杂性是使用数学方法研究各类问题的计算复杂性的学科。它研究各种可计算问题在计算过程中资源（如时间、空间等）的耗费情况，以及在不同计算模型下，使用不同类型资源和不同数量的资源时，各类问题复杂性的本质特征和相互关系。

1．计算复杂性概述

用计算机解决问题时，计算复杂性是指利用计算机求解问题的难易程度，反映的是问题的固有难度。而算法复杂性是针对特定算法而言的，同样一个问题，不同的算法，在机器上运行时所需要的时间和空间资源的数量时常相差很大。一个算法复杂性的高低体现在运行该算法时所需的资源，所需资源越多，算法复杂性越高。对于任意给定的问题，设计复杂性尽可能低的算法是人们在设计算法时追求的一个重要目标。如果有多种算法时，原则是选择复杂性最低者。因此，分析和计算算法的复杂性对算法的设计和选用有着重要的指导意义和实用价值。

怎样才能准确刻划算法的计算复杂性呢？由此需要定义算法的复杂度来作为度量算法优劣的一个重要指标。计算复杂性的度量标准一是计算所需的步数和指令条数（称为时间复杂度），二是计算所需的存储单元数量（称为空间复杂度）。而时间和空间的复杂度与问题的规模直接相关，合理确定问题的规模参数 n，时间和空间的复杂度都可以设定是规模 n 的函数。在很多情况下，精确计算时间和空间的复杂度是很困难的，因此在计算时间和空间的复杂度是一个估计值，如 $O(n)$，其中 O 表示复杂度函数，简称时间复杂度和空间复杂度。一般情况问题的规模 n 越大导致算法消耗的时间和空间也越大，但是当 n 趋于无穷大时，$O(n)$ 函数的增长的阶是什么？这就是计算复杂度理论所要研究的主要问题。如果函数不超过多项式函数，就说算法具有多项式复杂度；函数不超过指数函数，就说算法具有指数复杂度。

常见的时间复杂度有：常数 $O(1)$、对数阶 $O(\log n)$、线性阶 $O(n)$、线性对数阶 $O(n\log n)$、平方阶 $O(n^2)$、立方阶 $O(n^3)$、k 次方阶 $O(n^k)$、指数阶 $O(2^n)$ 等类型。

当 n 充分大时，上述不同类型的复杂度递增排列的次序为：

$$O(1) < O(\log n) < O(n) < O(n\log n) < O(n^2) < O(n^3) < \cdots < O(n^k) < O(2^n)$$

显然，时间复杂度为指数阶 $O(2^n)$ 的相对大，算法效率极低，当 n 稍大时，算法短时间内导致时间复杂度增至过大而无法实际应用该算法。

类似于时间复杂度的讨论，一个算法的空间复杂度定义为该算法所耗费的存储空间，也是问题规模 n 的函数。在计算上，算法的时间复杂度和空间复杂度合称为算法的复杂度。

分析一个算法的空间复杂度，除了考察数据所占用的空间外，应该分析可能用到的额外空间。随着计算机存储容量的增加，人们对算法空间复杂度分析的重视程度要小于时间复杂度的分析。

随着计算机技术的快速发展，计算机的运算速度和存储容量已经提高了若干个数量级，时间复杂度和空间复杂度的问题在有些情况下显得不再那么重要。相反，基于互联网的应用，由于需要经过网络传输大量的数据，因此算法所产生的文件大小问题成为一个重点问题。比如，压缩标准产生的图像、视频文件的大小等。

2. P 问题与 NP 问题

在计算科学里面，一般可以将问题分为可求解问题和不可求解问题。不可求解问题也可进一步分为两类：一类如停机问题，的确不可求解；另一类虽然有解，但时间复杂度很高。假如一个算法需要数月甚至数年才能求解一个问题，那肯定不能被认为是有效的算法。例如，"汉诺塔求解"问题（参见 1.5.2 节），其求解算法的时间复杂度为 $O(2^n)$ 问题。当盘片 $n=50$ 时，使用运算速度为每秒 100 万次的计算机来求解，大约需要 36 年；盘片 $n=60$ 时，则需要 366 个世纪的时间才能求出结果。显然，耗时是非常恐怖的。理论上这类是有解的问题，但事实上它是时间复杂度巨大的问题，人们称之为难解型（Intractable）问题。对于计算机来说，这类问题本质上是不可计算的。

通常根据问题求解算法的时间复杂度对问题进行分类。如果问题求解算法的时间复杂度是该问题实例规模 n 的多项式函数，则这种可以在多项式时间内解决的问题属于多项式问题（Polynomial，简称 P 问题）。通俗地称所有复杂度为多项式时间的问题为易解问题，否则称为非确定性多项式问题（Nondeterministic Polynomial，简称 NP 问题），即算法的时间复杂度是多项式函数，但是在多项式时间内不能解决。

（1）P 问题

P 问题是指问题在 $O(n^2)$ 内的多项式时间内解决，或者说，这个问题有多项式的时间解。确定一个问题是否是多项式问题，在计算科学中显得非常重要。已经证明，多项式问题是可计算的问题。因为除了 P 问题之外的问题，其时间复杂度都很高，也就是求解问题需要的时间太多。

因此，P 问题成为了区分问题是否可以被计算机求解的一个重要标志。从这个角度来说，了解 P 问题是学习、理解计算思维的本质需要。

（2）NP 问题

NP 问题是指算法时间复杂度不能使用确定的多项式来表示，或者说，很难找到用多项式表示的时间复杂度，通常它们的时间复杂度都是指数形式，如 $O(2^n)$、$O(n!)$ 等问题，汉诺塔问题、旅行商问题等，就是这类 NP 问题。

如果算法不存在多项式的时间复杂度内的解，但理论上有解决方案，只是时间复杂性太大，甚至无实用价值，如汉诺塔问题，称为 NP 难度问题。NP 难度问题计算的时间随问题的复杂度呈指数的增长，很快便变得不可计算了。

若目前尚未找到多项式的时间复杂度内的解，但是也未证明不存在，如旅行商问题，称为 NP 完全问题。NP 完全问题所有可能的答案都可以在多项式时间内进行正确与否的验算。

麻烦的是，现实中确实有很多 NP 问题需要找到有效算法，怎么办？一种思路是尽量减少时间复杂度中指数的值，可以节省大量的时间；另一种思路就是寻求问题的近似解，以期得到一个可接受的，明显是多项式时间的算法。

可计算与计算复杂性理论告诉我们，一个问题理论上是否能行，取决于其可算性，而现实是否能行，则取决于其计算复杂性。

1.4.3　计算模型——图灵机

计算模型是指用于刻画计算概念的抽象形式系统或数学系统。计算模型为各种计算提供了硬件和软件界面，在模型的界面约定下，设计者可以开发整个计算机系统的硬件和软件支持，从而提高整个计算系统的性能。

1936 年，图灵在可计算性理论的研究中，提出了一个通用的抽象计算模型，即图灵机。图灵的基本思想是用机器来模拟人们用纸和笔进行数学运算的过程，他把这样的过程归结为两种简单的动作：①在纸上写上或擦除某个符号（思考：读写执行）；②把注意力从纸上的一个位置移动到另一个位置（下一个动作：状态变化）。这两种动作重复进行。这是一种状态的演化过程，从一种状态到下一种状态，由当前状态和人的思维来决定，这与人下棋的思考类似，其实这是一种普适思维。为了模拟人的这种运算过程，图灵构造了一台抽象的机器，即图灵机（Turing Machine）。图灵机是一种自动机的数学模型，这种模型有多种不同的画法，根据图灵的设计思想，可以将图灵机概念模型表示为图 1-13 所示的形式。

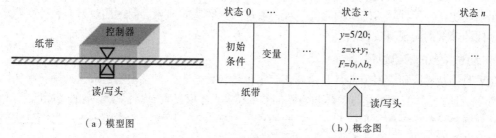

（a）模型图　　　　　　　　　　　　　（b）概念图

图 1-13　图灵机模型和概念示意图

该机器由以下几部分组成：

① 一条无限长的纸带。纸带被划分为一个连一个的方格，每个格子可用于书写符号和运算。纸带上的格子从左到右依次被编号为 0、1、2，……纸带的右端可以无限伸展。

② 一个读/写头。读/写头可以读取格子上的信息，并能够在当前格子上书写、修改或擦除数据。

③ 一个状态寄存器（控制器）。它用来保存当前所处的状态。图灵机所有可能状态的数目是有限的，并且有一个特殊的状态，称为停机状态。

④ 一套控制规则。根据当前读/写头所指的格子上的符号和机器的当前状态来确定读/写头下一步的动作，从而进入一个新的状态。

显然，图灵机可以模拟人类所能进行的任何计算过程。计算模型的目标是要建立一台可以计算的机器，也就是说将计算自动化。图灵机的结构看上去是朴素的，看不出和计算自动化有什么联系。但是，如果把上述过程形式化，计算过程的状态演化就变成了数学的符号演算过程，通过改变这些符号的值即可完成演算。而每一个时刻所有符号的值及其组合，则构成了一个特定的状态，只要能用机器来表达这些状态并且控制状态的改变，计算的自动化就实现了。与输入字和输出字一样存储在机器里，就构成了电子计算器。这开创了"自动机"这一学科分支，促进了电子计算机的研制工作。在给出通用图灵机的同时，图灵就指出：通用图灵机在计算时，其"机械性的复杂性"是有临界限度的，超过这一限度就要增加程序的长度和存储量。这种思想开启了后来计算机科学中计算复杂性理论的先河。

1936 年，图灵在论文《论可计算数及在密码上的应用》中，严格地描述了计算机的逻辑结构和原理，从理论上证明了现代通用计算机存在的可能性，图灵把人在计算时所做的工作分解成简单的动作，由此机器需要：①存储器，用于存储计算结果；②一种语言，表示运算和数字；③扫描；④计算意向，即在计算过程中下一步打算做什么；⑤执行下一步计算等部件和步骤。

具体到每一部计算，则分成：①改变数字和符号；②扫描区改变，如往左进位和往右添位等；③改变计算意向等。这就是通用图灵机的思想。

1.4.4 求解问题过程

在人们的研究、工作和生活中会遇到各种各样的问题。尤其是从自然科学到社会科学，从科学研究到生产生活实践，都存在着问题。可以说，人们的一切活动都是一个不断提出问题、发现问题和解决问题的过程。问题求解就是要找出解决问题的方法，并借助一定的工具得到问题的答案和达到最终目标。能够发现问题和提出问题是一个人素质和能力的重要表现，如果能够通过基础学习和专业学习具备找到解决问题方法，借助于计算机解决问题是更重要的技能和方式方法。

目前，用计算机求解问题的领域包括求解数值处理、数值分析类问题，求解物理学、化学、生物学、医学问题，以及艺术领域、历史文化、心理学、经济学、金融、交通和社会学等学科中所提出的问题。利用计算机求解问题的过程一般包括：问题的抽象、问题的映射、设计问题求解算法、问题求解的实现等过程。

1. 问题抽象的思维过程

随着科学技术为研究对象的日益精确化、定量化和数学化，数学模型已成为处理各种实际问题的重要工具。数学模型是连接数学与实际问题的桥梁，建模过程是从需要解决的实际问题出发，引出求解问题的数学方法，最后再回到问题的具体求解中去。所以，数学模型是一种高层次的抽象，其目的是形式化。

在人类的思维中，抽象是一种重要的思维方法。在哲学、思维和数学中，抽象就是从众多的事物中抽取出共同的、本质性的特征，而舍弃其非本质的特征。共同特征是指那些能把一类事物与他类事物区分开来的特点，又称为本质特征。例如，对苹果、梨子、橘子、葡萄做比较，它们共同的特性就是水果，从而抽象出水果这一概念。

建立数学模型的一般步骤如下：

① 模型准备阶段：观察问题，了解问题本身所反映的规律，初步确定问题中的变量及其相互关系。

② 模型假设阶段：确定问题所属于的系统、模型类型以及描述系统所用的数学工具，对问题进行必要的、合理的简化，用精确的语言做出假设，完成数学模型的抽象过程。

③ 模型构成阶段：对所提出的假设进行扩充和形式化。选择具有关键作用的变量及其相互关系，进行简化和抽象，将问题所反映的规律用数字、图表、公式、符号等进行表示，然后经过数学的推导和分析，得到定量的和定性的关系，初步形成数学模型。

④ 模型确定阶段：首先根据实验和对实验数据的统计分析，对初始模型中的参数进行估计，然后还需要对模型进行检验和修改，当所有建立的模型被检验、评价、确认其符合要求后，模型才能被最终确定接受，否则需要对模型进行修改。

建立模型过程中的思维方法就是对实际问题的观察、归纳、假设，然后进行抽象，其中专业知识是必不可少的，最终将其转化为数学问题。对某个问题进行数学建模的过程中，可能会涉及许多数学知识，模型的表达形式不尽相同，有的问题的数据模型可能是一种方程形式，有的可能是一种图形形式，也可能是一种文字叙述的方案，有步骤和流程。总之，是用文字、字母、数字及其他数学符号建立起来的等式或不等式以及图表、图像、框图、数学结构表达式对实际问题本质属性的抽象而又简洁的刻画。

例如，18 世纪初，在普鲁士的哥尼斯堡（现在为俄罗斯加里宁格勒）七桥问题是数学家欧拉（L.Euler）用抽象的方法探究并解决实际问题的一个典型实例。

在哥尼斯堡城的一个公园里，普雷格尔河从中穿过，河中两个小岛，有七座桥把两个小岛与河岸连接起来，其中岛与河岸之间架有六座桥，另一座桥则连接着两个岛，如图 1-14（a）所示。城中的居民和大学生经常沿河过桥散步。有人提出一个问题，一个步行者怎样才能不重复、不遗漏地一次走完七座桥，再回到起点。这就是著名的哥尼斯堡七桥问题。

1736 年，29 岁的欧拉在解答问题时，从千百人次的失败中，已洞察到也许根本不可能不重复地一次走遍这七座桥。最终他向圣彼得堡科学院递交了关于哥尼斯堡的七桥问题的论文《与位置相关的一个问题的解》。在论文中，欧拉将七桥问题抽象出来，把每一块陆地假设为一个点，连接两块陆地的桥用线表示，并由此得到了如图 1-14（b）所示的几何图形。他把问题归结为图 1-14（b）所示的"一笔画"的数学问题，用数学方法证明了这样的回路不存在，即从任意一点出发不重复地走遍每一座桥，最后再回到原点是不可能的。由此，欧拉开创了数学的一个新的分支：图论（Graph Theory）。图论的创立为问题求解提供了一种新的数学理论和一种问题建模的重要工具，越来越受到数学界和工程界的重视。

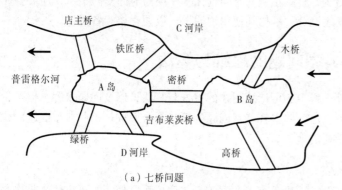
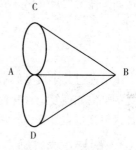

（a）七桥问题　　　　　　　　　　　（b）七桥问题的图形抽象

图 1-14　哥尼斯堡七桥问题

2. 问题的映射过程

以上问题的抽象思维过程是由人对客观事物的分析和理解过程，并且用模型和形式化表达出来。如果用计算机来解决问题，这种人的表达方式如何能让计算机理解，并执行处理呢？这就是问题的映射，即把实际问题转化为计算机求解问题。

问题的映射是将客观世界的问题求解映射到计算机中求解。也就是将人对问题求解中进行的模型化或形式化转化为能够在计算机（CPU 和内存）中处理的算法和问题求解。世界上各种事物都可以理解为事物对象，事物对象映射到计算机中求解问题就是问题对象，实际上，当问题对象在计算机内部的内存空间存储和在 CPU 中调用操作执行时可称为实体或运行中的实体（进程）。因此，客观世界中的事物对象，借助于计算机求解问题，最终都将映射到计算机中由实体及实体之间的关系构成。

在具体的问题映射过程中，是利用计算机求解问题的某种计算机语言和算法将事物对象构造为问题对象以及关系和结构，确定求解算法、流程或步骤，这些问题对象能够在计算机中形成实体和某些操作的过程。计算机中实体的解空间，就是问题的解空间。因此，开发软件进行问题求解的过程就是人们使用计算机语言将现实世界映射到计算机世界的过程，即实现问题域→建立模型→编程实现→到计算机世界执行求解的过程。

3. 设计问题求解算法

计算机求解问题的具体过程可由算法进行精确描述，算法包含一系列求解问题的特定操作，具有如下性质：

① 将算法作用于特定的输入集或问题描述时，可导致有限步动作构成的动作序列。

② 该动作序列具有唯一的初始动作。

③ 序列中的每一动作具有一个或多个后继动作。

④ 序列或者终止于某一个动作，或者终止于某一个陈述。

算法代表了对问题的求解，是计算机程序的灵魂，程序是算法在计算机上的具体实现。

4. 问题求解的实现

问题求解的实现是利用某种计算机语言编写求解算法的程序，将程序输入计算机后，计算机将按照程序指令的要求自动进行处理并输出计算结果。

使得程序能够在计算机中顺利执行下去，还需要进行两项工作：

① 排除程序中的错误，程序能够顺利通过。

② 测试程序，使程序在各种可能情况下均能正确执行。

这两项工作被称为程序调试或测试，它所花费的时间远比程序编写时间多。最后，还需要完成帮助文件给用户使用，以及完成程序设计、维护和使用说明书，以便存档和备查。

1.5 典型问题的思维与算法

本节通过几个典型问题说明计算学科中的可计算问题的思维与算法，以及问题求解。但不论最终的算法如何复杂，它们通常都可以由一些求解基本问题的算法组合而成。这些典型问题的代表性求解技术在计算机科学中占有重要的地位。

1.5.1 数据有序排列——排序算法

在计算中常有大量数据的排序问题，因为只有对数据进行排序，后续使用才更方便。排序是给定的数据集合中的元素按照一定的标准来安排先后次序的过程。具体来说是将一种"无序"的记录序列调整为"有序"的记录序列的过程。由于次序是人们在日常生活中经常遇到的问题，排序问题在计算学科中占有重要的地位。计算机科学家对排序算法的研究经久不衰，目前已经提出了十几种排序算法，如插入排序、冒泡排序、选择排序、快速排序、归并排序、基数排序和希尔排序等。每种排序算法对空间的要求及其时间效率也不尽相同。前面所列的几种排序算法中，插入排序和冒泡排序被称为简单排序，它们对空间的要求不高，但是时间效率却不稳定；而其后的3 种排序相对于简单排序而言对空间的要求稍高一点，但是对时间效率却能稳定在很高的水平。在实际应用中，通常需要结合具体的问题选择合适的排序算法。

冒泡排序（Bubble Sort）是一种最简单的排序算法，如图 1–15 所示。它的基本思想是反复扫描待排序数据序列（数据表），在扫描过程中相邻两两顺次比较大小，若逆序（第一个比第二个大）就交换这两个数据的位置。例如，[56,34]的第 $i=1$ 轮第 $j=1$ 次扫描，前者大于后者交换，则[56,34]→[34,56]。所以，冒泡排序是相邻比较，逆序交换，这个算法的名字由来是因为越大的数会经由交换慢慢"浮出"，出现在数据表的后面，形成由小到大的递增顺序。

循环（行）i	n = 5 个数	两两比较循环（列）j	比较次数（n−i）
第 1 轮	初始排序数据表	[56　34　78　21　9]	j=1 到 4　4 次
第 2 轮	第 1 轮两两比较 4 次后结果	[34　56　21　9]　78	j=1 到 3　3 次
第 3 轮	第 2 轮两两比较 3 次后结果	[34　21　9]　56　78	j=1 到 2　2 次
第 4 轮	第 3 轮两两比较 2 次后结果	[21　9]　34　56　78	j=1　1 次
	第 4 轮两两比较 1 次后结果	[9]　21　34　56　78	
	最后排序结果表	[9　21　34　56　78]	

i：由 1 到 4 （n−1）

图 1-15　冒泡排序算法过程

计算机中进行数据处理时，经常需要进行查找数据的操作，数据查找的快慢和数据的组织方式关系密切。排序是一种有效的数据组织方式，为进一步快速查找数据提供了基础。不同的排序算法在时间复杂度和空间复杂度方面不尽相同，计算机所要处理的往往是海量数据，因此在实际应用时需要结合实际情况合理选择采用适合问题的排序方法并加以必要的改进。

冒泡排序算法由一个双层循环控制，算法的时间复杂度由输入的规模（排序数据个数 n）决定，即对于 n 个待排序数最多需要 n−1 轮，每一轮最大需要 n−1 次比较，共需要 $f(n)=(n-1)(n-1)/2$ 次的比较，时间复杂度是 $O(n^2)$。

1.5.2　汉诺塔求解——递归思想

汉诺塔问题（也称为梵塔）是印度的一个古老传说：在世界中心贝拿勒斯（位于印度北部）的圣庙里，一块黄铜板上插着三根宝石针（柱子）。在其中一根针上从下到上穿好了由大到小的 64 个金片，不论白天黑夜，总有一个僧侣按照下面的法则移动这些金片：

① 一次只移动一片，且只能在宝石针上来回移动。

② 不管在哪根针上，小片必须在大片上面。

计算机科学中的递归算法是把问题转化为规模缩小了的同类问题的子问题的求解。例如，一个过程直接或间接调用自己本身，这种过程为递归过程，如果是函数为递归函数。汉诺塔问题是一个典型的递归求解问题。根据递归方法，可以将 64 个金片搬移转化为求解 63 个金片搬移，如果 63 个金片搬移能被解决，则可以先将前 63 个金片移动到第二根宝石针上，再将最后一个金片移动到第三根宝石针上，最后再一次将前 63 个金片从第二根宝石针上移动到第三根宝石针上。依此类推，63 个金片的汉诺塔问题可转化为 62 个金片搬移，62 个金片搬移可转化为 61 个金片的汉诺塔问题，直到转换到了 1 个金片前，此时可直接求解。

解决方法如下：假设 3 个柱子为 A、B、C。

① 当 n=1 时为 1 个圆盘，将编号为 1 的圆盘从 A 柱子移到 C 柱子上即可。

② 当 n>1 时为 n 个圆盘，需要利用 B 柱子作为辅助，设法将 n−1 个较小的盘子按规则移到 B 柱子上，然后将编号为 n 的盘子从 A 柱子移到 C 柱子上，最后将 n−1 个较小的盘子移到 C 柱子上。

如图 1-16 所示，有 n = 3 个盘子，通过递归共需要 7 次完成 3 个圆盘从 A 柱子移动至 C 柱子。

按照这样的计算过程，64 个盘子，移动次数是 $f(n)$，显然 $f(1)=1$，$f(2)=3$，$f(3)=7$，且 $f(k+1)=2\times f(k)+1$（此就是递归函数，自己调用自己）。此后不难证明 $f(n)=2^n-1$，时间复杂度是 $O(2^n)$。

当 n=64 时，$f(64)=2^{64}-1=18\ 446\ 744\ 073\ 709\ 551\ 615$（次）。

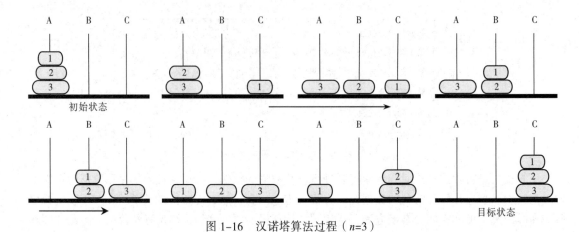

图 1-16　汉诺塔算法过程（$n=3$）

假如每秒移动一次，共需要多长时间呢？一年平均为 365 天，有 31 536 000 s，则

$$18\ 446\ 744\ 073\ 709\ 551\ 615/31\ 536\ 000 = 584\ 942\ 417\ 355\ \text{年}$$

这表明，完成这些金片的移动需要 5 849 亿年以上，而地球存在至今不过 45 亿年，太阳系的预期寿命据说也就是数百亿年。因此，这个实例的求解计算在理论上是可行的，但是由于时间复杂度问题，实际求解 64 个盘片的汉诺塔问题则并不一定可行。从时间复杂度来看，该问题为 NP 中的 $O(2^n)$ 问题。

1.5.3　国王婚姻问题——并行计算

很久以前，有一个酷爱数学的年轻国王叫艾述，他聘请了当时最有名的数学家孔唤石当宰相。邻国有一位聪明美丽的公主，名字叫秋碧贞楠。艾述国王爱上了这位邻国公主，便亲自登门求婚。公主说："你如果向我求婚，请你先求出 $n=48\ 770\ 428\ 433\ 377\ 171$ 的一个真因子，一天之内交卷"。艾述听罢，心中暗喜，心想：我从 2 开始，一个一个地试，看看能不能除尽这个数，还怕找不到这个真因子吗？（真因子是除了它本身和 1 以外的其他约数）。

艾述国王十分精于计算，他一秒就算完一个数。可是，他从早到晚，共算了几万个数，最终还是没有结果。国王向公主求情，公主将答案相告：223 092 827 是它的一个真因子。国王很快就验证了这个数确能除尽 n。

公主说："我再给你一次机会，如果还求不出，将来你只好做我的证婚人了"。国王立即回国，召见宰相孔唤石，大数学家在仔细地思考后认为这个数是 17 位，如果这个数可以分成两个真因子的乘积，则最小的一个真因子不会超过 9 位。于是他给国王出了一个主意：按自然数的顺序给全国的老百姓每人编一个号，等公主给出数目后，立即将他们通报全国，让每个老百姓用自己的编号去除这个数，除尽了立即上报，赏黄金万两。于是，国王发动全国上下的民众，再度求婚，终于取得成功。

在该故事中，国王采用了顺序求解的计算方式（一人计算），所耗费的计算资源少，但需要更多的计算时间，而宰相孔唤石的方法则采用了并行计算方式（多人计算），耗费的计算资源多，效率大大提高。

并行计算是提高计算机系统数据处理速度和处理能力的一种有效手段，并行计算基本思想是：用多个处理器来协同求解同一问题，既将被求解的问题分解成若干部分，各部分均由一个独立的处理器来计算，整体形成并行计算。并行计算将任务分离成离散部分是关键，这样才能有助于同时解决，从时间耗费上优于普通的串行计算方式，但这也是以增加了计算资源耗费所换得的。可见，串行计算算法的复杂度表现在时间方面，并行计算算法的复杂度表现在空间资源方面。

并行处理技术分为 3 种形式：① 时间并行，指时间重叠；② 空间并行，指资源重复；③ 时间并行和空间并行，指时间重叠和资源重复的综合应用。

1.5.4　旅行商问题——最优化思想

旅行商问题又称旅行推销员问题、货郎担问题。通常描述是：一位商人去 n 个城市推销货物，所有城市走一遍后，再回到起点，问如何事先确定好一条最短的路线，使其旅行的费用也最少，这就是最优化思想。该问题规则虽然简单，但在地点数增多后求解却极为复杂。

人们在解决这类问题时，一般首先想到的最原始的方法是：列出每一条可供选择的路线，计算出每条路线的总里程，最后从中选出一条最短的路线。如图 1-17 所示，假设给定 4 个城市 A、B、C、D 相互连接，间距已知。由以下路径的总距离可以求出来：

① 路径 ABCDA 的总距离是：4.5+2.5+4.5+2.5=14.0；
② 路径 ABDCA 的总距离是：4.5+6.0+4.5+5.5=20.5；
③ 路径 ACBDA 的总距离是：5.5+2.5+6.0+2.5=16.5；
④ 路径 ACDBA 的总距离是：5.5+4.5+6.0+4.5=20.5；
⑤ 路径 ADBCA 的总距离是：2.5+6.0+2.5+5.5=16.5；
⑥ 路径 ADCBA 的总距离是：2.5+4.5+2.5+4.5=14.0。

不难看出，可供选择的路线共有 6 条，从中很快可以选出一条总距离最短的路线为①或⑥，总里程为 14.0。

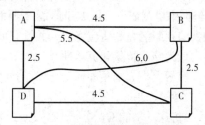

图 1-17　四城市交通图（$n=4$）

由此推算，当城市数目为 n，每个城市都有道路连接时，那么组合路径数则为$(n-1)!$。显然当 n 较小时，$(n-1)!$ 并不大，但随着城市数目的不断增加，组合路径数呈指数级数规律急剧增长。以 20 个城市为例，组合路径数则为 $(20-1)! \approx 1.216 \times 10^{17}$，路径数量之大，几乎难以计算出来，时间复杂度属于 $O(n!)$。若计算机每秒检索 1 000 万条路线的速度计算，也需要花上 386 年的时间，这就是所谓"组合爆炸"问题。目前计算机还没有确定的高效算法来求解它。

2010 年 10 月 25 日，英国伦敦大学皇家霍洛韦学院等机构研究人员的最新研究认为，在花丛中飞来飞去的小蜜蜂显示出了轻易破解"旅行商问题"的能力，即小蜜蜂在新的环境下，很快能找到采蜜的最优路径。如果能理解蜜蜂怎样做到这一点，将有助于人们改善交通规划和物流等领域的工作，对人类的生产、生活将有很大帮助。

最优化方法用于研究各种有组织系统的管理问题及其生产经营活动，对所研究的系统，求得一个合理运用人力、物力和财力的最佳方案，发挥和提高系统的效能及效益，最终达到系统的最优目标。旅行商问题是最优化中的线性规划问题中的运输问题，也可以采用最优化中的动态规划算法。最优化理论与方法也已成为了现代管理科学中的重要理论基础和不可缺少的方法。例如，如何规划最合理高效的道路交通，以减少拥堵；如何更好地规划物流，以减少运营成本；如何在互联网环境中更好地设置节点，以更好地让信息流动等。

1.5.5　计算思维的应用

计算思维是每个人都应具备的基本技能，同时也是创新人才的基本要求和专业素质，代表着一种普遍的认识和一类普适性的技能。计算思维并不仅仅限于计算机科学家，基于计算思维所产生的新思想、新方法都会对自然科学、工程技术以及社会经济等广大领域产生深刻影响。计算思维正在或已经渗透各个学科、各个领域，并正在潜移默化地影响和推动着各领域的发展，成为一种发展趋势。以下介绍的是其中的某些方面。

1. 生物学

在生物学中，生物计算机（Biological Computer）是人类期望在 21 世纪完成的伟大工程，它是计算机学科中最年轻的一个分支。目前的研究方向大致如下：

一是研究分子计算机或生物计算机，也称仿生计算机，它是制造有机分子元件去代替目前的半导体逻辑元件和存储元件。即以生物工程技术产生的蛋白质分子作为生物芯片来替代晶体管，利用有机化合物存储数据所制成的计算机。信息将以分子代码的形式排列于 DNA 上，特定的酶可充当"软件"完成所需的各种信息处理工作。生物计算机芯片本身具有并行处理的功能，功能可与超级计算机媲美，其运算速度要比当今最新一代的计算机快 10 万倍，并且能量消耗仅相当于普通计算机的十亿分之一，存储信息的空间仅占百亿亿分之一。

二是研究人脑结构和思维规律，再构想生物计算机的结构。大脑是最复杂的生物器官，也是最神秘的"计算机"。即使今天最快的超级计算机，在重要的智能方面也不及人脑。了解大脑的生物学原理，包括从遗传基础到神经网络机制研究，是 21 世纪最主要的科学挑战之一。生物计算机又称第六代计算机，是模仿人的大脑判断能力和适应能力，并具有可并行处理多种数据功能的神经网络计算机。第六代计算机将类似人脑的智慧和灵活性。

另一方面，人脑研究是试图去解析人类大脑是如何工作的，并将它应用在新一代计算机中的人工智能方面。例如，有人提出，"大脑皮层并不像是处理器，而更像是一个存储系统用以储存和回放经验，并对未来预测"，认为模仿这一功能的"分层时空记忆"计算机平台可以有新的突破，并且可以延长人类的智慧。

在人类基因组测序中，用霰弹枪算法（Shotgun Algorithm）大大提高了测序的速度。它不仅具有能从海量的序列数据中搜索模式规律的本领，而且还能用体现数据结构和算法（指计算抽象和算法）自身的功能方式来表达蛋白质的结构。没有计算机的帮助，人类是无法完成基因组测序的。

2. 物理学

在物理学中，物理学家和工程师们仿照经典计算机处理信息的原理，对量子比特（Qubit）中包含的信息进行控制，比如说控制一个电子或原子核自旋的上下取向。与现在的计算机进行比对，量子比特能同时处理两个状态，这就意味着它能同时进行两个计算过程，这将赋予量子计算机超凡的能力，远远超过今天的计算机。

3. 化学

在化学中，理论化学泛指采用数学方法来表述化学问题，而计算化学作为理论化学的一个分支，架起了理论化学和实验化学之间的桥梁，它主要以分子模拟为工具实现各种核心化学的计算问题。例如，用原子计算探索化学现象；用优化和搜索寻找优化化学反应条件和提高产量的物质。计算化学是化学、计算方法、统计学和程序设计等多学科交叉融合的一门新兴学科，它利用数学、统计学和程序设计等方法，进行化学与化工的理论计算、实验设计、数据与信息处理、分析和预测等。

计算化学的主要研究领域有：化学中的数值计算，化学数值模拟、建模模型和预测，化学中的模式识别，化学数据库及检索，化学专家系统。

随着计算机技术的不断进步和发展，将更加促进化学的变革和发展，推进化学科学技术的深入开展。同时，计算机技术在化学领域也将有更加广泛的发展前景。

4. 数学

在数学上，发现了李群 E8（Lie Group E8），困扰数学界长达 120 年，曾经一度被视为"一项不可能完成的任务"的数学难题。18 名世界顶级数学家凭借他们不懈的努力，借助超级计算机，历时 4 年 77 h，处理了 2 千亿个数据，完成了世界上最复杂的数学结构之一的李群 E8 的计算过程。如果在纸上列出整个计算过程所产生的数据，其所需用纸面积可以覆盖整个曼哈顿。

此外，借助计算机辅助证明了四色定理。四色定理是世界三大数学猜想之一，是一个著名的数学定理，它是由英国伦敦大学的学生古德里（Francis Guthrie）搞地图着色工作时提出来的，通俗的说法是：每个平面地图都可以只用 4 种颜色来染色，而且没有两个邻接的区域颜色相同。1976 年 6 月，在美国伊利诺斯大学哈肯与阿佩尔合作编制的程序，在两台不同的电子计算机上，用了 1 200 h，做了 100 亿次判断，结果没有一张地图是需要五色的，最终完成了四色定理的证明，使这一百多年来吸引许多数学家与数学爱好者的问题得以解决，轰动了世界。

5. 工程领域

在电子、土木、机械等工程领域，计算高阶项可以提高精度，进而降低重量、减少浪费并节省制造成本。波音 777 飞机完全采用计算机模拟测试，没有经过风洞测试。

6. 经济学

在经济学中，自动设计机制是把机制设计作为优化问题并且通过线性规划来解决。它在电子商务中广泛采用（广告投放、在线拍卖等）。另一个实例就是麻省理工学院的计算机科学博士在华尔街作金融分析师。

7. 社会科学

在社会科学中，像 MySpace 和 YouTube 网站，以及微信平台等的发展壮大原因之一就是因为它们应用网络提供了社交平台，记录人们社交信息，了解社会趋势和问题；统计机器学习被用于推荐和声誉排名系统，例如 Netflix 和联名信用卡等。

8. 法学

斯坦福大学的 CL 方法应用了人工智能、时序逻辑、状态机、进程代数、Petri 网等方面的知识；欺诈调查方面的 POIROT 项目为欧洲的法律系统建立了一个详细的本体论结构等。

9. 医疗

利用机器人手术、机器人医生能更好地治疗自闭症；电子病历系统需要隐私保护技术；可视化技术使虚拟结肠镜检查成为可能等。

10. 环境、天文科学

大气科学家用计算机模拟暴风云的形成来预报飓风及其强度。最近计算机仿真模型表明空气中的污染物颗粒有利于减缓热带气旋。因此，与污染物颗粒相似但不影响环境的气体溶胶被研发并将成为阻止和减缓这种大风暴的有力手段。

在天文学中，天上恒星的年龄问题上很难给出定论，因为恒星的年龄关系到它所能支持的生命形式。办法是依据恒星旋转速度的变慢来推算恒星的年龄。目前先算出已有不同年龄层次的恒星年龄和旋转速度间的关系，再进行推理、建模。相信不久之后，恒星的年龄之谜就会揭开。

11. 娱乐

梦工厂用惠普的数据中心进行电影"怪物史莱克"和"马达加斯加"的渲染工作；卢卡斯电影公司用一个包含200个节点的数据中心制作电影"加勒比海盗"。在艺术中，戏剧、音乐、摄影等各方面都有计算机的合成作品，很多都可以以假乱真，甚至比真的还动人。

12. 历史文化

物质文化遗产数字化，利用数字技术对文化遗产进行数字化记录和传播。主要采用虚拟现实技术和三维图形技术，通过计算机对古代建筑、遗址、文物等进行复原、展示仿真和体验，具有多感知性、沉情感、交互性、构想性等特点。对挖掘古建筑价值、传承物质文化有着重要的作用。

此外，当实验和理论思维无法解决问题的时候，在对各种问题的求解过程中可以使用模拟技术。大量复杂问题的求解、宏大系统的建立，大型工程的组织都可通过计算机来模拟。包括计算流体力学、物理、电气、电子系统和电路，甚至同人类居住地联系在一起的社会和社会形态，当然还有核爆炸、蛋白质生成、大型飞机、舰艇设计等，都可以应用计算思维借助现代计算机进行模拟。

而在日常生活中，当小朋友早晨去上学时，他把当天所需的东西放进背包，这就是"预置和缓存"；当有人弄丢了自己的物品，建议他沿着走过的路线寻找，这就叫"回溯"或"回推"；在什么时候停止长期租用的物品而为自己买一个呢？这就是"在线算法"；在超市付费时，应当去排哪一个队？这就是"多服务器系统"的性能模型；为什么停电时电话仍然可以用呢？这就是"失败的无关性"和"设计的冗余性"。中国人常讲"晴带雨伞，饱带饥粮"这就是一种"预立"或"备份"或"预案"。

1.6　信息社会与知识社会

在社会学中，社会学家通常根据生产力的发展水平，将人类社会的发展分成以下几个阶段，即古代社会、原始社会、农业社会、工业社会和信息社会。古代社会通常是从人类出现算起，在距今大约500～700万年之间。大约始于5万年前，即原始人狩猎和捕鱼的初始时期，称为原始社会。农业社会大约始于公元前4000年，是一种以农牧业为主的开垦荒地、种植谷物的农业经济。工业社会始自18世纪中叶工业革命，工业革命又称产业革命，它是以机器取代人力，以大规模工厂化生产取代个体工厂手工生产的一场生产与科技革命。

1765年，英国工人詹姆斯·哈格里夫斯发明了的珍妮纺纱机，揭开了工业革命的序幕。1769年英国人瓦特改良了蒸汽机，从此，一系列技术革命引起了从手工劳动向动力机器生产转变的重大飞跃。出现了现代纺织、轻工、钢铁、汽车、化工和建筑等主要产业，城市化和劳动分工专业化不断发展，产生了相应的教育、医疗、保险、服务等现代社会机构与制度，人类社会迈入工业现代社会。到20世纪中期，人类社会开始进入后工业社会，后工业社会的主要特征是自动化和信息化，这也预示着信息社会的到来。

1.6.1　信息和信息社会

1946年，电子计算机问世，使得信息技术的快速发展，人类社会经历着一场从工业社会向信息社会、知识社会的根本转变。

1．信息的概念

我们生活在充满信息的世界里，报纸、杂志、手机、电视和网络上传播着大量信息，通过语言、文字、符号、图像、声音和视频等方式来表达的数据、事实、新闻、消息、报告和知识等都是信息。人类通过信息认识各种事物，借助信息的交流沟通人与人之间的关系，互相协作，从而推动社会前进。

信息同物质、能源一样重要，是人类生存和社会发展的三大基本资源之一。就信息的定义而言有各种说法，比较一致的认识为：信息（Information）是自然界、人类社会和人类思维活动中普遍存在的一切物质和事物的属性。广义地说，信息就是人类的一切生存活动和自然存在所传达出来的信号和消息。一切存在都有信息，信息的积累和传播是人类文明进步的基础。

前面谈到美国科学家香农 1948 年发表了著名的《通信的数学原理》一文，使得信息论从此诞生，香农也因此成为信息论的奠基人。

2．信息与数据

数据（Data）是指客观世界中记录下来的各种各样的物理符号及其组合，是信息的具体表现形式，反映了信息的内容。

数据是信息的载体，数据中包含着信息。例如，数值、文字、声音、图形、图像、视频等都是可识别的不同形式的数据，这些数据中是否包含有信息，要看表达的方式或"挖掘"的能力或认知者的"鉴赏力"。因此，信息是指数据中有用的知识，需要去挖掘，即处理加工。信息既是各种事物的变化和特征的反映，又是事物之间相互作用和联系的表征。而另一概念信号是数据在媒体中的传播形式，属于通信系统中物理层的概念，如数字信号、模拟信号等，在后续章节中会讲解。

3．信息与知识

当数据以某种形式经过处理、描述或与其他数据比较时，才能成为信息，而知识是指人类的认识成果，如规则等，表现为判断、推理、决策等。例如，数据 39，其本身是没有意义的，"39℃"则表示温度，若"某地气温达到 39℃"或病历卡上记载"某个病人的体温为 39℃"则都是信息，是数据所表达的含义，是有意义的。通过知识判断可知：前者为高气温，后者为中高热体温。该结论说明，信息中包含着知识，即判断气温和体温的知识。因此，知识是符合文明方向的人类对物质世界以及精神世界探索的结果总和，也是人类在实践中认识客观世界的成果。

信息与知识的区别：知识在于创新，而信息不具有创新性。创新是时代发展的灵魂。

4．信息处理与社会

信息处理就是对信息的接收与产生、表示与存储、转化与传送，以及加工和利用、发布等，目的是对信息的分析、利用和对问题的决策。

从信息处理层面上来看，信息处理技术是一个逐渐发展、深入的过程，经历着数值处理、数据处理到现在的研究、应用开发的热点，即知识处理和智能处理及网络处理。

在这个过程中，数值处理就是数值计算，如科学计算和工程计算。数据处理的主要内容是数据库管理和查询，促进了信息系统的诞生和信息技术的飞速发展，构成了信息社会。

知识处理是对知识的表达和利用以及知识库系统的建立，使得信息处理和应用从传统的定量化问题处理向定性化问题处理迈出了关键性的步伐，使利用知识推理实现"专家"级别的管理成为可能，也使信息的存储和利用产生了质的飞跃。智能处理是信息处理技术的高级阶段，即对信息进行各种分析、识别、推理、判断、决策和问题求解等，形成具有智能特征的系统。这也是各国 10～20 年信息处理技术研究、应用和努力的方向。目前已在智能制造、机器人系统、智能玩具、模式识别等方面有较好的应用，将来会实现智能社会。

网络处理源于宽带的兴起，宽带使得信息技术真正进入了网络处理时代，实现了资源的高度共享。资源共享包括教育、科技、法律、娱乐到商业的各种信息；网络搜索也已进入智能搜索的商业运营阶段；电子商务和政务、网上银行、远程教育、高速下载等应用为政府工作、企业商务活动、学校教育等带来了极大的影响。当今社会由于网络的存在和网络处理，已构成网络社会。纵观人类科技的发展历程，少有某项技术像信息技术这样对社会产生如此巨大的影响。

5．信息化与信息社会

关于信息社会并没有一个统一的定义，几种比较典型的说法是：信息社会是指以信息技术为基础，以信息产业为支柱，以信息价值的生产为中心，以信息产品为标志的社会；信息社会是信息产业高度发展并在产业结构中占优势的社会。人类脱离工业化社会后，信息起主要作用的社会。

信息化（Informatization）是指全面发展和利用现代信息技术创造的智能工具，去改造、更新和装备社会活动的各个领域，以提高人类社会的生产、生活的效率和创造力，使物质财富和精神文明得到提高。它强调了一种信息的处理，包括信息生产、表示、存储、传递、加工和利用的过程，如工业信息化、农业信息化、商业信息化等。

在农业社会和工业社会中，物质和能源是主要资源，所从事的是大规模的物质生产。而在信息社会中，信息成为比物质和能源更为重要的资源，以开发和利用信息资源为目的的信息经济活动迅速扩大，逐渐取代工业生产活动而成为国民经济活动的主要内容。以计算机、微电子和通信技术为主的信息技术革命是社会信息化的动力源泉。

在许多时候，信息社会也常被称为知识社会，但两个概念的侧重点有不同。信息社会的概念是建立在信息技术进步和应用的基础上的，而知识社会的核心是知识和创新，它包括更加广泛的社会、伦理和政治方面的内容，信息社会仅仅是实现知识社会的手段。在知识社会，每个人都应具备必要的信息技术能力，从浩如烟海的信息海洋中获取知识。信息技术又推动着知识共享、知识创新的全球化，成为人类社会可持续发展的源泉。

1.6.2　信息社会特征

信息社会是建立在信息技术基础上的，随着信息技术的发展，信息社会的内涵也不断发展。在 20 世纪 60 年代，信息社会提出的初期，主要指通信技术、微电子技术和计算机技术。在 20 世纪 80 年代，关于信息社会的较为流行的说法是，通信化、计算机化和自动控制化（简称 3C），以及工程自动化、办公室自动化、家庭自动化（简称 3A）社会。到了 20 世纪 90 年代，随着互联网技术的快速发展，关于信息社会的说法又加上了多媒体技术和计算机网络技术等特征。不管技术如何发展，作为一种社会形态，可以从以下三方面来描述信息社会的基本特征。

1．信息时代的经济特征

通俗地说，信息经济就是"以知识为基础的经济"，因此，也可以说是知识经济。从内涵来看，知识经济是经济增长直接依赖于知识和信息的生产、传播和使用，以高技术产业为第一产业支柱，以智力资源（即人才）为首要依托的可持续发展型经济。按世界经济合作组织的说法，知识经济就是以现代科学技术为核心的，建立在知识和信息的生产、存储、使用和消费之上的经济。

知识经济的出现标志着人类社会正步入以知识资源为依托的新经济时代。在这个新时代中，知识将成为最重要的经济因素，由此引发的经济革命将重塑全球经济的格局，并将引起政治、社会的全面变革。知识经济对人们现有的生产方式、生活方式、思维方式、价值观念，包括教育、经营管理乃至领导决策等活动都将产生重大的影响。它催生了一大批新兴产业，以及新的就业形态和就业方式，如弹性工作方式、网络上办公。

传统产业通过信息化改造，生产成本降低、劳动效率提高；基于信息技术的智能化设备广泛使用，使得电信、银行、物流、电视、医疗、商业、保险等服务性行业大力发展，服务型经济成为主流。

综上所述，知识经济有以下主要特征：

① 知识经济时代，谁拥有的知识多，谁就能占领经济发展的制高点。知识经济直接依赖于知识、技术特别是高科技技术以及有价值的信息的积累和利用。因此，在生产过程中知识经济主要依靠脑力劳动或新型劳动创造价值与财富。

② 创新是知识经济的灵魂。经济效益的提高依靠有知识产权的技术，把科技成果转化为生产力。知识对产品价值的贡献占 50%以上，因此知识经济属于创造型劳动。

③ 知识生产率比劳动生产率更为重要。工业经济发展的动力主要是利润最大化和物质财富的获得，而知识经济的发展动力更重要的是精神财富的获取，其中关注更多的是知识生产率。

④ 知识经济是可持续发展的效益经济；传统农业和工业经济不是可持续发展的，是资源消耗型经济，产值越高资源消耗越多。知识经济更强调知识在经济效益中的作用，而不是简单的产品数量。

2. 社会、文化、生活方面的特征

在信息社会，数字化的生产工具在产生和服务领域广泛普及和应用。互联网成为重要的通信媒体，智能化的综合网络将遍布社会的各个角落，固定电话、移动电话、电视、计算机等各种信息化的终端设备无处不在。各种电子设备和家庭电子类消费产品都具有上网能力，人们随时随地均可获取信息。人们的生活模式、文化模式更加多样化，个性化不断加强，可供个人自由支配的时间和活动的空间大幅度提高。城市化发展出现新的特点，高速发展的信息交换促使中心城市的郊区化发展趋向，使城市从传统的单中心向多中心发展。

3. 社会观念上的特征

在信息社会，由于信息技术在社会生产、市场经营、科研教育、医疗保健、社会服务、生活娱乐以及家庭中的广泛应用，信息社会对人们的价值观念、社会道德等也会产生影响和变革。在信息社会，尊重知识的价值观念成为社会风尚；社会中人具有更积极地创造未来的意识倾向，人们的价值取向、行为方式都在默默地发生变化。

1.6.3　个人素质与信息素养

不同的社会发展阶段和生产力发展水平，对劳动者有不同的能力需求，要求劳动者具备不同的能力素质。素质是指决定一个人行为习惯和思维方式的内在特质，从广义上还可包括技能和知识。素质是一个人依据自身技能、知识能做什么、依据自己的角色、定位、自我认知想做什么和依据自我价值观、品质、动机会做什么的内在特质的组合。

能力素质模型广泛用于人力资源管理的各项业务中，如员工招聘、员工发展、工作调配、绩效评估以及员工晋升等。能力素质模型包含知识、技能和素质 3 个大的类别。不同企业对人才素质的要求是不同的。在同一个企业里，不同职务、不同岗位对人才素质也有不同的要求。

1. 能力结构

美国 21 世纪劳动委员会、美国教育技术 CEO 论坛、美国"21 世纪素质能力伙伴组织"等都对信息社会的能力素质进行了研究，认为在当今信息社会，人们应具备如下几方面的能力素质。

①　基本学习技能：熟练地进行听、说、读、写、算的能力，是信息社会对人的基本要求，只有具备这样的能力，才能在世界领域内进行科学、文化的沟通与交流。

②　终身学习能力：除了具备有效的听、说、读、写、算等基本学习技能外，还应具有继续学习和终身学习的能力。

③　信息素养：熟练掌握与运用信息技术，能够有效地对信息进行获取、分析、加工、利用、评价以及信息创造和发布。

④　创新思维能力：具有发散思维、批判思维、联想，以及抽象概括与逻辑推理等方面的创新型思维能力。

⑤　人际交往与合作能力：人际交往是彼此传播信息、沟通知识和经验、交流思想和情感的过程。良好的人际关系是获得信息的重要途径，是保证身心健康、事业成功的重要因素。

2．信息素养

所谓信息素养，是指人们利用网络和各种软件工具通过确定、查找、评估、组织和有效地生产、使用、交流信息，来解决实际问题和进行信息创造的能力。基本的信息素养已经成为学生毕业后适应信息社会的基本条件，以满足日常生活、学习和工作环境的要求，并更好地参与社会组织和其他与人交往的活动所需要的基本技能。

可以从以下四方面来理解信息素养。

①　信息意识：每个人获取和利用信息的能力与信息意识有密切的关系，一个获取和利用信息能力强的人必然是一个拥有高度信息意识的人。所谓信息意识，就是指人的信息敏感程度，是人们在生产和生活中自觉和自发的识别、获取和使用信息的一种心理状态。

②　信息知识：指人们为了获取信息和利用信息而应该掌握的与信息技术相关的知识，可以包括现代通信技术、计算机技术、网络技术、数据库技术、多媒体技术，它代表了计算科学相关的学科基本概念、知识和技能。掌握其中的主要概念和基础知识，可以为学习信息技术、使用和终身学习提供知识和能力上的储备。

③　信息能力：是指利用信息技术来解决领域实际问题和进行信息创造的能力。可以分成两方面：一是掌握计算机操作系统、常用工具软件等的使用能力，包括操作系统、常用办公软件、简单的多媒体制作工具、简单的编程环境和工具，特别是一些常用的软件工具包；二是应用互联网等现代信息基础设施的能力，了解网络基本知识，熟习互联网的使用，并能够利用互联网进行信息获取、分析、评价、加工、利用和创新。利用互联网进行信息制作、组织、发布及信息传播能力。

④　信息道德：信息素养不仅仅是信息技术，它还应该包括信息伦理道德、法律、文化等许多社会人文因素。加强互联网法律和道德意识，自觉抵制不健康的内容，不组织和参与非法活动，不利用计算机网络从事危害他人信息系统和网络安全、侵犯他人合法权益的活动等，做有知识、有责任感、有贡献的信息消费者和创造者。

小　　结

第一节计算机科学，对计算机科学的定义和内容做了讲解。因计算机在求解问题方面体现出巨大的优越性，各国都给予了高度重视，成为一门重要的学科，其他学科也越来越多地融合了各类计算机相关学科的思想。因此，有必要把计算机学科中的重要思想与方法提炼成"计算思维"，进行通识教育。

第二节计算与计算思维，首先从计算的本质和含义认识，了解计数与计算、逻辑与计算和算法与计算，从而认识到思维是一种心理活动中的信息处理过程，是一种广义的计算。计算是计算思维的核心内容。

其次从思维、科学思维逐渐认识到计算思维的本质，即计算思维是指从具体的算法设计入手，通过算法过程的构造与实施来解决给定问题的一种思维方法。认识计算思维定义、本质和特征，最终目的是将计算思维在人们进行问题求解时对计算、算法、数据及其组织、程序、自动化等概念的潜意识应用。因为计算思维在学科的发展、知识创新及解决各类自然和社会问题都具有重要的作用。计算思维的重要认识也消除了传统计算机科学的"狭义工具论"的错误认识。

计算思维与应用离不开计算机技术。第三节讲述了数与计算的演化历程，介绍了计算工具的发展历程和工作原理。然后对电子计算机的发明，从其发明历程和理论两条主线进行了重点介绍，特别是在计算机发展的初期对那些科学家和标志性的理论成果进行了介绍，希望对人们的研究和工作有所启发和激励。最后对计算机的特点和应用，以及现代计算机在中国的发展做了讲解。

人可以计算，但是所有问题都能计算吗？第四节计算理论，讲解了可计算问题、计算的复杂度，以及求解问题的过程，构建出计算模型，即图灵机等回答了计算机是否也能计算，哪些问题可计算或不能计算，阐明了后来的程序存储式计算机的基本原理。递归思想用于程序设计，也影响了计算机的体系结构。这些问题就是计算理论的基本问题，也就是在讨论计算思维。

第五节就一些典型的问题实例的算法思想和技术做了讨论，对可计算性问题和计算复杂度进行分析、计算和应用。

第六节讲解了信息、信息社会、人的能力需求、素质和信息素养的基本概念。在当今社会对于大学生，学习计算机技术十分重要。

习　题

一、综合题

1. 计算和算法有什么区别？

2. 如何理解计算思维最根本的内容，即其本质是抽象和自动化；其特征为可行性、构造性和确定性？

3. 如何从计算机的软件和硬件的概念，来理解算盘或珠算？

4. 在计算工具发展的漫漫征程中，使用工具的计算过程不能自动化，都需要人的直接参与。如何理解计算的自动化？通过将求解问题经分析编写出程序，自动执行是不是计算的自动化？

5. 依据计算尺的原理，如何制作一个三角函数计算尺，如 $Y=\sin(x)$。

6. 在计算理论中，讨论可计算性具有哪些特征？

7. 在算法复杂度中，什么是计算时间的复杂度和空间的复杂度？

8. 如何理解计算模型——图灵机？

9. 结合日常生活中的实例，来理解计算思维和应用，如"预置和缓存""回溯""在线算法""多服务器系统""备份"等。

10. 讨论以下概念：数据、信息、知识、社会、信号、素质。

11. 讨论信息化和信息社会。大学生的信息素养是什么？

二、网上练习（通过网上搜索解答）

1. 什么是科学思维、理论思维、实践思维和计算思维？

2. 什么是数理逻辑？算法？

3. 了解中国古代的数学专著《九章算术》。

4. 查尔斯·巴贝奇（Charles Babbage，1792—1871 年）被国际社会公认为计算机之父，他对计算机发展的主要贡献是什么？

5. 搜索算筹和算盘这些中国古代发明的计算工具以及差分机、分析机、ABC（Atanasoff-Berry Computer）计算机、ENIAC（Electronic Numerical Integrator And Calculator）计算机、EDVAC（Electronic Discrete Variable Automatic Computer）和 UNIVAC（Universal Automatic Computer）等计算机，了解计算机的发展过程和工作原理。

6. 搜索帕斯卡（Blaise Pascal）、乔治·布尔（George Boole）、香农（Claude Shannon）、图灵（Turing）和冯·诺依曼（John von Neumann）以及华罗庚、王选、金怡濂等科学家，通过他们了解机械计算和电子计算的原理和模型及其对计算机科学的贡献。

7. 现代超级计算机运算速度排在前两位的有哪些国家的品牌？运算速度是多少？

8. 什么是可计算性或理论？

9. 什么是计算复杂性？

10. 计算模型：图灵机是什么？

11. 什么是李群 E8？

12. 什么是霰弹枪算法（Shotgun Algorithm）？

13. 什么是四色定理？

14. 了解并行处理技术和形式。

15. 了解贪心算法、分治法、动态规划算法、回溯法等。

16. 什么是二维码、微信、云计算、比特币？

注释：可用"百度中文搜索引擎 http://www.baidu.com"中的"网页""知道""文库"搜索解答和学习。

第 2 章 计算机中的信息表示

计算机实现对数据的处理都是以特定的数据符号来表示、使用和存储的。现在，这些直接与电路表示、电路传输和存储介质有关的数据符号均采用二进制。数制、数据表示和数据编码就是解决二进制与数据符号之间的关系，实现数据的存储和操作。为了更好地使用计算机，必须学习计算机的数制和信息编码，了解计算机中的信息是如何进行表达的。

2.1 数制与转换

所谓数制就是计算数值的制度，是用一组固定的符号和统一的规则来表示数值的方法。无论哪种数制，其共同之处都是进位计数制，简称进制。在日常生活中，经常会遇到不同进制的数，例如，最常用的十进制数，逢十进一；一周有七天，逢七进一。而计算机中采用二进制数，有时为了书写和表示方便，还引入了八进制数和十六进制数。采用什么进制来表示数，取决于人们的实际需要和习惯。

2.1.1 进位计数制

1. 数的表示

数的表示需要了解几个概念：

① 数码 K：指一组用来表示某种数制的符号，如 1、2、3、4、A、B、C、Ⅰ、Ⅱ、Ⅲ、Ⅳ 等，常用 K 表示。

② 基数 R：数制所使用的数码个数称为"基数"或"基"，常用 R 表示，称 R 进制，其数码个数为 0，1，2，…，$R-1$。例如，二进制的数码是 0、1，基数 R 为 2。

③ 位权 R^n：指数码在不同位置上的权值，常用 R^n 表示，也称权。在进位计数制中，处于不同数位的数码，代表的数值位权不同。例如，十进制数 $(1252)_{10}$，从右向左，第一个 2 的权 $R^n=10^0=1$ 为个位，第二个 2 的权 $R^n=10^2=100$ 为百位。

在进位计数制中，某个数 A 的一般写法是：

$$A = K_{n-1}K_{n-2}\cdots K_1K_0.K_{-1}K_{-2}\cdots K_{-m}$$

计算其值一般按"权"展开的多项式来表示，又称为按权相加法或数字乘权求和法。公式如下：

$$A = K_{n-1}R^{n-1} + K_{n-2}R^{n-2} + \cdots + K_1R^1 + K_0R^0 + K_{-1}R^{-1} + \cdots + K_{-m}R^{-m} = \sum_{i=-m}^{n-1} K_iR^i$$

式中，K_i 表示第 i 位的数码，$0 \leqslant K_i \leqslant R-1$；$R$ 表示基数；n 表示小数点左边的位数，为正整数。整数各数码的位数为 $n-1$；m 表示小数点右边的位数，为正整数。

例如：八进制数 $(123.45)_8$，基数 $R=8$，整数位数 $n=3$（小数点左边的位数），小数位数 $m=2$（小数点右边的位数），各位的数码依次为 $K_2=1$，$K_1=2$，$K_0=3$，$K_{-1}=4$，$K_{-2}=5$，则按权相加得：

$$(123.45)_8 = 1 \times 8^2 + 2 \times 8^1 + 3 \times 8^0 + 4 \times 8^{-1} + 5 \times 8^{-2}$$

对应的"权"：　　　　　　　R^2　　R^1　　R^0　　R^{-1}　　R^{-2}

各位的"权"值：　　　　　64　　8　　1　　0.125　　0.015 625

进位计数制数的特点：

① 每一种进位制数都有一个固定的基数，即数的每一位可取 R 个不同数码之一。运算时"逢 R 进一"，故称 R 进制。例如，十进制数的每一位可取 0~9 的 10 个数码之一，运算时逢十进一，而二进制逢二进一。

② 每一位数码 K_i 对应一个固定的权值 R^i，相邻位的权相差 R 倍。例如，向前借一位，则"借一当 R"，如二进制借一当二，十进制借一当十。

在计算机中常用的进位计数制是十进制、二进制、八进制和十六进制，其基数 R 分别为 10、2、8 和 16。表 2-1 列出了计算机中常用的各种数制，表 2-2 列出了十进制、二进制、八进制、十六进制的对照表。

表 2-1　计算机常用的各种数制

进位制	二进制	八进制	十进制	十六进制
规则	逢二进一	逢八进一	逢十进一	逢十六进一
基数	$R=2$	$R=8$	$R=10$	$R=16$
基本符号	0, 1	0, …, 7	0, …, 9	0, …, 9, A, …, F
权	2^n	8^n	10^n	16^n
字母形式表示	B（Binary）	O（Octal）	D（Decimal）	H（Hexadecimal）

表 2-2　各种数制的对照表

十进制	二进制	八进制	十六进制	十进制	二进制	八进制	十六进制
0	0	0	0	10	1010	12	A
1	1	1	1	11	1011	13	B
2	10	2	2	12	1100	14	C
3	11	3	3	13	1101	15	D
4	100	4	4	14	1110	16	E
5	101	5	5	15	1111	17	F
6	110	6	6	16	10000	20	10
7	111	7	7	17	10001	21	11
8	1000	10	8	18	10010	22	12
9	1001	11	9	19	10011	23	13

2．二进制数的特点

在计算机中使用二进制数进行处理数据而不使用人们习惯的十进制数，主要是由于二进制数只有两个数码，即 0 和 1 的这种特点所决定的，它是现代计算机工作的重要理论基础。

（1）二进制可进行逻辑运算

二进制数 1 和 0 在逻辑上可以代表"真"与"假"、"是"与"否"、"有"与"无"，同时实现"与""或""非"的逻辑运算。所以，二进制作为逻辑运算的基础，使得计算机也可以进行逻辑运算。

（2）实现过程容易

在实际生活中，具有两种状态的现象很多，如电灯的亮与灭、电平的高与低、电磁场的 N 极和 S 极、继电器和晶体管的导通或不通等，容易实现数的表示与存储。计算机的电子器件、磁存储和光存储的原理都采用了二进制的思想，即通过磁极取向、表面凹凸、开关电路的开和关来记录数据 0 和 1。

（3）计算机的工作过程可靠性高

采用了二进制数运算的计算机与电子元器件的工作原理完全相同，接通电源后的计算机工作过程可靠，硬件稳定性高。

（4）运算规则简单

计算机中的二进制运算规则简单，只有 3 种运算：0+0=0；0+1=1；1+1=10。在电子电路中，只需要使用简单的算术逻辑运算即可完成上述计算。同时，由于采用数据的补码表示可以将数据的减法变为加法运算，乘法运算可以通过加法实现，除法运算可以通过减法实现。因此，只需要设计一个加法器，就可以完成"加""减""乘""除"等运算，极大地降低了计算部件的设计难度。

2.1.2 数制间的转换

1. 二进制数和十进制数之间的相互转换

（1）十进制数转换为二进制数

十进制数转换为二进制数，整数转换与小数转换方法不同，需要分别进行转换。

十进制整数转换为二进制整数，采用除以 2 取余法。即将十进制数的商反复除以 2，直到商零为止，再把各次整除所得的余数从后到前连接起来，就可得到相应的二进制整数。

十进制小数转换为二进制小数，采用乘以 2 取整法。即将十进制数的小数部分反复乘以 2，直到没有小数或达到指定的精度为止。再把各次乘 2 得到的整数（包含 0）从前到后连接起来，就可得到相应的二进制小数。

事实上，十进制小数 0.1、0.2、0.3、0.4、0.5、0.6、0.7、0.8、0.9 中，除 0.5 之外，其余小数转换为二进制数后均为无限不循环小数。当取有限位时，它是十进制小数的一个近似值。

如果某个十进制数既有整数又有小数，可分别按上面介绍的方法将整数和小数部分分别转换后再合并起来。

（2）二进制数转换为十进制数

二进制数转换为十进制数可以采用按权相加法。

2. 任意进制数与十进制数的相互转换

（1）十进制数转换为任意进制数

转换规则：整数部分除以基数取余，逆序排列；小数部分乘以基数取整，顺序排列。

对于包含整数部分和小数部分的十进制数转化为其他进制数，只要把整数部分和小数部分分别计算，然后再相加即可。

【例 2.1】 将一个十进制的整数转换成二进制整数，如 $(23)_{10}$ 转换成二进制数是多少？

解：即 $(23)_{10}=(10111)_2$。

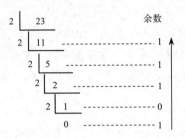

【例2.2】 将一个十进制的小数转换成二进制小数，如(0.87)₁₀转换成二进制数是多少？

解： 即$(0.87)_{10}=(0.1101111)_2$。

$$
\begin{array}{r}
0.87 \\
\times\ 2 \\
\hline
\boxed{1}.74 \quad\cdots\cdots\ \text{整数部分1} \\
0.74 \\
\times\ 2 \\
\hline
\boxed{1}.48 \quad\cdots\cdots\ \text{整数部分1} \\
0.48 \\
\times\ 2 \\
\hline
\boxed{0}.96 \quad\cdots\cdots\ \text{整数部分0} \\
0.96 \\
\times\ 2 \\
\hline
\boxed{1}.92 \quad\cdots\cdots\ \text{整数部分1} \\
0.92 \\
\times\ 2 \\
\hline
\boxed{1}.84 \quad\cdots\cdots\ \text{整数部分1} \\
0.84 \\
\times\ 2 \\
\hline
\boxed{1}.68 \quad\cdots\cdots\ \text{整数部分1} \\
0.68 \\
\times\ 2 \\
\hline
\boxed{1}.36 \quad\cdots\cdots\ \text{整数部分1}
\end{array}
$$

（2）任意进制数转换成十进制数

转换规则：按照$A = K_{n-1}R^{n-1}+K_{n-2}R^{n-2}+\cdots+K_1R^1+K_0R^0+K_{-1}R^{-1}+\cdots+K_{-m}R^{-m}$的方法展开计算，按权相加。

【例2.3】 将一个二进制数转换成十进制数，如(10111.11)₂转换成十进制数是多少？

解：
$$
\begin{aligned}
(10111.11)_2 &= 1\times2^4+0\times2^3+1\times2^2+1\times2^1+1\times2^0+1\times2^{-1}+1\times2^{-2} \\
&= 16+4+2+1+0.5+0.25 \\
&= (23.75)_{10}
\end{aligned}
$$

即$(10111.11)_2 = (23.75)_{10}$。

3. 二进制数、八进制数和十六进制数之间的相互转换

由于二进制的基数与八进制、十六进制的基数有着整数幂关系，即$2^3=8$，$2^4=16$，所以每3位二进制数可对应1位八进制数，每4位二进制数可对应1位十六进制数。在转换时，要注意小数和整数要分别对应转换。

二进制数转换成八进制数时，以小数点为界向两边每3位为一组，然后计算出每组对应的八进制的值；二进制转换成十六进制与此类似，只是按4位二进制数为一组求出对应的十六进制数。八进制数和十六进制数之间的转换可以借助二进制数为桥梁来进行。

【例 2.4】　$(1101011.11001)_2$ 转换成八进制数是多少？

解： 　　　001　101　011 . 110　010　　二进制

　　　　　　　↓　　↓　　↓ 　↓ 　 ↓

　　　　　　　1　 5　 3 . 6 　2　　　　八进制

即 $(1101011.11001)_2 = (153.62)_8$。

【例 2.5】　$(345.67)_8$ 转换成十六进制数是多少？

解： 　　　　3　 4　 5 . 6 　7　　　　八进制

　　　　　　　↓　　↓　　↓ 　↓ 　 ↓

　　　　　　 011　100　101 . 110　111　　二进制

重新组合： 　1110　0101 . 1101　1100　　二进制

　　　　　　　↓　　↓　 　↓　　 ↓

　　　　　　　E　　5 . 　D　　C　　　十六进制

即 $(345.67)_8 = (E5.DC)_{16}$。

2.1.3　二进制数的运算规则

1.　二进制数的算术运算

二进制数的算术运算包括加法、减法、乘法和除法运算。

加法规则：$0+0=0$；$0+1=1$；$1+0=1$；$1+1=10$（向高位进位）。

减法规则：$0-0=0$；$10-1=1$（向高位有借位）；$1-0=1$；$1-1=0$。

乘法规则：$0\times0=0$；$0\times1=0$；$1\times0=0$；$1\times1=1$。

除法规则：$0\div1=0$；$1\div1=1$；0 做除数无意义。

减法和除法分别是加法和乘法的逆运算。根据上述规则，可以很容易地进行二进制数的四则算术运算。

【例 2.6】　对下述二进制数进行加、减、乘、除算术运算。

```
    1011 … 被加数              11000 … 被减数
  +  1101 … 加数            -   1101 … 减数
  = 11000 … 和             =   1011 … 差

    1001 … 被乘数                 1011 … 商
  × 1011 … 乘数         1001 /1100011 … 被除数
    1001                      1001
    1001                      1101
    0000                      1001
    1001                      1001
  =1100011 … 积               1001
                           =    0 … 余数
```

2.　二进制数的逻辑运算

计算机能够进行逻辑判断的基础是二进制数具有逻辑运算的功能。二进制数中的 0 和 1 在逻辑上可以表示"真（true）"与"假（false）"。二进制数的逻辑运算包括逻辑与、逻辑或、逻辑异或和逻辑非运算等。习惯上，1 表示"真（T）"，0 表示"假（F）"，若电路：1 为"开"，0 为"关"。

逻辑与运算（AND）：$0 \wedge 0 = 0$；$0 \wedge 1 = 0$；$1 \wedge 0 = 0$；$1 \wedge 1 = 1$。其模拟电路图与真值表如图 2-1 所示。

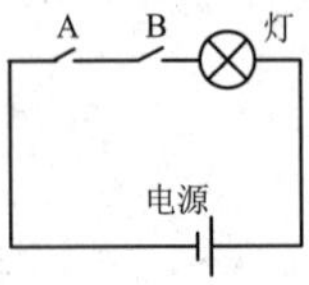

逻辑与的真值表		
A	B	$F = A \wedge B$
0	0	0
0	1	0
1	0	0
1	1	1

图 2-1　逻辑与运算的模拟电路图与真值表

逻辑或运算（OR）：$0 \vee 0 = 0$；$0 \vee 1 = 1$；$1 \vee 0 = 1$；$1 \vee 1 = 1$。其模拟电路图与真值表如图 2-2 所示。

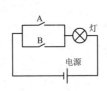

逻辑或的真值表		
A	B	$F = A \vee B$
0	0	0
0	1	1
1	0	1
1	1	1

图 2-2　逻辑或运算的模拟电路图与真值表

逻辑异或运算（XOR）：$0 \oplus 0 = 0$；$0 \oplus 1 = 1$；$1 \oplus 0 = 1$；$1 \oplus 1 = 0$。其模拟电路图与真值表如图 2-3 所示。

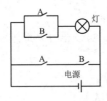

逻辑异或的真值表		
A	B	$F = A \otimes B$
0	0	0
0	1	1
1	0	1
1	1	0

图 2-3　逻辑异或运算的模拟电路图与真值表

逻辑非运算（NOT）：$\overline{1} = 0$；$\overline{0} = 1$。其模拟电路图与真值表如图 2-4 所示。

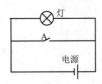

逻辑非的真值表	
A	$F = \overline{A}$
0	1
1	0

图 2-4　逻辑非运算的模拟电路图与真值表

【例 2.7】　对下述二进制数进行与、或、异或、非逻辑运算。

$$
\begin{array}{ll}
1001 & \\
\underline{\wedge\,1100} & \\
= 1000 &
\end{array}
\qquad
\begin{array}{l}
1001 \\
\underline{\vee\,1100} \\
= 1101
\end{array}
\qquad
\begin{array}{l}
1001 \\
\underline{\otimes\,1100} \\
= 0101
\end{array}
\qquad
\overline{1001} = 0110
$$

2.2　数据的存储单位

在生活中，各种物理量有不同的衡量单位，如长度单位可以由米（m）、千米（km）等衡量，质量单位可以由克（g）、千克（kg）等衡量。那么，数据在计算机中通过磁盘、光盘或半导体存储器进行存储时，如何衡量数据的大小呢？为了便于表示数据量的多少，引入了存储单位的概念。在计算机中，用二进制数表示存储数据的单位称为存储单位，也表示了在计算机存储器中的存储空间。

1. 位（bit）

用二进制的 0 和 1 来表示计算机中存储介质的两种状态，被称为二进制位，一个二进制位称为比特。比特是计算机存储数据的最小单位，只能表示 0 和 1。1 比特太小，要想表示更大的数，就得把更多的位组合起来，每增加一位，所能表示的数就增大一倍。

2. 字节（Byte）

8 个比特组合在一起表示存储单位为字节，简记为 B，字节是存储数据的基本单位，1B＝8 bit。为了表示更大的数，还用到千字节（KB）、兆字节（MB）、吉字节（GB）和太字节（TB），其换算关系为：$1\,KB=2^{10}B=1\,024B$；$1\,MB=2^{10}KB=2^{20}B$；$1GB=2^{10}MB=2^{20}KB=2^{30}B$；$1\,TB=2^{10}GB=2^{20}MB=2^{30}KB=2^{40}B$。

3. 字（Word）

计算机处理数据时，CPU 通过数据总线一次存取、加工和传送的数据称为字，计算机部件能同时处理的二进制数据的位数称为字长。一个字通常由一个字节或若干个字节组成。由于字长是计算机一次所能处理的实际位数长度，所以字长是衡量计算机性能的一个重要指标。字长越长，精度越高。

在使用字长来衡量计算机性能的过程中，如果某台计算机的字长为 8 位，则通常称为 8 位机，如果某台计算机的字长为 32 位，则通常称为 32 位机，依此类推。目前微机普遍为 64 位机。

【例 2.8】 内存空间地址段为 3001H 至 7000H（H 表示十六进制），则可以表示多少个字节的存储空间？

起始地址	内存空间的大小为 4000H		结束地址
3001H	…	… …	7000H

解：内存空间存储单元的基本单位是字节。地址 3001H 至 7000H 内存空间的大小为 4000H。按十六进制 1 位对二进制 4 位，将十六进制数转化为二进制数，再用前面介绍的"权相加法"公式将二进制转化为十进制，即 $4000H=(0010\ 0000\ 0000\ 0000)_2=(2^{14})_{10}B$。

因为，$1KB=2^{10}B$，则 $(2^{14})_{10}B$ 用 KB 表示为 $(2^{14}/2^{10})KB=(2^4)KB=16KB$ 存储空间。

按照上述数据单位的概念，则用十进制数表示为 16 KB 存储空间。

2.3　数值数据的表示

2.3.1　定点数与浮点数

在讨论数值数据在计算机中的表示时，经常用到数据范围和精度这两个概念。数据范围是指数据所能表示的最大值和最小值。数据精度用实数所能给出的有效数字位数表示。在计算机中，数据范围和精度与二进制数的表示方法有关。在计算机中参与计算的数可能既有整数部分又有小数部分，在进行加减运算时需先将小数点位置对准，这就提出一个如何表示小数点位置的问题。根据小数点位置是否固定，二进制数据有定点数和浮点数两种表示方法。

1. 真值和机器数

在计算机中能够直接进行运算的数只有"0"和"1"两种形式，因此数的正负号也必须以"0"

和"1"表示。通常把一个数的最高位定义为符号位，用"0"表示正，用"1"表示负，又称为数符，其余位仍表示数值。通常，把在机器内存放的正负号数码化的数称为机器数，把用正负号表示的数称为真值。

例如，某 8 位机中的真值数 $(-0101100)_2$，其机器数为 10101100，其存放如图 2-5 所示。

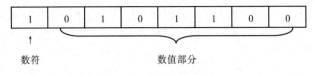

图 2-5　机器数的存放

2．定点数的表示

定点数表示数据的小数点位置固定不变。一般有 3 种定点数表示方式。

（1）无符号整数

无符号整数即将符号略去的正整数，所有的数位都用来表示数值的大小，小数点在最低位之后。换句话说，整个数码序列是整数。二进制的无符号整数 $X_0X_1\cdots X_n$，X_0 是最高位的数，而不是符号位。例如，8 位无符号整数 $(111)_2$ 表示如下：

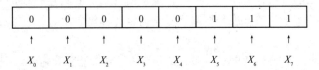

无符号整数的表示范围为 $0 \leqslant |X| \leqslant 2^n - 1$，当 $n=8$，最大值：$(11111111)_2 = (2^8-1)_{10} = (255)_{10}$。

（2）带符号定点整数

带符号定点整数的符号位被放在最高位，整数表示的数是精确的，但数的范围是有限的。二进制的带符号整数 $X_0X_1\cdots X_n$，X_0 是符号位，小数点位置在最低位之后。例如，8 位定点整数 $(-111)_2$ 表示如下：

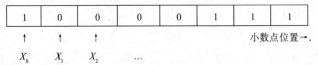

带符号定点整数的表示范围为 $0 \leqslant |X| \leqslant 2^n - 1$，当 $n=7$ 时，最大值：$(1111111)_2 = (2^7-1)_{10} = (127)_{10}$。

（3）带符号定点小数

带符号定点小数的符号位被放在最高位，小数点位置在符号位之后，即纯小数。二进制的带符号小数 $X_0.X_1\cdots X_n$，X_0 是符号位。例如，8 位定点小数 $(+0.111)_2$ 表示如下：

带符号定点小数的表示范围为 $0 \leqslant |X| \leqslant 1-2^{-n}$，当 $n=7$ 时，最大值：$(0.1111111)_2 = (1-0.0000001)_2 = (1-2^{-7})_{10}$。

对整数而言，根据存放数的字长，它们可以用 8 位、16 位、32 位等表示，各自数的表示范围如表 2-3 所示。

表 2-3　不同位数和数的表示范围（数据以二进制补码表示）

二进制数	无符号整数的表示范围	带符号整数的表示范围
8	$0 \sim 255$（2^8-1）	$-128 \sim 127$（2^7-1）
16	$0 \sim 65\,535$（$2^{16}-1$）	$-32\,768 \sim 32\,767$（$2^{15}-1$）
32	$0 \sim 2^{32}-1$	$-2^{31} \sim 2^{31}-1$

定点数比较简单，实现定点数运算的硬件成本比较低。但在有限位数的定点数中，表示范围与精度两项指标不能兼顾。实际应用中，定点数太大或太小不仅容易溢出，而且容易丢失精度，很难表示和运算，由此引出了浮点数。采用浮点数不仅可以解决数据溢出、丢失精度等问题，还可以解决很大或很小的数值的运行问题。

3. 浮点数的表示

计算机除了处理整数外，大量处理的是实数，即带有小数部分的数（如在计算机中表示一个电子的质量）。为了在有限位数的前提下，既扩大数据范围，又保持数据精度，在科学计算中，实数采用"浮点数"或称为"科学计数法"表示。这种方法使小数点位置不固定，根据需要而浮动。浮点数由两部分组成，即尾数和阶码。

例如，0.235×10^4，则 0.235 为尾数，4 是阶码。

在浮点数表示法中，小数点的位置是浮动的，阶码可取不同的数值。例如，十进制实数 -1234.5678 可表示为 $-1.2345678 \times 10^{+3}$、$-1234.5678 \times 10^0$、$-123456.78 \times 10^{-2}$ 等多种形式。为了便于计算机中小数点的表示，规定将浮点数写成规格化的形式，即尾数的绝对值大于等于 0.1 并且小于 1，从而唯一地规定了小数点的位置，则十进制实数 -1234.5678 以规格化形式表示为：$-0.12345678 \times 10^{+4}$。

同样，任意二进制规格化浮点数的表示形式为：$N=\pm d \times 2^{\pm p}$。其中 d 是尾数，前面的"$\pm$"表示数的符号，p 是阶码，前面的"$\pm$"表示阶码的符号。它在计算机中的存储形式如图 2-6 所示。

阶符	阶码	数符	尾数

（a）早期计算机中浮点数的表示

数符	阶符	阶码	尾数

（b）现行浮点数的表示

图 2-6　浮点数的存储形式

阶码只能是一个带符号的整数，阶码本身的小数点约定在阶码最右面。尾数表示数的有效部分，是纯小数，其本身的小数点约定在数符和尾数之间。在浮点数表示中，数符和阶符都各占 1 位，阶码的位数表示数的大小范围，尾数的位数表示数的精度。不同浮点数的计算机字长位数分配：

字长 16 位，阶符 1 位，阶码 4 位，数符 1 位，尾数 10；

字长 32 位，阶符 1 位，阶码 7 位，数符 1 位，尾数 23；

字长 64 位，阶符 1 位，阶码 10 位，数符 1 位，尾数 52。

【例 2.9】如字长 16 位浮点数，设尾数占 10 位，阶码占 4 位，数符和阶符各占 1 位，则二进制数 $N=(-1101.010)_2 = -0.110101 \times 2^{+100}B$，浮点数 N 的规格化存放形式如图 2-7 所示。

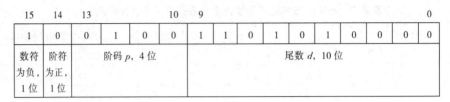

图 2-7　浮点数 N 的规格化存放形式

2.3.2　带符号数的表示

计算机本质上是做二进制加法运算，但是在两个机器数中，如果有一个数是负数，做加减法运算时，将符号位和数值同时参加运算，则会产生错误的结果。为了解决此类问题，在机器数中对数的表示有 3 种方法：原码、反码和补码。正数的原码、反码和补码形式完全相同，负数则有不同的表示形式。

1. 原码

二进制数的原码所要表示的真值，就是机器数，即在符号位用 0 表示正号，用 1 表示负号。例如，某 8 位机中有两个二进制数真值：$X=+1010101$，$Y=-1010101$。

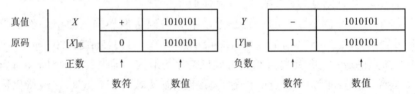

在原码表示法中，原码的表示范围因字长不同而不同，当字长为 8 位时，二进制数的原码中真值占 7 位，符号位占 1 位，因此 8 位二进制数原码所能表示的整数存储范围用十进制数表示为 $-127\sim+127$，用二进制数表示为 $11111111\sim01111111$。要注意零的表示形式有两种：正零（+0）与负零（-0），8 位二进制原码表示形式分别为：

正零原码：$[+0]_原=00000000$，负零原码：$[-0]_原=10000000$。

采用原码表示数直接进行二进制加法运算，结果可能是不正确的。例如：

在某 8 位机中，$X=+6$，$Y=-3$，则 $[X]_原=00000110$，$[Y]_原=10000011$。

两数直接做加减法运算：

$$
\begin{array}{r}
00000110 \\
加法运算：+\ 10000011 \\
\hline
10001001
\end{array}
\qquad
\begin{array}{r}
00000110 \\
加减运算：-\ 10000011 \\
\hline
10000011
\end{array}
$$

显然，直接用这两个数相加，结果为 10001001，即 -9，是不正确的；如果将这两个数的原码相减，结果为 10000011，即 -3，也是不正确的。在机器数的运算中，为了得到正确的结果，计算机中引入了反码和补码的概念，不仅可以保证数据计算结果的正确，还可以将加减法运算统一为加法运算，简化计算机执行电路的设计和实现。

2. 反码

对于机器数为正数，反码同原码一样。而对于负数，反码的数值位是把原码的数值位取反，符号位不动，即把原码的 1 变换成 0，原码的 0 变换成 1，就成为反码了。

例如，某 8 位机中有两个二进制数真值：$X=+1010101$，$Y=-1010101$。

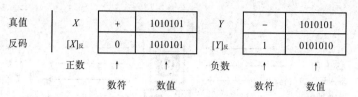

真值	X	+	1010101	Y	–	1010101
反码	$[X]_{反}$	0	1010101	$[Y]_{反}$	1	0101010
	正数	↑	↑	负数	↑	↑
		数符	数值		数符	数值

在反码表示法中，8 位二进制数反码所能表示的整数存储范围用十进制数表示是–127～+127，用二进制数表示为 11111111～01111111。零的表示形式也有两种：正零（+0）与负零（–0），8 位二进制反码表示形式分别为：

正零反码：$[+0]_{反}$＝00000000，负零反码：$[-0]_{反}$＝11111111。

3. 补码

在补码的表示法中，对于机器数为正数同原码、反码是完全一样的。而对于负数就不一样了，负数的补码是在反码基础上末尾加"1"，符号位不动。

例如，某 8 位机中有两个二进制数真值：X＝+1010101，Y＝–1010101。

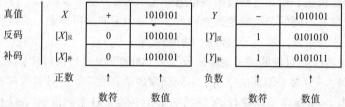

真值	X	+	1010101	Y	–	1010101
反码	$[X]_{反}$	0	1010101	$[Y]_{反}$	1	0101010
补码	$[X]_{补}$	0	1010101	$[Y]_{补}$	1	0101011
	正数	↑	↑	负数	↑	↑
		数符	数值		数符	数值

【例 2.10】 用补码的加法完成真值：$(-5)_{10}+(4)_{10}$ 的运算。先将真值用二进制机器数表示：$(-5)_{10}$＝$(10000101)_2$，$(4)_{10}$＝$(00000100)_2$，再转换成补码，进行补码的加法运算，运算如下：

–5 的补码形式为：　　　　　 1 111 1011
4 的补码形式为：　　　＋　 0 000 0100
结果的补码形式为：　　　　 1 111 1111

补码还原成原码有两种方法：①先减 1 再取反；②先取反再加 1。采用第二种方法可避开做减法，则运算结果的补码 $(11111111)_2$ 还原成原码步骤：先取反为 $(10000000)_2$，再加 1 为 $(10000001)_2$，此时为 (–1)，与 $(-5)_{10}+(4)_{10}$ 的结果 $(-1)_{10}$ 一致。

由上可知，在计算机中，用补码存储数据，进而直接用补码做加法运算，同时数的符号位也作为数值一起参与运算，并产生进位，就可以实现真值的加减法运算，这样为计算机硬件设计提供了很大的方便，也就是说计算机中只需要设计加法器即可，不需要设计减法器。因此，存储器直接存储补码得到广泛使用。在补码的运算中，当数的绝对值超过表示数的二进制数所表示的最大值时，将发生溢出，在此是允许的。

2.4　信 息 编 码

任何形式的数据，如数字、文字、图形、图像、声音、视频等信息，进入计算机都必须先通过输入设备把它转换成计算机能识别的二进制数，这个转换过程实际上就是信息编码的转换过程。当计算机将二进制数处理结束后，再通过输出设备转换成相应的人类能够识别的信息，只有经过如此的相互转换过程，既满足了机器，又满足了人，这样才使得计算机真正成为人类处理现实世界信息的有用工具。上述过程如图 2-8 所示。

图 2-8 现实世界信息的编码过程

信息编码（Information Coding）是用不同的代码与各种信息中的基本单位组成部分建立一一对应的关系。在计算机中，这个代码就是二进制数或对应的十六进制数。有了编码就可以方便地进行信息的存储、检索和使用（输入、输出和显示、打印等）。在进行信息处理时赋予信息元素以代码的过程称为信息转换或变换。转换是双向的，也可以将代码变换成信息元素。信息编码必须标准化、系统化，设计合理的编码系统是计算机系统中的重要基础工作。

在此信息编码就是用数字编码表示或标记字符、特定的对象。例如，"身份证号码""学号"等标记人的身份。前面讲述了用二进制位的多位组合表示的定点数、浮点数，为了进一步表示更多的数据类型，就需要有不同的二进制位的组合，并遵循一定的编码规则。编码所使用的二进制位长度，即编码的二进制位数，取决于编码的字符的数量。例如，一个字节 8 位二进制数可以编码 $2^8=256$ 种不同的字符，其对应的二进制编码范围是 00000000~11111111B；采用 16 位二进制数则可以有 2^{16} 种编码，6 万多个不同的字符。不同国家的语言文字、符号等数量和规律不同，采用二进制位数也不同，一般为字节的整数倍。例如，世界标准 ISO 编码最长为 32 位，理论上它可以对 40 多亿个字符编码。为了书写方便，常将二进制编码转换成十六进制来写，或转换成十进制，以便于人们阅读。

2.4.1 十进制数的编码

在计算机中，数的表示除了原码、反码、补码以外，还可以用 4 位二进制数的形式直接表示 1 位十进制数。这种表示方法称为二-十进制编码，又称 BCD（Binary Coded Decimal）码，以这种形式表示的数也能用计算机进行直接运算。在十进制数的编码中，最常用的是"8421"码和"余 3"码。

"8421"码采用 4 位二进制数的前 10 个数码 0000、0001、0010…1001 分别代表它所对应的十进制数 0~9，每位都有固定的权，它们的权从高到低分别为 8、4、2、1，因此又称为有权码或加权码。例如，十进制数 67 的"8421"码为 01100111，表示如下：

十进制数	6	7
1 位对 4 位	↓	↓
"8421"码	0110	0111

"余 3"码的表示形式是在相应"8421"码的基础上增加数值 3，所以"余 3"码属于"偏权码"。例如，数字 6 的"余 3"码为 0110+0011=1001，数字 7 的"余 3"码为 0111+0011=1010，则数字 67 的"余 3"码表示如下：

十进制数	6	7
1 位对 4 位	↓	↓
"8421"码	0110	0111
加 3（0011B）	0011	0011
"余 3"码	1001	1010

2.4.2　ASCII 编码

ASCII 码（American Standard Code For Information Interchange，美国信息交换标准码）由美国国家标准局（ANSI）制定，被国际标准化组织（ISO）确定为国际标准 ISO 646。ASCII 码是微型计算机中针对英文字符制定的编码方案，包括英文字母、数字、符号等，也称二进制编码方案，有两种形式：7 位码和 8 位码。

7 位二进制 ASCII 码是标准的单字节字符编码方案，由最高位均为 0 的后 7 位二进制位组合，定义了基本的文本数据。7 位二进制数据范围为 0～127（000 0000～111 1111B），可对应 128 个字符和控制符编码。在表 2-4 ASCII 码表的设计中，是将一个字节的 8 位从中间分开，行列各 4 位形成表格；高 4 位为列，高位编码 8 列；低 4 位为行，低位编码 16 行，对应 128 个单元格中的字符和控制符；高位码与低位码组成一个字符或控制符的二进制串编码，如字符"@"编码为 0100 0000B（40H，64D）。

其中，0～31（00H～1FH）为控制代码，32 是"空格"字符，33～126（21H～7EH）（共 94个）为显示字符，127（DEL）为删除。表 2-4 给出了常用的字符及其二进制的 ASCII 编码，可直接查表得到所需要字符的编码。

表 2-4　ASCII 码表

高 4 位 低 4 位	0000	0001	0010	0011	0100	0101	0110	0111
0000	NULL	DLE	空格	0	@	P	`	p
0001	SOH	DC1	!	1	A	Q	a	q
0010	STX	DC2	"	2	B	R	b	r
0011	ETX	DC3	#	3	C	S	c	s
0100	EOT	DC4	$	4	D	T	d	t
0101	ENQ	NAK	%	5	E	U	e	u
0110	ACK	SYN	&	6	F	V	f	v
0111	BELL	ETB	'	7	G	W	g	w
1000	BS	CAN	(	8	H	X	h	x
1001	HT	EM	)	9	I	Y	i	y
1010	LF	SUB	*	:	J	Z	j	z
1011	VT	ESC	+	;	K	[	k	{
1100	FF	FS	,	<	L	\	l	|
1101	CR	GS	–	=	M	]	m	}
1110	SO	RS	.	>	N	^	n	~
1111	SI	US	/	?	O	_	o	DEL

控制代码在计算机的操作中不作为字符显示，而是作为计算机进行某一特定的动作的功能代码。例如，编码 0000 0111B（7D）的功能是使主机中的扬声器鸣声（BELL），代码 0000 1010B（10D）是换行（LF 或\n），其他：NULL（空）、CR 或\r（回车）、FF（换页）、DEL（删除），以及通信专用字符：SOH（文头）、EOT（文尾）、ACK（确认）等。

显示字符有：数字 0～9（48～57D），大写字母 A～Z（65～90D），小写字母 a～z（97～122D），其余为一些标点符号、运算符号等。

同一个字母的 ASCII 码值小写字母比大写字母大 32，故大小写字母的 ASCII 码值可以加减 32互相推算。例如，A=0100 0001B（65D）、a=0110 0001B（97D）。

　　8 位 ASCII 编码称扩充的 ASCII 码。扩充 ASCII 码的二进制最高位是 1，其范围为 128～255，也是 128 个状态，各国都利用扩充 ASCII 码来规定自己国家的语言文字等代码。例如，日本将其定为片假名字符，我国将其作为中文文字的代码。

　　计算机键盘上的符号可直接在 ASCII 码表中找到对应的编码。事实上，键盘按键后被处理的那个编码就是按键所对应的 ASCII 码值。例如，从键盘输入的英文单词"China"的 ASCII 码为 0100 0011　0110 1000　0110 1001　0110 1110　0110 0001，如表 2-5 所示。

表 2-5　"China" 的 ASCII 码表

字符	C		h		i		n		a	
二进制 ASCII 码	高位 0100	低位 0011	高位 0110	低位 1000	高位 0110	低位 1001	高位 0110	低位 1110	高位 0110	低位 0001
十进制码	67		104		105		110		97	
十六进制码	43		68		69		6E		61	

2.4.3　汉字编码

　　采用不超过 128 种字符的字符集就可满足英文处理的需要，编码容易，而且在一个计算机系统中，输入、内部处理和存储都可以采用同一编码（一般为 ASCII 码）。汉字是象形文字，种类繁多，编码比较困难，而且在一个汉字处理系统中，输入、内部处理和输出对汉字编码的要求不尽相同，因此必须进行一系列的汉字编码及转换。计算机中汉字编码分为输入码、交换码、机内码和字形码等，它们的关系如图 2-9（a）所示。图 2-9（b）所示为汉字"中"编码转换过程示意图。

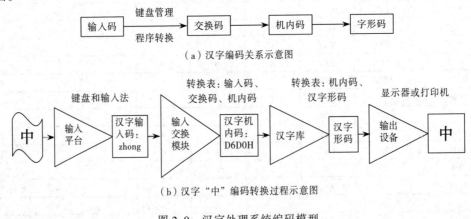

（a）汉字编码关系示意图

（b）汉字"中"编码转换过程示意图

图 2-9　汉字处理系统编码模型

1. 输入码

　　这是一种用计算机标准键盘上按键的字母和符号不同排列组合来对汉字的输入进行编码。目前，汉字输入编码法的研究和发展迅速，已有几百种汉字输入编码法。现在常用的输入法主要有流水码、音码、形码和音形码 4 类。

　　① 流水码：将汉字和符号按一定顺序规则，编排特定的顺序号，形成的汉字编码称为流水码，如电报码、国标码及区位码等。

　　② 音码：根据汉字的读音来确定汉字的输入编码称为音码，如微软拼音、智能 ABC、全拼及双拼等。

③ 形码：根据汉字的字形、结构特征和一定的编码规则对汉字进行编码称为形码，如五笔字型、郑码及大众码等。

④ 音形码：结合汉字的读音和字形而对汉字进行的编码称为音形码，如自然码、极点中文及首尾码等。

目前，汉字输入从字词，已经到了整句子输入，长句子输入效率大大提高。在 Windows 系统中流行的输入法软件平台有搜狗、百度、QQ 等。

2．交换码

（1）国标码

要让汉字正确传递和交换，必须建立统一的编码，否则会造成混乱。我国国家标准局于 1981 年公布实施的《信息交换汉字编码字符集　基本集》GB 2312—1980，称为国标码，简记为 GB 码。在标准中规定了计算机使用汉字总数为 6 763 个和非汉字图形字符 682 个，按常用汉字的使用频度分为一级汉字 3 755 个，二级汉字 3 008 个，按偏旁部首排列，并给这些汉字分配了代码，将它们作为汉字信息交换标准代码，简称交换码。由于汉字数量大，用 1 字节无法完全区分它们，故采用 2 字节对汉字进行编码。前一字节为高位字节，称为区码，包含 94 个区（行），后一字节为低位字节，称为位码包含 94 个位（列），形成区位码，每个字节只用低位 7 位，高位为 0。因此，国标码共有 94×94 区位编码。各区包含的字符：01～09 区为特殊符号；16～55 区为一级汉字，按拼音排序；56～87 区为二级汉字，按部首/笔画排序；10～15 区及 88～94 区则未有编码，为用户自定义区。

（2）其他编码

除了 GB 码外，目前常用的还有 UCS 码、Unicode 码、GBK 码及大五码 BIG5 码。其中，Unicode 码是一种在计算机上使用的字符编码。它为每种语言中的每个字符设定了统一并且唯一的二进制编码，可满足跨语言、跨平台进行文本转换、处理的要求。

3．机内码

机内码是计算机内部信息存储、传递和运算所使用的代码。因为国标码 GB 2312—1980 与基本的信息交换代码 ASCII 码有冲突，比如："大"的国标码是 3473H，与字符组合 "4S" 的 ASCII 相同，因此不能直接在计算机中使用。在计算机内部表示汉字时把交换码（国标码）两个字节最高位改为 1，这样，当某字节的最高位是 1 时，必须和下一个最高位同样为 1 的字节合起来代表一个汉字，这样就把国标码转换成机内码，机内码最多能表示 $2^7 \times 2^7 = 16\ 384$ 个汉字。

例如，汉字"中华"的二进制、十进制和十六进制汉字国标码和机内码如下：

汉字	汉字国标码（交换码）		汉字机内码	
	十进制	二进制	十六进制	二进制
中	8680D	(01010110 01010000) B	(D6D0)H	(11010110 11010000) B
华	5942D	(00111011 00101010) B	(BBAA)H	(10111011 10101010) B

4．字形码

汉字字形码又称为汉字字模，用于汉字在显示屏或打印机上输出。汉字字形码通常有点阵和矢量两种表示方式。

（1）点阵

点阵表示方式是由若干行、若干列的许多点组成的一个点阵。根据输出汉字的要求不同，点阵的多少也不同。例如，16×16 点阵、24×24 点阵、32×32 点阵及 64×64 点阵等，图 2-10 所示为字形点阵及编码。从图 2-10 可以看出，在此点阵中黑点表示二进制数 1，空格表示二进制数 0，则第 1 行编码为 0000001100000000B＝0300H，其他依次对应。点阵规模越大，字形越清晰美观，所占存储空间也越大。例如，黑白 16×16 点阵的字形码需要 32B（16×16÷8=32 字节），24×24 点阵的字形码需要 72B（24×24÷8=72 字节），而英文字母只需 1 字节。

（2）矢量

矢量表示方式存储的是描述字形的轮廓特征。当要输出汉字时，通过计算机的计算，由汉字字形描述生成所需大小和形状的汉字点阵。矢量化字形描述与最终文字显示的大小、分辨率无关，因此可产生高质量的汉字输出。Windows 系统中使用的 TrueType 技术就是汉字矢量表示方式。

点阵和矢量表示方式的区别是点阵表示法编码和存储方式简单、无须转换直接输出，但存储容量大，同时字形放大后产生的效果差，而且同一种字体不同的点阵需要不同的字库。矢量表示方式的特点正好与点阵表示方式相反。

在计算机中，字形码字库是随操作系统安装而自带的。例如，Windows 系统中点阵和矢量字库都用，点阵字库扩展名为 FON，矢量字库扩展名为 TTF。

TTF（True Type Font，全真字体）是一种彩色数字函数描述字体轮廓外形的一套内容丰富的指令集合，这些指令中包括字形构造、颜色填充、数字描述函数、流程条件控制、栅格处理器控制、附加提示信息控制等指令，具有所见即所得效果、支持字体嵌入技术等优点。这些字库在 Windows 操作系统中，安装在 C:\Windows\Fonts 文件夹中。

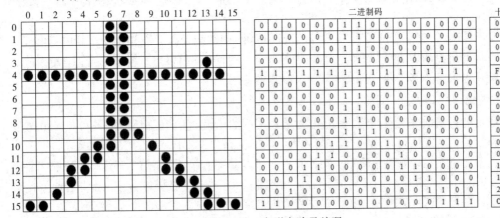

图 2-10　字形点阵及编码

2.4.4　Unicode 编码

因为计算机发展的多种平台，即不同语言的用户、不同类型的计算机、不同的操作系统，也需要进行文本的交换和处理，ASCII 码就不能适应这种需要了。Unicode 编码是有多家计算机厂商组成 Unicode 协会进行开发，得到计算机界的支持，几乎能成为表示世界上所有书写语言（650 种语言，包括汉字）的字符编码标准。它为每种语言中的每个字符设定了统一并且唯一的二进制编码，最多支持超过百万个字符的编码，以满足跨语言、跨平台进行文本转换、处理的要求，也被称为"统一码""单一码""万国码"。

Unicode 编码是一种国际标准编码，字符集有多个编码方案，分别是 UTF-8、UTF-16 和 UTF-32，分别为单字节、双字节和四字节。目前，对于 Java 和.NET 等编程语言平台，内置的字符串所使用的字符集完全是 Unicode，非常有利于程序国际化和标准化。在网络、Windows 系统和很多大型软件中得到广泛的应用。

2.4.5　多媒体信息的表示

无论什么信息，在计算机内部都是用二进制数表示的。随着多媒体技术的大量应用，用计算机处理声音、图像、图形及动画等信息已是很容易实现。

1. 图像信息的表示

图像是由一个个的像素点组成，对图像数据进行处理的实质就是对图像的像素进行编码。如果要使编码的图像更为逼真，就需要更多的二进制位数表示颜色、层次等信息。

2. 声音信息的表示

声音是一种连续变化的模拟信息，可以通过模/数转换器（A/D 转换器）按照一定的频率对声音信号的幅值进行采样，然后对得到的一系列数据进行量化与二进制编码的处理，就可以将模拟声音信息转换为相应的位序列，从而实现被计算机存储、传输和处理。

3. 视频信息的表示

视频信息的编码就是将视频信号经过视频采集卡转换成数字视频文件存储在数字载体中，在使用时，将数字视频文件从硬盘中读出，再还原成为一幅幅图像加以输出。对视频信息的采集，需要很大的存储空间和数据传输速度，这就需要在采集和播放过程中对图像进行压缩和解压缩处理。

小　　结

计算机采用统一的数据表示方法，即使用二进制表示数和各种编码。本章主要介绍了数制与转换、二进制数的运算规则、数据的存储单位、数值数据的表示、信息编码等，它们是理解计算机计算和数据处理工作原理的基础，是计算机的基础知识。

数制被称为计数体制，是指数位的构成方法和低位向高位进位的规则。常用的数制有二进制、十进制、八进制、十六进制。二进制是计算机系统的基础，二进制数与十进制数之间的转换是十进制数和其他进制数转换的基础。二进制数的本质运算就是算数和逻辑运算。

计算机的数据存储单位或容量是用字节 B 表示的，一个字节是由 8 位构成的。千、兆、吉、太等字节（KB、MB、GB 和 TB）相差均为 1 024 倍，即 2^{10} 倍。

计算机使用定点数和浮点数两种格式化数据。计算机将数表示为原码、反码和补码，原码用于乘法运算，而补码用于加法、减法运算。

编码就是用一组数字标记特定对象，如二进制编码。计算机的文本编码有 ACSII 码、汉字国标码 GB 2312—1980 及 Unicode 编码等。汉字编码又分为输入码、交换码、机内码和字形码等来适应计算机中汉字的输入、内部转换和处理，及输出显示或打印。多媒体信息的表示也是用二进制数来表示，前提是要将多媒体信息采样、编码转换成二进制数字信息保存，使用时又要将多媒体数字信息还原为对象信息，如图形图像的像素、声音的模拟信息和视频的图像信息。对于图形和图像又可分为位图和矢量图，位图数据用像素点阵表示，矢量图数据使用图形对象的直线和曲线来描述图形。与位图相比，矢量图质量高、放大和缩小图质量不变，数据量小等优点，但是数据编辑、更新和处理较复杂。详细的多媒体信息的表示和处理等内容将在后续章节中介绍。

习　题

一、综合题

1. 浮点数在计算机中是如何表示的？

2. 什么是 ASCII 码？请查一下"D""d""3"和空格的 ASCII 码值。

3. 简述带符号定点整数的表示形式。

4. 简述图像、声音和视频等多媒体信息在计算机中的编码方法。

二、网上练习

1. 从互联网上查询定点数和浮点数的详细描述。

2. 从互联网上查询原码、反码和补码的工作原理。

3. 从互联网上查询计算机进行逻辑运算与算术运算的实际应用。

4. 从互联网上查询计算机中的信息为何采用二进制。

5. 上网了解汉字编码技术的发展过程。

6. 上网了解中文输入法、区位码、GB 2312—1980 字符集。

7. 上网了解 UCS 码、Unicode 码、GBK 码及大五码 BIG5 码。

第 3 章 | 计算机硬件系统

计算机系统由硬件系统和软件系统两部分组成。计算机硬件是指计算机系统中由电子、机械和光电元器件等组成的各种物理装置的总称。这些物理装置按系统结构的要求构成一个有机整体，为计算机软件运行提供物质基础。要真正理解计算机，必须对计算机的硬件组成有深入的了解。

3.1　计算机系统组成

一个完整的计算机系统包含硬件系统和软件系统两大部分。硬件通常是指一切看得见、摸得着的实体设备，是组成计算机系统的各种物理设备的总称，是计算机系统的物质基础。单纯的硬件系统又称为裸机，裸机只能识别 0 和 1 组成的机器代码。没有软件系统的计算机几乎是没有用的。软件系统通常泛指各类程序和文件，实际上是由一些算法及其在计算机中的表示所构成的。计算机系统的整体构成如图 3-1 所示。

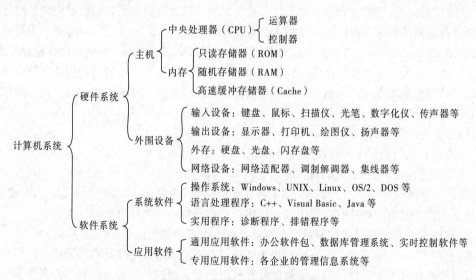

图 3-1　计算机系统的整体构成

当前计算机的硬件和软件正朝着互相渗透、互相融合的方向发展，在计算机系统中没有一条明确的硬件与软件的分界线。原来一些由硬件实现的功能可以改由软件模拟来实现，这种做法称为硬件软化，可以增强系统的功能和适应性。同样，原来由软件实现的功能也可以改由硬件来实现，称为软件硬化，可以显著降低软件在时间上的开销。由此可见，硬件和软件之间的界面是浮动的。对于程序设计人员来说，硬件和软件在逻辑上是等价的。一项功能究竟采用何种方式实现，应从系统的效率、速度、价格和资源状况等诸多方面综合考虑。既然硬件和软件不存在固定的界限，那么现在的软件可能就是未来的硬件，现在的硬件也可能就是未来的软件。

除了硬件和软件以外，还有一个概念需要引起注意，这就是固件（Firmware）。固件的概念是1967年由美国人A. OPler首先提出来的。固件是指那些存储在能永久保存信息的器件（如 ROM）中的程序，是具有软件功能的硬件。固件的性能指标介于软件与硬件之间，吸收了软、硬件各自的优点，其执行速度快于软件，灵活性优于硬件，是软、硬件结合的产物，计算机功能的固件化将成为计算机发展的一个趋势。

3.2　计算机硬件基础

如何用机器代替人来计算？计算机应该是怎样的体系结构？这是计算机发展经历的过程，即理论到设计和实现的过程。说到计算机的诞生过程，就不能不提到阿兰·图灵和冯·诺依曼，他们是现代计算机的奠基人，对计算机的发展有着深远的影响。

3.2.1　图灵机的理论模型

图灵机不是一种具体的机器，只是一种理论模型。它的基本思想是用机器来取代人类用纸和笔进行数学运算。它将输入状态、输出状态、内部状态和程序集合成一个抽象的计算模型，通过对多个简单图灵机的组合，构成复杂图灵机，从而解决复杂问题。图灵机模型为计算机的发展奠定了理论模型基础，相关内容在第 1 章有详细的介绍，在此不重复讲解。

3.2.2　冯·诺依曼体系结构

进入 20 世纪以后，物理学和电子学科学家就为制造可以进行数值计算的机器应该采用什么样的结构而进行激烈的争论，并且被十进制这个人类习惯的计数方法所困扰。1945 年，美籍匈牙利科学家冯·诺依曼起草了《关于 EDVAC 的报告草案》，即命名为 EDVAC 的全新计算机设计报告。在报告中，他首先提出了"存储程序"的概念和二进制原理，后来，人们把利用这种概念和原理设计的电子计算机系统称为冯·诺依曼体系结构计算机，EDVAC 于 1950 年实现。冯·诺依曼体系结构计算机设计特点可以归纳为以下几点：

① 指令采用顺序执行。
② 指令的格式包括指令码和地址码两部分。
③ 采用二进制代码表示数据和指令。
④ 采用"存储程序"方式，即事先编制程序（包括指令和数据），将程序预先存入存储器中，使计算机在工作中能自动地从存储器中取出程序代码和操作数，并加以分析、执行。
⑤ 计算机系统由运算器、控制器、存储器、输入设备和输出设备 5 个基本部件组成。

尽管它存在着一定的缺陷，如不能实现多任务，也不完全适应现代计算机的要求，但是它仍然是现代计算机的基础，包括性能最优越的计算机也仍然采用这种结构。后来，许多新型的计算机对它进行了各种各样的改进。

3.2.3　计算机实现

虽然有了计算机理论模型和体系结构，但是要把它设计和制造出一个实实在在的电子设备，并且能进行二进制表达和二进制运算，可不是一件容易的事情。所以，计算机实现的核心是用哪些电子元器件实现二进制和什么样的电子电路能够进行二进制运算。

1. 用电信号表示数字

有了计算机理论基础，但是要把它变成一个看得见摸得着的硬件设备可不是一件容易的事情。这需要综合应用人类在数学、物理学、逻辑学、材料科学等各领域取得的成果。尽管计算机看起来是神奇的、智慧的，但是其本质上还是一种硬件设备。要了解这种前所未有的特殊的电子装置，首先要了解它的硬件是如何实现的。

对于电子计算机来说，需要用电信号来表示数字并进行计算。通过第 2 章的学习可知，计算机采用二进制主要就是因为硬件实现方便、可靠性高，因为电子元器件正好有两种稳定的状态——导通与截止，或电压的高与低正好能够表示二进制的 0 和 1 两个数码。例如，用开关来实现：当开关断开时，电流被切断，代表 0；当开关接通时，电路中有电流通过，代表 1，如图 3-2 所示。

如果一个二进制数由很多个 0 和 1 组成，则需要很多开关来表示这个二进制数。可以从最简单的加法运算开始，了解其运算过程，如图 3-3 所示。

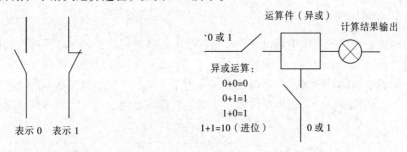

图 3-2　使用开关来表示二进制数　　图 3-3　二进制加法运算示例

在图 3-3 中，中间的矩形框表示运算部件，运算部件的左边和下边各有一个开关，用于输入两个参与运算的二进制数。运算部件右边就是输出结果，通过灯泡的亮与不亮来代表输出的结果是 0 还是 1。当然，简单的加法器没有考虑低位进位，只是用电路实现了 1 位数的二进制加法，称为半加器。利用简单的半加器原理，也可以实现多位数二进制的加法进位，即全加器，把多个全加器连接起来就可以进行多位二进制数的加法运算。

2. 数字电路基础

加法器的原理是基于二进制逻辑关系设计的，那它的内部是什么呢？是怎样实现开关的自动化呢？

通电导线周围会产生磁场，可以通过电流的有无来控制磁性的有无，继而来控制机械部分。继电器就是采用这个原理，如图 3-4 所示。它通过电磁转换实现机械的吸合、释放开关作用，可以实现电路的自动导通与切断。

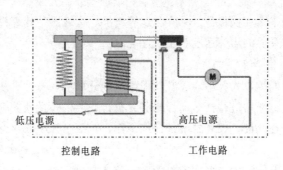

图 3-4　电磁继电器工作原理

二进制逻辑运算是计算机实现计算的基础。布尔代数是现代计算机的理论基础，有 3 种基本的逻辑关系：与、或、非，其他复杂的逻辑关系都由这 3 种基本关系组合而成。然而，计算机如何同逻辑关系结合起来呢？美国数学家香农是信息论的创始人，他在 1938 年的硕士论文《继电器与开关电路的符号分析》中，首次把布尔代数和电子学结合起来，即把布尔代数的"真"与"假"和电路系统的"开"与"关"对应起来，用 1 和 0 表示，创立了开关电路领域，证明了可以通过继电器电路来实现布尔代数的逻辑运算。

如何从基本逻辑运算实现加、减、乘、除运算呢？简单地说，使用与、或、非 3 种基本逻辑可以构成异或逻辑运算。异或逻辑运算可以实现二进制数的加法运算（见图 3-3），体现了计算机进行二进制运算的基本关系和实现过程。异或逻辑实现的加法运算可进一步扩展为减法运算（使用补码），以及乘、除法运算。香农还提出了实现加、减、乘、除等运算的电子电路的设计方法，这些成果奠定了数字电路的理论基础。

3.2.4　计算机硬件构成

计算机硬件是计算机系统中由电子、机械和光电元件组成的各种计算机部件和设备，其基本功能是接受计算机程序的控制，以实现数据输入、运算、数据输出等一系列操作。

目前，计算机的种类很多，其制造技术也发生了极大的变化，但在基本的硬件结构方面，它一直沿袭着冯·诺依曼的计算机体系结构，从功能上都可以划分为五大基本组成部分，即输入设备、输出设备、存储器、运算器和控制器，如图 3-5 所示。

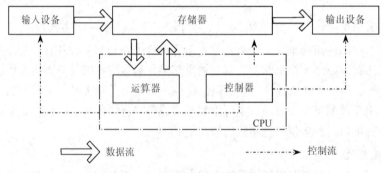

图 3-5　冯·诺依曼的计算机体系结构

1. 运算器

运算器是对信息进行处理和运算的部件，主要功能是进行算术运算或者逻辑运算。运算器由算术逻辑单元（Arithmetic and Logic Unit，ALU）、累加器、状态寄存器和通用寄存器等组成。其中 ALU 的基本功能是加、减、乘、除等算术运算，与、或、非、异或等逻辑操作，以及移位、求补等操作。通用寄存器用来暂存操作数，并存放运算结果。运算器是计算机的核心部件之一，它的性能高低直接影响着计算机的运算速度和整机性能。

2. 控制器

控制器是整个计算机的控制指挥中心，其功能是控制计算机各部件自动协调地工作。控制器负责从存储器中取出指令，然后进行指令的译码和分析，并产生一系列控制信号。这些控制信号按照一定的时间顺序发往各部件，控制各部件协调工作，并控制程序的执行。

3. 存储器

存储器的功能是用于存储以内部形式表示的各种信息，包括程序、数据、运算的中间结果及最终结果。根据存储设备在计算机中所处的位置不同，可以分为主存储器和辅助存储器，根据存储介质的不同可以分成磁性存储器、半导体存储器和光介质存储器等。

4. 输入设备

输入设备的任务是把编好的程序和原始数据送到计算机中，并且将其转换成计算机内部能够识别和接收的信息方式。按输入信息的形式可分为字符（包括汉字）输入、图形输入、图像输入及语音输入等。

目前，常见的输入设备有键盘、鼠标、扫描仪等，辅助存储器（磁盘、磁带）也可以看作输入设备。另外，自动控制和检测系统中使用的模/数（A/D）转换装置也是一种输入设备。

5. 输出设备

输出设备的功能是将信息从计算机的内部形式转换为使用者所要求的形式，以便为人们识别或被其他设备所接受。常用的输出设备包括打印机和显示器等。

运算器和控制器在结构关系上非常密切，它们之间有大量的信息被频繁地进行交换，而且共用一些寄存单元，因此将运算器和控制器合称为中央处理器（Central Processing Unit，CPU）。中央处理器和内存储器合称为主机，输入设备和输出设备称为外围设备。由于外存储器不能直接与CPU 交换信息，而它与主机的连接方式和信息交换方式与输入设备和输出设备没有很大差别，因此，一般也把它列入外围设备的范畴，即外围设备包括输入设备、输出设备和外存储器；但从外存储器在整个计算机中的功能来看，它属于存储系统的一部分，又称为辅助存储器。

3.2.5　计算机的指令系统与工作原理

现代计算机的基本元器件是晶体管，并由其组成的数字电路来实现二进制和二进制运算。简单地看，如果是一个任务、一个操作或一个数据，如何用二进制的 0 和 1 组成的字符串表示其格式和执行？这就是计算机的指令系统。

1. 计算机的指令系统

指令是能被计算机识别并执行的二进制代码，规定了计算机能完成的某一种操作，也是对计算机进行程序控制的最小单位。程序是为完成一项特定任务而用某种语言编写的一组指令序列。CPU 就是根据一系列指令来指挥和控制计算机各个部件协调工作，以完成给定的操作任务。

一条指令通常由两部分组成：操作码和操作数，它们存放在指令寄存器中。

操作码	操作数
0110	000010　000100

（1）操作码

操作码指明该指令要完成的操作的类型或性质，如获取数据、做加法或输出数据等。操作码的位数决定了一个机器操作指令的条数。当使用定长操作码格式时，若操作码位数为 n，则指令条数可有 2^n 条。

（2）操作数

操作数指明操作对象的内容或所在的单元地址，操作数在大多数情况下是地址码，地址码可以有 0～3 个。从地址码得到的仅是数据所在的地址，可以是源操作数的存放地址，也可以是操作结果的存放地址。

例如，某条 16 位指令 0110　000010　000100。前 4 位为加法操作码：0110；后 12 位为操作数：000010　000100，其中寄存器 B 地址：000010，寄存器 A 地址：000100。该指令在运行时，操作码 0110 指出要进行加法操作，将寄存器 A 中的内容与存储单元 B 中的内容相加，结果放到寄存器 A 中。

一台计算机的所有指令集合称为该计算机的指令系统。不同类型的计算机，指令系统的指令条数有所不同。但无论哪种类型的计算机，指令系统都应具有以下功能的指令（见图 3-6）：

① 数据传送指令：将数据在内存与 CPU 之间进行传送。

② 数据处理指令：对数据进行算术、逻辑或关系运算。

③ 程序控制指令：控制程序中指令的执行顺序，如条件转移、无条件转移、调用子程序、返回、停机等。

④ 输入/输出指令：用来实现外围设备与主机之间的数据传输。

⑤ 其他指令：用于对计算机的硬件进行管理等。

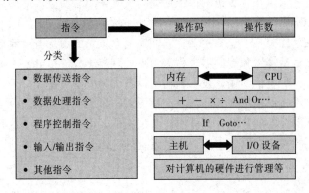

图 3-6 指令系统

2. 计算机的工作原理

计算机的工作过程实际上是快速执行指令的过程。计算机工作时，有两种信息在执行指令的过程中流动：数据流和控制流。

数据流是指原始数据、中间结果、结果数据、源程序等。控制流是由控制器对指令进行分析、解释后向各部件发出的控制命令，用于指挥各部件协调地工作。

下面以指令的执行过程来认识计算机的基本工作原理，如图 3-7 所示。指令的执行过程分为以下 4 个步骤：

（1）取指令：按照程序计数器中的地址（0100H），从内存储器中取出指令（070270H），并送往指令寄存器。

（2）分析指令：对指令寄存器中存放的指令（070270H）进行分析，由译码器对操作码进行译码，将指令的操作码转换成相应的控制电位信号，由地址码（0270H）确定操作数地址。

（3）执行指令：由操作控制线路发出完成该操作所需的一系列控制信息，去完成该指令所要求的操作。例如，做加法指令，取内存单元（0270H）的值和累加器的值相加，结果还是放在累加器中。

（4）一条指令执行完毕，程序计数器加 1 或将转移地址码送入程序计数器，然后回到步骤（1）。

一般把计算机完成一条指令所花费的时间称为一个指令周期，指令周期越短，指令执行越快。通常所说的 CPU 主频就反映了指令执行周期的长短。

运行时，计算机从内存读出一条指令到 CPU 内执行，指令执行完，再从内存读出下一条指令到 CPU 内执行。CPU 不断地取指令、分析指令、执行指令，这就是程序执行过程。

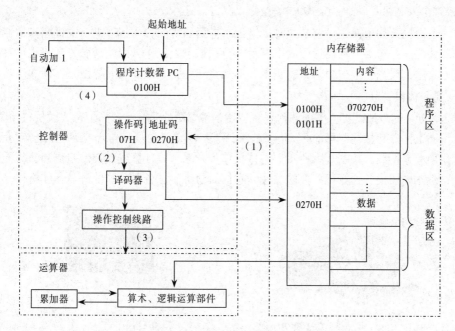

图 3-7　指令的执行过程示意图

　　总之，计算机的工作就是执行程序，即自动连续地执行一系列指令，而程序开发人员的工作就是编制程序。一条指令的功能虽然有限，但是由一系列指令组成的程序可以完成的任务是无限的。

3.3　微型计算机概述

　　微型计算机（简称微机）是发展最快的一种计算机，其主要特点是体积小、功能强、造价低、对环境的要求低，被广泛应用在各个方面。本节介绍微型计算机的类型和硬件系统的组成。

3.3.1　微型计算机的硬件组成

　　由于微机是一种"开放式""积木式"的体系结构，各部件制造遵循一定的标准和规范，因此各厂家都可以按标准制造微机的各个部件，包括主板扩展槽内的可选插件（如内存、显卡、USB设备等）。目前，常用多媒体微机，如台式计算机，基本配置有：CPU、主板、内存、硬盘、光驱、声卡、显卡、网卡、键盘、鼠标、机箱、电源、扬声器和显示器等 14 个部件，现在很多主板上都集成了显卡和网卡。

　　这 14 个部件组成了计算机的主机、输入设备和输出设备三大基本结构。其中：

　　① 主机：由 CPU、主板、内存、硬盘、光驱、声卡、显卡、网卡、机箱、电源组成，这些设备都组装在机箱里。

　　② 输入设备由键盘、鼠标以及扫描仪、数码照相机和摄像机、摄像头等其他设备组成。

　　③ 输出设备由扬声器、显示器以及打印机等其他设备组成。

3.3.2　微型计算机的类型

　　目前，个人微机主要有以下几种类型。

1. 台式个人微机（卧式、立式）

台式个人微机又称桌面机，它是相对于笔记本电脑而言的，体积较大，主机和显示器等设备分离、相对独立，并需要放置在专门的工作台（电脑桌）上工作，因此命名为台式机。台式机的性能较笔记本电脑要强。最初个人微机基本上都是台式的，并形成主要类型，如图 3-8 所示。

2. 液晶一体机

所谓一体机，就是把微机主要配件内置到特制的液晶显示器中，省去了台式微机机箱的累赘，使用时只需插上键盘和鼠标即可。一体机将传统计算机的主机和显示器合二为一，既节约了空间，又省却了烦琐的连接线，如图 3-9 所示。一体机作为未来台式计算机发展的主流趋势，受到了联想、苹果、戴尔等国内外计算机厂商的关注，它们纷纷推出了各自品牌的液晶一体机。

图 3-8　台式个人微机　　　　　　　　图 3-9　液晶一体机

3. 笔记本电脑

笔记本电脑是一种小型、可携带的个人计算机，通常重 1～3 kg。笔记本电脑把特制的显示器、主机、各种驱动器、键盘和鼠标等部件组装在一起，体积只有手提包大小，并能使用锂电池供电，可以像笔记本一样随身携带，是最流行的便携式计算机，如图 3-10 所示。

4. 平板电脑（掌上电脑）

平板电脑又称便携式电脑（Tablet Personal Computer，Tablet PC），是一种小型、携带方便的个人计算机，以触摸屏作为基本输入设备。有时也叫掌上电脑（Personal Digital Assistant，PDA），即个人数字助手，它们都是一款无须翻盖、没有键盘、尺寸小但功能完整的 PC，如图 3-11 所示。平板电脑集移动商务、移动通信和移动娱乐为一体，具有手写识别和无线网络通信功能（即通过 Wi-Fi 信号模块），目前主要用来上网和游戏娱乐。PDA 主要应用在工业领域，如条码扫描器、RFID 读写器、POS 机等。通过是否内置有 SIM 卡信号传输模块，分为 Wi-Fi 版和 5G 版。Wi-Fi 版连接无线热点，5G 版不仅能连接无线热点，还能通过 5G 无线网络打电话，就是一部大屏手机。目前各大 IT 厂商均推出了自己的平板电脑，知名品牌有华为、小米、苹果、三星、微软等。

图 3-10　笔记本电脑　　　　　　　　图 3-11　平板电脑

5. 智能手机

智能手机，是指像个人计算机一样，具有独立的操作系统、独立的运行空间，可以由用户自行安装软件、游戏、导航等第三方服务商提供的程序，并可以通过移动通信网络来实现无线网络接入的这样一类手机的总称。智能手机的诞生，是掌上电脑演变而来的。最早的掌上电脑不具备手机的通话功能，但是随着用户对掌上电脑个人信息处理功能的依赖的提升，又不习惯于随时都携带手机和掌上电脑两种设备，所以厂商将掌上电脑的系统移植到了手机中，于是才出现了智能手机这个概念。智能手机的操作系统基本分两大阵营，苹果公司的 iOS 系列，谷歌公司的 Android 系列。

智能手机涉及的范围已经布满全世界，因为智能手机具有优秀的操作系统、可自由安装各类软件、全触屏式操作感这三大特性，所以完全终结了前几年的键盘式手机。知名品牌有华为（HUAWEI）、小米（MI）、步步高（VIVO 和 OPPO）、联想（Lenovo）、中兴（ZTE）、苹果、三星等品牌。

3.4　主机系统和外围设备

主机系统主要由中央处理器、主板、主存储器、总线及输入/输出接口组成。外围设备（简称外设）主要由外存储器（硬盘、光驱）、键盘、鼠标、扫描仪、显示卡、显示器、打印机等组成。

3.4.1　中央处理器

中央处理器（Central Processing Unit，CPU）是一块超大规模的集成电路，是一台计算机的运算核心和控制核心。主要包括运算器（Arithmetic and Logic Unit，ALU）和控制器（Control Unit，CU）两大部件。此外，还包括若干个寄存器和高速缓冲存储器及实现它们之间联系的数据、控制及状态的总线。CPU 是负责对信息和数据进行运算和处理，并实现本身运行过程的自动化。其作用相当于人的大脑，控制着整台计算机的运行，如图 3-12 所示。

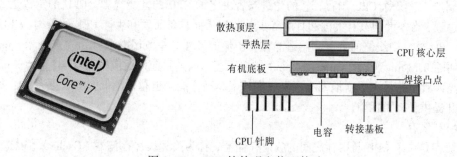

图 3-12　CPU 的外观和物理构造

1. CPU 的功能

CPU 主要是解释和执行计算机指令以及处理计算机软件中的数据。计算机的所有操作都受 CPU 控制，CPU 的性能指标直接决定了微机系统的性能指标。CPU 的主要功能包括以下四方面：

① 处理指令：这是指控制程序中指令的执行顺序。程序中的各指令之间是有严格顺序的，必须严格按程序规定的顺序执行，才能保证计算机系统工作的正确性。

② 执行操作：一条指令的功能往往是由计算机中的部件执行一系列的操作来实现的。CPU 要根据指令的功能，产生相应的操作控制信号，发给相应的部件，从而控制这些部件按指令的要求进行动作。

③ 控制时间：就是对各种操作实施时间上的定时。在一条指令的执行过程中，在什么时间做什么操作均应受到严格的控制。只有这样，计算机才能有条不紊地工作。

④ 处理数据：对数据进行算术运算和逻辑运算，或进行其他的信息处理。

2．CPU 的性能指标

CPU 性能的高低直接决定了一个计算机系统性能的高低，而 CPU 的性能指标可以反映出 CPU 的性能水平。

（1）字长

字长是指 CPU 可以同时处理的二进制数据的位数，是最重要的一个技术性能指标。人们通常所说的 8 位机、16 位机、32 位机、64 位机就是指该计算机的 CPU 可以同时处理的二进制数据的位数。现在的主流 CPU 都是 64 位 CPU。

（2）CPU 外频

外频是 CPU 乃至整个计算机系统的基准频率，是主板为 CPU 提供的基准时钟频率，单位是 MHz（兆赫）。目前 CPU 外频已经达到了 200 MHz 以上。由于正常情况下外频和内存总线频率相同，所以当 CPU 外频提高后，与内存之间的交换速度也相应得到了提高，对提高计算机整体运行速度贡献较大。

（3）CPU 主频

CPU 主频又称工作频率，是 CPU 内核（整数和浮点运算器）电路的实际运行频率。CPU 的主频不代表 CPU 的速度，因为计算机的整体运行速度不仅取决于 CPU 运算速度，还与其他各分系统的运行情况有关，只有在提高主频的同时，各分系统运行速度和各分系统之间的数据传输速度都能得到提高后，计算机整体的运行速度才能真正得到提高。主频=外频×倍频，比如 Pentium 4 3.0 处理器的外频是 200 MHz，倍频为 15，通常计算机爱好者通过主板提供的软件可以提升外频或者倍频从而提高 CPU 的主频，就是通常所说的超频。

（4）CPU 制造工艺

CPU 制造工艺又称 CPU 制程，它的先进与否决定了 CPU 的性能优劣。CPU 的制造是一个极为复杂的过程，当今世上只有美国和日本等少数几家厂商具备研发和生产 CPU 的能力。CPU 制造工艺是指 CPU 核心中线路的宽度和制造晶体管图形的尺寸，一般用微米（μm）或纳米（nm）表示。从早期的 0.13 μm 到 0.014 μm（14 nm）制造工艺，以及目前广泛应用的 0.007 μm（7 nm）制造工艺，晶体管电路最大限度地缩小，集成度越来越高，能耗也越来越低，CPU 更省电，为 CPU 的速度提升提供了有力保障。

（5）CPU 缓存

CPU 缓存是位于 CPU 与内存之间的临时存储器，称为高速缓冲存储器（Cache），简称“高速缓存”。Cache 位于 CPU 和主存储器 DRAM（动态存储器）之间规模较小，但速度很高的存储器，通常由 SRAM（静态存储器）组成。CPU 的速度远高于内存，当 CPU 直接从内存中存取数据时要等待一定时间周期，而 Cache 则可以保存 CPU 刚用过或循环使用的一部分数据，如果 CPU 需要再次使用该部分数据时可从 Cache 中直接调用，这样就避免了重复存取数据，减少了 CPU 的等待时间，因而提高了系统的效率。

按照数据读取顺序和与 CPU 结合的紧密程度，CPU 缓存可以分为一级缓存、二级缓存和三级缓存，每一级缓存中所存储的全部数据都是下一级缓存的一部分，这 3 种缓存的技术难度和制造成本是相对递减的，所以其容量也是相对递增的。缓存容量越大，CPU 运行速度越快。

纵观 Intel 处理器的发展历程，且不论核心架构如何改变，以级数增长的二级、三级缓存是最直观的。历年来 Intel 都是通过二级缓存或三级缓存的大小来划分产品线，以前只有奔腾和赛扬两种规格，到了酷睿 2 时代 Intel 仅双核产品就拥有 512 KB、1 MB、2 MB、3 MB、4 MB、6 MB 六个版本，四核产品也有 4 MB、6 MB、8 MB、12 MB 四个版本。用来制作 CPU 核心的晶体管当中，有一半甚至一半以上的被用来制作了缓存，可见高速缓存在整个计算机中的地位。CPU 中二级缓存的地位如图 3-13 所示。

3. CPU 的接口

CPU 需要通过某个接口与主板连接才能进行工作，经过这么多年的发展，CPU 采用的接口方式有引脚式、卡式、触点式、针脚式等。而目前 CPU 的接口基本是针脚式接口或触点式，对应到主板上就有相应的插槽类型。CPU 接口类型不同，在插孔（触点）数、体积、形状都有变化，所以不能互相接插。目前的主流处理器大多采用的接口称为 Socket，如图 3-14 所示。因针脚或触点数的不同，Intel 公司近几年生产的 CPU 采用的针脚数量一直呈现上升趋势，如 LGA 1156、LGA 1366、LGA 2011 等。

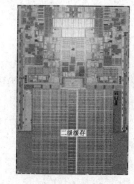

图 3-13　45 nm CPU 的核心中近一半晶体管被用来制造二级缓存

4. CPU 的主要生产厂家

40 多年来，CPU 的技术水平飞速提高，在速度、功耗、体积和性能价格比方面平均每 18 个月就有一个数量级的提高。目前，微机中普遍使用的 CPU 主要由 Intel 和 AMD 两个美国生产商生产，其公司标志如图 3-15 所示。

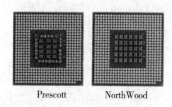

图 3-14　CPU 的 Socket 接口

图 3-15　Intel 和 AMD 公司的标志

Intel（英特尔）是全球最大的半导体芯片制造商，1968 年开始设计和制造复杂的半导体芯片，具有 40 多年产品创新和市场领导的历史。1971 年，Intel 推出了全球第一款微处理器 4004，由 2 300 个晶体管构成。这一举措不仅改变了 Intel 公司的未来，而且对整个世界工业产生了深远影响。微处理器所带来的计算机和互联网革命，改变了整个世界。当时，公司的联合创始人之一戈登·摩尔（Gordon Moore），就提出后来被业界奉为信条的"摩尔定律"——每过 18 个月，芯片上可以集成的晶体管数目将增加一倍，并且运算速度也提升一倍。

AMD 是 Advanced Micro Devices（超微半导体）的缩写。AMD 公司成立于 1969 年，总部位于美国加利福尼亚州桑尼维尔市。AMD 公司专门为计算机、通信和消费电子行业设计和制造各种创新的微处理器、闪存和低功率处理器解决方案，是 Intel 公司强大的竞争对手，在美国、欧洲及亚洲（中国大连）均设有工厂。

2005 年，当 CPU 的主频接近 4 GHz 时，英特尔和 AMD 发现，CPU 的速度也会遇到自己的极限：那就是单纯的主频提升，已经无法明显提升系统整体性能。多核心 CPU 解决方案（多核）的出现，给人们带来了新的希望。在英特尔高级副总裁帕特基辛格（Pat Gel singer）看来，从单核到双核，再到多核的发展，证明了摩尔定律还是非常正确的，因为"从单核到双核，再到多核的发展，可能是摩尔定律问世以来，在芯片发展历史上速度最快的性能提升过程"。多核 CPU 就是基板上集成有多个单核 CPU，比如 Intel 公司的酷睿系列多核 CPU 自己集成了任务分配系统，再搭配操作系统就能真正同时开工，2 个核心同时处理 2 "份"任务，速度快了，且万一一个核心死机，另一个核心还可以继续处理关机、关闭软件等任务。随着科技的发展，8核心、16核心、32核心的CPU逐渐走入人们的生活当中。图3-16所示为一款多核心处理器。

5. CISC 和 RISC

在计算机指令系统的优化发展过程中，出现过两个截然不同的优化方向：CISC技术和RISC技术。这里的计算机指令系统指的是计算机最低层的机器指令，也就是CPU能够直接识别的指令。随着计算机系统越来越复杂，要求计算机指令系统的构造能使计算机的整体性能更快、更稳定。

CISC是指复杂指令集计算机（Complex Instruction Set Computer）。

图3-16　多核心处理器

也是人们最初采用的优化方法，它是通过设置一些功能复杂的指令，把一些原来由软件实现的、常用的功能改用硬件的指令系统实现，以此来提高计算机的执行速度。目前的台式计算机或笔记本电脑一般采用复杂指令系统。

RISC是指精简指令集计算机（Reduced Instruction Set Computer），是另一种优化方法。它是在20世纪80年代才发展起来的，其基本思想是尽量简化计算机指令功能，只保留那些功能简单、能在一个节拍内执行完成的指令，而把较复杂的功能用一段子程序来实现。RISC技术的精华就是通过简化计算机指令功能，使指令的平均执行周期减少，从而提高计算机的工作主频，同时大量使用通用寄存器来提高子程序执行的速度。目前的智能手机一般采用精简指令系统。

3.4.2　主板

主板也称主机板（Main Board）、系统板（System Board）或母板（Mother Board），是微机硬件系统中最大的一块电路板。主板上布满各种电子元件、插槽和接口，典型的主板系统物理结构如图3-17所示。主板安装在机箱内，是微机最基本也是最重要的部件之一。主板一般为矩形电路板，是整个微机内部结构的基础，为各种磁和光存储设备、打印机和扫描仪、数码照相机等I/O设备提供接口；还为CPU、内存、显卡和其他各种功能卡提供安装插槽。微机是通过主板将CPU等各种功能部件和外围设备有机地结合在一起而形成的一套完整的系统。主板性能不佳，则其他一切与之相连的部件的性能将不能充分发挥出来。计算机工作时，由输入设备输入数据，由CPU来完成大量的数据运算，再由主板负责组织将数据输送到各个设备。下面介绍主板的主要组成部分。

1. CPU 插座

CPU插座是放置和固定CPU的地方，中间放置CPU，外围的支架可固定CPU的散热风扇，如图3-18所示。CPU的插座多为Socket架构，呈白色，根据支持的CPU不同，CPU的插座也不同，主要是针脚数不同。

2. 芯片组

芯片组（Chipset）是构成主板电路的核心。一定意义上讲，它决定了主板的级别和档次。它是把以前复杂的电路和元件最大限度地集成在几个芯片内的芯片组，如图3-19所示。如果说中央处理器是整个计算机系统的大脑，那么芯片组则是整个计算机系统的神经。主板芯片组几乎决定着主板的全部功能，其中CPU的类型、主板的系统总线频率、内存类型、容量和性能、显卡插槽规格是由芯片组中的北桥芯片决定的；而扩展槽的种类与数量、扩展接口的类型和数量（如USB 3.0/2.0、IEEE 1394、串口、并口、笔记本的VGA输出接口）等，是由芯片组中的南桥芯片决定的，主板的工作原理图如图 3-20 所示。芯片组的功能可归纳为：北桥芯片控制总线，南桥芯片控制输入和输出，有些芯片组由于纳入了 3D 加速显示（集成显示芯片）、High Definition Audio 声音解码等功能，还决定着计算机系统的显示性能和音频播放性能。

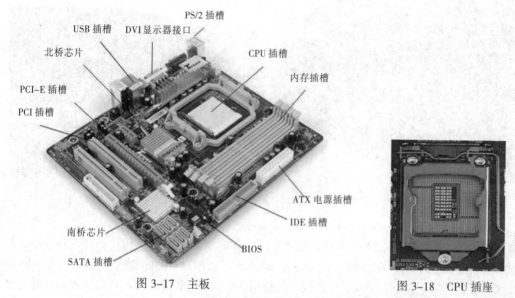

图 3-17　主板

图 3-18　CPU 插座

图 3-19　Intel 芯片组

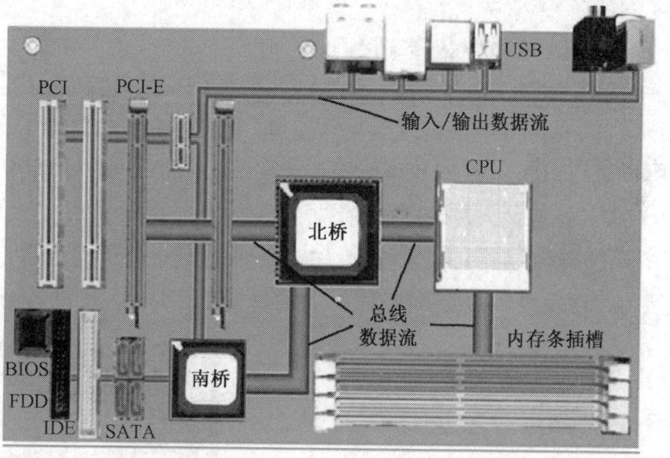

图 3-20　主板工作原理图

3. 内存插槽

内存插槽是主板上用来安装内存条的地方，如图 3-21 所示。

4. PCI 以及 PCI-E 扩展槽

PCI 以及 PCI-E 扩展槽的长度较窄，呈白色或者其他彩色，一般有 2～6 个，通常用来安装显卡、声卡、网卡、电视卡等，如图 3-22 所示。

5. BIOS 和 CMOS

BIOS（Basic Input Output System，基本输入/输出系统）是一组固化到计算机主板上一个 ROM 芯片（只读存储器）上的程序，它保存着计算机最重要的基本输入/输出的程序、开机后自检程序和系统自启动程序，它可从 CMOS 中读/写系统设置的具体信息。 其主要功能是为计算机提供最底层的、最直接的硬件设置和控制。

图 3-21　主板上的内存插槽　　　　　图 3-22　主板上的 PCI 以及 PCI-E 扩展槽

CMOS（Complementary Metal Oxide Semiconductor，互补金属氧化物半导体）是计算机主板上一块特殊的 RAM（随机存储器）芯片，是系统参数存放的地方，而 BIOS 中系统设置程序是完成参数设置的手段。因此，准确的说法应是通过 BIOS 设置程序对 COMS 参数进行设置。COMS 存储器是用来存储 BIOS 设定后要保存的数据，包括一些系统的硬件配置和用户对某些参数的设定，比如传统 BIOS 的系统密码和设备启动顺序等。

6. SATA 硬盘数据线接口

随着存储技术的发展，SATA（Serial Advanced Technology Attachment，串行高级技术附件）串行接口（见图 3-23）的硬盘成为主流，因此，主板上设计了 SATA 硬盘数据线接口插槽。SATA 2.0 可以达到 300 MB/s 的数据传输速率；SATA 3.0 可达 750 MB/s 的数据传输速率。

7. 外部输入及输出接口

主板接口如图 3-24 所示，主要用来连接一些外设产品，例如连接鼠标、键盘、打印机的 USB 接口，连接显示器的各种接口、连接网线的 RJ-45 接口、连接扬声器或耳机的音频接口等。

SATA 2.0 接口
原生 SATA 3.0 接口
桥接 SATA 3.0 接口

图 3-23　SATA 硬盘数据线接口

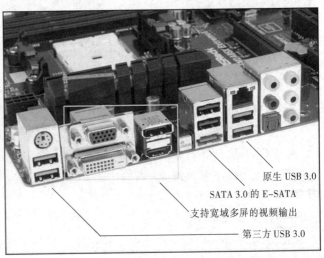

原生 USB 3.0
SATA 3.0 的 E-SATA
支持宽域多屏的视频输出
第三方 USB 3.0

图 3-24　主板对外接口

3.4.3　存储器

存储器（Memory）是计算机系统中的记忆设备，用来存放程序和数据。计算机中全部信息，包括输入的原始数据、计算机程序、中间运行结果和最终运行结果都保存在存储器中。它根据控制器指定的位置存入和取出信息。有了存储器，计算机才有记忆功能，才能保证正常工作。按用途存储器可分为主存储器（内存）和辅助存储器（外存），也有分为外部存储器和内部存储器的分类方法。外存通常是磁性介质、半导体电子介质或光盘等，相对内存速度慢、价格低、容量大，并能长期保存信息。内存指主板上的存储部件，速度快，可与 CPU 直接进行数据交换，因此用来存放当前正在执行的数据和程序，但仅用于暂时存放程序和数据，关闭电源或断电，数据会丢失。

1.　内存

内存是微机的重要部件之一。外围设备（硬盘、光驱）将数据送给 CPU 的速度太慢（相对 CPU 的运算速度而言），为了解决 CPU 与外围设备速度不匹配的问题，在主板上设置了内存。外围设备先将数据送给内存，然后内存再将数据送给 CPU，CPU 再将运算结果回送内存，内存再将数据送到外围设备存储起来。内存泛指计算机系统中存放数据与指令的半导体存储单元，包括 RAM、ROM、Cache 等。人们习惯将 RAM 直接称为内存或内存条，如图 3-25 所示。内存分为以下 3 种类型：

（1）随机存储器

随机存储器（Random Access Memory，RAM）是计算机的主存，CPU 对其既可读出数据又可写入数据。一旦关机断电，RAM 中的信息将全部消失。RAM 又分为静态存储器（SDRAM）和动态存储器（DRAM）两种。

（2）只读存储器

只读存储器（Read Only Memory，ROM）是一种内容只能读出而不能写入和修改的存储器。CPU 对 ROM 只取不存，ROM 中存储的信息一般由主板制造商写入并

图 3-25　微机中使用的内存条

固化处理，普通用户是无法修改的，即使断电，ROM 中的信息也不会丢失。ROM 一般存储一些固定程序、数据和系统软件等，如主板的 BIOS 程序、检测程序。随着 ROM 存储技术的发展，可擦除、可改写的只读存储器 ERPROM 以及电可擦除、可改写、可编程的只读存储器 EEPROM，已广泛应用于 PC 的 BIOS，实现了 PC BIOS 的在线升级。

（3）Cache（高速缓冲存储器）

高速缓冲存储器（Cache），简称为"高速缓存"，是位于 CPU 和主存储器 DRAM（也称动态存储器）之间，规模较小，但速度很高的存储器，通常由 SRAM（静态存储器）组成。CPU 的速度远高于内存，当 CPU 直接从内存中存取数据时要等待一定时间周期，而 Cache 则可以保存 CPU 刚用过或循环使用的一部分数据，当 CPU 需要再次使用该部分数据时可从 Cache 中直接调用，这样就避免了重复存取数据，减少了 CPU 的等待时间，因而提高了系统的效率。Cache 又分为 L1 Cache（一级缓存）和 L2 Cache（二级缓存）等，如果为二级缓存，L1 Cache 主要是集成在 CPU 内部，而 L2 Cache 集成在主板上或者 CPU 上。

目前主流 CPU 都有一级、二级缓存和三级缓存，缓存容量越大，CPU 运行速度越快。纵观 Intel 处理器的发展历程，且不论核心架构如何改变，以级数增长的二级、三级缓存是最直观的。CPU 中二级缓存的地位参见图 3-13。

2．外存

外存储器又常称为辅助存储器（简称辅存），属于外围设备。CPU 不能像访问内存那样直接访问外存，外存要与 CPU 或 I/O 设备进行数据传输，必须通过内存进行。

（1）硬盘

硬盘（Hard Disk Drive，HDD）是计算机主要的存储媒介之一，其主要作用是存放操作系统和其他程序以及计算机所有的资料。

根据存储材料和制作技术不同，硬盘可分为机械式硬盘（HDD 传统硬盘）、固态硬盘（SSD 电子硬盘）、混合硬盘（电子硬盘和机械式硬盘二合一）3 种形式。

① 机械式硬盘。自 1956 年美国 IBM 公司推出第一台硬盘驱动器 IBM RAMAC 350（容量 5 MB）至今已有 60 多年了，其间虽没有 CPU 那样的高速发展与技术飞跃，但我们也确实看到，在这几十年里，硬盘驱动器从控制技术、接口标准、机械结构等方面都进行了一系列改进。正是这一系列技术上的研究与突破，使人们用上了容量更大、体积更小、速度更快、性能更可靠、价格更便宜的机械式硬盘，如图 3-26 所示。

机械式硬盘是集精密机械、微电子电路、电磁转换为一体的存储设备。它是由磁头、盘片、电动机，以及控制电路板这 4 个主要部分构成的。其中，盘片是由一个或者多个铝制的，上面覆盖有非常小的铁磁性颗粒材料的盘片组组成，如图 3-27 所示。磁性颗粒材料有正反两极代表 0 与 1，通过磁头改变其磁极，就可以起到存储数据的作用；通过磁头在确定位置读取其磁化编码状态，便可起到读取数据的作用，由此实现了磁头读/写数据的功能。电动机又分为驱动盘片旋转的电动机与磁头移动用的电动机两种。硬盘转速就是指盘片旋转的转速，用在 1 min 内所能完成的最大转数表示，单位为转/分（r/min）。磁头的移动快慢表现为寻道时间的快慢，寻道时间是指磁头从开始移动到数据所在磁道所需要的平均时间，单位为毫秒（ms）。这两者速度越快，则磁头寻道时间就越短，同时磁盘读/写数据的速度就越快。因此，硬盘的性能参数有硬盘容量、转速、寻道时间和硬盘自带的高速缓存的容量等，硬盘容量的单位一般用 TB，目前主流硬盘容量为 1 TB 以上；硬盘转速一般为 7 200 r/min；硬盘平均寻道时间通常为 8～12 ms；目前主要的硬盘品牌有西部数据（West Digital）、希捷（Seagate）、三星（SAMSUNG）和日立（Hitachi）等。

图 3-26　机械式硬盘

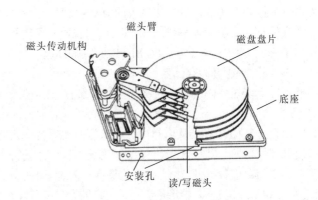

图 3-27　机械式硬盘的结构

硬盘在使用前，需要先分区然后进行格式化，将硬盘的磁盘盘片划分为若干级别的存储管理单位，以便于存储管理，如图 3-28 所示。一般为记录面（盘面）、磁道和扇区 3 级。其中，记录面（盘面）是指一个磁盘片的上、下两个面，都能记录信息。硬盘有一个或多个磁盘盘片，其中记录面（盘面）与磁头（Head）数量是一样的，故常用磁头来代替记录面号；磁道（Track）是指磁盘盘片上划分的一系列同心圆环，一般有上千个磁道。由外向里编号，最外一个同心圆环为 0 磁道。所有记录面上同一编号的磁道就构成了柱面（Cylinder），柱面数就等同于每个盘面上的磁道数。磁盘上的每个磁道被分为若干个弧段，这些弧段便是磁盘的扇区，也称存储单元，一个扇区存储容量为 512 B。所以，硬盘容量的计算机公式为：硬盘容量 = 柱面数（表示每面盘面上有几条磁道，一般总数是 1024）× 磁头数（表示盘面数）× 扇区数（表示每条磁道有几个扇区，一般总数是 64）× 每扇区字节数。

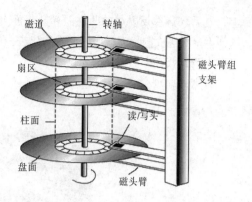

图 3-28　硬盘的结构

　　早期硬盘每一条磁道的扇区数相同，因此外道的记录密度要远低于内道，这样会浪费很多磁盘空间。为了进一步提高硬盘容量，后来硬盘厂商都改用等密度结构生产硬盘，即每个扇区的磁道长度相等，外圈磁道密度比内圈磁道多。采用这种结构后，硬盘容量不再完全按照上述公式进行计算。

　　② 固态硬盘（Solid State Drive，SSD）。SSD 是指用固态电子存储芯片阵列而制成的硬盘，由控制单元和存储单元（Flash 芯片、DRAM 芯片）组成。目前被广泛应用于军事、车载、工控、视频监控、网络监控、网络终端、电力、医疗、航空、导航设备等领域，随着固态硬盘技术的发展，容量逐步增大，价格逐步降低，大有取代机械式硬盘的趋势。目前，高端的笔记本电脑已经直接使用固态硬盘作为标配。固态硬盘具有传统机械硬盘不具备的快速读/写、质量小、能耗低以及体积小等特点，但是一旦硬件损坏，数据较难恢复，如图 3-29 所示。

　　③ 混合硬盘。混合硬盘是一块基于传统机械硬盘诞生出来的新硬盘，除了机械硬盘必备的盘片、电动机、磁头等，还内置了 NAND 闪存颗粒，这些颗粒将用户经常访问的数据进行存储，可以达到 SSD（固态硬盘）效果的读取性能，如图 3-30 所示。混合硬盘结合了机械式硬盘的大容量和固态硬盘的快速读/写两方面的特点，并把操作系统存放在闪存颗粒里面以加快运行速度。

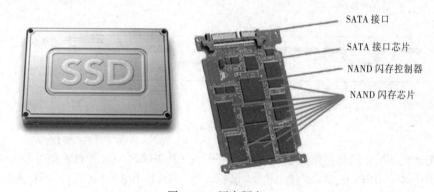

图 3-29　固态硬盘

（2）光盘与光驱

　　光盘存储器是一种用光学原理进行读/写信息的装置，由光盘和光盘驱动器（简称光驱）组成。光盘的基本存储原理：当带有凹凸的一面向下对着激光头，激光透过表面透明基片照射到凹凸面上，然后聚焦在反射层的凹进面和凸起面上，凸起面将激光按原路程反射回去，同时不会减弱光的强度；凹进面则将光线向四面发射出去。光驱就是靠光的反射和发散来识别数据的。"1"代表光强度由高到低或由低到高的变化，"0"代表持续一段时间连续不变的光强度。图 3-31 所示为光驱读取数据的原理图。

图 3-30　WD（西部数据）混合硬盘

衡量光驱的最基本指标是数据传输速率（Data Transfer Rate），即通常所说的倍速，单倍速（1X）光驱是指每秒光驱的读取速率为 150 KB，同理，双倍速（2X）就是指每秒读取速率为 300 KB，CD-ROM 光驱一般都在 52X、54X 以上。光驱面板上一般都有数字，比如 52X，表示其为 52 倍速光驱，即每秒传输 52×150 KB=7 800 KB。光盘存储容量大，价格便宜，保存时间长，适宜保存大量的数据，如声音、图像、动画、视频、电影等多媒体信息，因此是计算机必备的设备。

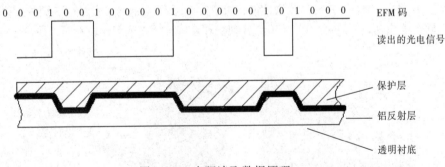

图 3-31　光驱读取数据原理

根据光盘记录层介质和存储技术不同，光驱分为：CD-ROM（只读光盘驱动器）、CD-RW（可擦写光盘驱动器）、DVD-ROM（只读 DVD 光盘驱动器）、DVD-R/RW（可擦写 DVD 光盘驱动器）、Blu-ray（蓝光光盘驱动器）等。

① CD-ROM 光驱：又称为只读光盘驱动器，不能刻录。其光盘是市面上常用的 CD 光盘，直径有标准的 120 mm 和小型的 80 mm 两种，前者容量为 650 MB，后者容量为 200 MB。CD-ROM 的特点是存储容量大、兼容性强、速度快、盘体成本低。

② CD-R/RW 驱动器：通常指光盘刻录机，可以刻录光盘，也可以读光盘。刻录光盘是将数据刻录或烧制到特制盘片上，以便保存数据，有两种盘片：CD-R 盘片和 CD-RW 盘片。CD-R 盘片是在聚碳酸酯制成的片基上喷涂了一层染料层，染料层分解后不能复原，因此只能刻录一次。而 CD-RW 盘片使用一种特殊的相变材料来存储信息，在高温下能由低反射率的非结晶状态转变为高反射率的结晶状态，从而记录数据信息，具备热转换性，可以反复擦写。

③ DVD-ROM 驱动器：它是 CD-ROM 的后继产品。其存储原理同 CD-ROM，只是因为 DVD 的光学读取头所产生的光点较小，因此在同样大小的盘片面积上，DVD 资料存储的密度便可提高。DVD（Digital Video Disk）是数字多功能光盘，也称 DVD 光盘存储器。DVD 光盘容量比 CD 光盘大很多，同样直径为 120 mm 的光盘，DVD 单面单层存储容量就可达 4.7 GB（是 CD 光盘的 7 倍），双面双层容量达到 17 GB。目前 DVD 光驱已成为市场上计算机的主流配置。DVD-ROM 除了具备 CD-ROM 的全部功能外，还可读取 DVD 电影和数据光盘。

DVD-ROM 驱动器的速度是一个重要指标，最大 DVD 读取速度主要有 8 倍速和 16 倍速两种，8 倍速每秒读取数据可达到 8×1.38 MB=11.04 MB。

④ DVD-R/RW 驱动器：即 DVD 刻录机，如图 3-32 所示。DVD 光盘分为只能刻录一次的 DVD-R 盘片和可反复擦写的 DVD-RW 盘片。目前，市场中的 DVD 刻录机能达到的最高刻录速度为 16 倍速，对于 2～4 倍速的刻录速度，每秒数据传输量为 2.76～5.52 MB，刻录一张 4.7 GB 的 DVD 盘片需

图 3-32　DVD 刻录机

要 15～27 min 的时间；常采用的 8 倍速刻录则只需要 7～8 min（8 倍速×8 min×60 s×1.38 MB=5 299.2 MB=5.18 GB），只比刻录一张 CD-R 的速度慢一点，但考虑到其刻录的数据量，8 倍速的刻录速度已达到了很高的程度。DVD 刻录速度是购买 DVD 刻录机的首要因素，如果在资金充足的情况下，尽可能选择高倍速的 DVD 刻录机。

⑤ Blu-ray 蓝光光盘驱动器：蓝光光盘（Blu-ray Disc，BD）是 DVD 之后的下一代光盘格式之一，用以存储高品质的影音以及高容量的数据存储。蓝光光盘的命名是由于其采用波长 405 nm 的蓝色激光光束来进行读/写操作（DVD 采用 650nm 波长的红光读写器，CD 则是采用 780 nm 波长）。一个单层的蓝光光盘的容量为 25 GB 或是 27 GB，足够录制一个长达 4 h 的高品质影片。目前，日本先锋公司生产的蓝光光盘容量高达 256 GB。CD、DVD 与蓝光光驱读取数据原理对比如图 3-33 所示。

蓝光光驱采用波长 405 nm 的蓝色激光束进行读/写，之所以能存储庞大容量，主要是因为这 3 种写入模式：①缩小激光点以缩短轨距（0.32μm）增加容量，蓝光光盘构成 0 和 1 数字数据的讯坑（0.15 μm）变得更小，因为读取讯坑用的蓝色激光波长比红色激光短。②利用不同反射率达到多层写入效果。③沟轨并写方式，增加记录空间。蓝光的高存储量是从改进激光光源波长与（405 nm）物镜数值孔镜（0.85）而来。

CD、DVD 和 Blu-ray Disc 光盘有相同的外观物理尺寸，都是直径为 12 cm、厚度为 1.2 mm 的盘片，光驱都是通过激光来读取存储在光盘上的数据。

（3）闪存

闪存（Flash Memory）是一种长寿命的非易失性（在断电情况下仍能保持所存储的数据信息）的存储器，数据删除不是以单个的字节为单位而是以固定的区块为单位。区块大小一般为 256 KB～20 MB。闪存是电可擦编程只读存储器（EEPROM）的变种，闪存与 EEPROM 不同的

是，EEPROM 能在字节水平上进行删除和重写而不是整个芯片擦写，而闪存的大部分芯片需要块擦除。由于其断电时仍能保存数据，闪存通常被用来保存设置信息，如在计算机的 BIOS（基本程序）、手机内存卡、数码照相机存储卡等。

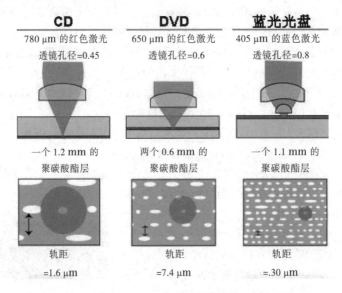

图 3-33　CD、DVD 与蓝光光驱读取数据原理对比

闪存卡有很多优点，如存取速度快，无噪声，散热小，携带方便。目前常用的容量为 8～256 GB，USB 3.0 接口。闪存按种类可分为 U 盘、CF 卡、SM 卡、SD/MMC 卡、记忆棒、XD 卡、MS 卡、TF 卡、PCI-E 闪存卡等，如图 3-34 所示。

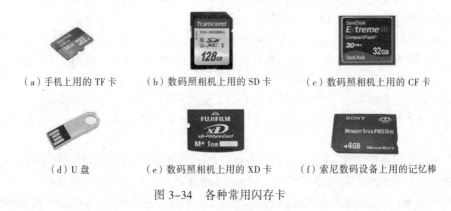

（a）手机上用的 TF 卡　　　（b）数码照相机上用的 SD 卡　　　（c）数码照相机上用的 CF 卡

（d）U 盘　　　（e）数码照相机上用的 XD 卡　　　（f）索尼数码设备上用的记忆棒

图 3-34　各种常用闪存卡

（4）移动硬盘

移动硬盘（Mobile Hard Disk）是强调便携性的硬盘存储产品，适合用于计算机之间大容量数据的保存和交换。市场上绝大多数的移动硬盘都是以标准笔记本电脑硬盘为基础的，所以有机械式移动硬盘和固态移动硬盘两种类型，而只有很少部分的是微型硬盘（1.8 英寸硬盘等）。移动硬盘多采用 USB 3.0、IEEE 1394 等传输速率较快的接口，可以较高的速度与系统进行数据传输。

3. PC 的存储系统与层次结构

存储系统的层次结构，是指把不同存储容量、不同存取速度的存储设备，按照一定的体系结构组织起来，使所存放的程序和数据按层次分布在各存储设备中。存储系统的层次结构如图 3-35

所示。从图中可以看出，在各种存储设备中，存储速度 CPU 寄存器>Cache（高速缓存）>主存储器内存（RAM）>外部存储器。

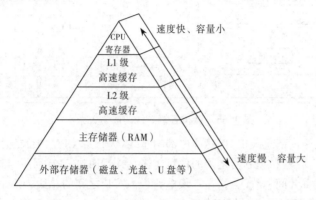

图 3-35　存储系统的层次结构

3.4.4　I/O 总线与 I/O 接口

在计算机内部 0 和 1 比特流的二进制信号的传输是通过线路进行的，因信号量大、信号类型多，部件类型多、线路也多等因素，将一组连接各个部件的线路组织起来形成公共通信线称为总线。部件接入线路中，需要各种连接接头，如插头插座和电路，这是硬件；如何通信，规则是什么？如何反映各种部件的特性？最方便的方法是通过软件编程来说明和规定，因此，接口是计算机中用于连接部件的各种接头、通信规则和电气特性的总称。

在此可知，总线是用于计算机各部件之间的信息传输。总线是指将信息从一个或多个源部件传送到一个或多个目的部件的一组传输线，是计算机中传输数据的公共通道。而接口是部件接入总线的硬件接头与电路和软件编程两部分组成的。

在这里部件是指设备，这些设备传送或接收的信号有些是输入（Input，简写为 I），有些是输出（Output，简写为 O），输入和输出简写为 I/O。在计算机中把除 CPU 和内存以外的大部分设备统称外围设备，它们与内存之间进行信息传输，信息进入内存为输入，反之为输出，所以又将外围设备统称为 I/O 设备。把输入和输出信号的总线又称为 I/O 总线，对应的接口称为 I/O 接口。I/O 接口的功能是负责实现 CPU 通过 I/O 总线把 I/O 电路和外围设备联系在一起。

1. I/O 总线

任何一个 CPU 和内存都要与一定数量的部件和外围设备连接进行信息交换，采用总线结构便于部件或设备的扩充，尤其当制定了统一的总线标准更容易使不同设备间实现互连。一条总线通常有几十至上百根导线，根据功能和传送的信息可以将其分为以下几类：

① 地址总线（Address Bus，AB）：传送地址信息的信号线，一般为单向传送。地址总线的数目决定了直接寻址的范围，例如 10 根地址线的寻址能力是 2^{10} B=1 KB，而 32 根地址线的寻址能力是 2^{32} B=4 GB。

② 数据总线（Data Bus，DB）：传送数据和指令代码的信号线，一般是双向传送。

③ 控制总线（Control Bus，CB）：传送控制信息的信号线，一般是双向传送，用于实现命令或状态传送、中断请求，以及提供系统使用的时钟和复位信号。

微机通过总线实现芯片内部、电路板芯片之间、系统各电路板之间、系统与系统之间的连接。按照总线所在的位置，又可将总线分为以下 4 类，如图 3-36 所示。

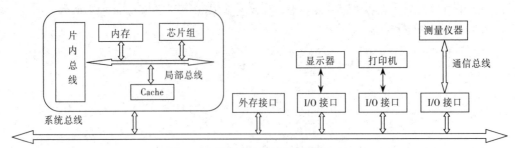

图 3-36　微机各级总线的简易关系

① 片内总线（又称内部总线）：指芯片内部的总线。例如，CPU 内部的片内总线（称为 CPU 总线）用于运算器、寄存器和控制器之间的信息传输，并且通过 CPU 引脚与外部连接。

② 局部总线（又称片间总线）：指在一块电路板内芯片之间的总线，用于芯片之间的互连。微机使用局部总线实现 CPU 与各外围芯片（如南、北桥芯片）之间的互连。

③ 系统总线（又称输入/输出总线，即 I/O 总线）是微机中主板与各插件之间的总线，用于电路板一级的互连。通常，系统总线的外部接口都有多个插槽，各插槽相同的引脚通过总线连接在一起。

④ 通信总线（又称外部总线）：是微机和外围设备之间的总线，主要用于微机与微机之间、微机与其他设备之间的通信连接，如 USB 线、网络线等。

微机作为一种设备，通过总线和其他设备进行信息与数据交换，用于设备之间的互连。随着微电子技术和计算机技术的发展，总线技术也在不断地发展和完善，从而使得计算机总线技术种类更多，而且各具特色。下面仅对各类总线中目前比较流行的总线接口技术加以介绍。

（1）PCI 总线

PCI（Peripheral Component Interconnect，外设部件互连）是 Intel 公司于 1991 年推出的一种局部总线，为显卡、声卡、网卡、Modem 等设备提供了连接接口，其工作频率为 33 MHz/66 MHz，是目前个人计算机中使用最为广泛的接口，几乎所有的主板产品上都带有这种插槽。PCI 插槽也是主板上数量最多的插槽类型，在目前流行的台式机主板上，ATX 结构的主板一般带有 2～6 个 PCI 插槽。

（2）USB 总线

通用串行总线 USB（Universal Serial Bus）是由 Intel、Compaq、Digital、IBM、Microsoft、NEC、Northern Telecom 等 7 家世界著名的计算机和通信公司共同推出的一种接口标准，如图 3-37 所示。USB 基于通用连接技术，实现外设的简单快速连接，达到方便用户、降低成本、扩展 PC 外设范围的目的。同时，USB 可

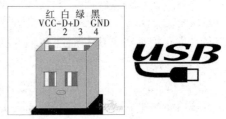

图 3-37　USB 总线接口及表示

以为外设提供电源，而普通的使用串口、并口的设备还需要单独的供电系统。USB 设备之所以会被大量应用，主要是因其具有以下优点：

① 可以热插拔。使得用户在使用外接设备时，不需要重复关机将并口或串口电缆接上再开机这样的动作，而是直接在 PC 工作时，就可以将 USB 设备插上使用。

② 携带方便。USB 设备大多以"小、轻、薄"见长。

③ 标准统一。原本常见的 IDE 接口的硬盘、串口的鼠标和键盘、并口的打印机和扫描仪，

在有了 USB 之后，可以用同样的标准与 PC 连接，于是便有了 USB 硬盘、USB 鼠标、USB 打印机等。

④ 可以连接多个设备。USB 在 PC 上往往具有多个接口，可以同时连接几个设备，如果接上一个有 4 个端口的 USB Hub，就可以再连接 4 个 USB 设备，依此类推（注：最高可连接 127 个设备）。另外，快速是 USB 技术的突出特点之一，USB 1.1 的最高传输速率可达 12 Mbit/s，比串口快 100 倍，比并口快近 10 倍；USB 2.0 的最高传输速率可达 480 Mbit/s，而 USB 3.0 则提供了每秒高达 4.8 Gbit/s 的传输速率。

（3）PCI Express 串行总线

PCI Express 是目前最流行的总线接口，其插槽如图 3-38 所示。早在 2001 年的春季，英特尔公司就提出了要用新一代的技术取代 PCI 总线和多种芯片的内部连接，并称之为第三代 I/O 总线技术。随后在 2001 年底，包括 Intel、AMD、Dell、IBM 在内的 20 多家业界主导公司开始起草技术规范，并在 2002 年完成，对其正

图 3-38　PCI-E 总线插槽

式命名为 PCI Express。它采用了业内流行的点对点串行连接，比起 PCI 以及更早期的计算机总线的共享并行架构，每个设备都有自己的专用连接，不需要向整个总线请求带宽，而且可以把数据传输速率提高到一个很高的频率，达到 PCI 所不能提供的高带宽。

2. I/O 设备接口

计算机中用于连接 I/O 设备的是 I/O 设备接口，简称接口，如图 3-39 所示。

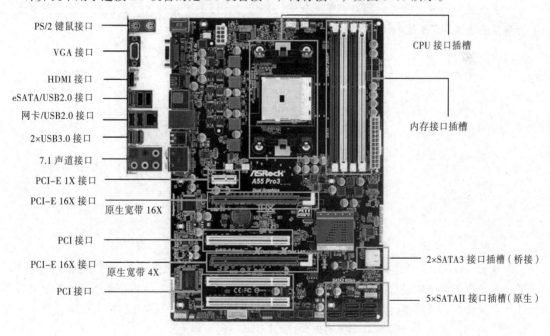

PS/2 键鼠接口
VGA 接口
HDMI 接口
eSATA/USB2.0 接口
网卡/USB2.0 接口
2×USB3.0 接口
7.1 声道接口
PCI-E 1X 接口
PCI-E 16X 接口　原生宽带 16X
PCI 接口
PCI-E 16X 接口　原生宽带 4X
PCI 接口

CPU 接口插槽
内存接口插槽
2×SATA3 接口插槽（桥接）
5×SATAII 接口插槽（原生）

图 3-39　I/O 接口

计算机可以连接许多不同种类的 I/O 设备，所使用的 I/O 接口分成多种类型。从数据传输方式来看，有串行（一位一位地传输数据）和并行（8 位或者 16 位、32 位一起进行传输）之分；从

数据传输速率来看，有低速和高速之分；从是否能连接多个设备来看，有总线式（可串接多个设备，被多个设备共享）和独占式（只能连接 1 个设备）之分；从是否符合标准来看，有标准接口和专用接口之分。表 3-1 所示为计算机常用的 I/O 接口的一览表及其性能的对比。

表 3-1　计算机常用的 I/O 接口

名　称	数据传输方式	数据传输速率	标　准	插头/插座形式	可连接的设备数目	通常连接的设备
串行口	串行，双向	50～19 200 bit/s	EIA-232 或 EIA-422	DB25 或 DB9F	1	鼠标、Modem
USB	串行，双向	1.5 Mbit/s 60 Mbit/s 4.8 Gbit/s	USB 1.0 USB 2.0 USB 3.0	USB A	最多 127	鼠标、键盘、外接硬盘、U 盘、数字视频设备、打印机、扫描仪等
SATA	串行，双向	150 Mbit/s 300 Mbit/s 600 Mbit/s	SATA 1.0 SATA 2.0 SATA 3.0	7 针插头插座	1	硬盘、光驱
显示器输出接口	并行，单向	200 Mbit/s 500 Mbit/s 5 Gbit/s 10.8 Gbit/s	VGA DVI HDMI Display Port	D-sub15 DVI-D24	1	显示器

3.4.5　其他外围设备

1. 输入设备

使用微机进行工作，必须向微机输入各种数据或下达各种指令。微机中的各种数据可以通过鼠标、键盘、扫描仪、声音识别器、条形码阅读器等输入设备进行输入。微机的输入设备是人机进行交换的重要保证，如图 3-40 所示。

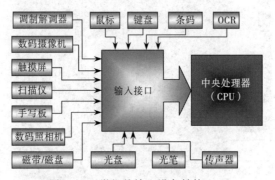

图 3-40　微机的输入设备结构

（1）键盘

键盘（Keyboard）是计算机系统最基本的输入设备，微机的键盘是从英文打字机演变而来的，负责从工作台上对微机进行控制操作的重要设备，人们通过键盘输入的各种命令使计算机完成不同的运算及任务。虽然键盘是最早使用的输入设备，但至今依然是最重要的输入设备，尤其在文字输入领域，键盘依旧有着不可动摇的地位。

（2）鼠标

鼠标是一种比键盘更小的输入设备，通过一根电线与主机相连，由于其外形和老鼠很相像，所以英文名称为 Mouse。由于图形界面操作系统的普及，鼠标已经成为微机系统不可缺少的输入设备。按照按键的数目，鼠标可以分为两键鼠标、三键鼠标和多功能鼠标；按照接口类型，鼠标可以分为 PS/2 接口的鼠标、串行接口的鼠标、USB 接口的鼠标；按照其工作原理可分为机械式鼠标、光电式鼠标、无线遥控式鼠标。

（3）扫描仪

扫描仪是一种将各种形式的图像信息输入计算机的重要工具，如图 3-41 所示。图片、照片、胶片到各类图纸、图形及文稿资料都可以用扫描仪输入到计算机中，进而对这些图像形式的信息进行处理、管理、使用、存储、输出等。配合文字识别软件，还可以将扫描的文稿转换成计算机的文本形式。目前，扫描仪已广泛应用于各类图形图像处理、出版、印刷、广告制作、办公自动化、多媒体、图文数据库、图文通信、工程图纸输入等众多领域。

目前，大多数扫描仪采用的光电转换部件是电荷耦合器件（CCD），该器件可以将照射在其上的光信号转换为对应的电信号，然后由电路对这些信号进行 A/D 转换及处理，产生对应的数字信号输送给计算机。当机械传动机构在控制电路的控制下带动装有光学系统和 CCD 的扫描头与图稿进行相对运动，将图稿全部扫描一遍，一幅完整的图像就输入到计算机中。

（4）手写板（笔）

手写系统是一种直接给计算机输入汉字的计算机输入设备，并且要有专门的汉字识别软件将输入的汉字转换为办公软件能够识别的文本格式。手写系统一般由手写板和手写笔组成，通称为手写板，如图 3-42 所示。

绝大多数压感式触摸板都采取电容耦合感应的方式。手写板的板面是两层的，之间相对的两个面是柔软的导电物质，组成一个电容板的结构，只要有压力影响两层之间的距离，就会产生局部的电容变化。手写板通过这种电容的变化来检测触摸的位置。

（5）摄像头

摄像头作为一种视频输入设备，广泛地运用于视频聊天、远程会议、实时监控等日常活动中。摄像头的成像过程就是将信号数字化的过程，光线通过镜头到达感光元件 CCD 或 CMOS，将光线转换为数字信号，然后经过专门处理器 DSP（数字信号处理器）进行图像增强压缩优化，再传输到计算机等设备上，如图 3-43 所示。目前，智能手机都带有高清的摄像头。

图 3-41　扫描仪　　　　　　图 3-42　压感式手写板　　　　　　图 3-43　摄像头

（6）数码照相机和数码摄像机

数码产品越来越受计算机用户的喜爱，通过数码照相机和数码摄像机，用户可以随心所欲地拍照和录像，而不用担心昂贵的胶片费用。随着人们生活水平的提高和科学技术的进步，数码照相机和数码摄像机已经成为计算机用户的必选设备。其原理大致相同，都是将采集来的光学信号转换成为电信号，在数/模转换芯片的处理下，将模拟的电信号转换成数字信号，然后存入相应的存储设备中，如图 3-44 所示。

2. 输出设备

（1）显卡

显卡就是通常所说的图形加速卡，是连接 CPU 和显示器之间的纽带，如图 3-45 所示。显卡的基本作用为控制计算机的图形输出。显卡通常由显示芯片、显示内存、Flash ROM、VGA 插头及其他外围元件构成，以附加卡的形式安装在计算机主板的扩展槽中，或集成在主板上。

（a）数码照相机　　　　　　　　　　　（b）数码摄像机

图 3-44　数码照相机和数码摄像机

（2）显示器

显示器是计算机最主要的输出设备，是人与计算机交流的主要渠道。

目前使用比较普遍的是液晶显示器（Liquid Crystal Display，LCD），属于平面显示器的一种，如图 3-46 所示。液晶面板上包含了两片精致的无钠玻璃板，中间夹着一层液晶。由于液晶不但具有固态晶体的光学特性，而且具有液态流动特性，所以被称为"液态晶体"，是一种介于固态和液态之间的物质。多数液晶分子都呈细长棒形，长 1～10 nm。在不同电流电场的作用下，液晶分子会做旋转90°的规则排列，由此产生透光度的差别，这样在电源开/关状态下，就产生明暗的区别。依据此原理控制每个像素，便可构成所需图像。

图 3-45　显卡　　　　　　　　　　　　图 3-46　液晶显示器

（3）打印机

打印机是微机的传统输出设备，可以将微机中的数字信息以打印的方法转换为书面信息。按照工作原理，打印机分为击打式和非击打式两大类，其中击打式主要是针式打印机；非击打式种类较多，如激光打印机、喷墨打印机、热转印打印机、热敏式打印机等，其中常见的打印机有针式打印机、喷墨打印机和激光打印机 3 类。

① 针式打印机。针式打印机是通过打印针击打色带来进行工作的。现在的针式打印机通常都是 24 针或 9 针打印机，如图 3-47 所示。它广泛用于金融领域，如银行的票据平推式打印机、超市用的小票打印机等。打印头是针式打印机的核心部件，包括打印针、电磁铁等。钢针纵向排成单列或双列构成打印头，某列钢针在电磁铁的带动下，先打击色带（色带多数是由尼龙丝绸制成，浸涂有打印用的色料），色带后面是同步旋转的打印纸，从而打印出字符点阵，整个字符由数根钢针打印出来的点拼凑而成的。针式打印机可以打印多层复写纸和蜡纸，缺点是噪声太大。

② 喷墨打印机。通常所说的喷墨打印机指的是采用液态喷墨技术的打印机，如图 3-48 所示。液态喷墨打印机的代表厂商有爱普生、佳能、惠普等。由于其价格便宜，其成为普通家庭用户的首选。但其工作原理还有一些差异，佳能公司采用气泡技术，利用加热墨水产生气泡使墨水通过

喷嘴喷到打印介质上；惠普公司采用热感技术，将墨水与打印头设计成一体，遇热将墨水喷射出去；爱普生公司则采用多层压电打印头技术，使墨粒微小而均匀，改善了因墨点飞散而导致打印不清晰的问题。喷墨打印机有多种颜色的墨盒，使用专业相纸还可以打印彩色照片。

图 3-47　平推式针式打印机

图 3-48　喷墨打印机

③ 激光打印机。激光打印机是 20 世纪 60 年代末由施乐（Xerox）公司发明的，采用了电子照相技术，如图 3-49 所示。该技术利用激光束扫描光鼓，通过控制激光束的开与关使感光鼓吸与不吸墨粉，光鼓再把吸附的墨粉转印到纸上而形成打印结果。激光打印机的整个打印过程可以分为控制器处理阶段、墨影及转印阶段。激光打印机可以说是目前打印质量最好的打印机，具有打印速度快、分辨率高、不褪色以及支持网络打印等优点。

针式打印机和喷墨打印机在打印时打印头需要反复移动，而激光打印机每打印一张纸，相关部件只需转动一次，因此其打印速度最快。由于激光打印所使用的耗材为碳粉，比喷墨打印机所使用的墨滴要小得多，其打印精度要明显好于喷墨打印机，接近于印刷效果，长时间保存不会褪色，而且对打印介质的要求也不高。

④ 绘图仪。绘图仪是工程上比较常用的价格昂贵的一种图形输出设备，如图 3-50 所示，可以在纸上或其他材料上画出图形。绘图仪一般装有一支或几支不同颜色的绘图笔，这些绘图笔可以在相对于纸的水平和垂直方向上移动，而且可根据需要抬起或降低，从而在纸上画出图形。

图 3-49　激光打印机

图 3-50　绘图仪

绘图仪在绘图时必须接收主机发来的命令，这些命令放在存储器中，由控制器根据命令发出水平方向、垂直方向、抬笔或落笔等动作命令。高性能的绘图仪包含用于绘制字符、直线、圆弧甚至三次曲线的专用硬件器件，采用这些器件可以大大减少绘图仪对主机提供数据量的要求。与其他计算机的外围设备一样，绘图仪也越来越多地采用微处理器进行控制，以提高绘图的速度、效率和精度。

3.5　微型计算机配置参考

当前主流微型计算机配置参考清单如下：

CPU：Intel 酷睿 i7-7700；

　　主板：技嘉（GIGABYTE）B250M-D3H；

　　内存：金士顿 8GB DDR4 2400；

　　硬盘：西部数据（WD）512GB SSD 固态硬盘；

　　显卡：XFX 讯景 RX 480 4G 黑狼版；

　　光驱：先锋 DVR-118CHV；

　　显示器：三星 P2250W；

　　机箱：游戏悍将魔兽 V8；

　　键鼠：罗技，MK250 键鼠套装；

　　音箱：漫步者 R101T06。

小　结

　　计算机系统由软件和硬件两大部分组成。硬件是构成计算机的各种实际物理设备，是看得见、摸得着的物体。本章分计算机系统组成、计算机硬件基础、微型计算机概述、主机系统和外围设备 4 个小节讲述了计算机的硬件系统。学习掌握计算机硬件系统，更有利于人们理解和使用计算机设备。

习　题

一、综合题

1. 叙述指令的执行过程。

2. 叙述计算机的硬件构成。

3. 画出计算机系统组成图。

4. 叙述 CPU 的性能指标。

5. 比较 ROM、RAM、Cache 的特点。

二、网上练习

1. 用百度中文搜索引擎搜索"CPU""Intel 公司""AMD 公司"，了解 CPU 的发展历史以及 Intel 公司和 AMD 公司的发展历史。

2. 用百度中文搜索引擎搜索"固态硬盘"和"混合硬盘"了解新式硬盘机的工作原理。

3. 用百度中文搜索引擎搜索"蓝光光盘"和"蓝光光驱"，了解蓝光光盘和蓝光光驱的工作原理。

4. 从网上查阅最新的主板结构，并叙述其功能。

5. 通过 www.pconline.com.cn（太平洋电脑网）了解当前的计算机硬件技术。

第4章 ┃ 计算机操作系统

计算机系统由计算机硬件系统和计算机软件系统所组成。其中，硬件系统奠定了计算机系统功能的物质基础，而软件系统最终决定一台计算机能做什么，能提供怎样的服务。计算机软件系统是计算机系统的灵魂，是指挥计算机系统工作的程序和相关文档的集合。人们对软件功能的要求越来越高，越来越复杂，同时软硬件的通用性问题等都需要一个性能安全稳定、功能强大的操作系统平台作为支撑。因此，操作系统成为最重要的系统软件之一。计算机发展到今天，无一例外都配置了一种或多种操作系统，操作系统已经成为现代计算机不可分割的重要组成部分。

本章首先介绍计算机软件系统和操作系统的基本原理和分类，重点讨论操作系统的功能和作用，然后讲解 Windows 7 操作系统的结构和系统管理。

4.1 计算机软件系统

计算机软件系统不是单一的软件，它是由很多软件组成的一个庞大的系统，在这个体系中各软件存在着不同功能，为了系统的总目标，它们各自在计算机系统中起着不同的作用。

4.1.1 计算机软件的概念

1. 计算机软件

计算机软件（Computer Software）是指计算机系统中的程序以及程序实现和维护时所必需的文档总称。软件具有 3 个特点：

① 软件是用户与硬件之间的接口界面，用户主要是通过软件与计算机进行交互。

② 软件是计算机系统设计的重要依据。为了方便用户，也为了使计算机系统具有较高的总体效用，在设计计算机系统时，必须通盘考虑软件与硬件的结合，以及用户的要求和软件的要求。

③ 软件在计算机系统中起指挥、管理作用。计算机系统工作与否，做什么以及如何做，都是通过软件来完成的。

一般来说，为了方便，软件往往就是指程序。程序是用于计算机运行的，而且必须装入计算机才能被执行。

从软件制作过程来看，软件开发是根据用户要求创建出软件系统或者系统中的软件部分的过程。软件开发是一项包括需求捕捉、需求分析、设计、实现和测试的系统工程。

不同的软件一般都有对应的软件许可，许可条款不能够与法律相抵触。要合法使用软件，减少法律问题。

总之，软件是通过人的智力开发出来的成果，受多种法律保护。

2. 程序

从设计和编程人的角度来看，程序是计算机任务的处理对象和处理规则的描述，它是按照一定的设计思想、要求、功能和语法规则编写的程序文档。此文档人们可以看懂和理解，但是计算机不"理解"，不能运行。一般用高级语言来设计和编写程序，也称源程序。

从计算机运行的角度来看，程序是一系列按照特定顺序组织的计算机数据和指令的集合（也称机器指令）。这种指令集合，是将源程序翻译后得到的机器指令程序，也称目标程序，人很难看懂，但是计算机可以"理解"，可以运行。

由此可知，程序是为了实现某一功能而用计算机高级语言编制的文档，经转换成指令序列，在没有错误的基础上，才能在计算机中正常运行，运行后就可以得到某一结果，如实现对计算机的管理、为用户提供服务等。程序应具有以下4个方面的特征：

① 目的性：也就是最终要得到一个结果。

② 可执行性：指编制的程序必须能在计算机中运行，即没有错误。

③ 机器指令序列化：指用计算机语言编写的，经翻译转换成的指令序列。

④ 存储性：计算机程序必须在存储介质上存储。

3. 文档

文档是指用自然语言和形式化语言所编写的用来描述程序的内容、组成、设计、功能、开发情况、测试结构和使用方法的文字资料和图表，如程序设计报告和说明书、流程图、用户手册等。

程序设计和维护人员通过文档可以知道如何设计和维护程序，而程序的使用者通过文档可以清楚地了解程序的功能、运行环境和实用的方法，做到正确使用软件。

总之，计算机软件系统是由多款软件组成的，软件主要是由程序构成的，而程序又是经翻译转换成许多条字节的二进制指令码在时序上排列而成的程序，这才能在计算机上运行。

4.1.2 计算机程序的工作机制

设计和编写程序是为了在计算机中运行获得结果或服务。由于计算机只能运行机器指令，如果直接用机器指令编写程序称为机器语言程序，无须翻译就可以直接执行，也被称作低级语言。但机器语言直观性差、烦琐、易错，也只能是少数专业人员掌握，而且只能开发相对简单的系统，要用机器语言开发大的应用系统是极为困难的事。为此，产生了计算机高级语言，即人可以理解和记忆，但计算机不能运行。可以用高级语言书写程序，通过"翻译"成机器指令代码之后，在计算机中运行。这种编程方式和工作机制，既解决了人编程问题，同时也解决了机器运行的问题。

用高级语言编写的程序称为源程序，把高级语言源程序翻译成指令代码序列，此时的指令代码序列称为目标程序（Object Program）。在此，"翻译"本身也是程序，是最早形成市场的软件产品，也称为"程序的程序"。根据翻译程序的功能不同，分为编译程序（Compiled Program 或 Compiler，又称编译器）和解释程序（Interpreter，也叫解释器）。翻译的方式有两种：解释和编译，绝大多数高级语言都采用编译方式。

计算机程序的工作机制就是用高级语言编写源程序，通过解释器或者编译器，翻译成机器可以理解和执行的指令代码，而后在计算机中运行。

1. 解释方式

将高级语言源程序输入计算机后，翻译一句，执行一句，不产生整个目标程序的翻译方式称为解释方式。它是按照源程序中语句的动态顺序，逐句进行分析解释，并立即执行，如图 4-1 所示。这时的翻译软件称为"解释程序"或"解释器"。解释器在解释过程中包括翻译、查错和运行3个功能。

图 4-1　解释方式示意图

例如，会议翻译就是一种解释方式，它将主讲人的讲话，讲一句解释一句，没有最终的解释文档，即没有"目标程序"。因此，解释方式相当于口译，发现说得不对就停止翻译，立即纠正，或全部重来。用 BASIC 语言编的程序就是通过解释方式运行的，也称解释性语言；网页脚本、服务器脚本语言：Java Script、VBScript、Perl 等都是解释性语言。

解释方式的特点是灵活方便，交互性好，占内存空间较少，因为它没有目标程序，因而节省了存储空间。但是，解释方式占内存时间多，执行效率较低。

2. 编译方式

把整个高级语言源程序输入计算机后，整体翻译成等价的目标程序，执行目标程序的翻译方式称为编译方式。这个过程有 2 个步骤，即编译后，再运行获得结果。在实际应用中，还需要将使用的库文件进行连接处理，变成可执行程序，如图 4-2 所示。这个翻译软件被称为"编译程序"或"编译器"。编译器在编译过程包括翻译、查错和优化 3 个功能，而运行是直接在操作系统上就可以完成的。

例如，小说翻译就是一种编译方式，它将原著整体性地翻译成其他语言的译著，译著即为"目标程序"。因此，编译方式相当于笔译，得到一篇完整的译文。

编译方式的特点是得到的目标程序经过优化，执行效率高，但占内存空间多，复杂性较高。因此，像开发操作系统、大型应用程序、数据库系统等时都采用它。需要注意的是，编译获得的目标程序或可执行程序是依赖于操作系统的，如果换一个其他类型的操作系统，此程序就不能运行。例如，Windows 下的可执行程序，是不能在苹果（Mac OS）操作系统中运行的。

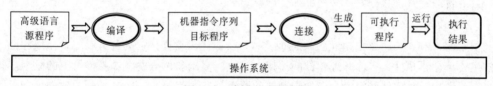

图 4-2　编译方式示意图

总之，计算机只能运行机器指令，源程序只有解释或编译成指令，才能在计算机中运行。而这种编译和解释工作都是在操作系统的管理下进行的，即编译器和解释器都是基于操作系统的，并且不同的语言版本不同。因此特别要注意，不同的操作系统和语言，需要有不同的和不同版本的编译器和解释器。

4.1.3　专有软件、自由软件和开源软件

大部分商业软件的购买，只有使用权，而且不公开源代码。当软件出现漏洞或缺陷时，如果软件所有者不维护或无能力改进或不在了，都会使用户陷入不利和无助的境地。这种过于依赖软件所有者的情况，会导致垄断的局面。因此，就有学者提出了自由软件和开源软件，并在不断完善许可协议基础上，倡导和推广公开源代码，这种方式和运动，对软件业发展起到积极的作用。

开发的软件授权使用和发布方式有两大类：一是专有软件；二是自由软件。自由软件是开源软件的一种。

1. 专有软件

专有软件也称非自由软件、专属软件、私有软件、封闭性软件等，是指在使用、修改上有限制的软件，这种限制是由所有者决定授权使用和费用，是通过法律和技术层面上来实现。从法律层面上，可以使用版权和专利限制复制或修改等，程序的源代码往往被其持有者视为商业机密；从技术层面上，不公布源代码，只提供目标程序（如二进制格式），即购买的是目标程序的使用权。

商业软件（Commercial Software）是作为商品进行交易的软件，一般都收费。大多数软件都属于商业软件。商业软件中的大部分都是专有软件，但专有软件不一定是商业软件，也有免费使用的专有软件，如非商业用途的共享软件。软件是否收费，支持者认为可获得研发资金；反对者认为，技术封锁、具有垄断性、不利于软件发展。

共享软件（Shareware）是不公布源代码，但允许他人自由复制并收取合理注册费用的软件，分为商业用途和非商业用途，也是专有软件。

商业用途的共享软件采用先试用后购买的模式，为软件使用者提供（部分功能受限的）免费试用期，用以评测是否符合自己的使用需求，继而决定是否购买授权而继续使用该软件。

而非商业用途的共享软件，多半是免费软件。

2. 自由软件

自由软件（Free Software）是一种可以不受限制地自由使用、复制、研究、修改和分发的软件。从协议理解来看，自由软件是以遵循"自由软件授权协议"（GPL 许可证和 BSD 许可证两种）保护而发布的软件。重点在于自由权，即自由使用、复制、研究、修改和分发。本质是以源代码发布，"自由"获取源代码和使用，但不一定"免费"。自由软件有著作权，就像研究论文正式发表、专著正式出版就有著作权，不需申请或注册。

大部分的自由软件都是以在线（Online）或以离线方式发布的，不收任何费用，或者收取低廉的工本费用，而人们可在此基础上，开发出其他软件，成为新的自由软件，或商业销售软件。因此，自由软件与商业软件可以共同存在，同时发展。

3. 开源软件

开源软件（Open Source Software，OSS）也称开放源代码软件，它具备可以免费使用和公布源代码的主要特征，并且大多数开源软件的使用、修改、复制和再分发也不受许可证的限制。开源软件也有著作权，对软件使用做一定的限制，因此，公布源代码不一定就是开源软件，如限制修改和在此基础上开发等。在开源软件基础上，可以进行商业软件开发。

4. 开源软件与自由软件关系

严格地说，开源软件与自由软件是两个不同的概念，只要符合开源软件定义的软件就能被称为开源软件。自由软件是一个比开源软件更严格的概念，因此所有自由软件都是开放源代码的，但不是所有的开源软件都能被称为"自由"。但在现实中，绝大多数开源软件也都符合自由软件的定义。

自由软件更强调哲学层面的自由，而开源软件主要注重程序本身的开源，通过大家来改进，减少漏洞，质量提升。自由软件一定开源，并自由取用，开源软件不一定自由取用。但是，大部分开源软件实际上都是自由软件。

总之，公开软件的代码，也就是公开了开发设计思想、技术和功能，有利于发现漏洞、降低风险，提高软件质量，从而更有力地推动信息技术的发展。提倡开放创新、共同创新模式，符合知识社会的发展潮流，其最根本的意义在于它有利于人类共同意义上的交流、合作和发展，值得提倡。

4.1.4 计算机软件与硬件的关系

计算机软件和硬件是一个完整的计算机系统互相依存的两大部分，硬件是软件运行的基础和平台，软件是对硬件功能的扩充和完善。发展计算机科学技术，软件和硬件都是不可缺少的重要方面，两者既有分工，又有配合。计算机软件与硬件的层次关系，如图 4-3 所示。它们的关系主要体现在以下几方面：

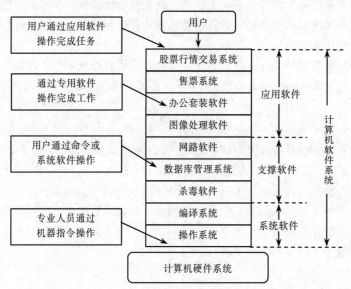

图 4-3 计算机系统的层次结构

1. 硬件和软件互相依存

硬件是软件赖以工作的物质基础，软件的正常工作是硬件发挥作用的唯一途径。计算机系统必须要配备完善的软件系统才能正常工作，且充分发挥其硬件的各种功能。

2. 硬件和软件无严格界线

随着计算机技术的发展，在许多情况下，计算机的某些功能既可以由硬件实现，也可以由软件来实现。例如，Windows 自带的计算器是由程序实现的，而市场购买的计算器是由硬件实现的。因此，硬件与软件在一定意义上说没有绝对严格的界限。

3. 硬件和软件协同发展

性能好的硬件，会提高软件的功能发挥，同时会促使开发出功能更强的软件；反之亦然。因此，计算机软件随硬件技术的迅速发展而发展，而软件的不断发展与完善又促进硬件的更新，两者就像人的躯体和灵魂一样，缺一不可，相互影响、相互促进、协同发展。

4.1.5 计算机软件的分类与层次结构

在计算机软件系统中，就其软件功能而言，可分为管理计算机、保障计算机、处理信息、进行控制的软件。依据软件的用途，先前分为系统软件和应用软件两类；当今计算机安全和维护显得尤为重要，又将其大体上分为系统软件、支撑软件和应用软件三类，组成计算机软件系统及层次，如图 4-3 所示。应当注意的是，这些分类界限也不是十分明显，如系统软件和支撑软件之间，但与应用软件界限是比较清晰的。

1. 系统软件

系统软件是指控制和协调计算机及外围设备，支持应用软件开发和运行的系统，是无须用户干预的各种程序的集合。主要功能是调度、监控和维护计算机系统；负责管理计算机系统中各种独立的硬件，使得它们可以协调工作，最大限度地发挥计算机效率。

有了系统软件"覆盖"计算机，使得用户和其他软件在系统软件基础上，而不需要了解不同品牌的计算机硬件及底层每个硬件是如何工作的，就能使用计算机，即了解系统软件就可以操作计算机。总而言之，系统软件主要是对计算机硬件和软件进行管理，发挥硬件作用，支持其他软件开发和运行，方便用户使用。

一般来讲，系统软件包括操作系统、程序设计语言和语言处理程序（比如编译器、解释器）。例如，各类操作系统：Windows、Linux、UNIX 等，还包括操作系统的补丁程序及硬件驱动程序，都是系统软件类。

2. 支撑软件

支撑软件是支撑各种软件的开发与维护的软件，又称软件开发环境。它主要包括环境数据库、各种接口软件和工具组。著名的软件开发环境有 IBM 公司的 Web Sphere，微软公司的 Studio.NET，以及著名的跨平台开源集成开发环境 Eclipse 和可扩展的开发平台 NetBeans。

此外，包括一系列基本的工具和安全软件。例如，存储器格式化、数据库管理系统、文件系统管理、用户身份验证、驱动管理、网络连接等方面的工具。又如，360 卫士、百度卫士和各类查杀病毒类软件等服务于计算机安全的软件。

3. 应用软件

应用软件是为了某种特定的用途而被开发的软件。它可以是一个特定的程序，比如一个图像浏览器。也可以是一组功能联系紧密，可以互相协作的程序的集合，比如微软的 Office 套装软件。也可以是一个由众多独立程序组成的庞大的软件系统，如数据库应用系统。应用软件的范围极其广泛，可以这么说，哪里有计算机应用，哪里就需要开发应用软件。

应用软件包括专用软件和通用软件两大类：专用软件是指专门为某一指定的任务而设计和开发的软件，如售票系统、财务管理系统、医疗管理系统、股票行情交易系统等；通用软件是指可完成一系列相关任务的软件，如文字处理软件、图像处理软件、播放器、网页制作软件、在线翻译系统等。

4. 软件的层次结构

在计算机系统中，三类软件处在不同的层次，最下面是计算机硬件系统，是进行信息处理的实际物理装置；其上第一层是系统软件，第二层为支撑软件，最外层为应用软件（见图 4-3）。

一台计算机如果没有安装软件，那么只有计算机专业人员通过计算机机器指令使用计算机，普通用户不具备使用这种计算机的能力。当安装了系统软件（如 DOS 或 Windows 操作系统）时，一般人员只要学习一些命令，即可通过命名来操作计算机，如进行文件的存储、复制和删除等。如果没有安装系统软件，支撑软件和应用软件也不可能安装和运行，也就是说，其他软件是基于系统软件安装的，通过独立运行来实现自己的功能。当安装了某个具体的应用软件，则可以直接使用软件完成自己的任务。因此，一台计算机安装的软件越丰富，功能就会越多；软件质量越好，功能的实际效果就越强，使用也会更方便。应用软件的生命力，就在于用户需求、不断使用发现并纠正缺陷、不断升级扩充和增加新的功能，三者缺一不可。

4.2 操作系统的定义和类型

最初的计算机没有操作系统,人们通过各种操作开关或按钮来控制计算机,使用计算机也成为一件非常困难的事。而后逐渐产生了操作系统,这样更好地实现了程序的共用,以及对计算机硬件资源的管理,使人们可以从更高层次对计算机进行操作,而不用关心其底层硬件的运作。

现代计算机都是通过操作系统来解释人们的命令,从而达到控制计算机的目的。几乎所有的应用软件都是在操作系统的支持下运行的,也称为基于操作系统的应用软件。操作系统成为计算机软件的核心和基础。

4.2.1 操作系统的概念

1. 计算机系统平台

计算机系统是由硬件和软件系统组成的,硬件是物理设备和器件的总称,主要用来完成信息变换、信息存储、信息传输和信息处理。软件是计算机程序及相关文档的总称,主要用来描述实现数据处理的规则、算法和流程。操作系统就是系统软件。

没有安装软件的计算机被称为"裸机",而裸机是无法进行任何工作的。事实上,用户在硬件上直接操作完成一项比较大的任务,也是极为困难的。要使各种硬件按要求正常工作,需要安装各种硬件的驱动程序;而要使这些硬件能够协调工作,还要在硬件和支持软件之间再插入一批系统软件,这些系统软件就是操作系统。

由此可见,由操作系统搭建的平台才能面向各种软硬件并服务于各种应用程序,形成一个通用的计算机系统平台。

2. 操作系统定义

操作系统(Operating System,OS)是配置在裸机上的第一层软件,"包裹着"裸机,使计算机成为"虚拟机",为其他应用软件提供运行环境。操作系统不仅是硬件与其他软件系统的接口,也是用户和计算机之间进行交流的界面。它在整个计算机系统中具有极其重要的特殊地位。因此,操作系统是一组控制和管理计算机软硬件资源,为用户提供便捷使用计算机的程序集合。计算机操作系统与硬件、各种应用程序和用户的关系如图 4-4 所示。

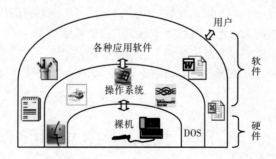

图 4-4 计算机操作系统与硬件、各种应用程序和用户的关系

操作系统的发展经过了较长的一个过程,它从开始的公共程序模块到了今天的全方位管理计算机资源,采用不同的处理模式以加强系统的功能,特别在人机交互方面有巨大的进展。

本质上,操作系统成为了事实上的软件标准。对用户来说,不管什么类型的计算机,只要操作系统是相同的,使用机器的过程就是相同的。同样,对各种软件而言,只要符合操作系统要求，它就不会受到机器硬件的限制，同时对于软件开发，因减少对硬件的考虑而带来了极大的方便。

这种标准也带来了争议，这是由于操作系统的核心地位。一旦操作系统具有垄断性，就有可能限制新技术的发展，同时也会产生不公平竞争问题。

3. 操作系统的作用

操作系统能调度、分配和管理所有的硬件设备和软件系统，使之协调、统一运行，以满足用户实际操作的需求；同时也能扩充硬件的功能，使其效率和性能进一步提高，以满足应用程序的需求，最终方便用户使用。其作用体现在三方面：

（1）计算机系统资源的管理者

操作系统负责管理计算机系统的全部硬件资源和软件资源及数据资源，控制程序运行，改善人机界面，为其他应用软件提供支持，使计算机系统所有资源最大限度地发挥作用，为用户提供方便、有效、友善的服务界面。故从系统管理角度看，操作系统可合理安排计算机的工作流程，协调各部件有条理地工作，是资源的管理者。

（2）用户和计算机之间的接口

操作系统为用户提供了方便的使用接口，用户只需按要求输入操作命令或从提供的界面中选择命令，操作系统就会按用户输入或选择的命令去控制程序的执行，此过程无须了解硬件的特性（屏蔽硬件物理特性），为用户使用计算机提供了便利。故从用户角度看，操作系统是用户与计算机之间的接口和服务员。

（3）扩充了计算机硬件的功能

操作系统直接运行在裸机之上，是最靠近硬件的一层系统软件，使得具有操作系统的裸机上能运行各种应用程序，使计算机资源的利用效率更高。这样的计算机功能更强大、使用和管理更加方便。故从发展的角度看，操作系统为计算机系统的功能、服务扩展提供支撑平台。

操作系统的出现使得计算机软件的发展和计算机系统的应用呈现重大转折。计算机系统需要操作系统，正如人要有大脑一样，而且它的性能很大程度上直接决定了整个计算机系统的性能。同时，操作系统与裸机性能要相匹配，这样才能最大限度地发挥计算机系统的功能。

4.2.2　操作系统的分类

经过许多年的迅速发展，计算机有微型、中型、大型等不同系列的机型，对于不同系列的计算机，需要不同的操作系统来管理，因此操作系统的类型和版本非常多，从简单到复杂，从手机的嵌入式系统到超级计算机的大型操作系统等，功能也相差很大，要进行严格分类有一定困难。一般低版本操作系统，随计算机硬件升级而不能使用，而高版本操作系统也不能在低配置计算机上使用。

1. 常用的分类方法

① 按用户操作界面分类，可分为命令行界面操作系统（如 MS-DOS、Novell）和图形用户界面操作系统（如 Windows 系列等）。

② 按支持用户数目分类，可分为单用户操作系统（如单用户单任务 MS-DOS、单用户多任务 Windows 系列等）和多用户操作系统（如 UNIX、Linux、XENIX 等）。

③ 按运行的任务数分类，可分为单任务操作系统（如早期 MS-DOS）和多任务操作系统（如 Windows 系列、UNIX、Linux、XENIX 等）。在此"任务"是指应用程序，多任务是指同时完成多个应用程序。

④ 按处理器数目分类，可分为单处理器操作系统和多处理器（分布式）操作系统。

⑤ 按拓扑结构分类，可分为微处理器操作系统（个人计算机操作系统）、网络操作系统和分布式操作系统。

⑥ 按系统功能分类，可分为 3 种基本类型：批处理操作系统、分时系统和实时系统。另外，还有嵌入式操作系统。

2. 常用操作系统简要介绍

迄今为止，操作系统按常规的分类方法大致有 8 种类型：批处理、分时、实时、并行、网络、分布式、个人计算机和嵌入式操作系统等，下面进行简要介绍。

（1）批处理操作系统

在批处理（Batch Processing Operating System）操作系统控制下，成批地将用户作业（数据、程序等）按一定的顺序排列，统一交给计算机的输入设备，计算机系统自动地从输入设备中把各个作业按照某种规则组织执行，执行完毕后将运行结果通过输出设备交给用户。作业与作业之间的过渡不需要用户的干预。

批处理操作系统的优点是提高了系统资源的利用率和作业的吞吐量；缺点是无交互性，即在处理作业的过程中不能与用户交互。此类系统主要装配在用于科学计算的大型计算机上，比较适合成熟的程序。

（2）分时操作系统

分时操作系统（Time-Sharing Operating System）把计算机的系统资源（尤其是 CPU 时间）进行时间上的分割，每个时间段称为一个时间片（毫秒量级），每个用户程序依次轮流使用时间片，实现多个用户程序（多任务）分享同一台主机的操作系统。

一台主机一般连接多个终端，用户可以通过各自的终端使用这台主机计算机资源。它为每个用户提供适当大小的时间片，采用轮转的方法为用户服务。分时系统的基本特征：多路性、独立性、交互性、及时性。此类系统支持人机交互，又使得计算机系统高效地使用处理器以保证计算机系统的高效率。UNIX、Linux 等系统是当今著名的分时操作系统。

（3）实时操作系统

实时操作系统（Real Time Operating System）是指计算机系统可以及时对用户程序要求或者外部信号请求，在规定的严格时间内做出反应的系统，它可以分为硬实时操作系统和软实时操作系统。前者为自动控制，后者为实时信息处理。

此类系统常有两种类型：实时控制和实时信息处理。前者如生产过程（数控车床等过程）、武器系统（飞行器、导弹发射等系统）的实时控制，要求反应及时，后者如银行业务中的财务处理、航空订票等实时事务管理，响应时间可"适当"放宽。可见，"实时性"是限定在一定时间范围完成任务，响应时间的长短要依据应用领域及应用对象而不同。

实际的系统往往同时具有批处理、分时、实时 3 种功能，其原则是"分时优先，批处理在后"。例如，UNIX 就是批处理、分时、实时相结合的多用户多任务分时操作系统，这类操作系统通常用在大、中、小型计算机或工作站。在此情况下，批处理作业往往作为后台任务，其特点是：及时性、高可靠性、有限的交互能力。

（4）并行操作系统

并行操作系统是针对计算机系统的多处理机要求设计的，它除了完成单一处理机系统同样的作业与进程控制任务外，还必须能够协调系统中多个处理机同时执行不同作业和进程，或者在一个作业中由不同处理器进行处理的系统协调。因此，在系统的多个处理器之间活动的分配、调度也是操作系统主要的任务。

并行系统要比单一处理器系统复杂得多，其中第一个问题的就是"负载平衡"（Load Balancing）问题。因此，处理器作为系统硬件的核心总是处于活动状态，需要动态地将任务（进程）分配给多个处理器以便所有处理器都能够被有效地使用。另外一个问题是"缩放"（Scaling），并行系统要将一个任务分解为系统中可用处理器相容的多个子任务以便能够被各个处理器所执行。

在多处理器计算机中，除了对处理器的控制需要由操作系统进行协调外，其他资源如存储器也需要操作系统进行调度。特别是，如果每个处理器都使用独立存储器结构，那么各个处理器处理的信息是存放在不同存储器中的，因此需要进行调度以便为新的进程所使用。因此，并行系统的研究，不但在体系结构上充分发挥系统的效率，并行操作系统也是重点研究的内容。

（5）网络操作系统

网络操作系统（Network Operating System）是服务于计算机网络，按照网络体系结构的各种协议来完成网络的通信、资源共享、网络管理和安全管理的系统软件。

计算机网络中的各台计算机配置各自的操作系统，而网络操作系统将其有机地联系起来，用统一的方法管理整个网络中的共享资源。

具有代表性的几种产品有 Novell 公司的 NetWare，微软公司的 Windows Server 和著名的 UNIX 和 Linux 等网络操作系统。

（6）分布式操作系统

分布式操作系统（Distributed Operating System）是为分布式计算机系统配置的一种操作系统。负责管理分布式处理系统资源和控制分布式程序运行的操作系统称为分布式操作系统。

分布式操作系统分为两类：一类是建立在多处理器上的紧密耦合的分布式操作系统，如多核（CPU）计算机；另一类建立在计算机网络基础之上，称为松散耦合分布式操作系统，如网络上分布的计算机。此类系统与网络操作系统相比更着重于任务的分布性，即把一个大任务分为若干个子任务，分派到不同的处理站点上去执行。分布式操作系统是网络操作系统的更高级形式，具有强大的生命力。也可以说分布式操作系统是建立在网络操作系统之上，对用户屏蔽了系统资源的分布而形成的一个逻辑整体系统的操作系统。

（7）个人计算机操作系统

个人计算机操作系统（Personal Computer Operating System）也称微机操作系统，它是一种运行在个人计算机上的操作系统，主要有单用户单任务操作系统（如 MS-DOS）、单用户多任务操作系统（如 Windows 系列）和多用户多任务操作系统（如 Linux 等）三类。

① 单用户单任务操作系统：一次只能支持运行一个用户程序（任务），独占系统全部资源。

② 单用户多任务操作系统，一个用户独占系统全部资源，可以运行多个程序（任务）。

目前，计算机主要安装的是此类操作系统，其主要特点是：计算机在某个时间段内为单个用户服务，采用友好的图形用户界面；使用方便，用户无须专门学习，也能熟练操作。

③ 多用户多任务操作系统，可以支持多个用户分时使用，支持多个程序（任务）运行。

（8）嵌入式操作系统

嵌入式操作系统（Embedded Operating System）是为嵌入式电子设备设计的现代操作系统。嵌入式电子设备泛指内部嵌有计算机的各类电子设备。嵌入式操作系统是指运行在嵌入式系统（包括硬、软件系统）环境中，对整个嵌入式系统以及所操作、控制的各种部件等资源进行统一协调、调度、指挥和控制的操作系统。它是嵌入式系统极为重要的组成部分，通常包括与硬件相关的底层驱动软件、系统内核、设备驱动接口、通信协议、图形界面和标准化浏览器等。目前，嵌入式操作系统的品种较多，其中较为流行的主要有嵌入式 Linux，最典型的是广泛使用在智能手机或平板计算机等消费电子产品的操作系统：微软公司的 Windows Phone（简称 WP）、苹果 iOS、塞班 Symbian（现已萎缩）、黑莓 Black Berry OS，以及谷歌 Google 和开放手持设备联盟共同开发的移动设备操作系统（智能手机）——Android 操作系统，是基于 Linux 整合开发的开源嵌入式操作系统，目前发展势头非常好。

与通用操作系统相比较，嵌入式操作系统在系统实时高效性、节省耗电管理、易移植性、硬件的相关依赖性、软件固态化，以及应用的专用性等方面具有较为突出的特点。最为突出的特点是具备高度的可裁剪性，抛弃了不需要的各种功能，多数也是实时操作系统。它可长期运行，被广泛应用于军事计算机、特定功能的计算机系统、工业控制、信息家电、移动通信等领域。

4.2.3　操作系统的特征

操作系统的功能之所以越来越强大，与操作系统的基本特征是分不开的。基本特征如下：

① 并发性（Concurrence）：在计算机中（具有多道程序环境）可以同时执行多个程序。一般是指两个或两个以上的运行程序在同一时间间隔内同时执行，这样可提高系统资源的利用率，尤其是 CPU 的利用率。采用并发技术的系统称为多任务系统（Multitasking）。

② 共享性（Sharing）：多个并发执行的程序（同时执行）可以共同使用系统的资源。由于资源的属性不同，程序对资源共享的方式也不同。互斥共享方式，限于具有"独享"属性的设备资源（如打印机、显示器），只能以互斥方式使用；同时访问方式，适用于具有"共享"属性的设备资源（如磁盘、服务器），允许在一段时间内由多个程序同时使用。

③ 虚拟性（Virtuality）：把逻辑部件和物理实体有机结合为一体的处理技术。通过虚拟技术可以把一个物理实体对应多个逻辑对应物。物理实体是实的（实际存在的），而逻辑对应物是虚的（实际不存在的）。通过虚拟技术，可以实现虚拟处理器、虚拟内存、虚拟设备等。

④ 不确定性（Uncertainty）：在多道程序系统中，由于系统共享资源有限（如有一台打印机），并发程序的执行受到一定的制约影响。因此，程序运行顺序、完成时间及运行结果都是不确定的。

⑤ 随机性（Randomness）：操作系统中的随机性处处可见，例如，用户操作按钮，发出命令的时刻是随机的；运行的程序出现错误或异常的时刻是随机的；等等。而操作系统的一个重要任务是必须确保捕捉任何一种随机事件，正确处理可能发生的随机事件以及任何一种产生的事件序列，否则将会导致严重后果。

4.3　常见的操作系统

操作系统种类很多，当选购一台计算机，同时意味着就得使用提供的操作系统，或自己另行安装其他操作系统。目前，个人计算机（PC）多半使用的是 Windows 操作系统。如果选用苹果公司的 iMac 计算机，就意味着使用 Mac OS。当然，iMac 计算机也允许再安装一套 Windows 操作系统，使得一台计算机安装双系统。选购的智能手机也同样面临选择操作系统问题，只是提供商已预装好操作系统。下面简要介绍 MS-DOS、Windows、UNIX、Linux、Mac OS 操作系统和智能手机操作系统。

1. MS-DOS

DOS（Disk Operating System）磁盘操作系统早期曾经占领了个人计算机操作系统领域的大部分。最为著名的是由微软公司（Microsoft）编写和发布的 MS-DOS，同一个系统 IBM 公司取名为 PC-DOS。它自 1981 年问世后，使用过程中不断发现问题并升级，先后出现了十几个版本，MS-DOS 6.22 版是最后一个十分完善的 DOS 版本，众多的内部、外部命令使用户能够比较简单地对计算机进行操作，另外其稳定性和可扩展性都十分出色。DOS 系统不需要十分强大的硬件系统来支持，简单易学，但存储能力有限，20 世纪 90 年代中后期，Windows 取代了 DOS。

MS-DOS 系统是配置在 PC 上的单用户单任务操作系统，采用命令行字符界面操作方式，其中的命令（即程序名）一般都是英文单词或缩写。其操作命令对格式和语法都有严格的要求。它的命令行结构，今天仍然有一些专业人员喜欢使用。在 Windows 中是命令提示符窗口（CMD.exe），即成为一个任务被保留下来。图 4-5 所示为 Windows 7 中的 DOS 窗口，学习 C、Java 程序设计还要用到这个窗口。

命令行操作如下：在图 4-5 中，通过键盘输入 "d:" 按【Enter】键，将当前位置 "C:\Users>" 转换到 "D:" 盘；在 D 盘通过 copy 命令将 D 盘的 User.txt 文件复制到 E 盘，成功后下一行显示 "已复制 1 个文件"。其中，copy D:\User.txt E 是输入的 copy 命令和参数，按【Enter】键来执行。

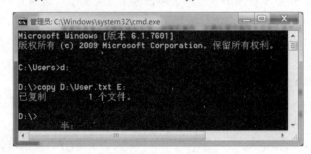

图 4-5　Windows 7 中的 DOS 命令提示符窗口（CMD.exe）和 COPY 命令操作

了解 DOS 对学习其他的操作系统，如 Windows、Linux，UNIX 等有一定帮助。

2. Windows

微软视窗（Microsoft Windows）是微软公司推出的一系列操作系统。它问世于 1985 年，起初仅是 MS-DOS 之下的桌面环境，而后续版逐渐发展成为个人计算机和服务器用户设计的操作系统，并最终获得了世界个人计算机操作系统软件的垄断地位。Windows 操作系统可以在几种不同类型的平台上运行，如个人计算机（PC）、服务器和嵌入式系统等，其中在个人计算机领域的应用最为普遍。2004 年，Windows 拥有终端操作系统大约 90% 的市场份额，2014 年超过 80%。

在个人计算机系统中，Windows 与 PC 的处理器始终是相互配套的，处理器（CPU）从 16 位到 64 位，Windows 也从 3.0 版升级到今天的 Windows 10，其间也经历了 10 多个版本，每个版本还有不同的 "版"，如个人版、专业版、企业版等，当前分为 32 位或 64 位的 Windows。需要注意的是，64 位 Windows 能运行 64 位和 32 位软件，而 32 位的 Windows 只能运行 32 位和 16 位的软件。当今市场上个人计算机使用较多的版本是个人版和专业版的 32 位或 64 位 Windows 7 系统。但在较早的版本中 Windows XP 是一个很成功的版本（2001 年 10 月发布），2014 年仍然有 70% 以上的用户在使用。

Windows 的优点：

① 形象、生动的图形用户界面。用户通过窗口的形式来使用计算机，故称为视窗系统，这

是它最大的优势。每个程序运行后，在屏幕上显示一个相应的窗口，多个程序就有多个窗口，用户可以在窗口（程序）之间切换，为处理多个任务提供了可视化的工作环境。

② 多用户、多任务。

③ 良好的网络支持。

④ 出色的多媒体功能。

⑤ 良好的硬件支持，支持"即插即用"（Plug and Play）技术。

⑥ 众多的应用程序。

Windows 的不足：

① Windows 众多的功能导致其体积庞大，程序代码繁冗。这些都使得 Windows 启动速度慢，而 Windows 早期版本稳定性不是很好。

② Windows 也是一个十分脆弱的系统，有时一个小故障就有可能导致系统无法正常启动。许多修理工作必须在 DOS 下完成。

③ Windows 系统漏洞较多，虽然有些漏洞并不会干扰用户的一般操作，但在网络方面的漏洞却能对用户造成影响，这些漏洞使一些人有入侵系统和攻击系统的机会。及时在线下载 Windows 补丁是填补漏洞最有效的方式。

Windows 使更多的普通人能够更方便地使用计算机，成为目前装机普及率最高的一种操作系统，它对 PC 时代的贡献是无与伦比的。

3. UNIX

UNIX 是一个强大的多用户多任务的分时操作系统，支持多种处理器架构、运行可靠稳定的操作系统。最早由 K.Thompson 和 D.M.Ritchie 于 1969 年在美国电话电报公司（AT&T）的贝尔实验室开发。虽然目前市场上面临操作系统（如 Windows）强有力的竞争，但是其仍然是全系列通用的操作系统，而且以其为基础形成的开放系统标准（如 POSIX）也是迄今唯一的操作系统标准。今天，在大中型机或专用硬件上运行的操作系统，基本上都是基于 POSIX 标准或基于 UNIX 的操作系统。从此意义上讲，UNIX 不只是一种操作系统的专用名称，而且成了当前开放系统的代名词。UNIX 大大推动了计算机系统及软件技术的发展，它的两个发明者由于他们的杰出贡献在 20 世纪 80 年代获得了图灵奖。

UNIX 因其安全可靠、稳定高效强大的特点在服务器领域得到了广泛应用，它是面对大型机和小型机用户开发的，主要面向专业型高端用户。

Windows 和 UNIX 最大的区别是 Windows 为商业软件，封闭源代码，而 UNIX 是开源软件，可在此基础上开发出新的自由软件和商业软件（比如 SystemV、BSD、FreeBSD、OpenBSD、SUN 公司的 Solaris，以及 Minix、Linux、QNX 等）；另外，Windows 的稳定性不如 UNIX，UNIX 可以每天 24 h 稳定工作，很少被黑客攻击；根本区别是两者内核不同。一般人学习 UNIX 是比较困难的。

4. Linux

Linux 也是一款开源软件、免费的类 UNIX 操作系统。可以说 Linux 是一个基于 POSIX 和 UNIX 的多用户、多任务、多线程和多 CPU 的操作系统。

由于其源代码的免费开放，基于 Linux 核心程序，再加上自主开发的程序就成了各种 Linux 版本。目前流行的几种版本有 Red Hat Linux、Slackware Linux、Debian Linux、Turbo Linux 以及国内的红旗 Linux、蓝点 Linux 等。

　　Linux 还是一种嵌入式操作系统，可以运行在掌上计算机、机顶盒或游戏机上。2001 年 1 月发布的 Linux 2.4 版内核已经能够完全支持 Intel 64 位芯片架构。Linux 的应用也十分广泛，著名电影《泰坦尼克号》的数字技术合成工作就是利用 100 多台 Linux 服务器来完成的。基于 Linux 内核的 Android 操作系统已经成为当今全球最流行的智能手机操作系统。

　　Linux 具有稳定、可靠、安全，网络功能强大等优点。相对于 Windows，Linux 的应用软件支持不足，硬件设备的驱动程序也不足，但随着 Linux 的发展，越来越多的软件厂商支持 Linux，其应用范围也越来越广，前景十分光明。

5. Mac OS

　　Mac OS 是由苹果公司（Apple）开发的一套苹果 Macintosh 系列计算机上使用的操作系统。Mac OS 1984 年 1 月发布首个在商用领域成功的图形用户界面（GUI）操作系统，早于 Windows，具有很强的图形处理功能，被公认为是最好的图形处理系统，现行较新的系统版本是 Mac OS X Mavericks（v10.9）桌面操作系统。

　　Mac OS 的内核是基于 UNIX 基础之上的，系统稳定性、可靠性都很强。苹果公司自从使用了 Intel 处理器架构的 Mac 系统开始有了较大的变化，目前 Mac OSX 版本具有很强的向上兼容性和双启动功能，以及虚拟平台。

　　向上兼容性就是后生产的机器能够运行（兼容）以前老的软件。双启动功能是指 Mac 计算机也可以运行 Windows 系统，苹果提供了 Boot Camp 系统插件，使得在 Mac 上可以安装和运行 Windows。它的虚拟机技术使得 Mac 计算机可模拟 PC 的硬件和软件。

　　尽管 Mac 机器和 Mac OS 有公认的高性能，但是，因早期 Mac OS 与 Windows 的软件和应用软件不兼容，影响了其普及。苹果公司的软件和硬件都可自己做，其自身软硬件的兼容性好，速度、色彩、画面、安全性等也非常好，广泛用于桌面出版和多媒体应用领域。使苹果公司声名鹊起的不是它的 Mac 计算机，而是它的数码产品，如平板计算机 iPad、智能手机 iPhone、音乐播放器 iPod 等。

6. 移动设备操作系统

　　无线通信技术和无线硬件设施在计算机技术的支持下发展神速。市场调研机构 IDC 发布：2018 年全球智能手机出货量为 14.04 亿部。智能手机就嵌入有处理器、运行操作系统的掌上计算机，并具有无线通信功能。

　　早期称为掌上计算机的就是个人数据助理（Personal Digital Assistant，PDA），主要提供记事、通信录、行程安排等个人事务，目前它已经被智能手机所取代。世界上主要计算机生产商无一例外地涉足了智能手机领域，因此也有多种移动设备的操作系统。

　　（1）iOS

　　iOS 操作系统是由苹果公司开发的手持设备操作系统。苹果公司最早于 2007 年 1 月 9 日的 Macworld 大会上公布这个系统，最初是设计给 iPhone（智能手机）使用的，后来陆续套用到 iPod touch、iPad 以及 AppleTV 等苹果产品上。iOS 与苹果的 Mac OS X 操作系统一样，同样属于类 UNIX 的商业操作系统。原本这个系统名为 iPhone OS。

　　（2）Android

　　Android 是一种以 Linux 为基础的开放源代码的操作系统，俗称"安卓"，主要使用于便携设备。Android 操作系统最初由 Andy Rubin 开发，2005 年由 Google 收购注资，并组建开放手机联盟开发改良，逐渐扩展到智能手机、移动设备和平板计算机等领域。

（3）Windows Phone

微软先前开发的移动设备操作系统是 Windows Mobile，2010 年 2 月发布 V6.5.3 为最后一个版本。后继任者 Windows Phone（简称 WP）是一款智能手机操作系统，2012 年 6 月发布 Windows Phone V8 版本，2014 年发布 V8.1 版本。

（4）Black Berry OS

Black Berry OS，是由黑莓（Black Berry）公司为其智能手机产品黑莓开发的专用操作系统。这一操作系统具有多任务处理能力，并支持特定的输入设备，如滚轮、轨迹球、触摸板及触摸屏等。Black Berry 平台最著名的莫过于它处理邮件的能力。

（5）Symbian OS

它是 Nokia 和 Sony Ericsson 等手机生产商联合开发的智能手机操作系统，曾用在 Nokia 和 Sony Ericsson 的手机上。Symbian（塞班）OS 支持使用流行的计算机程序设计语言编程，曾在智能手机中占据很大的市场，现已停止发展，被 Windows Phone 替代。

（6）Palm OS

Palm OS 是早期 Palm 公司为自己生产的掌上计算机（PDA）产品设计和研发的操作系统。

当时其 PDA 产品推出时就超过了苹果公司的 Newton 而获得了极大的成功，所以 Palm OS 也因此声名大噪。其后曾被 IBM、Sony、Handspring 等厂商取得授权，使用在旗下产品中。

Palm OS 操作系统以简单易用为大前提，运作需求的内存与处理器资源较小，速度也很快；但不支持多线程，长远发展受到限制。

目前，掌上计算机基本被智能手机所代替，其操作系统最终发布 Palm OS6 版本也得不到市场采用而停止研发。

7. 中国的操作系统

在信息领域，我国仍然和发达国家有很大差距，这其中包括了网络基础设施、智能终端、高端芯片、操作系统等，在核心技术上仍然依靠发达国家的技术，尤其是操作系统软件，国外的技术基本占据了主导地位。中国工程院院士倪光南认为：过去在国家层面，有关智能终端方面，没有投入很大的力量，没有专人，没有顶层设计，所以这是我们过去科技计划不周的地方。

倪光南指出，目前在中国，包括桌面计算机、笔记本式计算机、平板计算机、智能手机、智能电视、车载计算机等在内的信息终端，数量已经超过了 10 亿，如果这些信息终端，都安装了有安全风险的操作系统，将是一个"重大的信息安全事件"。对于用户来讲，这些终端基本上就是不可控制。由于操作系统关系到国家的信息安全，倪光南提倡，在政府部门的计算机中，采用本国的操作系统软件。

在智能手机操作系统上，国内都是在 Android 上订制化，而且大同小异，没有形成系统的体系，缺乏自主创新设计。

国产操作系统有代表性的几家（深度 Linux、红旗 Linux、蓝点 Linux、银河麒麟、中标普华 Linux、雨林木风操作系统 YLMFOS、凝思磐石安全操作系统和共创 Linux 桌面操作系统等），均是以 Linux 为基础二次开发的操作系统，国内暂且还没有独立开发系统。国产 Linux 操作系统水平与 Windows XP 比较所差无几，两种系统的应用性和易用性等方面也差不多。在应用的丰富程度方面，国产操作系统并不逊于 Windows XP。

所有国产操作系统均为免费的，具有价格方面的优势。而 Windows 8.1 的零售价格按版本不同，为数百元到上千元不等。但国产 Linux 操作系统还存在生态环境差等各种问题：

市场份额小，知名度低，使得用户使用有些不放心。全球的 Linux 份额可能不足 1%，95% 或以上都是 Windows 系列，苹果的 Mac OS 也占有一部分；设备厂商没有对 Linux 操作系统提供很好的支持，使得 Linux 在这方面的支持能力相对较弱。

中国工程院院士邬贺铨认为，微软停止对 Windows XP 技术支持一事，给国产操作系统的发展带来了一个难得的契机。

中国目前是世界上智能终端的最大制造国，解决智能终端操作系统受制于人的问题已经刻不容缓。2014 年 3 月，为切实推进我国智能终端操作系统的开发和产业化，由国家计算机网络应急技术处理协调中心、中国电子信息产业集团公司、中国电子科技集团公司、中国软件行业协会、中国可信计算联盟、中国 TD 产业联盟等"政产学研用"各界共同发起了中国智能终端操作系统产业联盟，成员包括产学研用各界 80 余家单位，而倪光南院士则担任该联盟技术专家委员会主任。联盟由有实力的企业共同出资，而有技术的企业可以用知识产权入股，因此将会出现新的起点。

4.4　操作系统的结构和组成

操作系统位于底层硬件与用户之间，是两者沟通的桥梁。用户可以通过操作系统的用户界面输入命令。操作系统则对命令进行解释，驱动硬件设备，实现用户要求。本质上，各种类型操作系统的功能基本相同，其结构也差不多，只是实现方法不同。操作系统的结构是基于软件的层次结构，功能特征可以从资源管理和用户使用两个角度来考虑。现代观点而言，一个标准个人计算机的操作系统应该提供以下功能：①进程管理（Processing Management）；②内存管理（Memory Management）；③设备程序（Device Drivers）；④文件系统（File System）；⑤网络通信（Networking）；⑥安全机制（Security）；⑦用户界面（User Interface）。

4.4.1　操作系统的层次结构

从宏观上来看，操作系统中分为相对稳定的内核层（Kernel）以及它与用户之间的接口（Shell）两层的层次结构，这种结构如图 4-6 所示，这是根据系统设计划分由 UNIX 定义并实现的，为各种操作系统所采用。

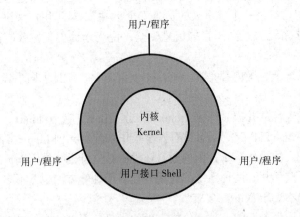

图 4-6　操作系统的内核和用户接口结构

1. 操作系统的内核

操作系统的内核程序叫作 Kernel，它有一个操控计算机各资源的基本模块，实现计算机资源的管理，并提供系统服务和多任务管理，支持应用程序所要求的低级服务，如内存的动态分配和回收、进程的时间片段管理、设备的输入/输出控制管理和文件管理等功能。

2. 操作系统的用户接口（用户界面）

用户通过操作系统使用计算机，而操作系统的用户接口 Shell（外壳程序）负责接收用户（包括用户执行的应用程序）的操作命令，并将这个命令解释后交给内核 Kernel 去执行。

早期 DOS 的 Shell 为一个命令集，称为命令解释器，Shell 通过基本命令完成基本的控制操作，目前在 Windows 中还保留着 DOS 的"命令提示符"窗口。之后，Windows 的 Shell 是采用用户界面，称窗口管理器实现与用户的通信控制操作。程序以图标的方式形象化地显示在屏幕上，用户通过单击图标向窗口管理器发出命令，启动程序执行的窗口。由上可知，Shell 的命令有两种方式：一是命令文件方式；二是界面会话式方式

个人计算机（PC）的操作系统已经发展成一个极为庞大和复杂的系统：它的内核相对稳定，其主要变化是为了适应处理器芯片功能的变化；而它的用户界面（Shell），即外壳占到整个庞大系统的大部分。图形用户界面（GUI）改变了用户使用计算机的方式，而对界面的管理，则成了操作系统最主要的开销，一方面界面要美观、流畅，另一方面要为用户订制界面提供各种方案。

4.4.2　操作系统的功能组成

根据操作系统的功能组成来看，主要分为 4 个模块：进程管理、存储管理、设备管理和文件管理模块，其他模块作为辅助功能，如图 4-7 所示。这些功能模块就是操作系统的组件，本质上它们是程序，实质上是管理、控制和调度等功能，被赋予管理器的名字。

本节对前 4 个功能做重点讨论，尤其是文件管理，这是因为文件对计算机普通用户而言，使用得多，也是最重要的。后 2 个网络通信和安全机制功能将在后续章节讨论。

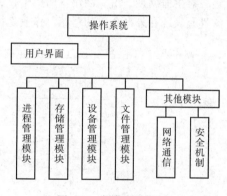

图 4-7　操作系统组成

4.4.3　进程管理

进程（Processing）是操作系统的重要概念，它是指程序的一次执行过程，即一个程序对某个数据集的执行过程，这个程序的执行过程是由进程管理器按一定的策略和调度将计算机的中央处理器（CPU）分配给进程的，由 CPU 执行，因此，进程管理也叫作处理器管理。CPU 是计算机系统中极为重要的资源，管理的目的是使处理器资源得到充分有效的利用，并实现多任务管理。

1. 程序、作业和进程

现代操作系统把进程管理归纳为："程序"成为"作业"进而成为"进程"，并被按照一定的规则进行调度。用程序、作业和进程这几个术语定义了计算机工作过程的不同状态。作业是用户向计算机提交的任务，也是要求计算机所做工作的集合。

这里把程序在存储介质上存储，看成为它的一个静止状态。作业是程序的另一个状态，这个任务状态是指程序被选中运行直到运行结束的整个过程。程序进入内存和 CPU 中被运行，这个过程给它一个概念就称为进程，运行或执行是一个动态状态。通过状态图进一步了解。

（1）状态图

状态图，显示了程序、作业和进程 3 个实体的不同状态，并用虚线将三者分开，如图 4-8 所示。如果要程序完成一个任务，程序被选中时就成为作业，并且处在保持或称后备状态，这就是作业的开始，直到它进入内存之前都保持这个状态。当内存可以整体或者部分地载入这个程序时，作业转换成就绪状态，并变成进程。它在内存中保持这个状态直至 CPU 执行它，这时它转成执行状态。当处于执行状态后，可能出现下面 3 种情况之一：

① 进程执行直至等待需要系统通过输入/输出（I/O）所需资源，如需要输入的数据或输出中间结果，因此进入等待或挂起状态。

② 进程可能耗尽所分配的时间片段，必须"出局"把 CPU 交给其他享有时间片段的进程，该进程直接进入就绪状态。

③ 进程经历多次执行、等待、就绪状态的转换，任务完成，直接进入终止状态。

注：在此，没有讨论系统使用虚拟内存，也没有涉及多任务、多进程问题，否则状态图将更加复杂。

（2）程序、作业和进程之间的关系

在这里给出的程序、作业和进程 3 个概念，但是三者的差异是非常微妙的。它们是对同一个对象在不同时间段内和空间的状态进行描述。如果说程序是静态的，那么进程则是动态的，介于它们之间的就是作业。进程的动态性表现在，"执行"本身，由开始到终止，中途可以暂停。因此，进程有生命周期，由"创建"而产生，由"撤销"而消亡，因拥有处理器而得以运行。程序的静态性是表现在外存介质的存储。作业是任务的开始到结束的整个过程。

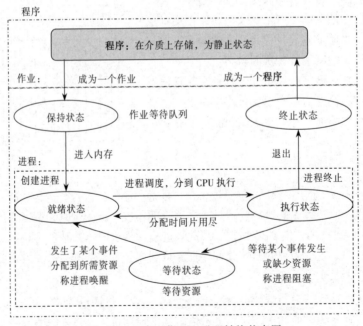

图 4-8　程序、作业和进程转换状态图

进程的执行才需要资源，因此进程是竞争计算机系统有限资源的基本单位，也是进程处理机调度的基本单位。因为只有进程有资格独立向系统申请资源并有权获得系统提供的服务，而不是程序，表明了进程的独立性。程序不能作为一个独立单位得到操作系统的认可。

为了实现多任务和提高效率，内存和 CPU 中多个进程都可以一起并发执行，称为进程的并发性。它表现在单处理器上的交替、多处理器上的同时性。程序不存在并发性。

一个程序可以对应多个进程（多次执行），即多个进程可执行同一程序；一个进程也可以执行一个或几个程序。因为一个程序在不同的数据集里就构成不同的进程，能得到不同的结果；一个进程也可以被多个程序共用，如复制、粘贴等执行后被多个程序共享。类似，一个作业可由多个进程组成，且必须至少由一个进程组成，反过来则不成立。可见程序和作业与进程的关系都不是一一对应的。

进程具有动态性、独立性、并发性特性，同时还有异步性和结构特征。

进程异步性：进程按各自独立的、不可预知的速度前进，即按异步方式运行。内存中的一个进程什么时候被 CPU 执行、执行多少时间都是不可知，因此操作系统需要负责各个进程之间的协调运行。

进程结构特征：进程由程序、数据和进程控制块 3 部分组成。

由上可知，如果把作业看作是用户向计算机提交的任务，则按程序的方案或算法，由一个或多个执行实体，即进程针对不同数据的工作来完成作业，这就是三者的关系（提交的任务、方案或算法和执行实体），是一个问题的 3 个方面。把这里的进程又称为用户进程，操作系统为用户所做的服务工作，说到底是通过管理用户进程来实现的。

另外，操作系统本身是由若干程序模块组成的。在对系统资源进行管理和对用户进程提供服务时，系统程序得到执行而产生了一系列的进程，这些进程称为系统进程。系统进程除了拥有某些系统特权之外，与用户进程没有什么不同。

2．进程管理

操作系统以进程为单位对处理器（CPU）进行管理，可分为以下几方面：

（1）进程控制

进程控制包括创建进程、进程终止、进程阻塞和进程唤醒。引发进程创建的事件有用户登录、作业调度、服务请求和应用请求。当创建一个进程时，操作系统将为新进程分配资源并将进程放入就绪队列（就绪状态）。引起进程终止的事件有正常结束、异常结束（发生错误）、用户强行终止（进程终止）。当一个进程终止时，该进程所拥有的全部资源将归还给其父进程或者系统。

正在执行的进程（执行状态）面对 3 种情况：当出现某个事件（如缺少数据）时，操作系统将处理器分配给另一个就绪进程，该进程进入等待状态；时间片正常用完，操作系统将处理器分配给下一个就绪进程并进行切换，该进程进入就绪状态；进程任务完成，直接进入终止状态。

当被阻塞进程（等待状态）所期待的事件（如操作 I/O 完成）出现时，则由有关进程（如用完并释放了该 I/O 设备的进程）调用唤醒，将等待该事件的进程唤醒，然后再将该进程插入就绪队列（就绪状态）中，等待执行。

（2）进程调度

进度调度，在分时多任务系统中，一个作业从提交到执行都要经历多级调度。调度的目的是为进程分配 CPU 资源。调度算法是指根据系统的资源分配策略所规定的资源分配算法，常用的调度算法如下：

① 先来先服务（FCFS）：按先后顺序进行调度。每次调度是从后备作业队列中，选择一个或多个最先进入该队列的作业。算法比较有利于长作业（进程），而不利于短作业（进程）。由此可知，本算法适合于 CPU 繁忙型作业，而不利于 I/O 繁忙型作业（进程）。

② 短作业进程调度算法（SJ/PF）：指为短作业或短进程优先调度的算法；对长作业不利，不能保证紧迫性作业（进程）被及时处理。

以上算法既可用于作业调度，也可用于进程调度。

③ 优先权调度算法：按进程的优先权调度。适合于紧迫性作业，当给予它较高的优先权时能及时得到处理。

④ 时间片轮转调度算法（Round-Robin）：将系统中所有的就绪进程按照 FCFS 原则，排成一个队列。每次调度，把 CPU 分配给首进程，按一个时间片段运行，完成则撤出，如果未完成，就转入队列的末尾，等待下次调度，依次循环。

⑤ 多级反馈队列算法（Round Robin with Multiple Feedback）：它是时间片轮转算法和优先级算法的综合。设置多个就绪队列并分别赋予各队列优先级，队列优先级高的优先。方法是在一个队列中，先来先服务（FCFS），按一个时间片段运行，完成则撤出；如果未完成，此队列就转入下一个队列的末尾，再同样等待调度，如此下去。因为时间片段是有限的，所以可以防止占用资源不释放所带来的死锁。

（3）进程通信

进程通信，是指进程之间的信息交换、高效传送大量数据的一种通信方式。进程通信分为共享存储器系统、消息传递系统以及管道通信系统 3 种方式。

3. 线程

程序执行就形成进程，如果任务很大，将进程的任务细分成子任务来完成整体任务，此时就需要一个概念：线程。线程（Threads）是进程中可独立执行的子任务，它是进程概念的延伸。一个进程可以有一个或多个线程，即线程是进程的进一步细分。为了区分各个线程，每个线程都有一个唯一的标识符，它们共享同样的代码和全局数据。线程与进程有许多相似之处，往往把线程又称为"轻型进程"，线程与进程的根本区别是进程为资源分配单位，而线程是调度和执行单位。例如，搬家是一个进程，多人搬到多个房间，每个人所承担的工作就是线程，真正调度和执行的是人，即线程。线程的调度能够更有效、更迅速地完成任务。

传统的应用程序都是单一线程的。现代程序特别是网络程序往往都比较复杂，尤其是访问量大的网站或客户端，都引入了多线程技术，使得应用系统效率得以提高。

多线程技术具有多方面的优越性：

① 创建速度快、系统开销小，创建线程不需要另行分配资源。

② 通信简洁、信息传送速度快，线程间的通信在统一地址空间进行，不需要额外的通信机制。

③ 并行性高，线程能独立执行，能充分利用和发挥处理器与外围设备并行工作的能力。

以 Windows 操作系统为例，在 Windows 任务管理器中，作业就是运行中的应用程序，对应有进程和线程，如图 4-9 所示。图中有 6 个应用程序（作业）正在运行，对应 5 个进程，也称用户级进程，其中 Word 的 1 个进程对应 2 个作业，11 个线程。其他大多数是系统级进程。

4.4.4　存储器管理

存储器是计算机的关键资源之一。它可分为两大类：内存储器（简称主存）和辅助存储器（简称辅存或外存，如硬盘）。处理器可以直接读/写内存，但不能直接访问辅存。而用户面对的是一个由操作系统统一管理的内、外存组成的整体。对外存操作系统将其归类到设备管理模块。计算机内存空间包括系统区和用户区，操作系统的内存管理主要是对用户区的管理。

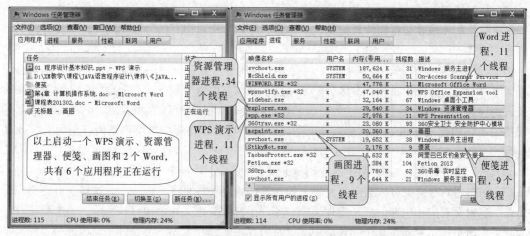

图 4-9　Windows 的任务管理器中，应用程序、进程和线程

1．内存管理

存储器管理是指操作系统对内存储器的使用情况进行动态监控和记录，以便动态分配和存储单元的回收，以及存储共享与保护、内存扩充等管理。存储管理一般分为单道程序和多道程序，如图 4-10 所示。

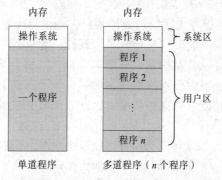

图 4-10　单道程序和多道程序结构

（1）单道程序

单道程序在启动执行前必须装入内存，操作系统应当根据程序的大小和当前内存空间的实际情况，为程序分配使之能运行的必要的存储空间（见图 4-10）。当程序执行完后，操作系统把该程序所占用的全部存储空间收回，以作后用。单道程序内存管理存在两个问题：当程序大于内存时无法运行；CPU 资源利用率低。

（2）多道程序

多道程序是指系统内存中同时存放几道相互独立的程序，允许轮流使用 CPU，交替执行，共享各种软硬件资源（见图 4-10）。多道程序结构中，内存中有多个程序（操作系统、实用程序和用户程序）共享存储器，各自运行时，彼此之间不能相互干扰和破坏，这就是存储共享与保护问题。存储保护要限制各作业只能访问属于其自己的那些区域，对于共享区限制各作业只能读或执行但不准写。

当内存储器中某进程撤离或主动归还内存资源时，存储管理要收回它所占用的存储空间，使其成为空闲区，以便被后续调度。

（3）存储管理方式

内存的分配和回收是存储管理的基础。多道程序结构中对内存的分配和回收，主要有以下不同的管理方式。

① 分区分配存储管理。系统将整个内存分为空闲分区和已占用两部分，内存分配就是将空闲分区中若干分区分配给进程。分区分配采用静态和动态两种分配方式。静态分区分配是指在作业装入内存时即取得所需空间，直至完成工作不再变动，这种分区大小固定，必然会造成存储空间的浪费，因此现在很少用；动态分配则允许进程在运行过程中继续申请内存空间，实现动态管理。

② 分页存储管理。用户程序的逻辑地址空间被划分为若干个固定大小的区域，称为页（Page），同时将内存空间分成若干与逻辑页长相等的物理块或页框（Frame）。这样，可将用户程序的任一逻辑页对应到内存的任一物理块中，实现了离散分配，如图 4-11 所示。一个程序有可能为几个逻辑页长，存储在几个物理块中，这时内存中的碎片大小不会超过一页，进一步提高了内存利用率。但是，分页中的"页"只是存放信息的物理单位（块），并无完整的逻辑信息意义，不便于实现共享及保护等。

③ 分段存储管理。为了满足用户（程序员）在编程和使用上多方面的要求，即可读性、可共享性、易保护性，以及便于动态链接等，将程序或作业细分为代码段（主程序段 MAIN 和子程序段 X）、数据段 D 和栈段 S 等区域。段的长度就是相应段的实际逻辑信息单位的长度，各段长不等，都有自己的名字（MAIN0、X1、D2、S3 等）和段号（0、1、2、3 等），通过段表（段号、段长、物理地址）离散地保存（或物理地址映射）到内存中不同的连续分区，如图 4-12 所示。这样一来，其优点是段的逻辑信息增强了可读性；允许若干个进程共享一个或多个分段，实现了段的共享性，且对段的保护也十分简单易行；依据需求动态链接其他目标程序段也比较方便；数据段在使用过程中会不断地动态增长，分段存储管理方式却能较好地解决这一问题。其他几种方式，都难以应付这些情况。因此，分段存储管理方式已成为当今所有存储管理方式的基础。

另外，还有段页式、请求分页、请求分段等存储管理方式，不管哪种内存管理，操作系统都通过相应的算法或策略实现内存的分配和回收，从而为作业或进程运行提供所需内存空间。

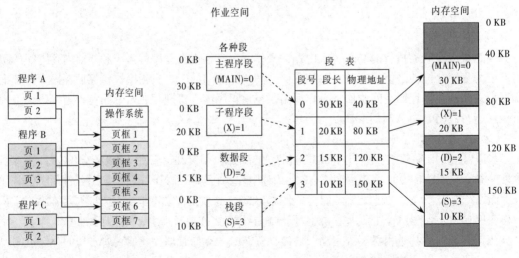

图 4-11　分页调度　　　　　　　　　　图 4-12　分段和段表实现离散保存

2. 虚拟存储器

当计算机系统中运行的程序所需要的内存容量超过系统所提供的内存容量时，如何利用外部存储器作为内存的后援，为用户提供一个容量比实际内存大得多的存储器，让作业可运行在一个比实际内存大的大作业，是内存扩充或虚拟存储器问题。

在存储管理中，必须为作业准备足够的内存空间，以便将整个作业装入内存，否则作业就无法运行。于是提出这样一个问题：能否只把作业中的一部分信息先装入内存运行，其余部分暂存辅助存储器（如硬盘）中的特定空间，按照内存的结构进行组织，当作业执行到要用到那些不在内存中的信息时，再从辅助存储器中特定空间将其读入内存（见图 4-13），这就是虚拟内存技术。虚拟内存技术不仅可以提高内存利用率，而且大于内存空间的大作业也能运行，即允许用户作业的逻辑地址空间大于实际内存的绝对地址空间。对于用户来说，好像计算机系统具有一个容量很大的内存储器，故称"虚拟存储器"。因此，虚拟存储器包括了实际内存和辅助存储器，程序运行是在这个虚拟存储空间中进行的，可以不受实际内存的限制。虚拟内存是现代操作系统都采用的技术。

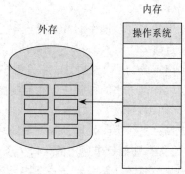

图 4-13　虚拟内存原理

4.4.5　设备管理

计算机是各种电子设备的集合，除了 CPU 和内存之外，其他的大部分硬件设备称为外围设备。如果为每一个设备建立一套管理策略是复杂的，也是不现实的。操作系统的设备管理就是对这些外围设备进行区分并制定不同类别设备的不同访问策略，来提高这些设备的使用效率。设备管理包括常用的输入/输出设备、外存设备以及终端设备等管理。计算机中内存和外围设备之间信息的传输称为输入/输出操作，简称为 I/O 操作。设备包括设备本身机械部分和电子控制器部分。

现代计算机系统设备管理的任务就是监视这些设备资源的使用情况，根据一定的分配策略，把设备分配给请求输入/输出操作的程序，并启动设备完成所需的操作。

1. 设备管理的设计

操作系统要管理繁杂的外围设备，由于各种差异不可能直接面对具体的设备进行管理，因为不同设备 I/O 数据信号类型不同，速度差异也很大，即使同一类型的设备，厂家、型号和功能也不同。因此，要有一定的设计模式进行管理，即 I/O 设备管理设计的分层结构思想和提供统一的接口或规范。

① 分层结构：将高层次的设备管理软件与低层次的硬件设备隔离开（见图 4-14），管理变得简单化。这样高层次的 I/O 管理程序（设备独立性软件）只要向用户提供一个友好、清晰、规范的统一的接口，就可以使得应用软件（用户）和 I/O 设备管理程序，只涉及"虚拟设备"或抽象的设备。而真实设备由硬件生产者开发和提供设备驱动程序操作。

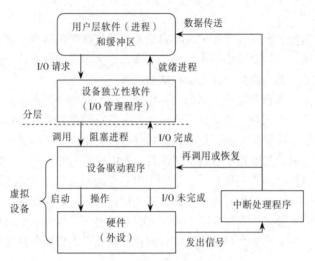

图 4-14 操作系统的 I/O 系统层次结构示意图

由图 4-14 可知，I/O 软件分为 4 层：

- 用户层软件：用户可直接调用的对设备操作的 I/O 请求函数。
- 设备独立性软件：不与设备直接发生关系。接受用户 I/O 请求，正确找到设备的驱动程序和对设备的分配和回收；采用正确的 I/O 控制方式、设备保护、缓冲管理、差错控制等。
- 设备驱动程序：接受由上层软件传下来的抽象任务和控制器发来的信号转到上层软件（通信），对设备发出操作指令，调用硬件。
- 中断处理程序：保护中断现场，进行中断处理，恢复现场。

② 统一接口：由操作系统按设备类别抽象出通用的接口类型，形成统一的接口或标准框架，每种通用类型都可以是一组标准函数（即接口程序），通过这些标准函数，用户程序通过 I/O 管理程序，与设备驱动程序建立联系并访问设备。

这种分层结构和统一的接口或规范模式，通过间接方式访问设备，使得繁杂的设备得以管理。通过接口使用设备，使得应用软件开发和 I/O 管理程序的开发，以及设备使用变得简单、通用，也为支持即插即用，一台设备多道程序使用，动态地加载和卸载设备驱动程序和设备成为现实。

2. 设备分类

不同设备，数据传送方式不同，它的功能和操作也不同。从操作系统来看，其重要特性指标有数据传输速率、方式和共享性等属性，由此设备可分为三大类：

① 按传输速度分类，可分为：每秒传输数百字节以下的低速设备，如键盘、鼠标、手写板和语音输入/输出设备；每秒传输数千至数十千字节的中速设备，如激光打印机等；每秒传输数百千至数兆字节的高速设备，如磁带机、磁盘机和光盘驱动器等。

② 按输入/输出传输方式分类，可分为：字符设备（Character Device）和块设备（Block Device）。

字符设备是以字符为单位进行输入和输出的设备，也就是说这类设备每输入或输出一个字符就要中断一次主机 CPU 请求进行处理，这类设备也称为中慢速字符设备，设备种类多，如各类交互式终端（键盘、显示器等）、打印机等。此类设备常采用中断驱动方式。

块设备是以字符块为单位进行输入和输出的设备，在不同的系统或系统的不同版本中，"块"的大小定义不同。典型的块设备如磁盘，每个盘块的大小为 512 B～4 KB，数据传输速率快，可寻址（即随机地读/写任意一个块），输入和输出采用直接存储器访问（Direct Memory Access，DMA）方式。

③ 按设备的共享属性分类，可分为：

- 独占设备：所谓独占是指一段时间内只允许一个用户进程访问的设备。在用户进程未完成之前独占此设备，直到用完释放，此设备才能分配给其他进程使用。
- 共享设备：指一段时间内允许多个进程同时访问的设备。而这里的"同时访问"实际上是指可以交替地从这些设备上存取信息。
- 虚拟设备：通过虚拟技术将一台独占设备变成多台逻辑设备，供多个进程同时使用，通常把这种经过虚拟技术处理后的设备，称为虚拟设备。例如，通过排队转储的技术可以使一台打印机虚拟成多台打印机。

3. 设备驱动程序

设备驱动程序是操作系统管理和驱动设备的程序，是驱动物理设备和 I/O 控制器等直接进行 I/O 操作的子程序的集合。它与设备和控制器紧密相关，每个设备都有自己的驱动程序。

在计算机系统中，标准的设备如键盘、鼠标、显示器等操作系统默认自动安装标准的设备驱动程序，以便用户使用这些设备。

非标准设备，操作系统统一了设备驱动程序的标准框架（即接口程序），硬件厂家根据标准编写设备驱动程序，所有与设备相关的操作代码都在驱动程序中，并随同设备一起提交给用户。因此，添加新设备，必须安装设备驱动程序。

实际上大部分知名的硬件厂商事先已提交设备的驱动程序，并与操作系统捆绑在一起。安装操作系统时，系统会自动检测设备并安装相关的设备驱动程序。设备类型不同，安装设备驱动程序的方式也不同：

① 即插即用（Plug and Play，PnP），是指把使用设备连接到计算机上后无须手动配置可以立即使用的技术。即插即用并不是说不需要安装设备驱动程序，而是操作系统能自动检测到设备并自动安装驱动程序，此设备驱动程序事先在操作系统中已打包，并与操作系统同时安装。即插即用技术不仅需要设备支持，而且操作系统也必须支持。1995 年以后开始生产即插即用的设备，现今大多数设备几乎都是即插即用的，即 USB 接口设备。

② 通用即插即用（UPnP），让计算机自动发现和使用基于网络的硬件设备，实现一种"零配置"和"隐性"（网络连接过程不可见）的联网过程。网络设备之间还可以协同工作。它主要是针对网络设备的使用，如网络打印机连接上网或下网，便告知自己的功能和权利，而需要网络打印机服务的计算机上网同样发布自己请求，将可获得服务。

在 Windows 中，用 Msinfo32.exe 工具可获得已安装的设备驱动程序的信息，如图 4-15 所示。已经被加载的驱动程序在"已启动"一栏中标明了"是"，否则为"否"。

4. 数据传输（输入/输出）控制方式

设备管理的主要任务之一是控制不同设备和内存或 CPU 之间的数据传送方式的正确选择。外围设备和内存之间常用的数据传输控制方式有 4 种：

① 程序控制方式。由用户进程来直接控制内存或 CPU 与外围设备之间的信息传送。由于 CPU 与 I/O 设备的极大的速度差，致使 CPU 的绝大部分时间都处于等待，造成对 CPU 的极大浪费。此方式不能实现主机和外围设备的并行工作，系统的效率很低，已很少采用。

② 中断控制方式。进程启动 I/O 操作后，该进程放弃 CPU，而 CPU 去做其他工作。因此，在 I/O 设备输入数据过程中，无须 CPU 干预，可使 CPU 与 I/O 设备并行工作。仅当 I/O 操作完成后，才需 CPU 花极短时间处理中断。这样可使 CPU 和 I/O 设备都处于忙碌状态，从而提高了整个系统的资源利用率及吞吐量。这种方式适用于打印机、键盘等以字符为单位传送的字符设备。

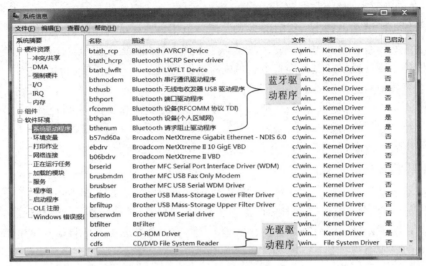

图 4-15　系统已安装设备驱动程序

③ 直接存储访问（DMA）方式。让外围设备和内存之间开辟直接的数据交换通路，而不用 CPU 干预。这样既大大减轻了 CPU 的负担，也使外围设备的数据传输速率大大提高。此方式适用于磁盘等块设备的 I/O。

④ 通道控制方式（专用设备处理机）。通道是指专门处理 I/O 操作的处理机。设备通道是用来控制外围设备和内存之间进行批量数据传输的部件。通道有自己的一套简单的指令系统和执行通道程序，通道接收 CPU 的委托，而又独立于 CPU 工作。因此，I/O 通道方式是 DMA 方式的发展，可一次完成多个数据块的读/写及有关的控制和管理，期间不需要 CPU 的干预，从而实现 CPU、通道、I/O 设备三者并行操作，提高系统资源利用率。在中、大型计算机系统中，一般采用设备通道控制外围设备的各种 I/O 操作。

5. 设备的分配

设备分配的原则是根据设备特性、用户要求和系统配置情况决定的。设备分配的目的是既要充分发挥设备的使用效率，又要安全，避免由于不合理的分配造成进程死锁。设备分配时需要有设备、控制器等状态和控制信息，这些信息都是以表格的形式随时记录和保存以备使用。

设备分配方式有以下两种：

① 静态分配：在用户作业开始执行之前，由系统一次分配该作业所要求的全部设备、控制器和通道。一旦分配之后，这些设备、控制器和通道就一直为该作业所占用，直到该作业被撤销。

② 动态分配：在进程执行过程中根据执行需要进行。当用户进程需要设备提出请求时，通过 I/O 管理程序按照事先规定的策略给进程分配所需要的设备、控制器和通道，一旦用完之后，便立即释放。动态设备分配策略，常用的有先请求先分配、优先级高者先分配等。

- 先请求先分配：依据用户进程请求的先后次序排列设备请求列队，I/O 管理程序总是把设备分给队首进程。
- 优先级高者先分配：依据用户进程优先级高的先后次序排列设备请求列队，优先级相同则按用户进程的请求先后排队。

6. 其他技术

设备管理因设备及类型的繁杂而极其复杂。为了发挥设备和处理器效率及并行工作能力，设备管理采用很多技术缓冲技术、中断技术和虚拟技术。

（1）缓冲技术

由于外围设备与 CPU 速度极不匹配的问题，采用了设置缓冲区的方法解决。缓冲是一种暂存技术，利用某个存储设备，在数据的传输过程中进行暂时的存储。在设置了缓冲区之后，用户进程可把数据首先输出到缓冲区，然后继续执行。例如，打印机可以从缓冲区取出数据慢慢打印，不用再干扰 CPU 的工作。

（2）中断技术

中断是指计算机在执行期间，系统内发生任何非寻常的或非预期的急需处理事件，使得 CPU 暂时中断当前正在执行的程序而转去执行相应的事件处理程序，待处理完毕后又返回原来被中断处继续执行或调度新的进程执行的过程。中断技术不仅解决了 CPU 与外围设备之间速度不匹配的问题，实现了 CPU 与外围设备的并行工作，而且有利于实时处理和故障处理，也已作为 I/O 的一种控制方式。

（3）虚拟技术

采用虚拟技术可以将低速的独占设备虚拟成一种可共享的多台逻辑设备，供多个进程同时使用，通常把这种经过虚拟的设备称为虚拟设备。利用多道程序技术，采用一组程序或进程使得一台输入/输出设备得到多道程序的共享，脱机输出是使用虚拟设备技术的典型例子。

4.4.6　文件管理

从计算机硬件来看，无论其程序还是数据，都是以电子、磁或光等不同的物理形态表示并以位模式组织和存储的，用户是无法直接感受其存在的，对于普通用户也不必关心其物理形态和存储模式。因此一种抽象的、概念化的、易于理解的数据组织方式就是文件系统。

从计算机的作用来看，它可以快速处理大量的数据，从而使数据的组织、管理、存取和保护成为一个极为重要的内容。在操作系统中，实现这一基本功能的程序系统称为文件系统。具体来看，文件系统是指由被管理的文件、操作系统中管理文件的软件和相应的数据结构组成的系统。

1. 文件和文件系统

文件是具有标识的一组有完整逻辑意义的，并存储在外存介质上数据的集合，如源程序、可执行程序、文章、信函或报表、声音、图像和视频等。计算机中的所有数据都是以文件的方式存放在磁盘介质上，也可以存放在其他存储介质上，通过文件名来对其进行识别和管理。所以，文件是操作系统用来存储和管理信息的基本单位。

文件和文件系统与计算机上运行的操作系统有关，不同操作系统的文件系统也不相同。实际上，文件名只是文件的一个外部标识，按照一个特定的规则组织的文件系统，其数据组织也是按照一定规则的，因此不同的文件命名规则反映了文件的不同组织形式。

从操作系统管理资源的角度来看，文件系统应具有以下功能：

① 解决如何组织和管理文件。管理和调度文件的存储空间，提供文件的逻辑结构、物理结构和存储方法。

② 实现文件的"按名存取"操作机制。用户按文件名进行操作，系统则把文件从标识到实际存储地址的映射（即按名存取），实现文件的实际控制和存取操作。

③ 提供文件共享功能及保护和安全措施。

④ 实现用户要求的各种操作。包括建立文件，撤销、删除、复制、移动文件，以及对文件的读/写、修改等。

　　从普通用户的角度来看，文件系统把相应的程序和数据看作文件，可以不必了解文件存放的物理结构和查找方法等与存取介质有关的部分，只需给定一个代表某段程序或数据的文件名，文件系统就会自动地完成与给定文件名相对应文件的有关操作，被称为按名存取。

　　2. 给文件命名

　　文件是一种抽象的机制，它提供了在外存上保存数据信息以方便用户读取的方法。操作系统对文件的命名方法是其抽象机制的重要部分。文件命名是以字母和数字的组合唯一标识一个文件。不同操作系统的文件命名规则不同。

　　操作系统的文件命名是由字符和数字组成的，分为 3 部分，格式如下：

　　[盘符:]文件名[.扩展名]

其中，[ ]所包括的部分可以省略。"盘符"是指存放文件的磁盘驱动器号。Microsoft 系统中将盘符 A、B 用于软盘，盘符 C～Z 用于硬盘或光盘。文件命名由文件名和扩展名组成，用一个圆点"."字符隔开，如 C:\Windows\explorer.exe（资源管理器）。不同的操作系统命名规范不同，如表 4–1 所示。Microsoft 系统，文件名长度可达到 255 个字符，文件名一般以字母开头，后跟字母、数字或下画线，允许使用空格或汉字。有些字符有特定的含义，不能作为文件名使用，如表 4–1 中的 \、|、*、?、<、:、>、" 等。其中，斜杠字符用于路径中的路径分隔符，字符"<"和">"用于输入/输出导向。

表 4–1　不同操作系统的文件命名规范

项　目	DOS 和 Windows 3.1	Windows 9x 及其后版本	Mac OS	UNIX/Linux
文件名长度	1～8 个字符	1～255 个字符	1～31 个字符	14～256 个字符
扩展名长度	0～3 个字符	0～4 个字符	无	无
允许包含空格	否	是	是	否
允许包含数字	是	是	是	是
不允许包含的字符	空格、/、\、|、*、?、;、[、:、]、,、=、"	\、|、*、?、<、:、>、"	无	!、@、#、$、%、^、&、(、) {、}、[、]、、<、>、\、"、;
不允许设置的文件名	Aux、Com1、Com2、Com3、Com4、Con、Lpt1、LPT2、LPT3、Prn、Nul	无	取决于版本
是否区分大小写	否	是	是（采用小写格式）

　　文件名是在建立文件时，由用户按规定依据内容自行定义的。在表 4–1 中，列出了一些不允许使用的文件名，这些名称是为特定的设备所使用的，如 Com1 表示通信口 1，而 LPT（Line Print Terminal）表示使用打印机或其他设备。对于文件名所用字母的大小写，Microsoft 系统不加区分，而 UNIX 系统则相反。

　　3. 文件扩展名和通配符

　　因为扩展名是文件名的最后部分，并使用符号"."和文件名分开，表 4–1 列出了不同操作系统的扩展名长度。扩展名原则上一般由 1～4 个合法字符组成，用来标明文件的类型或文件所属的类别。为了便于系统管理，每个操作系统都有一些约定的扩展名。表 4–2 列出了部分扩展名的文件类型，其中阅读器文件扩展名为".pdf"".caj"".pdg"。".pdf"是由 Adobe 公司设计的一款优秀的文档阅读器 Acrobat Reader 软件的格式，与操作系统平台无关的文件格式；".caj"是中国期刊网（简称知网）的阅读器 CAJViewer 的专用全文格式；".pdg"是由国内超星公司开发的超星阅读器 SSReader 的数字图书格式，是国内外用户数量最多的专用图书阅读器之一。

表 4-2 不同扩展名的文件类型

扩 展 名	文 件 类 型	扩 展 名	文 件 类 型
.exe	可执行（程序）文件	.sys	系统文件
.com	命令（程序）件	.dll、.lib	动态链接库文件
.bat	批处理文件	.drv、.vxd	驱动程序和虚拟设备驱动程序
.bak	备份文件	.txt	文本文件，即 ANSI 或 Unicode 码文件
.db、.mdb	数据库文件和 Access 数据库文件	.obj	目标文件（源程序经编译后产生）
.doc，.xls，.ppt .docx，.xlsx，.pptx	Office 办公软件 Word，Excel，PowerPoint 创建的文档和高版本文档	.c，.cpp .bas，.java	C、C++或 VC++、BASIC 或 VB、Java 等程序设计语言的源程序文件
.pdf、.caj、.pdg	阅读器文件（PDF 和知网文档，及超星读书）	.wmv，.rm、.ra .mov、qt	能通过 Internet 播放的流式媒体文件
.htm 或.html、.shtml	静态网页文件	.avi	有损压缩的音频视频交错格式文件
.php、.asp、.jsp	动态网页文件	.mpg、.dat	有损压缩格式的视频格式文件
.bmp	位图或栅格图形/图像，几乎不压缩	.wav	微软无压缩无损声音波形文件
.gif、.jpg、.psd、.tif	不同公司图像压缩格式文件	.cda	CD 音乐光盘中的无损声音文件格式
.swf	Flash 动画文件	.mp3、.mid	不同格式的声音文件
.iso	光盘镜像文件	.zip、.rar	压缩格式文件

Microsoft 系统中，文件名扩展名的一个重要作用是操作系统根据扩展名判断其文件的用途，并对数据文件建立和程序的关联。用户也可以根据文件的扩展名获知文件的基本类型。文件的扩展名在文件的分类中具有重要的作用，它可以帮助了解文件的特征。

Windows 注册表中有一个能被其识别的文件类型的清单。Windows 各种文件赋予不同的图标，以帮助用户识别文件类型。双击文件图标，Windows 将文件的类型决定采取何种操作：如果被选择的是程序文件，就执行它；如果是数据文件，就启动其关联程序打开它。例如，选择了一个 Excel 电子表格文件，Windows 将启动 Excel 程序打开该电子表格文件。

大多数程序在创建数据文件时，会给出数据文件的扩展名。例如，使用 Excel 创建电子表格，在保存文件时，Excel 会自动提示加上 ".xls" 或 ".xlsx" 扩展名。

文件名的用途之一是检索文件。在外存设备中，如果有成千上万个文件，需要查找或检索其中的一个或者一部分特定的文件时，有两个非常有用的符号 "*" 和 "?"，称为通配符，被用来查找或检索文件使用。"?" 代表一个任意字符，"*" 代表 0 个或多个任意的字符；"*.*" 代表文件名和扩展名都任意的所有文件；"???.*" 代表所有文件名长度为 3 个字符，扩展名为任意的所有文件。

如按 "WOR?.doc" 查找，被查到的文件可能是 "WORD.doc" "WOR3.doc" "WOR 工.doc" 等，只要除 "？" 一个字母之外的其他字母都能够匹配，这个文件就可被查找到。若按 "WOR*.doc" 查找，被查到的文件可能是 "WORD.doc"，"WOR321.doc"，"WORD 工作.doc" 等，同样只要除 "*" 字符串之外的其他字母都能够匹配，这个文件就可被查找到。实际上两个通配符都是一种模糊查找。

4．常用的文件类型

在文件系统中，为了有效、方便地管理文件，常常把文件按其性质和用途等进行分类。按文件的性质和用途可以分为 3 类：

① 系统文件：有关操作系统及其他系统软件的信息所组成的文件，这类文件对用户不直接开放，只能通过操作系统调用为用户服务。

② 库文件：该类文件允许用户对其进行读取、执行，但不允许对其进行修改。库文件主要由各种标准子程序库组成，如 C 语言子程序库、FORTRAN 子程序库等。

③ 用户文件：此类文件为用户委托文件系统保存的文件，只由文件的所有者或所有者授权的用户才能使用，它主要由源程序、目标程序、用户数据库等组成。

依据文件的专业用途，在表 4-2 中，文件又可分为：

① 可执行文件：可执行文件就是程序，在 Windows 中称为应用程序。Microsoft 系统可执行文件的扩展名为".exe"".com"".bat"。其中，".exe"为可执行程序文件，".com"为命令程序文件，".bat"为批处理文件。

② 数据文件：指应用程序所产生的或需要的文件，一般每一个专门的应用程序都有自己所适用的数据文件，包括数据库的文件 db、文本文件 txt、文档 docx、电子表格 xlsx、阅读器文件（pdf、caj、pdg）、源程序文件（c、cpp、bas、java）等。以下介绍的各种文件均为数据文件。

数据文件本身不能被直接运行或操作，它们需要借助相应的执行程序（应用程序）来运行或打开。操作系统建立数据文件关联机制，使得在打开某种类型的数据文件时，相应的应用程序就会自动启动，针对数据文件的双击便可被打开就是这种关联机制。在 Windows 中，数据文件的右键快捷菜单看到的是打开或编辑或打开方式，而应用程序的右键快捷菜单中只有打开。

③ 图形和图像文件：它们都属于多媒体数据。常见的图形和图像数据文件如表 4-2 所示，bmp 格式是位图或栅格文件，不压缩可直接显示，存储空间大；gif 格式是压缩图像文件格式，存储空间小，适合网络环境传输和使用；jpg 格式是压缩技术先进的图像文件格式，存储空间小，图像质量较高，是当前主流图形格式之一，数码照片多采用此格式；psd 格式是 Adobe 公司的图像处理软件 Photoshop 专用文件格式；tif 格式是 Apple 公司广泛使用的图形格式。

④ 声音、动画和视频文件：它们都属于多媒体数据，存储空间大，一般都进行压缩处理，尤其是视频文件。

声音文件分为有损和无损压缩格式。wav 格式是微软无压缩无损声音波形文件；cda 格式是音乐光盘 CD 的无损声音文件，不需要解压缩，均可直接播放；mp3 格式是国际标准的有损压缩声音文件；mid 格式比较特殊，它不是声音文件，而是电子乐谱指令文件，需要声卡乐器来"演奏"。

广义的视频文件可分为动画文件和视频文件：

- 动画文件：指由相互关联的若干帧静止图像组成的图像序列，这些静止图像连续播放便形成一组动画。swf 格式是 Flash 动画文件，为矢量动画，图像放大缩小仍然清晰可见，采用流技术，已成为网络多媒体的主流之一。
- 视频（影像）文件：指那些包含了实时的音频、视频信息的文件。文件庞大，一般要经过压缩处理，不同的压缩算法便形成不同的格式。avi 格式允许视频和音频交错在一起同步播放；mpg 和 dat 格式为运动图像压缩算法的国际标准有损压缩格式的视频格式文件。

在网络上传多媒体信息，视频文件又分为下载和流式传输两种方式。多媒体信息文件一般都较大，所以需要的存储容量也较大；同时由于网络带宽的限制，以上的下载方式常常要花数分钟甚至数小时，所以这种处理方法延迟也很大。流式传输文件被称为流媒体文件，传输时，声音、影像或动画等多媒体信息由流媒体服务器向用户计算机上创建的一个缓冲区连续、实时传送，用户不必等到整个文件全部下载完毕，而只需经过几秒或十多秒的启动延时即可进行观看。当声音、视频等多媒体在客户机上播放时，文件的剩余部分将在后台从服务器内继续下载，即边看边下载。不同公司开发的网络流媒体文件有：wmv 格式是微软开发的 Media Video 播放器的独立编码压缩的文件格式；ra 和 rm 格式是 Real Networks 公司开发的 Real Video 播放器的低速网络实时传输的视频影像格式；mov、qt 格式是 Apple 公司开发的 Quick Time 播放器的音频和视频文件格式。

⑤ 压缩文件：经过压缩软件压缩获得的文件叫压缩文件。压缩的原理是把文件的二进制代码压缩，即相邻的 0、1 代码减少。经过解压缩软件将压缩文件复原到原始大小的过程称解压缩。一般压缩和解压缩均做在一个软件上，为两个功能，都是无损操作。在表 4-2 中有 rar、zip 和 iso 3 种格式。

rar 和 zip 格式都是文件的压缩算法，用于数据压缩与归档打包，属于常用的主流压缩格式。从性能上比较，rar 格式较 zip 格式压缩比要高，但压缩速度较慢。单文件、多文件和文件夹都可压缩成一个文件，也可分割压缩为多个子文件，并无损解压出源文件。

iso 是光盘的镜像文件，文件格式为 iso9660。它与 rar、zip 压缩包类似，它将特定的一系列文件按照一定的格式制作成单一的文件，以方便用户下载和使用。它最重要的特点是可以被特定的软件（如刻录软件）识别并可直接刻录到光盘上，成为可安装的系统光盘。镜像文件是无法直接使用的，需要利用一些虚拟光驱工具进行解压后才能使用的。

除以上类型外，还可以按文件中的信息流向或文件的保护级别等分类。例如，按信息流向可把文件分为输入文件、输出文件、输入/输出文件。按文件的保护级别又可分为只读文件、读/写文件、可执行文件、不保护文件。文件的分类主要是便于系统对不同的文件进行不同的管理，从而提高处理速度和起到保护与共享的作用。

5. 文件属性与操作

文件包括两部分内容：一是文件所包含的数据，称为文件数据；二是关于文件本身的说明信息或属性信息，称为文件属性，如表 4-3 所示。

表 4-3　文件属性及含义

属　　性	含　　义
文件名称	文件最基本的属性，每个文件都必须有个名称用以标识，以及关联图标
文件类型	可以从不同的角度来对文件进行分类。比如，按用途分为系统文件、用户文件、库文件、目录文件等
打开方式	注册关联的打开运行应用程序
文件位置	具体标明文件在存储介质上所存放的位置或路径
文件长度	通常指以字节计算的文件当前大小，也可以是允许的最大字节数，以及实际占用空间
文件时间	时间属性很多，如创建时间（文件被创建的日期和时间）、修改时间（文件前一次被修改的日期和时间）、访问时间（文件前一次被访问的日期和时间）
文件属性	包括存档或只读，以及隐藏等属性
文件安全（权限）	通常每个文件有 3 种不同的权限：读、写、执行。通过该属性，文件拥有者可以为自己的文件赋予相应的权限，如允许自己能够读写和执行，允许同组的用户读写，只允许其他用户读
文件所有者	多用户操作系统通过文件拥有者属性，使不同用户对各自创建的文件拥有不同的文件操作权限。通常文件创建者对自己创建的文件拥有一切权限，而对其他用户创建的文件只具有有限的权限

文件操作包括文件的建立、撤销、打开、关闭，对文件的读、写、修改、复制、移动（转储）、重命名和删除等操作。在 Windows 7 系统中，一般通过"计算机"和"资源管理器"工具来操作。在这些工具中可以看到计算机中的文件，通过右击文件图标，在弹出的快捷菜单中有相应的文件属性命令，通过这些命令可以进行相应操作。

6．文件的结构

文件的结构是指文件的组织形式，实际上用户和设计人员往往从不同的角度来对待同一个文件，因此文件的结构分为逻辑和物理两种结构。文件系统就是在用户的逻辑结构文件和相应的存储设备上的物理结构文件之间建立映射关系。

（1）文件的逻辑结构

文件的逻辑结构是依照文件内容的逻辑关系组织文件结构，它是在用户面前所呈现的形式，与存储设备无关。从用户使用角度来看，它为用户提供一种结构清晰、使用简便的逻辑文件形式，用户可以直接处理其中的结构和数据。文件的逻辑结构可以分为流式的无结构文件和记录式的有结构文件。

流式文件是指对文件内的信息不再划分单位，由一串信息（字符流或字节流）组成，字符数就是文件长度，也可认为没有结构，如源程序、库函数等。这种文件通常按字符数或特殊字符来读取所需信息。

记录文件是由若干逻辑记录组成（相当于表结构中的记录），每条记录又由相同的数据项组成，数据项的长度可以是确定的，也可以是不确定的。记录是描述一个实体的属性集，具有特定意义的信息单位。

（2）文件的物理结构

文件的物理结构是指文件在外存物理存储介质上的结构。由设计人员从文件的存储和检索的角度来组织文件，然后根据存储设备的特性、文件的存取方式来决定以怎样的形式把文件存放到存储介质上。

文件系统往往根据存储设备类型、存取要求、记录使用频度和存储空间容量等因素提供若干种文件存储结构。文件存储结构涉及物理块的划分（每块长为 512 B 或 1 024 B）、记录的排列、索引的组织、信息的检索等许多问题，因而，其优劣直接影响文件系统的性能。文件的物理结构基本上有 3 种结构：顺序结构、链接结构、索引结构。

① 顺序结构是将一个文件中逻辑上连续的信息依次存放到存储介质中连续的物理块中，又称连续结构文件。显然，这是一种逻辑记录顺序和物理记录顺序完全一致的文件。优点：顺序存取记录时速度较快。缺点：建立文件时要预先确定文件长度，以便分配存储空间，若没有此长度连续的存储空间则文件存储受限；增、删、改文件记录困难。因此，适用于很少更新的文件。在图 4-16 中，一个逻辑块号为 0、1、2、3 的文件依次存放在连续的物理块 10、11、12、13 中。

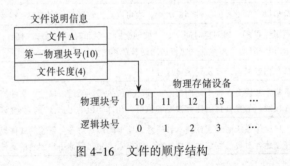

图 4-16　文件的顺序结构

② 链接结构用非连续的物理块来存放文件信息，每一个存储块有一个指向下一个存储块首地址的指针，在最后一个存储块的指针中保存着文件结束标识，从而使得存放同一文件的物理块串联组成一个链表形式，也称链接结构，通过指针使得块之间链接。在图 4-17 中，非连续的物理块 2、5、9 和 18 存放着 4 块连续的逻辑块 0～3 文件信息。物理块 2 后的指针为 5、物理块 5

后的指针为 9、物理块 9 后的指针为 18，而物理块 18 后的指针为结束符 EOF（End Of File）。这种指针序号虽然不连续，但必须按大小顺序排列，因为检索空物理块时是顺序进行的。

用链接结构文件时，逻辑块到物理块的转换，由系统沿链接结构的串联队列查找与逻辑块号对应的物理块号的方法完成。例如，要找或操作逻辑块 2，系统从物理块号 2 开始向后得到其所对应的物理块号 9，然后对该物理块中的数据进行存取访问。

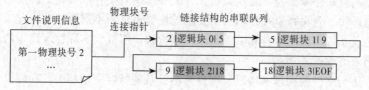

图 4-17　文件的链接结构

链接结构优点：易于对文件记录进行增、删、改操作；不必预先确定文件的长度和不要求连续的大块存储空间；不必连续分配，从而存储空间利用率高。缺点：存放指针要占额外的存储空间；物理块中将连接字（指针）和数据信息存放在一起，而破坏了物理块的完整性；由于存取需通过缓冲区，获得连接字后，才能找到下一块的地址，因此仅适用逻辑上连续的文件，按链接的串联队列顺序存取。

③ 索引结构要求系统为每个文件建立一张索引表，表中每一栏目指出文件信息所在的逻辑块号和与之对应的物理块号的对应关系。并且，索引表集中放置了有关逻辑块号和物理块号的全部信息，而不像链接结构那样分散在各物理块中。索引表的物理地址则由文件说明信息项给出。在图 4-18 所示的索引表中，逻辑块 0～3 号随机存储在物理块的 21、15、30 和 26 号中。

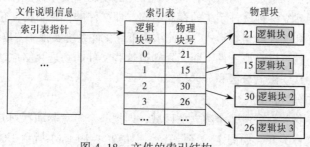

图 4-18　文件的索引结构

索引结构实现了非连续存取，既可以满足文件的动态增长要求，又可以较为方便和迅速地适用于随机存取；它既适应于顺序结构，也适应于随机结构。优点：快速存取，具有直接读/写任一记录能力，便于增、删、改。缺点：增加索引存储空间和索引查找时间。

当文件很大时，可建立多级索引表，形成多级索引表结构。

（3）文件的存取方法

用户通过对文件的存取来完成对文件的修改、追加和搜索等操作。常用存取方法有两种：

① 顺序存取法：按照文件的逻辑地址顺序存取。在记录式文件中，这反映为按记录的排列

顺序来存取，文件的结束加上 EOF 标志，表示文件数据结束。在流式文件中，存取前已知字节数，存取后位置指针加上字节数长度，再由此指针开始存取下一段内容。

② 随机存取法：又称直接存取法，在存取时必须先确定进行存取的起始位置，如记录号、字符序号。在记录式文件中，允许用户根据记录的编号来存取文件的任一记录。在流式文件中，先要移动指针至存取位置，再按给定的字节数进行存取。

（4）文件的存储设备

常用的文件存储设备有磁盘、光盘、磁带和 U 盘等。这里介绍磁带和磁盘。

磁带是一种最典型的顺序存取设备。顺序存取设备只有在前面的物理块被存取访问过之后，才能存取后续的物理块的内容。其存取速度较慢，可作为后备存储。

磁盘是最典型的直接存取设备。磁盘设备允许文件系统直接存取磁盘上的任意物理块。为了存取一个特定的物理块，磁头将直接移动到所要求的位置上，而不需要像顺序存取那样事先存取其他的物理块。磁盘系统由磁盘本身和驱动器（控制设备）组成，实际存取读写的动作过程是按照主机要求驱动器来完成的。

文件的存储方法与文件的物理结构以及文件存储设备的特性密切相关。存储设备、文件物理结构与存储方法的关系如表 4-4 所示。

表 4-4　存储设备、文件物理结构与存储方法的关系

存储设备	磁盘、磁鼓			磁带
文件物理结构	顺序结构	链式结构	索引结构	顺序结构
文件长度	固定	固定、可变	固定、可变	固定
文件存储方法	随机、顺序	顺序	随机、顺序	顺序

7. 文件的目录结构

计算机文件系统以"目录"管理文件，形成一种目录结构。

从系统角度来看，文件系统对文件存储器的存储空间进行组织、分配和回收，负责文件的存储、检索、共享和保护。从用户角度来看，为了用户的使用和操作方便，对在磁盘中存储的上百或者上千的文件必须建立一种文件系统的存储结构，即文件的目录结构，它指文件在用户面前呈现的以目录或文件夹和文件的组织形式。在此结构下，文件系统实现了"按名存取"，用户只要知道所需文件的名字，就可以存取文件，而无须知道这些文件的物理存储地址，与存储设备无关。要了解目录结构需要认识磁盘分区和分区格式。

（1）磁盘分区和分区格式

磁盘使用前需要将其划分成几个独立的区域，即把一个磁盘驱动器划分成几个逻辑上独立的驱动器，这些分区被称为卷，用固定的字母表示，如图 4-19（a）所示（C、D、E、F），这些字母也叫盘符，它成为目录结构的根部或根目录，如"C:"或"D:"，又称 C 驱动器或 D 驱动器。磁盘分区的目的是便于使用、管理和安装操作系统以及软件。

① 主分区、扩展分区和逻辑分区：一般将新的硬盘划分为主分区和扩展分区。主分区是指包含操作系统启动所必需的文件和数据的硬盘分区，要在此硬盘分区上安装操作系统。主分区系统自动定为 C 驱动器。扩展分区也就是除主分区外的分区，但不能直接使用，必须再将其细分为若干个逻辑分区才行。逻辑分区也就是平常在操作系统中所看到的 D、E、F 等驱动器或称盘符，如图 4-19（a）所示。如果装一个操作系统，一般比较大的硬盘分区方案，如图 4-19（b）所示，分一个主分区和扩展分区，在扩展分区中再分成 2～3 个逻辑分区。

② 分区格式：分区格式是操作系统在磁盘上组织文件的方法，也是操作系统与磁盘驱动器之间的接口。磁盘分区后，还需要分区格式化，简称格式化。格式化相当于在白纸上打上格子，而分区格式就如同这"格子"的样式，不同的操作系统打"格子"的方式是不一样的，即存储结构不同。例如，Microsoft 就有多种文件存储结构，包括 FAT 系统和 NTFS 系统，不同操作系统有不同的存储结构。在一般情况下，存储空间大小总是大于文件大小，从这个意义上讲，存储器的物理块划分越小，存储器的使用率越高。同时，划分得越细，管理这种划分需要的开销就越大。好的算法或方案，总是在存储效率和管理消耗中找到最佳平衡。一般的磁盘存储器的物理块（簇，Cluster）由几个扇区组成，即扇区是在 215 B 到几千字节之间选择的。

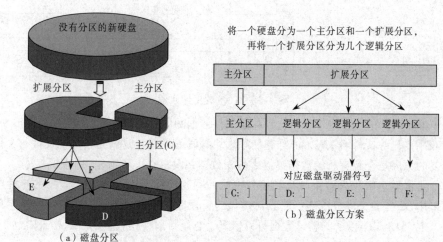

图 4-19 磁盘分区与分区方案

● FAT 系统：

FAT（File Allocation Table，文件分配表）是指文件管理系统用来给每个文件分配磁盘空间（物理块）的表格。FAT 通过建立文件分配表，记录文件存储在磁盘上的物理块和磁盘上的每一个物理块是否存放数据。其中，FAT 的 3 种标准分别代表所支持的磁盘容量，FAT12 支持的磁盘在 16 MB以下，FAT16 支持 16 MB～4 GB 磁盘空间，FAT32 支持 512 MB～2 TB 的大容量磁盘。目前，磁盘和 U 盘容量都比较大，均可采用 FAT 32 系统进行格式化。

FAT 的工作原理如图 4-20 所示，FAT 目录表记载文件的文件名称和起始物理块号，以及属性、大小等，后者没有列出来。属性是指文件是只读，或隐藏，或存档，是否是子目录等，也就是在 Windows 中打开文件属性窗口中所显示的内容。起始物理块号是指文件存储的起始位置。

FAT 表是一个操作系统文件，即 FAT 文件分配表，它记录了磁盘格式化后所有物理块的号码和使用状况，如空、保留、损坏、已使用、结束等状态，以及使用中文件存放的物理位置（指针）。FAT 目录表和 FAT 表一起来确定文件的位置，并可进行读和写。

例如，在图 4-20 中保存、读取和删除 Law.doc 文件。

保存 Law.doc 文件：依据文件 Law.doc 的长度，保存到磁盘上需要 3 个物理块。首先，操作系统在 FAT 表中寻找到空物理块 6、7 和 10 中，块不一定连续，将文件的数据存入这些物理块中，状态列中记录下一个物理块编号，即形成指针连接（6→7→10），如图 4-20 中弧形箭头，其中物理块 10 中存入最后余下的数据和结束符 EOF，表示数据到此结束。其次，在 FAT 目录表中保存文件名、属性和 FAT 表中的起始物理块 6。

读取 Law.doc 文件：操作系统在 FAT 目录表中找到文件名和包含文件数据的起始物理块 6，由此在 FAT 表中由指针连接寻找到存储文件数据的所有物理块 6、7 和 10，并顺序从中读取数据。

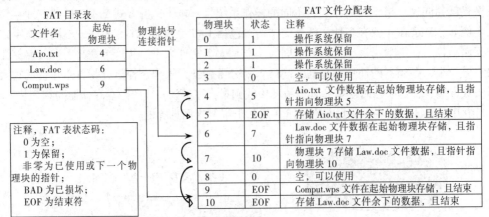

图 4-20　FAT 的工作原理

删除 Law.doc 文件：在 FAT 表中找到存储文件数据的所有物理块 6、7 和 10，状态改为 0；在 FAT 目录表中，删除文件名 Law.doc 和起始物理块编码 6 即可。这就是清除的文件，文件数据仍然可以恢复的原因是直到有新的数据覆盖之前，数据并没有真正从物理块中删除。

FAT32 是微软为解决大容量磁盘利用效率低的问题而在 FAT16 基础上开发的一种全新分区格式，它采用 32 位的文件分配表。使其对磁盘的管理能力大大增强，用在硬盘分区卷最大容量 2 TB，不支持 512 MB 以下的卷，数据可以恢复。它是目前使用较多的分区格式之一，Windows 都支持它。

- NTFS 系统：

NTFS（New Technology File System）是微软为 Windows NT 操作系统设计的一种分区格式。NTFS 支持原有的 FAT 文件，提供长文件名、支持大的分区和超大磁盘空间（16 EB，即 2^{24} TB），安全性和稳定性极其出色。NTFS 的另一个特点是操作系统文件可以存放在 NTFS 盘或分区的任何位置，如逻辑盘的 D 盘和 E 盘等。不过除了 Windows 高版本外，其他的操作系统都不能识别该分区格式，存储的数据不能互相认可。

若安装的是 Windows NT/XP/7 操作系统，建议如图 4-21 所示将硬盘分为 3 个区并采用其分区格式或均采用 NTFS 系统。

不管使用哪种分区软件，在给新硬盘上建立分区时都要遵循以下的顺序：建立主分区→建立扩展分区→建立逻辑分区（D、E、F 等）→激活主分区（C）→格式化所有分区。

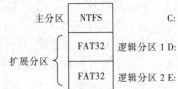

图 4-21　磁盘分区和分区格式图

（2）目录表

MS 早期的文件系统使用"目录"（Directory）这个词，在 Windows 系统中，目录被"文件夹"（Folder）代替，它只是更形象化些，但对文件的组织管理体系并没有变。从用户角度来看，上百或者上千的文件存放在磁盘中，为了用户使用和操作方便，需要建立一种文件的操作结构，即目录结构，又称为逻辑模型。这个逻辑模型（目录结构）在存储设备中就是一系列不同级别的目录表格的逻辑关系和存储的物理位置，如图 4-22 所示。目录结构是由根目录（盘符）、子目录或子文件夹和文件构成整体上的树状结构，以及局部分支则构成一条路径结构，如图 4-23（a）所示。

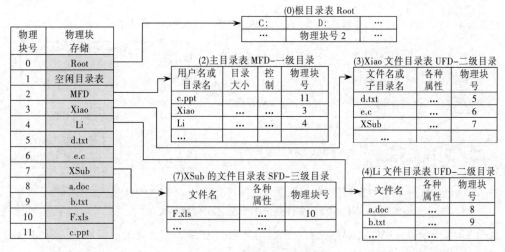

图 4-22　多级目录表结构

操作系统要求对文件能够实现"按名存取"，这就需要把文件名到文件的存储物理地址的映射关系在文件目录中体现出来。为此，文件系统为所有文件建立一个主目录表 MFD 和多级子目录表（用户目录表 UFD 或 SFD），表中保存着文件目录，这些表叫目录文件，它们在存储设备的固定区域保存，以备使用。在图 4-22 中，多级目录中根目录表 Root 以盘符划分，指向主目录表（块 2 的 MFD）；主目录表 MFD 记录用户和文件项，以及相关信息和指向二级目录表（Xiao 和 Li，块 3、块 4）成为一级目录；用户目录表 UFD（Xiao）记录文件项和下级子目录 SFD，以及相关信息和指向三级目录表（XSub，块 7）成为二级目录；下一级子目录表 SFD 可进一步记录文件项和后续子目录，如此下去形成多级目录的树状结构。因此，每一个目录表就是一个子目录或子文件夹，其内容记录有文件项、后续子目录和指向存储物理位置，可将文件名经多级转换成该文件在外存上存储的物理位置和记录文件控制信息。

目录表（文件夹）和文件都需要物理存储空间并命名，文件夹命名与文件命名规则一致，但不需要扩展名。同一文件夹下的子文件夹不能重名，同一文件夹内的文件不能重名。

有了以上目录结构的逻辑模型，对文件和文件夹的创建、删除、移动、重命名等操作便可实现。在图 4-22 中，要创建文件 D:\Li\b.txt，找到空闲的物理空间（块 9）存储文件，并通过 D:/Li/找到 Li 目录表，记录 b.txt 文件和存储物理块 9 等信息即可。要删除子文件夹 D:\Xiao\XSub\，通过 D:\Xiao\找到 Xiao 表中的 XSub 项的物理位置（块 7）和 XSub 表中文件 F.xls 物理位置（块 10）；在 Xiao 表中，删除 XSub 项，在物理块 7 和 10 做好腾出空间标记即可。

通过 Windows 的资源管理器可以查看到树状的文件夹结构，如图 4-23（b）所示。将其绘成图，如图 4-23（a）所示的树状结构。这种结构是一棵倒向的有根树，树根是根目录（C 或 D 或 E 等）；从根向下，每一个树枝是一个子目录；而树叶是文件。树状多级目录有许多优点：可以很好地反映现实世界复杂层次结构的数据集合；可以重名，只要这些文件不在同一个子目录中；易于实现文件夹中文件保护、保密和共享。

（3）路径

文件的路径是指文件在外存储器上存储的逻辑位置。形式上是由根目录到该文件途径的各个分支子目录名（子文件夹）连接在一起而形成的。上下两个分支子目录名之间用分隔符分开。在 DOS 和 Windows 操作系统中，该分隔符是反斜线符号"\"，分隔符"\"左侧为上一级目录，右侧为下一级目录，一般形式如下：

[<盘符>:]\<一级目录>\<二级目录>\...\<n 级子目录>\<文件名.扩展名>

（a）多级目录树状结构　　　　　　　　（b）Windows 文件夹树状结构

图 4-23　文件系统的多级目录树状结构

如图 4-23 所示，"C:\Windows\System32\notepad.exe（记事本）"，表示记事本（notepad.exe）位于 C 盘的 Windows 文件夹下的子文件夹 System32 中。

文件路径有绝对路径、相对路径和基准路径 3 个概念：

绝对路径是指由根目录到该文件的通路上所有目录名和该文件名组成的路径（有根目录，包括该文件名），也称一个文件的全路径名，如图 4-24 所示。

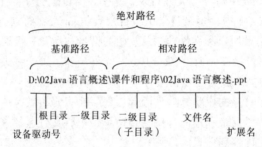

图 4-24　Windows 文件系统的路径（绝对、相对和基准路径）

相对路径是指在当前目录开始的向下顺序检索的路径（无根目录，包括该文件名）。

基准路径是指由根目录至向下，不包括该文件名部分的路径（有根目录，不包括该文件名）。

以图 4-24 为例，文件"02Java 语言概述.ppt"，在 D 盘的一级目录"02Java 语言概述"中的子目录"课件和程序"下保存，则

绝对路径："D:\02Java 语言概述\课件和程序\02Java 语言概述.ppt"。

相对路径："..\课件和程序\02Java 语言概述.ppt"，其中：".."表示上一级目录。

基准路径："D:\02Java 语言概述\"，（也称安装路径）。

可见，绝对路径 = 基准路径 + 相对路径。

8. 文件共享、保护和保密

（1）文件的共享

如果一个文件可以被多个用户使用，则称这个文件是可以共享的。要达到文件的共享，主要解决用户文件和共享文件的连接问题。比较常用的方法是允许对单个普通文件进行连接，一个普通文件可以有几个不同的别名，连接到不同的用户文件上。文件共享不仅是完成共同任务所必需

的，而且还带来许多好处，如减少用户大量重复性劳动，免除系统复制文件的工作；节省文件存储空间；减少实际输入/输出文件的次数等。

（2）文件的保护

文件的保护是为了防止误操作对文件造成破坏以及未经授权用户对文件进行写入和更新。可以采用建立副本和定时转储的办法来保护文件。建立副本是指同一文件保存在多个存储介质上，当某个存储介质上的文件被破坏时，用其他存储介质上的备用副本来替换或恢复。也可以通过设置文件的性质来对文件进行保护。

（3）文件的保密

要防止系统中的文件被他人窃取、破坏，就必须对文件采取有效的保密措施。可以通过设置文件的访问权限来对文件实施保密，如"口令"或"密码"都是防止用户文件被他人冒充存取或被窃取，从外部实施文件保密的方法。也可隐蔽文件目录，即用户将需要保密的文件的文件目录隐蔽起来，因其他用户不知道文件名而无法使用。

（4）文件的安全

文件系统的安全是一个大多数用户关心而又容易被忽略的问题。文件和数据受到破坏，比起计算机硬件出现问题更加麻烦。无论什么原因导致文件系统损坏，要恢复全部信息不但困难而且费时，在大多数情况下是不可能的。尽管有"一键恢复"或系统备份，但作为保存介质的可靠性是需要打折扣的。例如，磁盘或光盘如果有坏道或坏的区域，而且是物理错误，是无法修复的。文件系统自身的设计结构和存储算法或方案也会出现缺陷或漏洞，即使及时纠正，但是隐藏的缺陷也许会带来更大的危害。随着认识水平的提高，隐藏的缺陷虽然也能发现，问题是发现前已经带来危害。

目前为了保护文件系统，采用的技术多是使用密码、设置存储权限，以及建立更复杂的保护模型等。但出于安全上的全面考虑，备份是最佳方案，即数据和文件的备份，最简单的方法是复制。

4.5　Windows 操作系统

个人计算机主要使用的是 Windows 操作系统，本节从系统角度介绍 Windows 的结构和管理，而不是如何操作。

4.5.1　概述

在个人计算机系统中，Windows 占有绝对优势和市场份额。微软公司从 1983—1985 年推出 Windows 1.03 以来，Windows 系统经历了从最初运行在 DOS 下的 Windows 3.x，到不同时期风靡全球的 Windows 9x、2000 系列、XP、2003、Vista、2008，以及分别在 2009 年、2013 年和 2014 年发布的 Windows 7、Windows 8 和 Windows 10，目前在大力推广和升级到 Windows 10。

当今市场上个人计算机使用较多的版本是 Windows XP 和 Windows 7，长期的统计表明，Windows 市场占有率仍超过 80%。Windows 的重要性在于它使得计算机的操作、应用变得非常容易，非专业人员也能够使用计算机，计算机更加普及。

Windows 基于图形用户界面（容器：窗口、对话框；组件：按钮、滚动条、列表框；图标、快捷方式，等等）支持即插即用等特性，运用多种先进技术，如内存交换技术、多线程技术等。Windows 也能处理多媒体信息，内置了多种网络协议，用户能够很容易地使用局域网和因特网。

Windows 提供了应用程序接口（API）、设备驱动程序开发工具，为开发基于 Windows 的应用程序提供了极大的方便，因此，有极为丰富的各种应用系统，这也是 Windows 得以流行的主要原因。

Windows 是一个系列产品，从服务器到智能手机都提供了支持。Windows 在安全性上一直备受关注，用户需要不断地从微软网站上下载"补丁"程序进行更新（Update）。除了系统本身外，它的普及性、通用性，以及用户之多和它的垄断地位也使一些人刻意寻找它的漏洞，实施攻击。

Windows 7 系统 2009 年 10 月在中国正式发布。Windows 7 覆盖所有 XP 系统的新功能，也延续了 Windows Vista 的 Aero 风格，并且更胜一筹。Windows 7 系统的特点如下：

（1）计算机更个性化

① 桌面更清新：桌面简洁、任务栏的按钮更大；跳转列表（Jump List）可提供到文件、文件夹和网站的快捷方式；鼠标拖动操作，桌面透视和晃动效果可轻松实现窗口切换；程序可锁定到任务栏以进行单击访问。

② 窗口绚丽透明：不在居于单一的窗口颜色，Windows 7 有着更绚丽透明的窗口，其 Aero 效果更华丽，有碰撞效果、水滴效果，还有丰富的桌面小工具：CPU 仪表盘、日历、时钟、幻灯片放映等。

③ 窗口背景可以设置：它为打开的窗口提供背景，可以选择某个图片作为桌面背景，也可以以幻灯片形式显示图片，图片色彩更加绚丽。

（2）搜索更智能

"开始"菜单新增一个大的搜索框，用户输入搜索内容，就开始搜索，无须类型信息，能高效、快速、动态搜索，结果按类别（例如，文档、图片、音乐、电子邮件和程序）分组；在文件夹或库中搜索时，可以使用筛选器（如日期或文件类型）微调搜索结果，并使用预览窗格查看结果的内容。

（3）简单更易用

围绕个性化设计、娱乐视听设计、应用服务设计、用户易用性设计及笔记本式计算机的特有设计等几方面，增加了许多特色的功能，其中比较具有特色的是跳转列表功能菜单、Windows Lives Essenitials（针对网络照片、视频、即时消息、电子邮件、撰写博客等服务客户端软件包）、轻松实现无线联网、轻松创建家庭网络。此外，Windows Media Player 也支持非微软的音频格式，如果硬件支持 Windows 7 有触摸功能。

在网络方面，Windows XP 无线网络不稳定，支持的 Wi-Fi 加密协议也少。而 Windows 7 支持 IPv6，对于 Wi-Fi 也有良好的支持，而且还能自建热点，网络性能优于 Windows XP。

（4）占内存少，速度更快

借助于支持功能强大的最新 64 位，Windows 7 带来了重大性能改进：占用更少的内存，只在需要时才运行后台服务，这样可以更快地运行程序，并能更迅速地休眠、恢复和重新连接到无线网络、系统故障快速修复、快速释放 Windows 7 系统资源让计算机更顺畅等。

（5）共享信息更方便

建立家庭组或者工作组，将两台或更多台运行 Windows 7 的计算机互相连接之后，不需要太多的操作就可以开始与家中朋友、同事分享音乐、图片、视频和文档。

（6）数据保护更安全

Windows 7 包括改进了的安全和功能合法性，还会把数据保护和管理扩展到外围设备。它改进了基于角色的计算方案和用户账户管理，在数据保护和固有冲突之间搭建沟通桥梁，同时也会开启企业级的数据保护和权限许可。

（7）更稳定、更方便

Windows 7 的前身 Vista 的问题是不稳定和蓝屏。Windows 7 稳定性的大幅度提升，一般不会蓝屏；用 Windows Update 在互联网上搜索，就可以找到适合自己的驱动程序和补丁。

4.5.2　系统结构

Windows 模型结构也使用了内核和外壳结构，与大多数操作系统一样。它的操作系统内核代码运行在处理器特权模式下，被称为内核模式，能够访问 PC 的硬件和系统数据，而用户和应用程序被设置运行在非特权模式（也叫用户模式）下。

操作系统设计的主要部件，如处理器管理、内存管理、I/O 管理，都运行在各自独立的进程中，且有自己独立的内存地址。但是，Windows 把大多数管理和控制代码都运行在内核模式下。它的结构如图 4-25 所示。用户模式下的几个部分说明如下：

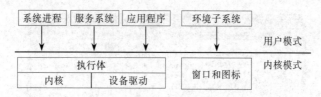

图 4-25　Windows 结构示意图

① 系统进程是操作系统固定的或硬件需要的程序，如用户登录等。

② 服务系统是提供系统服务的，如任务管理服务、假脱机打印等。

③ 应用程序是指用户运行的程序，例如用户上网使用的 IE 浏览器，编辑文本文件使用的记事本，及时交流的 QQ 软件等。

Windows 支持多种类型的应用程序，如旧版 Windows 下开发的应用程序，在 Windows 7 下运行这些程序需要使用管理员登录并为兼容方式。

④ 环境子系统实现了操作系统环境的支持，起初微软还支持可移植操作系统接口，Windows XP 之后就不再支持其他操作系统的子系统。

在内核模式下，其执行（Executive）包括了操作系统的内存、进程、线程管理、安全、输入/输出程序、网络和跨进程服务等。它的内核基本上与进程调度、中断、多处理器同步等相关。设备驱动既包括硬件设备驱动程序，也包括文件和网络驱动程序等。

Windows 和 Intel 处理器的协同，使得 Windows 能够在多处理器（多核）系统的计算机上运行。在 Windows-Intel 系统中，多处理器使用的是同一种存储器。

4.5.3　系统管理

在 Windows 中，从用户角度看，有管理、服务、注册表 3 种管理机制。管理是针对硬件管理，服务和注册表是对应用程序的管理。

管理主要是硬件设备和磁盘管理。设备管理可以安装和更新硬件设备的驱动程序、更改这些设备的硬件设置以及解决问题。磁盘管理是来执行与磁盘相关的任务，如创建及格式化分区和卷，以及分配驱动器号；改变分区大小（扩展和收缩分区），基本和动态磁盘转换，动态磁盘容量扩展到非邻近的磁盘空间。

服务是一种在系统后台运行，无须用户界面的应用程序类型，类似于 UNIX 的后台程序进程。服务提供核心操作系统功能，如 Web 服务、事件日志、文件服务、打印、加密和错误报告。服务功能有启动、停止、暂停、继续或禁用服务。对服务程序设置手动或自动启动，如计算机开机时 MySQL 数据库服务器的手动或自动启动。对故障自动重新启动、设置特定硬件配置文件启用或禁用服务等。

Linux、UNIX 等操作系统不使用注册表，而是使用配置文件（Configuration）。尽管有说法，微软有意放弃注册表这个管理机制，但至少在 Windows 7 中仍然是保留注册表的。

Windows 的注册表是存放了计算机系统和应用程序信息的一个表（数据库），因此表很大。可以使用注册表编辑器添加并编辑注册表项和注册表值，从备份中还原注册表或将注册表还原为默认值，以及为引用或备份导入或导出项。还可以打印注册表，以及控制具有编辑注册表权限的账户。在命令行中输入 regedit 就可以打开 Windows 的注册表，如图 4-26 所示。注册表中的数据在系统启动、用户登录、应用程序启动这 3 个时间点上被读取。通常，安装或改变应用程序、设备驱动程序，或更改系统设置，都会影响注册表。

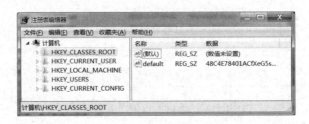

图 4-26　Windows 7 注册表编辑器窗口

图 4-26 左侧列的是注册表的 6 个根键（其中一个是不可见的），每个根键内是多层结构，如表 4-5 所示。

表 4-5　注册表的 6 个根键和描述

名　称	功 能 描 述
HKEY_CLASSES_ROOT	记录不同文件的扩展名和与之对应的应用程序
HKEY_CURRENT_USER	当前登录用户的用户配置文件信息
HKEY_LOCAL_MACHINE	配置信息，即机器上安装的硬件和软件设置信息
HKEY_USERS	所有用户信息
HKEY_CURRENT_CONFIG	当前硬件配置信息

打开左侧列的每个根键，可以展开其下的多个或多层子键和项，每项都在右侧说明，包括名称、类型和数据 3 项。可以通过注册表编辑器的帮助获取更多的注册表功能信息。

UNIX 和 Linux 中的每个设备和程序都有自己的配置文件，这种方式称为"分散管理"。而 Windows 系统对一个接入 PC 的设备，包括磁盘和文件，它的属性参数都被记录在注册表中，这种方式称为"集中管理"。Windows 使用设备时，需要从注册表中读取设备的相关信息。显然，如果这些设备信息被损坏，那么 Windows 将受到严重影响，有可能无法使用这些设备。如果磁盘数据和系统文件被修改或者损坏，结果可想而知。如果损坏了注册表编辑程序，注册表的恢复工作就很难。

现在有一些注册表恢复工具，不过需要在注册表损坏之前使用它，以后如果注册表被破坏，就可以使用这些工具软件恢复注册表。

4.5.4　启动和停机

Windows 有两个模式，一个是 x86 模式，它延续了从最早的 PC 使用的 Intel x86 系列处理器芯片的 Windows，如 Windows 95，直到 Windows XP 等多个版本，也包括了 Windows 7 的 32 位版；而 x64 是指支持 64 位 Intel 处理器的 Windows 系统。计算机启动有 4 个阶段：

1. 通电和硬件的初步检测

打开计算机电源或者按下复位（Reset）按钮，这并不是直接启动 Windows，而是先进入主板上的 BIOS 芯片（由 EPROM 芯片或 Flash Memory 组成）中，启动其中固化的 BIOS_Setup 程序，在 BIOS_Setup 程序完成机器硬件的初步检测后，接着启动 Windows 的引导程序，将系统的控制权移交给 Windows。Windows 是安装在硬盘上的，安装 Windows 时，它的磁盘上建立了引导分区。

2. 操作系统启动和硬件配置检测、加载设备驱动程序

系统加载程序 NTLDR（NT Loader）读取初始化文件 Boot.ini，如果计算机安装了多个操作系统，系统将提示用户选择其中的一个或按照默认的顺序引导操作系统。同样，引导系统检测计算机的硬件配置并将相关信息记录到注册表中。接着系统通过执行 ntoskrnl.exe 开始加载 Windows 的内核，并通过读取注册表中的计算机配置信息对内核进行初始化，这时 Windows 的 Logo 标志开始显示在屏幕上。完成了对硬件的初始化之后，系统开始加载设备驱动程序。

3. 操作系统或 Windows 初始化和用户登录

Windows 执行 Winlogon.exe 并在屏幕上显示欢迎界面和登录对话框，此时系统的初始化仍然在进行。用户登录后，系统将本次启动的信息记录下来，为下次开机提供副本文件，这才意味着操作系统被成功引导，开始实施对计算机的全部管理和控制。

4. Windows 的系统服务进程和用户程序进程进入内存运行

Windows 运行期间有大量的系统服务进程在内存中运行，用户可以通过任务管理器查看系统进程。不同的机器状态使用的系统进程有所不同，Windows 的进程分为系统进程和一般程序进程。其中，系统进程包括上述 Winlogon.exe 在内的数十个，如管理多线程、内存等资源的 Kernel32、支持多媒体的 Mmtask、控制打印任务的 Spool32、任务管理器的 Taskmon、管理客户端请求的 Winmgmt 等。一般程序进程为用户启动执行程序后的进程，如 Winword 进程、使用命令的进程 Cmd 等。

在用户使用关机操作或者按下电源开关关机后，Windows 并不是直接切断电源，而是需要经过停机程序。首先，用户的关机操作启动了系统的关机指令，激活了运行期间管理用户界面的子系统 CSRSS 并启动 Winlogon.exe 进行数据交换，进入关机流程。CSRSS 开始退出用户进程结束系统进程，最后由 Winlogon.exe 调用 NT ShutdownSystem 实施关机操作。

小　结

计算机系统是由硬件系统和软件系统组成的，软件是计算机的灵魂和计算机应用的关键。了解和认识软件概念、工作机制、分类和层次结构等，将会从原理和系统层面上认识不同软件的作用，以及软件系统组成的架构。依据计算机软件的用途，可以将软件分为系统软件、支撑软件和应用软件 3 类。系统软件是直接与硬件接触的软件，保障了应用软件能在繁杂的硬件条件下也可以正常运行。系统软件中的核心软件就是操作系统，操作系统又是应用软件运行和功能体现的基础，所以应用软件都是基于操作系统的。

学习操作系统的概念和分类、结构和组成，以及重点讨论操作系统的进程管理、内存管理、

设备管理和文件管理等四大功能模块，因而从基本原理上认识操作系统在管理计算机的作用和意义。

操作系统接管了计算机，负责对计算机的所有资源进行管理，用户和应用软件依赖于操作系统，通过操作系统使用计算机。按常规的分类方法，操作系统大致有 8 种类型，常用的操作系统有 MS-DOS、Windows、UNIX、Linux、Mac OS 等和智能手机操作系统。

操作系统是基于层次结构，内核是 Kernel 程序，外层为 Shell，Shell 构成 Kernel 和用户之间的接口。四大功能模块支撑着操作系统的重要功能，分为硬件管理和文件管理，硬件的有效分配、科学调度和回收，虚实结合、动态和静态结合，即插即用；文件的逻辑结构和物理结构、存储结构和目录结构等，最终实现"按名存取"或"按名管理"的方式，极大地方便了用户。因此，对用户而言，熟悉应用软件，"按名管理"其文件，通过用户界面操作即可。文件的存储结构与不同的操作系统有关，微软系统的文件存储结构包括 FAT 和 NTFS 系统。文件系统需要通过备份提高其安全性。

Windows 是一个在微机系统中最常用的操作系统，它基于图形界面、面向对象和多任务系统，各个应用程序共享 Windows 系统提供的所有资源。以 Windows 7 操作系统为典型代表，讲解了其结构和系统管理，以及启动和停机的内部执行过程。

习　题

一、综合题

1. 说明计算机软件、程序和文档的关系。
2. 根据翻译程序的功能不同，分为两种方式：解释和编译。解释器与编译器有什么不同？
3. 对于专有软件不开放源代码，你的观点是什么？
4. 操作系统的主要功能是什么？
5. 讨论操作系统的进程管理中，程序、作业和进程之间的关系。
6. 线程与进程有什么区别？
7. 目录结构中，讨论目录表的作用，并说明为何作为目录文件同样要在物理空间中保存。
8. 分析文件的 3 种物理结构：顺序结构、链接结构、索引结构，指出其各自优缺点。
9. 虚拟计算机、虚拟处理器、虚拟内存、虚拟设备等虚拟的内在含义是什么？总结后解释什么是虚拟技术。

二、网上练习（通过网上搜索解答）

1. 什么是绿色软件和安全软件，它们有什么特点？
2. 自由软件和开源软件有什么不同？
3. 操作系统的作用是什么？
4. 什么是进程？进程与程序有什么区别？什么是线程？线程与进程有什么区别？
5. 在文件系统中，检索文件有两个非常有用的符号："*"和"?"，称为通配符，如何使用？
6. 操作系统中分为相对稳定的内核层（Kernel）以及它与用户之间的接口（Shell）两层的层次结构。其各自的作用是什么？
7. Windows 有两种文件存储结构，包括 FAT 系统（文件分配表）和 NTFS 系统。它们各自有何特点？
8. 计算机虚拟技术是什么？

第二部分 应用技术

第 5 章 ｜ 办公软件基础知识与功能设计

　　办公软件是为办公自动化服务的各种应用程序。此类软件的运用使得传统的办公方式完全计算机化、数字化、网络化和多媒体化，工作效率大大提高，并且使用办公软件解决日常工作学习中的文字编辑、表格计算、内容展示成为必须掌握的基本技能。

　　现代办公涉及对文字、数字、表格、图表、图形、图像、语音等多种媒体信息的处理，需要用到不同类型的办公软件。本章将以 Microsoft Office 2010 办公软件为基础，重点介绍文字处理、表格制作和数据统计分析、幻灯片制作等软件的基本概念、功能设计及操作原理。软件的使用和操作技巧将在配套实验教程中详细讲解。

5.1　办公软件包

　　办公软件包是为办公自动化服务的系列套装软件，很多功能整合在一起使得包中各软件之间能够共享，并且都是应用于办公任务，因此打包销售和安装。办公软件一般主要包括文字处理、数据统计分析的电子表格应用、幻灯片制作的演示软件、桌面排版等。为了方便用户维护大量的数据，做到与网络时代同步，现代办公软件包还提供了小型数据库管理系统、绘图工具、网页制作软件、电子邮件软件和一些工具等。目前，办公软件的应用范围很广，大到社会统计，小到会议记录、数字化的办公，都离不开办公软件。为了对办公软件有较全面的了解，在此简要介绍几款办公软件包。

　　常用的办公软件包有微软公司的 Microsoft Office、金山公司的 WPS Office 和 Apache 软件基金会的 OpenOffice。这些办公软件都具有很强的办公处理能力和方便实用的界面设计，深受广大用户的喜爱。

1. Microsoft Office

　　Microsoft Office 是微软影响力最为广泛的产品之一，是一套装办公软件，并为 Windows Phone（微软的移动设备）、Apple Macintosh（苹果公司个人计算机）、iOS（iPhone OS 是苹果公司移动设备）和 Android 操作系统开发了办公软件版本。最初它只是作为一个推广名称，出现于 20 世纪 90 年代早期，即将多个软件集成打包销售，为了便于用户单个分散购买，当时仅包含 3 个软件（Word、Excel、PowerPoint）。2010 年 5 月正式发布 Office 2010 版（开发代号：Office 14），为第 12 个发行版，最新版本为 Office 2016（开发代号：Office 16），可见软件的生命就在于坚持升级，即不断改进，不断适应用户新的要求。

　　Office 2010 版性能进一步提高，采用了全新的用户界面和主题，取代了顶级菜单条；全新的安全策略；支持 64 位；强调了云共享功能，特别是在线应用，即在线同时间供多位员工编辑、浏览，提升文件协同作业效率，可以让用户更加方便、更加自由地去表达自己想法、去解决问题，以及与他人联系。微软所采用的 Office Open XML（简写 OOXML）文档格式已成为国际文档格式标准。主打产品是 Word、Excel、PowerPoint、Access 和 Outlook，Office 2010 包的套件产品及功能如表 5-1 所示。Microsoft Office 只在 Windows 和 Mac OS 操作系统上运行。

表 5-1　Office 2010 包的套件产品及功能

软件产品种类	类　别	简述功能和用途
Word	图文编辑工具	用来创建和编辑具有专业外观的文档，如信函、论文、报告和小册子
Excel	数据处理程序	用来执行计算、分析信息以及可视化电子表格中的数据
PowerPoint	幻灯片制作程序	用来创建和编辑用于幻灯片播放、会议和网页的演示文稿
Access	数据库管理系统	用来创建数据库和程序来跟踪与管理信息
Outlook	电子邮件客户端	用来发送和接收电子邮件；管理日程、联系人和任务；记录活动
OneNote	笔记程序	用来搜集、组织、查找和共享笔记和信息
Publisher	出版物制作程序	用来创建新闻稿和小册子等专业品质出版物及营销素材
InfoPath Designer 或 InfoPath Filler	电子表格	用来设计动态表单，以便在整个组织中收集和重用信息。专业性比较强，多在企业范围用
SharePoint Workspace	客户端	一款用来离线同步微软 SharePoint 网站中的文档和数据的客户端工具
Communicator	统一通信客户端	一个局域网及时通信工具，被集成于多个 Office 产品中

2. 金山 WPS Office

WPS Office 是由金山公司自主研发的一款国产品牌办公软件套装。1989 年首次推出了 DOS 平台下的 WPS1.0，几乎在国内市场占绝对优势，随着 Windows 操作系统逐步取代 DOS，WPS 随 DOS 一起渐渐退出历史舞台，微软的 Microsoft Office 占领了中国市场。

金山公司经过潜心研发，不断改进升级，1997 年推出了 Windows 版的 WPS97，1999 年推出了 WPS 2000，2001 年 5 月改名为 WPS Office。目前最新更新是 2015 年 01 月 WPS Office 2013（9.1.0.4954），版本覆盖 Windows、Linux、Android、iOS 等多个平台，因此支持桌面和移动办公。

WPS Office 可以实现办公软件最常用的文字、表格、演示等多种功能。内存占用低（WPS 仅仅只有 Microsoft Office 的 1/12）、运行速度快、体积小巧；强大插件平台支持；支持"云"办公，免费提供海量在线存储空间及文档模板，随时随地阅读、编辑和保存文档；WPS Office 采用了 OOXML 标准，因此无障碍兼容 MS Office 格式的文档（指打开、保存和编辑完全兼容），而且在使用习惯、界面功能上，都与微软 Office 深度兼容，降低了用户的学习成本，完全可以满足个人用户日常办公需求。

在 Windows 上运行的 WPS Office 分为商业版（全新正版购买）、抢鲜版（新功能首发）和个人版，其中个人版对个人用户永久免费，包含 WPS 文字、WPS 表格、WPS 演示以及办公等四大组件。其中轻办公以私有、公共等群主模式协同工作，云端同步数据的方式，满足不同协同办公的需求，使团队合作办公更高效、更轻松。

3. Apache OpenOffice

Apache OpenOffice（简称 AOO）是一套跨平台、开源的办公软件集成包，与其他办公软件不同的是各组件不是独立模块。它是由 Java 开发的可以在多种操作系统（Windows、Linux、Mac OS X 等）上运行，与主要的办公软件兼容。目前，AOO 功能强大，主要有 Writer（文本处理）、Calc

（电子表格）、Impress（演示文稿）、Base（数据库）、Draw（绘图）、Math（数学方程）和一些工具等组件组成，支持 MS Office 97-2010 的文件格式。

1999 年 8 月，Sun 公司收购 Star Division 公司，获得 StarOffice 办公软件，在此基础上开发运作，将其命名为 OpenOffice.org。2009 年 4 月甲骨文公司（Oracle）并购 Sun 之后，OpenOffice.org 发展受到限制，2011 年 6 月将 OpenOffice.org 3.3 捐赠给了 Apache 软件基金会，基金会作为重要的开发项目，以新的名称 Apache OpenOffice 发布了它的第一个版本 3.4 版，2014 年 8 月发布了 4.1.1 版。

注：Apache 软件基金会是专门为支持开源软件项目而办的一个非营利性组织。

因为办公软件已经成为社会信息基础设施的必要组成部分。而 OpenOffice 项目从一开始就是开源、免费下载的，它不只是一个产品，已成为一个开发办公软件平台，爱好者可以参与此项目共同开发和交流，从而推动整个社会的信息化水平。Microsoft Office 价格昂贵，其中的大部分功能普通用户很少用到，AOO 使得用户免费使用办公软件成为现实。

5.2　文字处理软件

5.2.1　文字处理概述

随着计算机技术的发展，文字信息处理技术也进行着一场革命性的变革，用计算机打字、编辑文稿、排版印刷、管理文档是高效实用新技术的一些具体内容。优秀的文字处理软件能使用户方便自如地在计算机上编辑、修改文章，这种便利是手写所无法比拟的。

文字处理软件是指在计算机上辅助人们制作文档的计算机应用程序。最基本的文本处理软件，如记事本、EditPlus 等只能做文字输入、编辑处理，缺少对表格、图形等对象的处理和排版，功能有限，不能满足需要。现代文字处理软件是集文字、表格、图形、图像、声音处理于一体的软件，能够制作出符合专业标准的文档或书籍。常用的文字处理软件主要有微软公司的 Word、金山公司的 WPS 和 Apache 软件基金会的 OpenOffice Writer 等。在众多文字处理软件中，Microsoft Office 家族的重要成员 Word 以其易学、易用、功能强大而深受广大用户的喜爱。特别是随着 Word 版本的不断升级、功能的不断增加和完善，众多用户都选择使用的 Word。本节重点介绍 Word 2010。

5.2.2　文字处理的基本概念

Word 是一款文档编辑和排版应用软件，功能强大，了解和掌握一些基本概念和设计原理为学习和更好的使用打下基础。

1. 制作文档的基础知识

制作出具有专业水准的书籍和文档，了解一些书籍和文档编辑、制作、出版方面的基本知识，以及书籍和文档编排中的一些特殊规定，便于按照这些要求和规定来编辑制作出符合标准规范的书籍和文档。基本知识简介如下：

① 开本：指拿整张印刷用纸裁开的若干等份的数目做标准来表示书刊幅面的规格大小。例如，经常提到的书本为 16 开本、32 开本等，即是将整张印刷用纸裁开 16 等份、32 等份。国产纸张幅面为 78.7 cm×109.2 cm，16 等分为 16 开（18.4 cm×26.0 cm），其他类推；国际纸张幅面为 88.9 cm×119.4 cm，16 等分为大 16 开（21.0 cm×29.7 cm），称为 A4，其他类推。

开本的国际通用标准和我国开本标准如表 5-2 所示，随着出版标准向国际标准接轨，现在出版社逐步采用国际通用的开本标准制作图书。

表 5-2 开 本 标 准

国际通用的开本标准		中国开本标准		用　　途
开本名称	尺寸规格/cm	开本名称	尺寸规格/cm	
A4（大 16 开）	21.0×29.7	16 开	18.4×26.0	多用于教材和杂志
A5（大 32 开）	14.8×21.0	32 开	13.0×18.4	多用于图书
A6（大 64 开）	10.5×14.8	64 开	9.2×12.6	多用于中小型字典、连环画

② 扉页：指在书刊封面之内印着书名、著者等项的一页，或者是封面后或封底前与书皮相连的空白页。在书籍中，一般都有扉页。

③ 版心：版心是指书刊或文档页面除去周围页边距，剩余的正文和图版部分，也就是排版有效范围。

④ 版面：版面是指书刊或文档页面上正文、图画和其他对象的编排方式，也称版式。

⑤ 书籍或文档内容：制作一本具有专业水准的图书和文档，充实的内容是必不可少的，因此必须构思设计，并为图书和文档收集丰富的材料，以使文章生动有趣。此外，还必须根据目标读者的定位，设计出符合读者阅读习惯的、具有特色的版面，以方便读者阅读。

在此，Word 中编辑和操作的内容抽象为三大类：文本、表格和对象等。不同的内容编辑和操作方式不同。

2. 文本和表格内容

文本是指文字或符号组成的内容，也是文档最基本的内容，如记事本的 TXT 文件的内容，所有的文本编辑器都可以对其进行编辑。文本内容可分为标题和正文，标题又分为多级，Word 系统中默认为 9 级，一般文档设 3～5 级标题即可。另外，标题是对问题描述的概括，同时也是生成目录的重要内容。

正文是对问题的描述，一般以自然段方式组成。在 Word 中写文档时，要将文档自然段和 Word 段落统一起来，使得 Word 段落就是文档自然段。或者说，在自然段内部，不要随意回车，要回车就表达一个自然段。当输入文字数量超过页面有效宽度时，文字就自动换到下一行，这样就形成了行的概念，可见，自然段（段落）也是由一行或多行的文字组成。有了段落与行概念，在操作上，就有段落和行的选择、编辑等操作。文字操作是非常普遍和重要的基础性操作。

表格是有表头的数据行列有序排列，由行列形成的单元格组成。

在 Word 中，除了文本和表格内容外，广义地说其他都可以称为对象。

3. 对象

对象是融合了一种或多种程序中的组件而形成的独立操作单元。其中组件是指具有独立数据和功能的程序代码所形成的"部件"。例如，文本框是由框与文本组合的对象，艺术字是可变形文字对象，它们都有自己的占位符，与文本形成环绕的几何关系，与其他对象形成平面的几何关系等。依据对象的性质，产生的方式不同，可分为 4 类：常规对象、特殊对象、动态对象和 ActiveX 控件。

（1）常规对象

常规对象是指由系统自有的组件生成的直接与正文融合在一起的对象，如画布、占位符、文本框、图形（直线、箭头、曲线和几何图形等）、图像、剪贴画、艺术字等。在文档中，常常要插入一些图形等对象，使得文档图文并茂，内容更加生动有趣，图形是除文字表达外的，另一种更加清晰、准确的表达方式。

（2）特殊对象

特殊对象是指不直接与正文融在一起的文档和页面的附加信息形成的对象，如页眉、页脚、脚注、尾注和批注等，它们分别在页面的上部、下部和侧面，醒目地注释页面所在章节，或便于通过页眉查询章节，也起到美观的作用。

（3）动态对象

动态对象是指遵循自有规范的代码，并能运行生成的对象，也称域，如创建和更新目录、创建和更新索引、创建交叉引用，页码、表格中公式或文本中插入或更新的域等。动态对象创建后，随条件变化，通过更新便可更改对象的显示结果，事实上它是局部插入自有规范的代码来实现的，表现为后台是代码，前台用户看的是内容的"效果"。

从理论上看，域是文档中具有唯一的名字的代码，有三要素：域名字、域特征字符和域结果。

域名字是系统自定义的唯一的名字，可通过域名字引用域，就相当于 Excel 中的函数名。在 Word 中提供了 9 类共 74 种域，各域具有其功能，如域引导文档中自动插入文字、图形、页码或其他信息。

域特征字符为包围域代码的大花括号 "{ }"，表明其内为代码或函数，在 Word 中可被执行。

域结果是域执行后的显示结果，类似于代码执行后或函数运算后得到的值，即看到的域代码运行后的内容效果。它们在一定的占位符中显示。

例如在文档中，按【Ctrl+F9】组合键自动插入 "{ }"，在其中输入域代码 "Date \@ "yyyy '年' m '月'd'日'" * MergeFormat" 的域结果是当前系统日期。域可以在无须人工干预的条件下自动完成任务，例如编排文档页码并统计总页数；按不同格式插入日期和时间并更新；通过链接与引用在活动文档中插入其他文档；自动编制目录、关键词索引、图表目录；实现邮件的自动合并与打印；创建标准格式分数、为汉字加注拼音；表格中域公式的计算等。

在 Word 中，需要注意的是按【Ctrl+F9】组合键自动插入 "{ }"这对域特征字符，这时输入域代码系统才能被执行；另外，按下【Shift+F9】组合键，可实现显示或者隐藏指定的域代码；按下【F9】键可以更新域，实现域结果的动态变化；按【Ctrl+Shift+F9】组合键，可解除域和信息源的链接，域结果转变为静态文本。

域的应用非常广泛，可以在文档中自动插入目录、索引、交叉引用，表格中公式或文本中插入或更新的域等。动态对象创建后，随条件变化，通过更新便可更改。若能熟练使用 Word 域，可增强排版的灵活性，减少许多烦琐的重复操作，提高工作效率。

（4）ActiveX 控件

ActiveX 控件或称 OLE 对象，是指遵循程序间接口规范和接口调用的外来程序或工具或组件，以链接或嵌入技术生成的对象。它们本质上都可看作是具有独立特性的程序单元，即一种特定功能的软件组件或构件。插入 ActiveX 控件，在原文档就有了控件的功能。例如，在 Word 中插入画图工具、多媒体播放器等，就可以编辑图片和播放多种媒体。

OLE（Object Linking and Embedding）是对象链接与嵌入，简称 OLE 技术或对象。OLE 不仅是桌面应用程序集成，而且还定义和实现了一种允许应用程序作为软件"对象"（数据集合和操作数据的函数）彼此进行"连接与嵌入"的机制，这种连接与嵌入机制和协议称为组件对象模型（Component Object Model，COM）。基于这种模型开发的 OLE 对象，在不修改代码的前提下，就可以连接或嵌入其他应用程序中，并可重复使用。尤其是在创建复合文档中，可将不同数据类型的文档整合在一起，如可以把文字、声音、图像、表格、应用程序等组合在一起。在应用程序中不仅能交换数据，更重要的是还可交换功能。

由于 Internet 的广泛流行，为了使得 OLE 对象能在网络上成为任意运行的程序，微软公司在 OLE 基础上，进行扩展推出了 ActiveX 技术，即在 WWW 网络上得到支持和运行。因此，ActiveX 控件目前成为一种可重复使用的最流行的软件组件，通过使用 ActiveX 控件，可以很快地在网络、应用程序，以及开发工具中加入特殊的功能，各种网上银行的安全控件等应用就是其典型的实例。ActiveX 控件同样是基于标准组件对象模型（COM）接口来实现对象连接与嵌入的控件。

ActiveX 控件的推广使得程序效率得到了很大的提高，从而得到了广泛的应用。国外有很多公司专门制作各种各样具有特定功能的商用的 ActiveX 控件，可以使用各种编程语言开发控件。这些制作的控件就好像一块块积木或预装配组件，程序设计和开发人员要做的事只是用搭积木的方式开发客户程序。使用者无须知道这些组件是如何开发的，在很多情况下，甚至不需要自己编程，就可以完成网页或应用程序的设计。

在 Word 中使用了 OLE 对象或 ActiveX 控件可以创建多维文档和多媒体，这些文档融合了多种程序中的组件，可以是 Word 自身的对象或 Office 应用程序，如窗体控件，还可以是应用程序。与常规对象不同，它是以组件或控件方式进行插入（链接或嵌入）。例如，在 Word 中可添加界面控件，也可以插入文档，如 Word、Excel 工作表和图表、PowerPoint 幻灯片、Adobe 的 PDF、Adobe Photoshop 图像等程序或工具，以及多媒体对象，比如 MP3、视频电影和 Flash 动画（SWF）等播放器控件。在 Word 中也可插入界面控件。

OLE 对象和 ActiveX 控件类型和数量完全取决于计算机上安装的程序，安装的程序越多，Word 中 OLE 对象和 ActiveX 控件就越多。

如果以 OLE 对象方式插入 Word 文档中，OLE 对象在 Word 插入主选项卡的文本面板中，打开"对象"对话框中的"新建"选项卡，在"对象类型"中显示。

在 Office 中，有窗体控件（控制面板，见图 5-2），可分为标准构件和旧式工具，后者又分为旧版窗体控件（Dialog Sheet）和 ActiveX 控件。其中，ActiveX 控件中还有外来"其他控件"。以下介绍"其他控件"和窗体控件，以及关系。

① 其他控件。ActiveX 控件中的外来"其他控件"是指来自其他安装应用程序的 ActiveX 控件，如图 5-2 所示。例如，画图（Bitmap Image）为 Windows 附件中自带工具，在 Word 中如果要能编辑图片，插入"其他控件"是指插入画图工具以连接或嵌入形式融入 Word 文档中，它可以用来编辑图片，而不是插入画图工具生成的图片文件（对象），如图 5-1 所示。

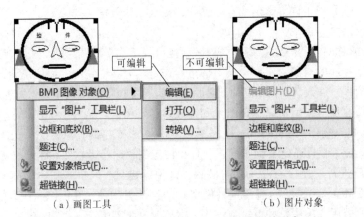

（a）画图工具　　　　　　　　　　（b）图片对象

图 5-1　画图（Bitmap Image）工具和图片对象

② 窗体控件（Forms Controls）。窗体控件均为可视的标准构件，如文本控件、图片控件、组

合框、列表框、单选按钮、复选框、命令按钮、组框、日期选取器控件等，根据需要加载到文件中，以便操作。它可分为旧版窗体控件（Dialog Sheet）和 ActiveX 窗体控件。1997 年，旧版窗体控件 Dialog Sheet 被 UserForm 代替，并且开始使用 ActiveX 窗体控件。但事实上旧版窗体控件比 ActiveX 窗体控件使用方便简单，它的属性和相应事件简单（如只有一个 Click 事件）故保留至今，在 Office 中内容控件、旧式窗体和表单控件等均为旧版窗体控件，也称窗体控件。需要注意的是 ActiveX 窗体控件有丰富的属性和事件，使用中需要了解 VBA 语言（Microsoft Office 自带的一种通用的自动化语言），可以通过 VBA 语言编辑 ActiveX 窗体控件。

③ 窗体控件与其他控件的加载和显示。窗体控件的加载，如图 5-2 所示。在 Word 中，先加载"开发工具"选项卡：选择"文件"→"选项"→"自定义功能区"，选中右侧"主选项卡"的"开发工具"，单击"确定"按钮，之后主窗口顶上主选项卡出现一个"开发工具"选项卡。窗体控件即在"开发工具"选项卡的控件面板中显示，而 ActiveX 窗体控件在控件面板的"旧式工具"中的 ActiveX 控件中显示。ActiveX 的其他控件在"旧式工具"中的"其他控件"打开后的对话框中显示，如其中的画图（Bitmap Image）工具。

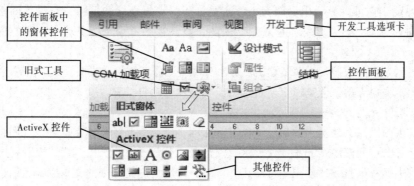

图 5-2　控件面板中的窗体控件或 ActiveX 控件

在 Office 中的文档（Word）或工作簿（Excel）中，如果有限定选择的内容，此处可以插入窗体控件或 ActiveX 窗体控件来选择，如公司名称、日期和公司类型，分别插入文本控件、日期选取器控件和组合框控件，如图 5-3 所示。以公司类型为例，可选项：国有企业、私营企业、外商企业、合资企业和混合企业等，此时就可以插入一个组合框控件，把可选项加入下拉列表中，供用户选择。

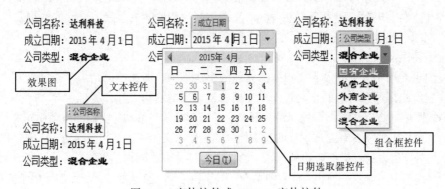

图 5-3　窗体控件或 ActiveX 窗体控件

4. 视图

视图是指具有专属显示内容所对应的特定操作功能和任务的人机交互界面。设计不同的视图可以针对不同主题内容显示，并对应操作功能和完成的任务，由此可方便完成各视图自己任务的同时，也就有效地完成整个文档的不同内容、不同效果、不同设计的编辑排版。例如，大纲视图，显示主题内容是大纲，操作功能和任务是为方便文档结构设计（大纲）和编辑而专门设计的视图。

在 Word 中，设计有 5 个视图，通过在 Word 文档窗口的视图菜单（2003）或视图选项卡（2010）或下部的视图操作按钮可切换和选择不同视图。在 Word 2010 中有如下视图：

（1）草稿视图

草稿视图，也称普通视图，它主要显示标题、正文和表格等内容，最适合文本输入、编辑和格式设置，可直接查看到分隔符（分页符、分节符、分栏符等），并进行分隔符插入或删除（【Delete】键）。草稿视图不显示页面边距、分栏、页眉页脚和背景、图片等元素，是最节省计算机系统硬件资源的视图方式。

（2）页面视图

页面视图以页面为单位，显示文档中文本、表格和对象等内容，并可使用对应的功能对其编辑排版操作，也是用户编排文档中使用最多的视图。文档在页面视图中看到的外观效果，也就是打印结果外观，它可以显示出页面大小、布局排版，编辑页眉和页脚，查看、调整页边距，处理分栏及图形对象，以及其他各种对象。因此，页面视图适用于概览整个文章的总体效果，并打印。

因页面显示效果的限制，该视图默认不显示分隔符（分页符、分节符、分栏符等），如要删除分隔符，在此不一定方便，但是可以通过选项设置显示分隔符，并对其操作。

（3）阅读版式视图

阅读版式视图以图书的扩大的最佳页面显示文档，最适合阅读长篇文章。该视图将"文件"按钮、功能区等窗口元素隐藏起来，仅显示"阅读版式"和"审阅"工具栏，以及视图选项，这样的好处是扩大显示区且方便用户进行阅读和审阅、编辑。它将原来的文章编辑区缩小，而文字大小保持不变。如果字数多，它会自动分成多屏。在该视图下同样可以进行文字的编辑工作，因视觉效果好，眼睛不会感到疲劳。

（4）Web 版式视图

Web 版式视图以网页效果的形式显示文档，文档中的页眉页脚被隐藏了起来，分页符和分节符被显示。该视图适用于在 Word 中发送电子邮件和创建、编辑网页。

在这种方式下，用户可以看到背景和为适应窗口而换行显示的文本、表格，且图形位置与在 Web 浏览器中的位置一致，这些都是将 Word 文档转换为浏览器的效果。看到的网页效果是否合适，可在此视图中做进一步的调整，最终满足网页的布局。

（5）大纲视图

大纲视图主要用于设置和显示文档中的标题的层次结构，即文档的结构，并可以方便地折叠和展开各种层次的标题和对应的正文，进行文档的整体大纲结构设计和编排。

在大纲视图中，查看文档结构的同时，可以通过拖动标题来移动、复制和重新组织文档结构，因此它特别适合编辑那种含有大量章节的长文档，能让你的文档层次结构清晰明了，并可根据需要进行调整。另外，可以通过折叠来隐藏标题下的正文而只看主要标题，或者展开标题查看到其下的正文。在大纲视图中不显示页边距、页眉和页脚、图片和背景，及排版效果，更加突出了大纲结构。

5. 格式（装饰）

格式（装饰）是指对内容进行统一的装饰或修饰的规范管理方式，分为：模板、样式和格式化 3 种方式。

（1）模板

模板是指 Word 中内置的包含固定格式和版式设置的固定范本文件（DOT 或 DOTX），用于帮助用户快速生成特定类型的 Word 文档。在 Word 中，除了默认的通用型空白文档模板之外，还内置了多种文档模板，如简历模板、博客文章模板、书法字帖模板等。另外，Office 网站还提供了证书、信函、奖状、名片、简历等特定功能模板。借助这些模板，用户可以创建比较专业的 Word 文档。

（2）样式

样式是具有命名的应用于文档中的一组格式命令组合（集合），每种样式都有唯一确定的名称，如标题 1、标题 2……标题 9 和正文。它是对整个文档的各级标题和正文进行格式化的统一修饰规范。

（3）格式化

格式化是指对局部内容的手工装饰或修饰，使其规范化。例如，使用菜单项或面板或工具按钮来设置正文和标题的统一字体、对齐方式和段落等。在工具按钮中"格式刷"按钮是一件常用于格式复制的工具。

6. 布局（排版或版式）

布局是指各种内容在平面上分布的几何排列位置和关系，从文字编辑来看称为版面排版。这里的版面是指文档中每一页上文字图画的编排方式。在 Word 中，布局可分成整体文档的页面布局和局部的对象布局。

（1）页面布局

用于对页面的文字、背景、常用对象和页面版面进行格式设置。包括以下几方面：

① 主题：更改整个文档的总体设计，包括颜色、字体和效果。

② 页面设置：包括页面方向、页边距、纸张大小方向和版式设置。其中，版式是指节的起始位置、页眉页脚和页面垂直对齐方式进行具体设置。

③ 页面背景：页面水印、颜色和边框的设置。

（2）对象布局

对象与对象、正文与对象的平面几何位置关系称为对象布局。

① 对象与对象呈现相邻、叠加、覆盖和包涵等关系。在 Word 中，为上移一层、下移一层和组合等关系。

② 文字针对对象为环绕方式。在 Word 中，环绕方式被指"排列"（页面布局→排列），包括排列位置、文字环绕和对象针对文字自动换行。

7. 标记

标记字面解释为表明特征的记号，在此理解为标识或命名或地址名等，解释为以便系统识别内容而对其实现某种功能做的"记号"。标记外表看上去是符号，实际上它是一种功能或效果，或将被进一步操作的前期步骤。在计算机中，只有相应的标记或命名的内容，系统才能够识别或"认识"该内容，如存储地址标识，可使系统读/写数据。依据内容的不同标记或命名的方式很多，如前述的域，其标记（特征字符）是指包围域代码的大花括号"{}"，公式（域）标记为"="等，通过这些专用标记，系统知道是域和域中公式，并执行域代码或公式显示结果；另外对文本的标记，使系统对标记的文本才能"认识"，进行某种操作才能起作用，如有了回车符标记形成的段落，就可以对该段落进行对齐方式和字体设置等操作。

（1）文本的段落标记——回车符

回车符（见图 5-4）是用来标记段落用的，需要提醒的是没有文本内容的回车符（只有回车符），也是一个段落，它说明此处可以输入文字形成段落。在 Word 中由回车符标记自然段形成段落。要将两个自然段（段落）合并为一个，只要将两者间的回车符删除即可。当文字输入数量超过页面有效宽度时，系统就自动换到下一行，因此自动换行形成的行是没有标记。在 Word 中用回车符标记的段落操作，主要在"开始"面板中的"字体""段落""样式"等项中进行。

（2）标题的标记——实心点

标题的标记（见图 5-4）表明文档中此标题已被系统标识，系统便可识别，或自动生成目录。需要注意的是没有被标识的内容和标题，统称或默认为"正文"，不能生成目录或被系统识别，可用手工操作。在 Word 中用样式的"标题 X"（X 表示 1 或 2…9，表示 9 级标题）设置文档标题时，在文档标题的前端会出现一个实心点，即标题标记，此标题已标识；用"正文"设置文本或段落，则为正文，在文档中文本除样式设置的标题外，其他均为正文。

（3）文档的标记——分隔符

分隔符是将文档内容分散成多个部分的标识，它不仅仅是一种效果，也是一种功能。在文字中插入分隔符，强行达到一种效果有利于排版，如分栏符。分隔符包括：换行符、分页符和分栏符等，如图 5-4 所示。

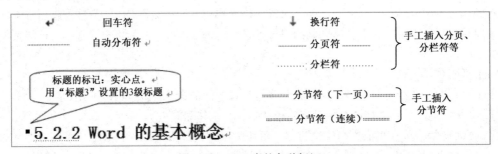

图 5-4　Word 中的各种标记

① 换行符是指人为将文字强行换入下一行显示的标识，并以向下的箭头标注。但它与回车符的作用不同，它不代表增加新的段落。当在换行符上部进行对齐方式设置时，下部也会同样改变，说明虽然换行，但是换行符上下仍然是同一个段落。以上谈到的段落中自动换行是不需要换行符的，这是两者的主要区别。回车符俗称"硬回车"，换行符俗称"软回车"。

② 分页符是指人为插入把文本内容强行转入下一页显示的标识，并以横向贯穿屏幕的虚线加"分页符"标注。其作用是把从鼠标定位之后的文字强行划分为下一页，页面会重排版。

当文档超过一页的有效页面高度时系统也会自动分页，同时以横向贯穿屏幕的虚线作为自动分页符，但没有文字标注。自动分页会随着文档内容的插入和删除处理而动态变化，作用仅仅是分页。

③ 分栏符是指人为插入把文本内容强行转入下一栏显示的标识，并以横向贯穿屏幕的虚线加"分栏符"标注。

在 Word 中，当文档中有文本已设置为两栏或多个分栏时，用户可以在已分栏的文本中任意位置插入分栏符，使插入点以后的文本内容强制转入下一栏显示。一般的文字分栏方法就是按先左后右的方法，把左面的栏排满后才排右面的栏。但是有时会在既定位置强迫以下文字分栏至下一栏，这时候就可以用分栏符。

（4）文档的标记——分节符

分节符是将文档内容分成可以独立格式设置的以节为单元的标识，并以横向贯穿屏幕的双虚线加有"分节符"标注。分节符不仅是一种标识和操作，还是重要的概念，在不同地方都有使用。

一般在文档的各章之间和特殊页面上手工插入分节符形成节，而后以节为单元进行独立特殊对象设置（页眉和页脚，以及页码）和页面设置（页边距、纸张大小方向和版式），实现不同节的页眉、页码和页面不同或相同。因此，节的大小很灵活，并不受限制，一般以版面设置要求而定，此时分节符手工插入文档中确切的位置即可，如章标题的前面插入分节符，实现各章均为不同的节。

在 Word 中，分节符是指为表示节而插入的标记，共支持 4 种类型分节符，分别是"下一页""连续""奇数页""偶数页"。其中，"下一页"是指插入一个分节符后，新节另起一页开始。"连续"是指插入一个分节符后，新节与上下文档间距保持不变，格式也不变，但它成为一个节。"奇数页"或"偶数页"是指插入一个分节符后，新节从下一个奇数页或偶数页开始，中间有可能空一页。

文档内容需要分栏时，系统是在选中的文本上下自动插入"连续"分节符后，通过分节符识别此文本进行分栏的，也就是说没有分节符，系统也不可能分栏。"连续"分节符同时保持了分栏内容与上下段落的连续性，在页面视图中，可看到分栏后的实际效果。

由上可知，分节符标记文本的目的是为了将此部分文本确定为节，并为后续对节进行独立的操作，同时达到某种效果。

从以上文本和文档的标记划分来看，可分为行（自动换行没有标记）、强行换行符标记、段落用回车符标记、标题用实心点标记、分页符用虚线自动标记或人工分页贯穿屏幕的虚线加"分页符"标注。分节符中的下一页与分页符的区别在于，前者分页又分节，而后者仅仅起到分页的效果。其中，段落、标题和节是概念，也都具有操作性，而其他仅仅是一种效果（换行、分页效果）。

（5）常用对象的标记——画布或占位符

画布或占位符即指在页面占有位置和一定大小面积的对象。画布或占位符是一个独立的区域对象，选中时有个框或虚框，它所占的区域是为其他对象方便在其中（浮动方式）绘制、编辑和布置等处理，使得这些对象不受文本干扰。

（6）域的标记：一对大花括号"{ }"

域的标记特征字符是指包围域代码的大花括号"{}"，它是通过特定的操作加入的这对域特征字符。如表格中公式、目录和索引生成等，都是域的效果。一般可以按【Ctrl+F9】组合键插入这对域标记，此时称为空"域"，在其中可以输入代码。

例如，在"xx"后"x"顶上加横杠"‾"。按【Ctrl+F9】组合键生成空"域"，在其中输入域代码：{ eq \o (xx, \s\do2(‾)) }，其中 eq 为域名；按下【Shift+F9】组合键，自动执行后显示为：x$\overline{x}$，形成域结果。

域是 Word 中的一种特殊命令，它由大花括号、域名称（域代码）和域结果组成，在 Word 中可直接插入域，或插入目录、索引，表中插入公式等域，或由按【Ctrl+F9】组合键形成的大花括号成为域的标记后输入代码，这些域系统可识别，自动执行。由键盘直接输入的大花括号"{ }"是字符不是域，系统不认可。

5.2.3　Word 2010 的功能设计与操作原理

Word 中设计的最终效果是图文并茂、布局合理的文档。在文档内容的设计上包括 5 个基本内容和控件：文本、表格、常规对象、特殊对象和动态对象（域），以及 ActiveX 控件；它们之间的关系为相互之间的布局。在此，首先讨论文件或文档设计，其次为内容设计和功能设计与操作原理。

1．Word 文件设计

Word 创建和编辑的文件叫文档，它有其自己的文件格式或扩展名（见图 5-5），主要涉及有 5 类文件，能够对其保存和打开：

图 5-5　Word 文件类型

① 自建文档为 doc（2003 之前）和 docx 或 docm（2010），在 Word 中主要创建和编辑此文档。其中，Word 2010 的 docx 格式文件是基于 Open XML（可扩展置标语言）的文件格式的 doc 文件。现在微软的 Office Open XML（简写 OOXML）文档格式已成为行业标准，它有如下优点：使用 zip 压缩技术来存储文档；改进了受损文件的恢复过程，这样，即使文件中的某个组件（例如，图表或表格）损坏，仍然可以打开文件；更好的隐私保护和更强有力的个人信息控制；更好的业务数据集成性和互操作性。将 Open XML 格式作为 Office 2010 产品集的数据互操作性框架意味着：文档、工作表、演示文稿和表单都可以采用 XML 文件格式保存和相互操作；更容易检测到包含宏的文档。使用默认"x"后缀保存的文件（例如.docx、.xlsx 和 .pptx）不能包含 Visual Basic for Applications（VBA）宏和 XLM 宏。只有以"m"（例如 .docm、.xlsm 和.pptm）结尾的文件扩展名可以包含宏。

② 模板文件为 dot（2003 之前）或 dotx（2010），可随时方便使用模板创建和编辑文档，用户也可以自己创建。

③ 网页文件为 html 或 mhtml，即可将文档直接保存或转换为网页文件，上网发布。

④ 兼容文档为记事本的 txt、写字板的 rtf、OpenOffice 文本的 odt 和可扩展置标语言的 xml 文件等，对这些文档提供了接口，在 Word 中对其兼容文档可直接打开并进行编辑和保存。

⑤ 转换文档：Adobe 公司的便携文档格式 pdf，支持跨平台（与操作系统平台无关），已成为主流格式。Word 文档可直接转换为 pdf。

2．内容设计和版式

Word 文档中的内容设计了 5 个基本部分和控件，包括文本、表格、常规对象、特殊对象和动态对象（域），以及 ActiveX 控件和它们在几何平面上的关系（即布局，在此称为版式）。

（1）文本

本文以段落方式存在和操作，分为正文与标题，用样式来设置外观。通过页面设置，确定纸张大小（纸型）、页边距（即文本有效区域称版心）和版式（节、页眉页脚和垂直对齐方式），对文档内容在页面上做整体布局。在不同的视图界面进行编辑操作。

（2）表格

由于某些情况下，表格的特殊作用是文字、图片所不能取代的。而且表格具有分类清晰、方便宜用，以及最适宜表达数据及其关系等优点，所以在 Word 文档中设计有全套表格的使用、制作和编辑。Word 中不仅可以创建和管理各种表格，而且通过调用外部表格文件，例如 Excel 电子表格文件，强化了 Word 的表格功能。

（3）常规对象

Word 文档中设计的这些对象，大部分是图形，包括画布或占位符、文本框、图形（直线、箭头、曲线和几何图形等）、图像、剪贴画、艺术字、符号公式等，与文本融合在一起。

一般通过柄的操作方式来改变其大小和形状，通过组合功能将其整合成为一个整体。柄分为大小变化柄（空心"◇或□"和实心"■"）、"♦"旋转柄、"◇"形变柄和"▬"裁剪柄等。图 5-6 所示为 Word 不同柄的符号图案。

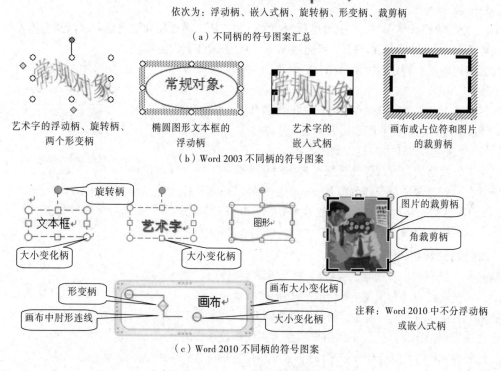

依次为：浮动柄、嵌入式柄、旋转柄、形变柄、裁剪柄

（a）不同柄的符号图案汇总

艺术字的浮动柄、旋转柄、　　椭圆图形文本框的　　　　艺术字的　　　　画布或占位符和图片的
两个形变柄　　　　　　　　浮动柄　　　　　　　嵌入式柄　　　　　　裁剪柄

（b）Word 2003 不同柄的符号图案

旋转柄　　　　　　　　　　　　　　　　　　　图片的裁剪柄

文本框　　　艺术字　　　图形　　　　　　　角裁剪柄

大小变化柄　　　　　　大小变化柄

形变柄　　　　　　　　　　画布大小变化柄　　　　注释：Word 2010 中不分浮动柄
画布中肘形连线　　　画布　　　　　　　　　　　　　　　或嵌入式柄
　　　　　　　　　　　　　　　大小变化柄

（c）Word 2010 不同柄的符号图案

图 5-6　Word 不同柄的符号图案

① 大小变化柄：一般在对象的四周边界上显示，共 8 个。通过鼠标拖动此柄可改变对象大小。根据对象所处的版式状态，可分为空心的"◇或□"浮动柄和实心的"■"嵌入式柄，表明对象所处的版式状态（后续讲版式）。

② 旋转柄为圆形：一般在对象上只有一个，在版式处于浮动状态才显示。通过鼠标旋转此柄，可以使对象 360° 旋转。

③ 形变柄为菱形：一般在对象上有一个或两个，可变形的对象才显示，如艺术字。通过鼠标拖动此柄可改变对象形状。

④ 裁剪柄：一般在对象的四周边界上显示，共 8 个。通过鼠标拖动此柄可裁剪对象大小。

（4）特殊对象

页眉、页脚、页码、脚注、尾注和批注等都属于特殊对象，它们分别在版心上部、下部和右侧面的页边距区域内。它们是通过插入或引用来实现的。

页眉和页脚：通常显示文档的附加信息，如文档标题、文件名或作者姓名等，也常用来插入时间、日期、页码、单位名称、微标等。其中，页眉在页面的顶部，页脚在页面的底部。在现代计算机电子文档中，一般称每个页面的顶部区域为页眉。

脚注、尾注和批注等是对文档内容的注释和说明。

（5）动态对象

通过自身域代码命令获取或提供自动更新的文档相关信息，以及标注内容或生成新的对象。例如，直接插入生成动态日期和时间、动态页码、标题等对象获取其信息，以及标注索引关键字，用样式设置标题而后生成索引和目录。

（6）ActiveX 控件

ActiveX 控件的设计使得 Word 中增加新的功能，如日历、播放器和图表绘制，以及窗体控件操作实现等 ActiveX 控件生成和编辑。可通过 Word 中"开发工具"主选项卡创建和编辑这些具有特定功能的 ActiveX 控件。

（7）版式

在几何平面上，常规对象存在着与正文的排版和版式（也称排列），如嵌入式、环绕式（四周型、紧密型、上下型、穿越型）、浮动式（上方、下方）、编辑环绕顶点式等四大类型，如图 5-7 所示。

在页面中，段落的位置设置为排版，操作时称为对齐方式，分为左对齐、居中、右对齐、两端对齐和分散对齐 5 种。另外，还有首行缩进、左右缩进、段前段后间距和行间距等。表格单元格中文本和文本框中的文本，以及其他文本都同样以段落进行排版。

3．功能设计和面板操作原理

最基础性功能为创建和删除、链接和嵌入、编辑和排版。具体到某一个内容上，功能设计方式和原理有所不同，如创建有输入、插入、引入、

图 5-7　常规对象与
正文的版式

生成、粘贴、加载等的方式。但是，随着软件不断升级，功能越来越强大，其功能界面如何设计，如何更适合使用和操作，直接关系到用户的感受和操作是否方便。

就目前来看，功能界面设计分为两种：一是面向"功能"划分功能类别，即抽象功能，按相近的功能归为同一类；二是面向"服务"划分功能类别，即基于任务流程归纳和划分功能类别。

在 Word 2003 以前的版本中，都采用第一种方式，将相近的功能归为一类，并设置于菜单中形成工具菜单项，以菜单方式的树状结构和工具栏方式构成如图 5-8 所示。这种菜单方式为软件的大多数功能操作提供了入口，单击以后，即可显示出菜单项，也就是具体的功能。用户学习时，要先了解和熟悉功能菜单，然后在文档编辑和排版中需要哪些功能，再去寻找操作。在 Word 2003 中，依据相近功能划分，并按重要程度一般从左到右排列，越往右重要度越低，分为 9 个功能菜单："文件""编辑""视图""插入""格式""工具""表格""窗口""帮助"。菜单栏一般位于标题栏下方。其中"编辑"和"格式"菜单是最典型的面向"功能"划分的菜单，如"格式"菜单即文字和段落的"装饰"，因此集中了字体、段落和样式操作等工具。

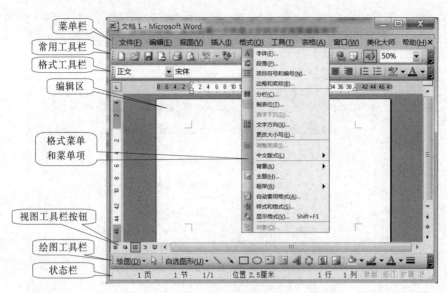

图 5-8　Word 2003 主窗口和菜单

在 Word 2003 之后的版本中，将功能做了调整，以面向"服务"重新划分功能类别，并合并出新的类别。

在 Word 2010 中，采用第二种方式，将功能以面向"服务"划分类别，以"主选项卡"类别和"面板"为功能区的方式设计（见图 5-9），在 Word 上部布局，共设计有 14 个类别的主选项卡，如图 5-10（a）所示，默认显示为其中的 7 个主选项卡："开始""插入""页面布局""引用""邮件""审阅""视图"等（注：没有了"格式"取而代之的是"开始"）。图中第 8 个"开发工具"主选项卡为事后设置显示的。每个选项卡中设计有 4~8 个功能区面板，其中布局命令按钮和工具控件。形式上看只是菜单变成选项卡，菜单项和工具栏变成功能区面板，事实上功能做了重新划分和分类。同时为了适应这种"服务"有些工具会在不同的主选项卡中重复出现，如段落面板，在"开始"和"页面布局"主选项卡都有；交叉引用工具在"插入"主选项卡的链接面板和"引用"主选项卡的题注面板中都有。

为了更方便和更具体地服务，还采用了动态设计方式，如动态选项卡和浮动工具栏。动态选项卡是在需要使用时自动出现在主选项卡中，也称工具选项卡，共 14 个，如图 5-10（b）所示。浮动工具栏是在操作过程中，依据当时的状态自动出现并浮动于界面上的工具栏，如图 5-10（c）所示。这些动态设计方式，其上的工具都是更具体和更细致的工具。如果选中和编辑文本框，主选项卡中就会自动增添"绘图工具"格式选项卡（动态选项卡，见图 5-9），为文本框等对象的操作服务；当选中文本时，会自动显示字体和段落的浮动工具栏，为文本编辑服务，如图 5-10（c）所示。

由此可见，这种功能设计和操作是以"服务"为导向的，更适合用户使用，也称为面向用户服务设计。同时，要求用户首先了解和熟悉文档编辑和排版的具体任务、流程和操作，在用户的任务流程中对应选择相应面板工具操作。需要注意的是，总体上按面向"服务"划分功能类别，不等于在其中就没有面向"功能"划分功能类别的，如"字体""段落""样式"面板中汇集的工具，就是按功能划分的。

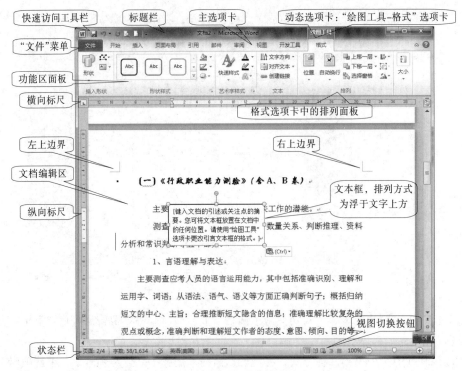

图 5-9　Word 2010 主窗口

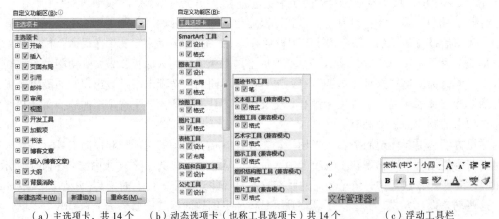

（a）主选项卡，共 14 个　　（b）动态选项卡（也称工具选项卡）共 14 个　　　　　　（c）浮动工具栏

图 5-10　主选项卡、动态选项卡（也称工具选项卡）和浮动工具栏

　　另外，在 Word 2010 中还保留了一个"文件"菜单，即 Back stage 视图（也称"后台视图"）。用户可以用此菜单进行文件操作，如文件的新建、保存、打开、打印和关闭，以及自定义功能区主选项卡和面板功能的"选项"设置和系统退出，如图 5-11 所示。

　　对 Word 2010 的工具类别与结构进行归纳，工具可分为四大类：主选项卡、动态选项卡、文件菜单和浮动工具栏，并由此四类构成基本的两层结构，即选项卡和"文件"菜单为第一层，其下功能区面板和浮动工具栏为第二层，其上的工具可直接操作，如图 5-12 所示。

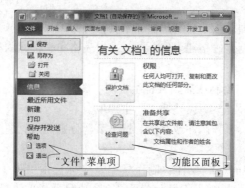

图 5-11　"文件"菜单

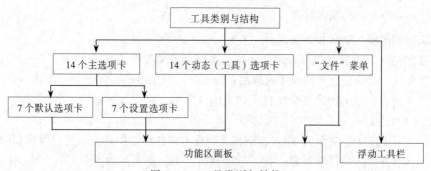

图 5-12　工具类别与结构

5.2.4　Word 2010 的文档制作流程

Word "主窗口"是编辑文档时使用的主要窗口，分为：顶部工具、中部编辑区和下部状态栏 3 部分。顶部的左侧为快速访问工具栏，紧随其后的是标题栏。其下默认同一个"文件"菜单和 7 个主选项卡组成，图 5-9 中"开发工具"主选项卡是人为后续设置的，"绘图工具-格式"选项卡 为动态选项卡。每个主选项卡下包含若干个功能区面板，可操作的命令按钮就布局在面板中。主 窗口的中部为文档的编辑区，完成文档的编辑和排版。主窗口的下部为状态栏，其偏右侧是视图 切换按钮。

1. 长文档的编辑和排版流程

在 Word 2010 中，一篇长文档的编辑和排版，主要步骤和流程如下：

① 新建文档：启动 Word，默认新建文档为空白文档模板，进行页面设置。工具："文件"菜 单和"页面布局"主选项卡设置纸张大小和页边距。

② 输入文字内容和编辑：将所有文字内容输入完成，并进行拼写和语法检查。全选文档， 按正文要求用正文样式设置，包括：字体、段落等。工具："开始"主选项卡。

③ 按要求插入分节符：在"草稿视图"中，插入并检查分节符，将文档分割成若干个"节"。 一般封面为第一"节"，目录为第二"节"，各章节均为后续连续的"节"，包括参考文献和附件等。 依据要求可插入"下一页"或"奇数页"或"偶数页"分节符。工具："页面布局"主选项卡的页 面设置面板中的分隔符。

④ 按要求用样式设置各级标题：一般为 3～5 级标题，即用标题 1、标题 2……标题 5 样式 来分别设置标题，并按要求进行必要的字体和段落修改。可用格式刷工具来复制同类标题样式。 工具："开始"主选项卡。

⑤ 封面设置：采用封面模板或自制封面。工具："插入"和"开始"主选项卡。

⑥ 制作表格：按要求制作表格和表格标题。一般表格和表格标题都是水平居中。工具："插入"主选项卡。

⑦ 插入各种常规对象：绘制或插入各种组合图、图片、公式等常规对象，进行编辑和布局（版式）。建超链接和交叉引用。工具："插入"主选项卡。

⑧ 插入各种特殊对象：制作脚注或尾注。按"节"分别插入页眉或页脚和页码。工具："插入"和"引用"主选项卡。

⑨ 生成动态对象和 ActiveX 控件：制作索引，先标记索引项（选定关键词，操作按键：【Alt+Shift+X】，而后在指定位置插入索引；在目录页生成目录或更改目录（前提是标题已由标题样式设置）；其他动态对象和 ActiveX 控件制作。工具："引用"和"开发工具"主选项卡。

⑩ 文档最后检查、校验和打印。

2．短文档的撰稿、编辑和排版流程

在 Word 2010 中，文档的撰稿、编辑和排版主要步骤和流程如下：

① 新建文档：默认空白文档模板或选用系统模板或自制模板，进行页面设置。

② 构思和创建大纲：构思整个文档，在大纲视图中，完成大纲编辑、修改和确认，并按要求用样式设置各级标题：一般为 3～5 级标题。

③ 撰写文字（正文、封面）、插入表格和绘制或生成各种常用对象，进行编辑和排版。

④ 插入分节符和各种特殊对象：在"草稿视图"中，插入并检查分节符，将文档分割成若干个"节"。制作脚注或尾注。按"节"分别插入页眉或页脚和页码。

⑤ 生成动态对象和 ActiveX 控件：标记和插入索引、生成目录。其他动态对象和 ActiveX 控件制作。

⑥ 文档最后检查、校验和打印。

5.2.5　案例分析

此案例为文档编辑排版，图文并茂内容丰富，重要知识点的操作都涉及。案例所对应的素材文件名为：C5-2-3_案例分析素材.docx（与课件一起打包）

1．知识点

此案例涉及页面设置、标题、目录、索引、页眉、页码、域、公式、脚注、批注、超链接和交叉引用等知识点和操作。

2．编辑排版要求

（1）文档分四部分

编辑一部正规、完整的文档。文档分为四部分，用"分隔符"中的"下一页"隔开。

第一部分为封面：文章标题、已学习、已收藏、图片、时间、标签和网址。

第二部分为目录：三级目录。

第三部分为正文：各章之间，用"分隔符"中的"奇数页"或"偶数页"分开。

第四部分为索引。

（2）文档基本要求

页面设置：页面 A4，页边距均为 2 cm。

封面设置：单独一页，文章标题初号字、楷体、加粗，其他（已学习、已收藏、图片、发布时间、标签和网址）3 号字、楷体、加粗；其他内容小 3 号字、宋体；均为居中、段落前后间距 0 行，单倍行距；图片大小 4.5 cm × 7.2 cm，居中。

正文格式：正文 5 号字、宋体，段落首行缩进两个汉字，前后间距 0.5 行，单倍行距。

表格设置：表格标题 4 号字，仿宋体、居中，表格内容 5 号字、宋体、两端对齐；表的标题和表为单独一页，表格尺寸不要调整。表格页页面设置为：自定义纸张宽高：32cm × 29.7cm，页边距均为 2cm。

页码：在页面的页眉处右侧插入页码。封面和目录不超过一页，不设页码。

域：在封面"当前时间："后面插入当前时间域，代码如下。

{ Date \@ "yyyy '年' m '月' d '日' " * MergeFormat}。

超链接：在封面"网址："后面插入网址超级链接。

交叉引用：正文段落"慧聪网紧随阿里巴巴之后的第二大（内贸）B2B 电子商务网站"内容中的"B2B 电子商务网站"交叉引用至"1.1 B2B（企业对企业的电子商务模式）"。

目录设置：三级标题，章四号字，节和小节五号字、宋体，段落间距 0 行，单倍行距。

（3）标题样式

标题样式分为三级，由样式设置标题。

各级标题均为宋体、加粗、居中，段落前后间距 0.5 行，单倍行距。

标题 1：一级标题 3 号字；标题 2：二级标题 4 号字；标题 3：三级标题 5 号字。

（4）页眉

偶数页页眉一样，均为文章标题或书的标题；奇数页页眉各章不同，为所在章或节或小节标题，也就是说奇偶页眉不同，奇数页眉章不同；每章的起始页均为奇数页。页眉上要有作者姓名和页码，均在右侧；左侧为装饰图，页眉均为宋体、小 5 号字。页眉上加双线边框，页脚加单线边框。目录页开始设置页眉；目录页页眉为"目录"，不设页码，其他同上。

（5）目录

三级目录，目录中包括索引；6 个以上索引，索引放在最后一页。

（6）索引

6 个以上索引，两栏，有引导符页码。索引放在最后一页。

（7）其他

脚注共 2 个，批注 1 个，数学公式 1 个，不做具体要求。

3．制作流程分析

此案例页数不多，但内容丰富。为了减少操作中不必要的矛盾和提高编排效率，先做整体性的设置，其次再做局部的编辑。

① 在页面视图中，进行文档页面设置；除最后一页表格单独处理外，其他内容全部选中，按正文格式设置。

② 在草稿视图中，按要求、章等开始页插入奇数页分节符，将文档按节划分；

③ 按标题样式，分为三级设置标题。

④ 制作脚注、批注、数学公式；创建域、超链接；按表格要求单独设置表格页面；制作页眉。

⑤ 制作封面和索引，最后完成目录。

4．效果图

完成后的效果图如图 5–13 所示。

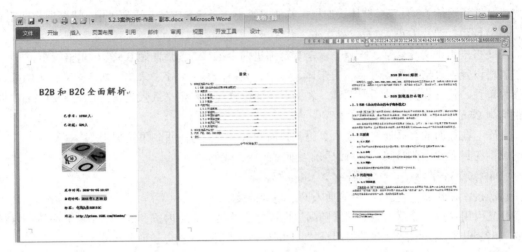

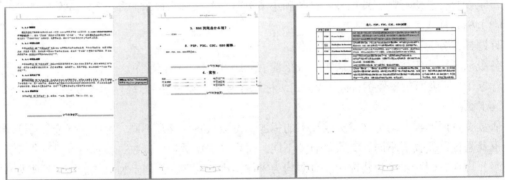

图 5-13　Word 文档编辑排版效果

5.3　电子表格软件

5.3.1　电子表格概述

　　电子表格软件是指能够将数据表格化显示，并且对数据进行计算与统计分析以及图表化分析的计算机应用软件。尽管在文字处理软件中（Word、WPS 文字和 Writer），也具有一定的表格功能，但它仅仅是数据的表格化，缺少数据的分析功能。常见的电子表格有微软 Microsoft Office 家族中的 Excel，金山 WPS Office 家族中的 WPS 表格，软件基金会 Apache OpenOffice 家族中的 Calc。在众多的电子表格中，Microsoft Office 家族的重要成员 Excel 是用途比较广泛的办公软件之一。

　　Excel 之所以有较多的用户，是因为它被设计成为一个数据计算与分析平台，集成了最优秀的数据计算与分析功能，用户完全可以按照自己的思路来创建电子表格，并在 Excel 的帮助下出色地完成工作任务。Excel 的主要功能是能够方便地制作出各种表格和报表。在电子表格中可使用公式对数据进行复杂的运算，用各种统计图表的形式直观、明了地表现数据，进一步学习，可直接进行数据的统计分析工作。Excel 具有十分友好的人机界面和强大的计算功能，已成为国内外广大用户管理公司和个人财务、统计数据、绘制各种专业化表格的得力助手。随着 Microsoft Office 版本的不同，Excel 有多个升级版本，本节重点介绍 Excel 2010。

5.3.2　电子表格的基本概念

电子表格本质上是一系列行与列构成的单元格网格。单元格内可以存放数值、计算公式或文本，可以通过行列标记来使用这些数据，如数据整理、归类、计算或排列等。对网格进行编辑，如合并或拆分单元格，加边框，可以制成各种表格和报表，并有强大的数据分析和处理的功能。为了学好、用好电子表格，了解和掌握一些概念和原理是必需的。

Excel 和 Word 同属于 Office 套装组件，因此有些基本概念和设计原理是相同或相似的，在此只介绍 Excel 特有的基本概念和设计原理。

1. 制作表格的基础知识

当遇到较多的数据，要进行数据结构、关系和特点分析时，有效的方式之一就是表格，即制作成表格，称为数据表格化。为了制作出较专业的表格，需要了解以下基本知识：

（1）表格的构成

一般由表的标题（表的名称）、表头（行标题、列标题）、单元格和单元格内的数据 4 个主要部分组成，必要时可以在表格的下方或者其他地方加上表外附加。同类型数据为列，数据的增加为行。

（2）表格的结构

① 表的标题：应放在表的上方，表示表的名称。表的名称也可以以页眉的形式体现出来。表头（行标题和列标题）通常安排在表格的第一行或第一列和第一行，它所表示的是所研究问题的类别名称和指标名称，通常也被称为"类"。表格可以显示行列网格，也可以不显示或根据需要显示一部分。

② 表的列设计：即表的结构设计和大小；行的多少表示表数据的多少。

③ 单元格：行和列交叉的地方称为单元格。单元格是存放数据和计算结果的地方，是构成表格的基本单位。

④ 表外附加：通常放在统计表的下方，主要包括资料来源、指标的注释、必要的说明等内容。

2. Excel 电子表格的内容

Excel 电子表格的内容主要是表格、单元格内部的内容和单元格外部的内容。单元格内部的内容包括数据、公式、函数和批注；单元格外部的内容包括各种对象，如常规对象、特殊对象、动态对象（域）、ActiveX 控件，以及自带的基于数据分析的常用工具。

（1）表格

制作各种类型的表格或专业表格。其中需要设置表格样式、单元格边框和样式、数据的字体和对齐方式等。

（2）数据

在单元格里可以直接输入数据，为了便于数据管理，Excel 将其分为不同的数据类型。Excel 中内置有常规、数值、货币、日期/时间、百分比、文本、自定义等 12 种数据类型，这些数据类型可划分为 4 类：文字（字符）型、数字（数值）型、日期/时间型、公式与函数。

① 文字（字符）型：说明性与解释性的数据描述称为文本类型。比如，员工信息表的列标题"员工编号""姓名""性别""出生年月"等字符都属于文本型。

有些情况文本和数值容易混淆，比如手机号码"13391129978"、银行账号"3100090001201596254"和身份证号等，从外表上看，它是由数字组成的，但实际上称为数值型文本，在 Excel 中，要将其加英文单引号"'"作为标记成为文本，按文本型处理即可。

在默认状态下，所有文字在单元格中均左对齐（字符长度不超过 32 767 个）。

②　数字（数值）型：数值可以理解为一些数据类型的数量，有一个共同的特点，就是常常用于各种数学计算。工资金额、学生成绩、员工年龄、销售额等数据，都属于数值类型。

在默认状态下，所有数字在单元格中均右对齐（数字长度不超过 15 个，超过部分自动转换为 0）。

③　日期/时间型：日期/时间数据也属于数值类型的数据，只是日期/时间型数据可以含有"年""月""日"这样的字符，也可以含有如 Mon、Sep 这样的日期英文缩写词。比如，"2019 年 2 月 13 日星期三""2/13/2019 17:07""2-13-2019 Wed"。

由于表示日期的格式非常丰富，所以根据不同的表示方式，其默认状态下在单元格中的对齐方式也不同。比如，"2019 年 2 月 13 日"和"2019/2/13 17:40"在单元格中是右对齐，"2019/2/13 星期三""2019/2/13""2019/Feb/13""2-13-2019 Wed"等在单元格中是左对齐。

（3）公式

公式是在单元格中，以等号"="标识开头，描述符合规范要求的，可以被系统执行的算式。在 Excel 中，因为有了公式使得数据计算和统计分析成为可能，所以公式的重要地位不言而喻。公式是用户按语法格式，手工在单元格中写出来的。在默认状态下，由公式计算获得的数据在单元格中显示，同时均右对齐。

公式的语法格式："＝操作数和运算符和函数"；注：函数后续讲解。

操作数：单元格或单元格名、数字、字符、区域或区域名、函数。

运算符，有以下几类：

①　算术运算符：%（百分比）、∧（乘方）、*（乘）、/（除）、+、−，优先级从左到右。

②　比较运算符：=、>、<、>=、<=、<>（不等于）。比较运算符可以比较的数据有数字型、文字型、日期型。运算结果是一个逻辑型的量，要么是 True，要么是 False。

③　文本运算符：&，文本的加法运算，也是文本的唯一运算符。即将两个字符串连接成一个字符串。例如，A3 单元格内容为 ABCD，B3 单元格内容为 XYZ，C3 单元格内公式为"=A3&B3"，则公式运算结果为 ABCDXYZ。

④　引用运算符：冒号（:）、逗号（,）、空格（""）或（□）。

冒号（:）：定义一个单元格区域。例如，A1:B3，共 2 列 3 行 6 个单元格；使用时，对两个引用之间、包括两个引用在内的所有单元格进行引用，例如，B6:D15 表示选取 B6 到 D15 之间的所有（30 个）单元格区域的引用。

逗号（,）：并集运算。例如，(A1:A4, E1:E2)，共 6 个单元格。使用时，将多个引用合并为一个引用。例如，公式"=SUM (B6:B15, D6:D15)"，表示对 B5:B15 和 D5:D15 两个不同区域的所有（10+10=20 个）单元格求和。

空格（""）或（□）：交集运算。例如，(A1:C2　C1:D2)，共 10 个单元格，等价于 C1:C2；使用时，对两个引用的单元格区域的重叠部分的引用。例如：公式"=SUM(B5:B15 A6:D7)"、B5:B15 和 A6:D7 两个区域交叉的部分是 B6 和 B7 两个单元格，则公式只对 B6 和 B7 求和。

需要注意的是以上 3 个引用运算符均为英文字符，否则会出错。

【示例】

问题 1：普通数据计算。公式"=(D4+50)/SUM(D5:F5)"，SUM 为求和函数；若 D4 为 45，D5:F5 为(45, 55, 65)，则公式计算结果为 0.575758。

问题 2：差价用电量计算。当用电量 E5 小于等于 50 kW·h，按"E5×$A$2"计算，$A$2 为正常用电价格 0.25 元/kW·h；E5 大于 50 kW·h 按"50×$A$2+(E5−50)×$B$2"计算，$B$2 为超用电价格 0.60 元/kW·h。

公式：=IF(E5<=50,E5*$A$2,50*$A$2+(E5-50)*$B$2)，结果为用电费用，如果用电量 E5 为 50 kW·h，公式结果为用电费用 12.5 元，用电量 E5 为 55 kW·h，结果为 15.5 元。

其中 IF 是函数,格式为:IF(条件表达式, 满足条件的运算表达式, 不满足条件的运算表达式)。

在此特别提醒：公式中的字符和符号都必须是英文字符（公式字符长度不超过 8 192 个）。

（4）函数

函数是具有独立的计算方法或算法功能，并有确定结果的、可被共享的程序代码片段。这些函数使用一些称为参数的特定数值按特定的顺序或结构进行计算,并且能够得到确切的计算结果。函数一般在 Excel 公式中使用。

函数的出现大大方便了数据计算，也拓宽了公式的功能。因此，很多成熟的计算和算法都可以开发成函数以便用户使用，并且可以不断地积累。在 Excel 中，函数共分有 11 类，积累了 350 多个函数。

从理论上看，一个完整的函数由 3 部分组成：函数名、参数和结果。函数语法格式为：函数名称(参数 1,参数 2,…)，其最明显的特点是有一对圆括号，参数在其中。

函数名是唯一的命名，以便通过函数名字被引用。

函数结果为：结果=函数名称(参数 1，参数 2，…)，即调用函数后的返回值或运算结果。

函数参数是函数使用的数据，可以没有，也可以多个。函数参数类型分为数字、文本、逻辑值（如 True 或 False）、数组、地址引用、函数和表达式等。给定的参数必须能使函数产生有效的值。函数本身也可以作为参数使用。

（5）批注

批注是指对单元格或内容需要做解释而添加的相应注释。

（6）单元格外部的内容

这部分内容主要是针对各种对象，包括：常规对象、特殊对象和 ActiveX 控件等，在 Word 一节中已给定概念，在此不再重复。在 Word 中的动态对象在此没有。需要讨论的是电子表格中，基于数据分析的常用工具和自带的对象，如常规对象的图表或一个重要的 ActiveX 控件（Microsoft Graph，MS-Graph）均为图表化工具。

① 基于数据分析的常用工具：常用工具是指基于表格数据进行常规数据排列整理、查询和分析的工具对象。具体有：排序、筛选、分类汇总、分组、分列、数据透视表等。

② 图表化工具：图表化是指数据的图形化，即将一维、二维或三维数据以不同图形（点、线或面、图案等）的方式绘制出来的图。一般绘制的是一维或二维图形，其中数据必须要有一组数值，另一组可以是数值、时间日期、序号或文本等。图表更能形象地表达数据间的关系和特点，并能够做到层次分明、条理清楚、易于理解。

Excel 中的 "图表" 或 MS-Graph 都是图表化工具，两者功能一样，只是启动和操作途径不同。前者为 Excel 中自带的工具，属于常规对象。在插入主选项卡中，后者为 Microsoft Office 自带的 ActiveX 控件之一，安装 Microsoft Office 可以加载，因此，在 Word、Excel 和 PowerPoint 中都可以运行和使用 MS-Graph。一般建议在 Excel 中利用 "图表" 工具，将数据绘制成图表比较合适。除了 MS-Graph，绘图工具有很多，尤其是一些特殊的图形需要好的软件来绘制，如 Gliffy 可创建非常漂亮的各种图表、流程图、平面图和技术图纸等；Highcharts 是一个制作图表的纯 JavaScript 类库；CSS Chart Generator 完全使用 Flash 和 XML 构建的图表生成工具；Flowchart.com 是一个在线多用户、实时协作的流程图服务；Draw Anywhere 提供在线的组织结构图、调度和展示图的绘制工具。Excel 中的 "图表" 或 MS-Graph 的学习，对学习这些工具奠定了基础。

3．视图

电子表格虽然也是表格，但是它是建表的模板，提供的是行列作为标记的单元格网格，在其上可以建各种表格，这就是所有电子表格视图中主要的页面特征，被称为工作表。

在 Excel 中共有 4 种视图：普通视图、页面布局视图、分页预览视图、自定义视图和全屏显示。

（1）普通视图

普通视图是默认视图，有 3 个工作表，可方便查看全局数据及结构，是编辑数据和创建对象的主要界面。普通视图下不显示页眉页脚、页边距，其中人工分页符显示为一条水平虚线。在普通视图下可以添加（取消）分组标记"+"和"−"，也可以添加（取消）分类汇总标记"+"和"−"。

（2）页面布局视图

页面布局视图是以页面大小方式显示工作表，并可编辑页眉和页脚内容。使得制作的表格在页面上布局的实际大小效果一目了然，以便编辑和调整数据列宽度和数量，达到满意的效果。因此它不显示其他符号和标记，如分页符等。一般认为页面布局就是一种"所见即所得"的视图，它可以显示出页面大小、布局排版、编辑页眉和页脚、查看调整页边距、处理图表对象以及其他各种对象，在页面布局中看到的外观效果也就是打印结果外观，因此，页面布局适用于概览整个工作表的总体效果并打印。

（3）分页预览视图

分页预览视图是以缩小工作表的方式，全览表格在工作表中的布局。同时显示分页符，并标记第几页，以便在工作表中人工拖动分页符的位置设置页面大小，或删除分页符。

在分页预览视图下可以添加（取消）分组标记"+"和"−"，也可以添加（取消）分类汇总标记"+"和"−"。

（4）自定义视图

自定义视图可以定位多个自定义视图，根据用户需要，保存不同的打印设置、隐藏行、列及筛选设置，更具个性化。

（5）全屏显示

全屏显示隐藏了菜单及选项卡和功能区，使工作表几乎放大到整个显示屏，充分利用屏幕显示更多的数据。全屏显示要与其他视图配合使用，按【Esc】键可退出全屏显示。

4．标记

标记对电子表格具有特殊的意义。工作表中数据的使用都是通过单元格地址标记引用实现的，否则数据不能使用，也失去了数据分析的意义。下面介绍几个常见标记。

（1）单元格地址标识

① 单元格地址：由列标和行号来标识组成的单元格空间（也称为单元格名称），可以直接被引用实现数据的读/写。其中，行号为行名，由阿拉伯数字标识，如 1、2、……工作表中共设计有 1 048 576 行。列标为列名由大写的英文字母标识，如 A、B、…、Y、Z、AA、AB、…、XFD、……工作表中共设计有 16 384 列。因此，每个 Excel 工作表中拥有的单元格数量 1 048 576 行 × 16 384 列=17 179 869 184 个，是一个大小固定的工作表。

表示单元格名称的方法有两种：一是用列标和行号，即列标在左，行号在右组合的字符串。例如，第 2 行第 3 列单元格的名字是 C2，C2 非常直接地指向了所属单元格。另一种是直接命名。例如，C2 单元格命名为"单价 1"，C3 单元格命名为"单价 2"，间接地表示了 C2 和 C3 单元格。

自定义单元格名称可单击"公式"选项卡"定义名称"实现。每个单元格中，最多可容纳 32 767 个字符。

② 单元格区域地址：单元格区域指的是由多个相邻单元格形成的矩形区域，表示区域地址或名称同样有两种方法：用单元格地址和直接命名。将单元格矩形区域左上角与右下角单元格的地址，中间以冒号隔开为区域地址。比如，第 2 行第 A(1)列至第 5 行第 D(4)列区域，其区域地址即为 A2:D5，表示 4 行×4 列=16 个单元格空间。同上也可以直接给单元格区域地址命名。

（2）引用运算符

引用运算符在公式中主要用于选取单元格区域，共有 3 个：冒号（:）、逗号（,）、空格（" "）或（□）。在前面已有讨论，在此不做重复讲解。

（3）地址标识引用的种类

单元格引用有相对引用、绝对引用、混合引用、三维地址引用等多种方式，在公式中不同方式的引用，其含义不同。

① 相对引用：所谓相对引用是指当前单元格相对于引用单元格的位置差不变。Excel 中默认的单元格引用为相对引用，格式为 D4、D6 或 D4:D6。实际应用中，相对引用是当公式在复制、移动或拖动时会根据移动的位置自动调节公式中引用单元格的地址，即始终保持引用和被引用的地址间距差不变。公式在整个过程中不变。

例如，在图 5-14 所示的 H4 单元格中输入公式 "=SUM(E4:F4)" 回车确认后，选定 H4 单元格，用鼠标左键拖动填充柄一直到 H6，就会将 H4 中的公式复制到 H5 和 H6 中。但这时，H5 和 H6 中的公式并不是 "=SUM(E4:F4)"，而分别是 "=SUM(E5:F5)" "=SUM(E6:F6)"，保证了原来的行间距差为 0，列的位置差为 3 和 2 列不变。对于相对引用，可以这样理解：公式从 H4 复制到 H6，列未变为 H，行数增加 2，所以公式中引用的单元格也增加 2 行数，由 E4、F4 变为 E6、F6，这种变化保证了行的引用和被引用的地址间距为 0（H6 行为 6，引用 E6:F6 行也为 6，差值为 0），列的引用和被引用的地址间距差为 3（H 与 E 列相差 3 列）和 2（H 与 F 列相差 2 列）不变。

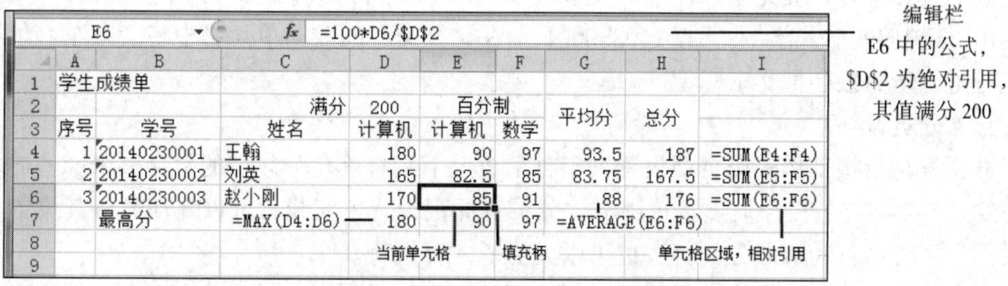

图 5-14　单元格相对和绝对引用 工具类别与结构

② 绝对引用：所谓绝对引用是指当前单元格中所引用单元格地址始终不变。格式为在行号和列号前加上 "$" 符号，如$A$1。实际应用中，绝对引用是当公式在复制或移动或拖动时，使得公式的位置移动，但绝对引用单元格的地址不变，即始终保持被绝对引用的地址不变。公式在整个过程中不变。

例如，如图 5-14 所示，在 E4 单元格中输入公式为 "=100*D4/$D$2"，公式将满分 200 的计算机考试成绩转为百分制，其中$D$2 为满分 200 的参数值为绝对引用，D4 为相对引用；将 E4 中公式复制到 E5 和 E6 单元格中，则 E5 和 E6 单元格中的公式为："=100*D5/$D$2" 和 "=100*D6/$D$2"，与 E4 单元格中的$D$2 完全相同，即在复制或移动或拖动时引用地址不变。而

E4 公式中的相对引用 D4，在 E5 和 E6 单元格中自动调整为 D5 和 D6，使得列的地址间距差仍然为 2，行的间距为 0，即始终保持相对间距差不变。

③ 混合引用：所谓混合引用是在一个单元格地址引用中既使用绝对引用又使用相对引用，两者的特征兼而有之，即绝对引用表现为绝对引用地址不变，相对引用表现为相对间距差不变。例如，混合引用$D3，"$D" 为绝对引用，"3" 为相对引用，随着公式的移动 "$D" 始终不变，而 "3" 会随之调整。反之亦然，如 D$3。

④ 三维地址引用：在公式中，可以引用另一工作簿或同一工作簿的另一张工作表中的单元格，这就用到三维地址引用。三维地址引用的格式是：[工作簿名称]工作表名称!单元格地址。在此需要注意的是方括号 "[ ]" 和感叹号 "!" 均为英文字符。在同一个工作簿中引用数据，可省略 "[工作簿名称]"。

例如，公式 "=SUM(Sheet1:Sheet3!B1:B5)"，就是对 Sheet1、Sheet2、Sheet3 三个工作表中的 B1：B5 单元格求和。

又如，"Sheet2! A1"，表示引用当前工作簿中 Sheet2 工作表中的单元格 A1。如果在当前工作表的 D2 单元格输入公式 "=[成绩]Sheet3! A1+A2"，表示引用 "成绩" 工作簿 Sheet3 工作表中的 A1 单元格的内容和当前工作簿的当前工作表中的 A2 单元格的内容相加。

（4）填充柄

当鼠标指针指向某个单元格时，单击，该单元格便成为活动单元格，此时就可以直接输入数据。当前单元格右下方的黑点称为填充柄，即 "填充柄"，如图 5-14 中 E6 单元格所示。

填充柄的功能非常实用，使用填充柄可以实现数字的复制或填充、字符的复制或填充、时间/日期的复制或填充、公式的复制等操作，使得计算大大简化。

（5）数字型文本标记

特别需要指出的是为了便于数据管理，Excel 的文本对象有数字型文本，比如手机号码、银行账号、学号和身份证号等。也就是说，要将这些数字转换成文本，按文本型处理，方法是在输入此类数字型文本时，应先输入一个英文单引号 " ' "，再输入其数字，如图 5-14 中 B4 至 B6 单元格所示，其中 B4 输入学号 " '20140230001"。在这种类型的数据单元格中将会在左上角显示一个绿色三角，作为数字型文本标记。

（6）分页符

分页符是指将工作表按页面设置大小分割成上下左右等几个区域的贯穿整个屏幕的水平和垂直虚线 "------"。在分页预览视图下，分页符标记为蓝色实线，可以拖动调整其位置，改变页面大小。系统可自动加载分页符，也可以人为插入分页符。

① 自动分页符：当表格数据超过一页的有效高度（或宽度）时系统会自动分页，自动分页符会随着表格变化而动态变化，作用仅仅是分页。

② 人工分页符：指人为插入把表格行强行转入下一页显示的标识。人工分页符的位置不会随着表格变化而变化。位置是在当前单元格的左上角插入水平和垂直分页符。

（7）冻结窗格和拆分窗口标识

冻结窗格是将工作表窗口分为上下左右 4 个窗格，其中滚动工作表时上部和左部窗格保持固定可见。而拆分窗口是将工作表窗口拆分为上下左右 4 个大小可调和独立滚动的窗格。

当工作表中行数和列数较多时，一旦向下或向右滚屏时，上面的标题行或左侧的列标题跟着滚动隐藏，使得数据无法与标题对照查看或错位。冻结窗格或拆分窗口把工作表窗口分为 4 个窗格，便可对照查看解决这一问题。

冻结窗格标识为水平实线和垂直实线，拆分窗口标识为水平和垂直窗口边线。标识位置是在当前单元格的左上角插入水平和垂直标识线。

当表格数据超过一页的有效高度（或宽度）时，使用冻结窗格功能，在普通视图或分页预览视图下可以看到冻结的顶端行标题（顶端一行或几行）或左侧列标题（左侧一列或几列）。浏览数据时，这些冻结的行（列）保持在屏幕中，便于查看数据。冻结窗格标记在表格中显示为水平实线和垂直实线。

5. 布局（排版）

Excel 也像 Word 一样需要对工作表数据以及在工作表中出现的其他对象进行布局。布局可分成整体的页面布局和局部的对象布局。

（1）页面布局

对页面的文字、背景和页面版面格式设置包括以下几方面：

① 主题：更改整个文档的总体设计，包括颜色、字体和效果。

② 页面设置：包括页面方向、页边距、纸张大小方向、页眉页脚、插入/删除人工分页符、页面背景、打印区域和打印标题等设置。

③ 工作表设置：行高列宽、缩放比例的设置。网格线查看（打印）、标题查看（打印）的设置。

（2）对象布局

对象与对象、表格与对象的平面几何位置关系称为对象布局。

① 对象与对象呈现相邻、叠加和覆盖 3 种关系，在 Excel 中为上移一层、下移一层、对齐方式、组合和旋转等关系。

② 表格与对象呈现相邻和覆盖两种关系。表格和对象要么是相邻，要么表格始终位于对象底端。

③ 表格与对象关系：对象始终处于表格上方，处于浮动方式。

5.3.3　Excel 2010 的功能设计与操作原理

Excel 电子表格具有很强的数据处理、图表化和数据分析功能，其文件作为数据表单也就是最简单的数据库，可直接与 Access 进行数据交换。在此，首先讨论文件和文件内容设计，其次讲解功能界面设计与主要功能。

1. Excel 文件设计

Excel 创建和编辑的文件叫工作簿，即有其自己的文件格式或扩展名。依据数据来源创建工作簿有 5 种方式，Excel 支持的文件类型主要设计有 5 类。

（1）Excel 文件数据来源设计

① 用户通过键盘输入的原始数据。

② 来自 Access 数据表数据，系统自动将其转换为 Excel 表格数据。

③ 来自网站的.htm 或.html，即可将网站文件直接转换为 Excel 文件。

④ 来自文本文件.txt，将文本文件数据导入 Excel 工作表中。

⑤ 将.xml 文件导入 Excel 工作表中。

⑥ 将其他数据库（如 SQL Server）中的数据表数据导入到 Excel 工作表中。

用户输入数据或导入数据，系统会自动判断其数据类型，并根据数据类型实现对齐方式：文本型左对齐；数字型右对齐，日期/时间型右对齐；数字型文本（如学号、电话等）会被变换为科学计数法，作为数字型显示；逻辑型以 True 或 False 英文单词显示。

（2）Excel 支持的文件类型设计

① Excel 2010 文件默认的保存类型是.xlsx（2010），除此之外也可以保存为.xls（2003）。启用宏的为.xlsm，被称为工作簿（Book）。

② 模板文件为.xlt（2003 之前）或 xltx（2010），启用宏的模板文件.xltm，可随时方便使用模板创建和编辑电子表格文件。

③ 网页文件为 html 或 mhtml，可将文件直接保存或转换为网页文件，上网发布。

④ 兼容文件为记事本的 txt、OpenDocument，电子表格 ods 和可扩展置标语言的 xml 文件等，在 Excel 中对其兼容文件可直接打开并进行编辑和保存。

⑤ 转换文件：Adobe 公司的便携文件格式 pdf，支持跨平台（与操作系统平台无关），Excel 文件可直接转换为 pdf 格式的文档。

（3）Excel 文件（工作簿）组成结构设计

在 Excel 中创建或编辑的文件被称为工作簿（Book），工作簿是用来存储并处理数据的文件，是数据表格的集合，默认的扩展名是 ".xlsx"。Excel 模板扩展名为 ".xltx"。

Excel 文件即工作簿的内部结构如图 5-15 所示。成功启动 Excel 2010 系统默认自动打开一个名为 "工作簿 1" 的空工作簿，其中有 3 个空工作表，工作表（Sheet）的标签名分别为 Sheet1、Sheet2、Sheet3。工作表为 Excel 窗口的主体工作区，也是存储数据的独立表格，共有 16 384 列、1 048 576 行，由此来满足不同大小的表格制作。而工作表数量可添加、删除和设置，最多为 255 个。

工作表中的单元格网格线是为了方便输入数据由系统提供的暗格线，在打印工作表时可根据需要格式化和加边框线。当前工作的工作表或单元格只能有一个，即为活动工作表或单元格。活动工作表中的活动单元格才可以输入数据。

为了便于单元格中内容（如数据、公式等）的编辑，每个工作表的上方设计了一个编辑栏，在其中可对数据、公式等进行输入或修改。

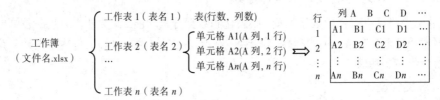

图 5-15　工作簿的组成结构

2. Excel 数据表内容设计

Excel 电子表格的内容设计了 3 部分，包括表格、单元格内部的内容和单元格外部对象。表格是指在工作表中制作各种类型的表格。单元格内部的内容包括：各种类型的数据、公式、函数和批注等编辑。

单元格外部的内容包括各种对象，具体如下：

① 常规对象包括：占位符、文本框、图形、图像、剪贴画、艺术字、图表等。

② 特殊对象包括：页眉页脚、批注等。

③ ActiveX 控件包括：ActiveX 控件中的外来 "其他控件" 和窗体控件，如文本控件、图片控件、组合框、列表框、单选按钮、复选框、命令按钮、组框、日期选取控件等，以及图表化工具（Microsoft Graph）等。

这 3 类对象与 Word 相比，多了图表，少了动态对象，其他对象基本一样，它们自成一体，共同构成完美的电子表格。

3. Excel 功能界面设计与主要功能

Excel 功能设计有表格制作、表单存储数据、数据计算、数据分析和数据图表化等。实现这些功能，有大量的工具需要布局，Excel 2010 同 Word 2010 各种功能界面设计均为面向"服务"划分类别，方便用户使用。这里重点介绍功能界面设计、函数功能、数据分析的常用工具和图表化功能。

（1）Excel 主选项卡和功能面板设计

Excel 2010 同 Word 2010 类似，将功能以面向"服务"划分类别，以"主选项卡"类别和"面板"为功能区的方式设计，在 Excel 窗口上部布局，共设计有 10 个类别的主选项卡（见图 5-16），默认显示其中的 7 个主选项卡："开始""插入""页面布局""公式""数据""审阅""视图"。其余主选项卡（如"开发工具"）可以根据需要事后设置显示。每个选项卡中设计有 4～8 个功能区面板，其中布局命令按钮和工具控件。

另外在操作过程中，依据当时的状态采用了动态设计方式，即动态选项卡和浮动工具栏共 12 个（见图 5-17），这些动态选项卡和浮动工具栏上面针对当时的状态提供更细致、具体的工具。

在 Excel 2010 中还保留了一个"文件"菜单（也称"后台视图"窗口）。用户可以用此菜单进行文件操作，如文件的新建、保存、打开、打印和关闭，以及自定义功能区主选项卡和面板功能的"选项"设置和系统退出等。

图 5-16　10 个主选项卡

图 5-17　12 个浮动（工具）选项卡

（2）函数类型和功能

Excel 的数据计算和数据处理功能主要在公式中大量使用函数来体现，即要实现某一功能，要用对和会用函数。Excel 的函数库中函数一共分为 11 类，分别是：数据库函数、日期和时间函数、工程函数、财务函数、信息函数、逻辑函数、查找与引用函数、数学和三角函数、统计函数、文本函数以及用户自定义函数。各类别中部分函数及功能如表 5-3 所示。

要求掌握的常用函数有 17 个：AVERAGE（平均值）、SUM（求和）、MAX（最大值）、MIN（最小值）、MOD（取余）、RANK（获取排位名次）、LEFT（获取左侧指定长度字符）、MID（返回指定位置和长度的字符）、IF（条件判断）、SUMIF（条件求和）、COUNTIF（条件计数）、COUNT（数值计数）、COUNTA（文本计数）、DATE（日期）、YEAR（获取日期中的年份）、MONTH（获取日期中的月份）和 DAY（获取日期中的天数）等。

表 5-3　Excel 部分函数及功能

分类	名称	功能	名称	功能
统计函数	AVERAGE	返回选定数据项的平均值	MAX	返回选定数据项的最大值
	RANK	返回某数据在一列数据中的大小排名	MIN	返回选定数据项的最小值
	COUNT	返回选定数据项中数值型单元格的个数（数值型计数）	COUNTA	返回选定数据项中非空单元格的个数（数值型和文本型计数）
	COUNTIF	返回满足条件的单元格的个数	STDEV	基于样本估算标准偏差
数学和三角函数	SUM	返回选定数据项的和	SUMIF	返回满足条件的数据项的求和
	SIN	返回给定角度（弧度值）的正弦值	MOD	返回两数相除的余数
	COS	返回给定角度（弧度值）的余弦值	ABS	返回给定值的绝对值
	TAN	返回给定角度（弧度值）的正切值	INT	返回不大于给定值的最大整数
文本函数	MID	从一个字符串指定位置起，截取指定数目的字符	TEXT	根据指定的数值格式将相应的数字转换为文本形式
	LEFT	从一个文本字符串的第一个字符开始，截取指定数目的字符	CHAR	返回指定字符码（ASCII 码）所代表的字符
	RIGHT	从一个文本字符串的最后一个字符开始，截取指定数目的字符	LEN	返回文本字符串中的字符数
逻辑函数	IF	根据对指定条件的逻辑判断的真假结果，返回相对应的内容	OR（或）	仅当所有参数值均为逻辑"假（False）"时，返回函数值为"假（False）"，否则都返回逻辑"真（True）"
	AND（与）	如果所有参数值均为逻辑"真（True）"，则返回逻辑"真（True）"，否则返回逻辑"假（False）"	NOT（非）	对参数值取反。当参数值为 True 时，返回结果为 False。当参数值为 False 时，返回结果为 True
查找与引用函数	LOOKUP	在查找范围中查询指定的值，并返回另一个范围中对应的值	MATCH	返回指定方式下与指定数值匹配的数组中元素的相对应的位置
	ADDRESS	根据给定的行号和列号，返回某一个具体的单元格地址	INDEX	①（数组形式）根据给定的行号和列号，返回指定行列交叉处的单元格的值；②（引用形式）返回指定行列交叉处的单元格的引用
数据库函数	DAVERAGE	返回选定数据库项的平均值	DMAX	返回选定数据库项中的最大值
	DSUM	对数据库中满足条件的记录的字段列中的数字求和	DGET	从数据库中提取满足指定条件的单个记录
日期和时间函数	DATE	返回代表特定日期的序列号	DAY	返回用序列号表示的某日期的天数
	MONTH	返回以序列号表示的日期中的月份	YEAR	返回对应于某个日期的年份

续表

分类	名　称	功　　能	名　称	功　　能
工程函数	BIN2DEC	将二进制数转换为十进制数	DELTA	测试两个数值是否相等
	IMSIN	返回以 $x+yi$ 或 $x+yj$ 文本格式表示的复数的正弦值	BESSELI	返回修正 BESSEL 函数值，它与用纯虚数参数运算时的 BESSEL 函数值相等
财务函数	EFFECT	计算实际年利息率	FV	计算投资的未来值
	PMT	计算固定利率下的等额分期还贷		
信息函数	ISBLANK	判断参数引用的单元格是否是空白单元格。如果是空白单元格，返回逻辑值 True，否则返回逻辑值 False	ISEVEN	判断参数是否是偶数。如果是偶数，返回逻辑值 True，否则返回逻辑值 False
用户自定义函数	使用 VBA 自定义函数	①单击"开发工具|Visual Basic"，打开 VBA 编辑器； ②执行"插入"→"模块"菜单命令，插入一个新的模块； ③在代码窗口中输入代码，自定义函数		

（3）基于数据分析的常用工具

要使 Excel 中数据得到规范的利用，如作为数据存储表单或数据库，在创建数据清单（数据表）中需要遵循以下原则：

① 数据清单的第一行必须为文本类型，即必须要有标题行。

② 一个数据清单最好占用一个工作表。

③ 数据清单是一片连续的数据区域，不要出现空行和空列。

④ 每一列包含相同类型的数据。

⑤ 工作表的数据清单与其他数据间至少应留出一个空列和一个空行；不要在单元格开头和末尾输入多余空格，否则会影响排序与搜索。

规范的数据清单，数据便可被整体利用和分析，为此系统设计有：排序、筛选、分组、分列、分类汇总、数据透视表等常用工具。其功能如下：

① 排序：根据数据清单中的一列或多列数据的大小重新排列记录的顺序。从小到大排列为升序，从大到小排列为降序。这里的一列或多列称为排序的关键字，Word 最多可依据 3 个关键字排序。排序有升序和降序两种，其中升序以数字、英文字母和汉字拼音为序，即汉字排最后。排序分列排序和行排序，列排序是以列为排序关键字，整行移动，即重新调整行的位置；行排序是以行为排序关键字，整列移动，即重新调整列的位置。排序可实现分类的作用。

② 筛选：筛选（即查询或搜索）是查找和处理区域中数据子集的快捷方法。筛选区域仅显示满足条件的行，该条件由用户针对某列指定。其中，条件是所指定的限制查询或筛选的结果集中包含哪些记录的条件。

③ 分组：将一定范围的行或列数据关联起来形成组，以便按组折叠或展开显示，分组也具有分类的作用。分组显示就是可以创建树形显示，需要显示下一级明细时就单击"+"按钮展开，隐藏时就单击"−"按钮折叠。

④ 分列：将单元格内容按分隔符号分成多个独立的列，如图 5-18 所示。

⑤ 分类汇总：就是根据指定的类别（某一指定列），将数据（另一列）进行汇总统计。汇总方式包括求和、计数、平均值、最大值、最小值、乘积等 11 个。分类汇总时，需要先将指定的列数据排序分类，而后选取汇总项（列）和计算方式。分类汇总结果是形成汇总报告。

	A	B	C	D
1	分列前时间数据	分列后时间数据（空格为分隔符号）		
2	2015/4/6　星期一　15:10	2015/4/6	星期一	15:10
3	2015/4/7　星期二　17:11	2015/4/7	星期二	17:11
4	2015/4/8　星期三　10:12	2015/4/8	星期三	10:12
5	2015/4/9　星期四　9:13	2015/4/9	星期四	9:13
6	2015/4/10　星期五　10:14	2015/4/10	星期五	10:14

图 5-18　按指定的分隔符分列显示

⑥ 数据透视表：对数据清单的数据进行筛选、排列和分类汇总依次完成形成动态数据分析报表。一种交互式的数据分类汇总报表，可以进行各种计算，如求和、平均值和计数等。报表行列标签，取决于要分析的数据清单中所选字段，所选字段之间要有其数据汇总分析的实际意义。例如，营业员字段与所销售的商品字段之间，就有各营业员与其销售商品的销售额汇总分析的实际意义。通过数据透视表制作出每个营业员销售不同商品的总销售额汇总报表；学生字段与各门课程字段之间，就有学生获得各门课程成绩的汇总分析实际意义。通过数据透视表制作出每个学生获得各门课程成绩的总成绩汇总报表。

汇总计算类型包括求和、计数、平均值、最大值、最小值、乘积、数字计数、标准偏差、总体标准偏差、方差、总体方差共 11 个。

（4）统计模拟分析

Excel 自带的数据统计分析工具，可进行数据的统计或工程分析，工具包括方差分析、协方差、相关系数、回归分析、抽样、傅里叶分析、指数平滑、t 检验等。这些数据分析工具，需要学习数学中的概率统计知识后方可理解使用。

Excel 默认情况没有加载工具，各版本都是通过加载宏来实现添加的，如工具设置：选择"文件"→"选项"→"加载项"，单击"转到"按钮，选中"分析工具库""规划求解加载项"复选框。

（5）Excel 图表化

在 Excel 的图表化工具 MS-Graph 中，提供了可以创建 11 个大类的图表，每一个大类类型里又细分了若干个小类。11 个大类分别是：柱形图、折线图、饼图、条形图、面积图、XY（散点图）、股价图、曲面图、圆环图、气泡图和雷达图等。

其中：一维图有饼图、圆环图和雷达图等。尽管有三维图之称，如三维饼图，但是在 Y 和 Z（或半径和厚度）方向均为常量，是一种"假"的三维图，仅仅是为了视觉美观。二维图有柱形图、折线图、条形图、面积图、XY（散点图）、股价图、曲面图和气泡图等。

图表产生的位置分为两类：以对象嵌入到已有的工作表中和形成新的工作表，称为图表工作表。

嵌入图表可看作一个图形对象，浮动在工作表中，并作为工作表的一部分进行保存。

图表工作表是整个工作表为一个独立的图表工作表。

5.3.4　Excel 2010 表格的制作流程

Excel 2010 启动之后打开的窗口称为"主窗口"。这个窗口实际上由两部分组成：Excel 应用程序窗口和打开的工作簿文档窗口。像其他 Windows 应用程序一样，Excel 应用程序窗口主要由标题栏、常用工具栏、选项卡、功能区、工作表编辑区、状态栏、滚动条等组成。Excel 的工作簿文档窗口主要由工作表编辑区组成。工作表编辑区是制作表格的主要区域。

启动 Excel 之后创建的文档称为"工作簿"，每个工作簿里包含 3 个或者多个"工作表"，工作簿中工作表的个数可以在"文件"→"选项"→"常规"对话框里设置。默认的工作表名称为 Sheet1、Sheet2、Sheet3……用户可以根据需要修改工作表名称。

在 Excel 2010 中，电子表格的编辑和排版的主要步骤和流程如下：

① 新建工作簿：默认空白工作簿，进行预期的页面设置。工具：选择"页面布局"选项卡设置纸张大小和纸张方向。

② 输入表格内容和编辑：将所有的表格内容输入完成，如果数据来自外部数据源，则从外部获得数据。工具：通过"数据"选项卡操作。

③ 根据原始数据，使用公式和函数计算：计算所有的中间数据和结果数据。工具："公式"选项卡或者编辑栏的"插入函数"按钮 *f*。

④ 工作表格式化：画框线、设置字体、字形、字号、颜色、对齐方式、设置行高列宽、单元格条件格式、标题居中、行列的插入删除等。工具："开始"选项卡。

⑤ 插入对象：插入批注、插入图片、插入艺术字、插入图表、插入数据透视表、插入页眉页脚、插入分隔符、插入背景图片等。工具："插入"选项卡。

⑥ 使用普通视图、分页预览、页面布局视图调整各个对象的布局，重新调整纸张大小、纸张方向、页边距、设置每页重复标题等。工具："视图"和页面布局选项卡。

⑦ 根据需要，对指定的数据排序、分类汇总、筛选等。工具："数据"选项卡。

⑧ 表格最后检查、校验和打印。

说明：上面的③～⑤操作流程是可以穿插进行的，并不是固定不变的，熟练掌握 Excel 操作以后，这些操作是可以变通的。

5.3.5 案例分析

设计某学院 2010 级期末考试成绩表，并进行分析。该成绩表包括三门课程的考试成绩，其中"计算机基础"满分 150 分，需要转换为百分制，没有计算机成绩的同学是已过计算机二级等级考试的。然后计算每位同学三门课程的平均成绩，并按平均成绩排名次，针对"计算机基础"成绩做一个如表 5-4 所示的计算机成绩分析。案例所对应的素材文件名为：C5-3-4 案例分析素材.xlsx（与课件一起打包）

表5-4 计算机成绩分析

人数	考试人数	缺考人数	最高成绩	最低成绩	平均成绩	≥90（优）	89～80（良）	79～70（中）	69～60（及格）	<60（不及格）	通过人数	通过率/%
3172	3164	8	98.1	35	75.8	274	1010	1050	587	243	2921	92.3
	百分比					8.7	31.9	33.2	18.6	7.7	100	

人数 3 172，考试人数 3 164，缺考人数 8，最高成绩 97.8，最低成绩 35，平均成绩 75.8，……

1. 表格中的原始数据与数据的分析

① 原始数据：序号、院系、学号、班级、姓名、计算机、英语、高数。

② 中间数据：由原始数据派生出的为获得最后结果的中间数据，包括：计算机百分成绩、三门课程的平均成绩等。

③ 结果数据：名次、人数、考试人数、缺考人数、最高成绩、最低成绩、平均成绩、≥90 人数及所占百分比、89～80 人数及所占百分比、79～70 人数及所占百分比、69～60 人数及所占百分比、<60 人数及所占百分比、通过人数、通过率。

2. 期望的功能与输出

① 输入和修改原始数据方便快捷。

② 自动计算全部学生的计算机成绩的分析数据（表 5-4），并分别置于相应单元中。

③ 当学生的计算机成绩改变时，即可自动更新表 5-4 的结果。

④ 当学生的其他课程的成绩改变时，对应的平均成绩、名次也可以自动更新。

⑤ 显示或打印输出一张完整的 2010 级成绩表（含柱形统计图）。

3．知识点

此案例涉及公式与函数的使用、工作表的格式设置、插入图表和对象、插入页面页脚、数据管理、页面布局设置和视图等知识点和操作。

4．基本操作要求

（1）公式与函数以及数据的填充

① 计算每位同学的"计算机百分成绩"（在 G3 单元格输入公式"=F3/1.5"，然后使用填充柄完成填充）。

注意：没有参加计算机考试的同学已过计算机二级等级考试的，计算机百分成绩要清零（使用排序操作）。

② 计算每位同学的"计算机百分成绩""英语""高数"三门课程的"平均成绩"。

③ 根据每位同学的"平均成绩"计算出在本专业 3 个班级的排列名次（使用公式：=RANK(J3,$J$3:$J$158,0)）。

④ 根据名次按照如下规则分配奖学金：第 1～5 名的奖学金为 2 000，第 6～10 名的奖学金为 1 800，其余依次递减 100，直到 0 为止（按照"名次"对学生升序排列）。

（2）表格的格式化

① 设置框线：给 A2:L158 所有单元格加上细框线。

② 设置行高、列宽、字体、字号、对齐方式。

设置第 1 行行高为 50，标题水平居中垂直居中，字体为黑体，字号为 20。

设置第 3 行至第 158 行行高 20，C 列宽为 12，其余列宽为 8。

③ 单元格格式设置：将缺考"计算机"的单元格以"蓝色"底纹填充，并加上批注"二级已过，不参加考试"。将缺考的"计算机百分成绩"以"黄色"底纹填充，并加上批注"二级已过，不参加考试"。

将"计算机百分成绩"低于 60 分的以红色字体显示。

（3）计算机成绩分析表格的计算、插入图表及其他对象

① 完成"计算机成绩分析"表格中的所有计算（注意公式中单元格地址的相对引用和绝对引用的使用）。

② 给 G164:K164 单元格区域以及 M163 单元格数据加上百分比符号"%"，并保留小数点后 1 位数。

③ 对 G162:K163 区域创建二维柱形图，图表标题为"各分数段人数对比"，去掉水平网格线和垂直网格线。图表位于"计算机成绩分析"表格的下方。

④ 在图表上方插入艺术字"2010 级期末成绩图表"，艺术字形状为"倒三角"，高度为 1.5 cm，宽度为 13 cm，其他格式自定。

（4）数据管理

① 按照名次查看学生的成绩（排序）。

② 查看各班级各门课程的平均成绩（分类汇总）。

③ 查看各班级奖学金的和（分类汇总）。

（5）页面设置

纸张大小：A4；纸张方向：横向；页边距：上下均为 2.5 cm，左 3 cm，右 2 cm；页眉页脚均为 1.3 cm。

页眉为“法学院 2010 级期末成绩单”，页脚为“第 X 页，共 Y 页”。

打印成绩单时要求每页都有第 3 行标题行（顶端标题行）。

打印成绩单时要求每个班级单独另起一页（插入分页符）。

打印成绩单时要求“计算机成绩分析”表格和图表另起一页（插入分页符）。

（6）视图

在“普通视图”浏览数据时，要求第 2 行始终位于屏幕中（冻结窗格）。

在“页面布局”视图查看并调整整体布局，设置或修改页眉页脚，设置合适的显示比例。

在“分页预览”视图查看并调整分页符的位置。

5. 效果图

完成后的数据表效果图（局部）如图 5-19 所示，完成后的图表如图 5-20 所示。

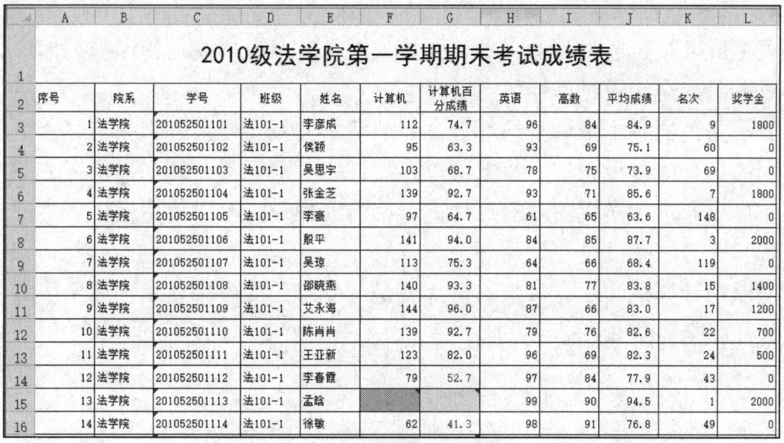

2010级法学院第一学期期末考试成绩表

序号	院系	学号	班级	姓名	计算机	计算机百分成绩	英语	高数	平均成绩	名次	奖学金
1	法学院	201052501101	法101-1	李彦成	112	74.7	96	84	84.9	9	1800
2	法学院	201052501102	法101-1	侯颖	95	63.3	93	69	75.1	60	0
3	法学院	201052501103	法101-1	吴思宇	103	68.7	78	75	73.9	69	0
4	法学院	201052501104	法101-1	张金芝	139	92.7	93	71	85.6	7	1800
5	法学院	201052501105	法101-1	李薇	97	64.7	61	65	63.6	148	0
6	法学院	201052501106	法101-1	殷平	141	94.0	84	85	87.7	3	2000
7	法学院	201052501107	法101-1	吴琼	113	75.3	64	66	68.4	119	0
8	法学院	201052501108	法101-1	邵晓燕	140	93.3	81	77	83.8	15	1400
9	法学院	201052501109	法101-1	艾永海	144	96.0	87	66	83.0	17	1200
10	法学院	201052501110	法101-1	陈肖肖	139	92.7	79	76	82.6	22	700
11	法学院	201052501111	法101-1	王亚新	123	82.0	96	69	82.3	24	500
12	法学院	201052501112	法101-1	李春霞	79	52.7	97	84	77.9	43	0
13	法学院	201052501113	法101-1	孟晗			99	90	94.5	1	2000
14	法学院	201052501114	法101-1	徐敏	62	41.3	98	91	76.8	49	0

图 5-19　完成后的数据表（局部）

计算机成绩分析

人数	考试人数	缺考人数	最高成绩	最低成绩	平均成绩	≥90(优)	89-80(良)	79-70(中)	69-60(及格)	<60(不及格)	通过人数	通过率%
156	151	5	98.0	35.3	66.8	15	11	13	84	28	123	81.5%
						9.9%	7.3%	8.6%	55.6%	18.5%		

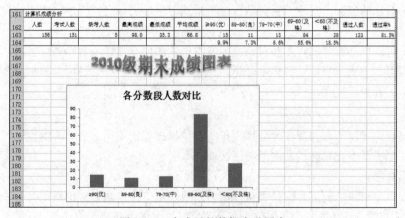

图 5-20　完成后的数据表及图表

5.4　演示文稿软件

演示文稿是把静态文件制作成动态幻灯片集合，把复杂的问题使用通俗易懂的方式表达出来，使之更加生动，给人留下更加深刻的印象。常用的制作演示文稿的软件主要有微软公司的 PowerPoint、金山公司的 WPS 演示和 Apache 软件基金会的 OpenOffice Impress 等。

5.4.1 演示文稿概述

PowerPoint 2010 是微软公司推出的 Office 2010 中的重要组件，主要用来制作演示文稿（俗称幻灯片），用于各种工作汇报、企业宣传、产品推介、婚礼庆典、项目竞标、管理咨询、学术交流、课件制作等一系列活动。通过嵌入对象（例如文本框、表格、公式、艺术字、图形、图像、动画、音频、视频等多媒体信息），对对象进行主题的设置和内容的美化、添加动画和超链接，可以使演示文稿具有炫目的视觉效果、动态的交互功能和强烈的感染力。演示文稿可以联机播放，也可以以投影胶片、打印讲义、网页发布等形式输出。随着办公自动化的普及，PowerPoint 的应用越来越广泛。

由于 Office 2010 组件的窗口界面、操作细节有很多相似之处，所以有些内容不再详细叙述。

5.4.2 演示文稿基本概念

1. 制作演示文稿的基础知识

幻灯片是视觉形象页，通过添加文本、图形、图像等对象向观众传递静态信息，通过动画、音频、视频等对象向观众传递过程性信息。

幻灯片是演示文稿的一个个单独的部分。一个演示文稿文档由若干张幻灯片组成，每张幻灯片是背景与对象的组合体，每张幻灯片上可以存放许多对象元素，例如占位符、图片、文本框、音频、视频等。可以通过切换视图对幻灯片进行编辑或操作，可以使用模板、主题、母版、配色方案和幻灯片版式等方法来设计幻灯片外观。

如果演示文稿用计算机演示，每张幻灯片就是一个单独的屏幕显示。如果演示文稿用投影机放映，每张幻灯片就是一张 35 mm 的幻灯片。

2. 内容

（1）占位符

占位符是指创建新幻灯片时出现的虚线方框。这些方框作为放置幻灯片标题、文本、图片、图表、表格等对象的位置，实际上它们是预设了格式、字形、颜色、图形、图表位置的文本框。

（2）其他对象

幻灯片中可以根据需要插入一些对象，如文本框、图形、图像、剪贴画、艺术字、页眉和页脚、OLE 对象等，前面章节中已有详细介绍，在此不再叙述。另外，还可以根据需要插入一些多媒体对象，例如音频、视频、Flash 动画等。

3. 视图

演示文稿软件提供了多种视图，分别用于突出编辑过程的不同部分。改变视图可用"视图"功能区，或使用屏幕下方状态栏右侧的视图按钮。

（1）普通视图

普通视图由左窗格、幻灯片窗格和备注窗格组成。幻灯片窗格可以编辑幻灯片中的对象，如文本、图形、表格等。备注窗格中可以输入备注文字。左窗格中有两张选项卡（标签），分别为"幻灯片"和"大纲"。"幻灯片"选项卡中以缩略图方式显示多张幻灯片，并可选择多张幻灯片进行移动、删除等操作；"大纲"选项卡主要显示并可编辑各张幻灯片中大纲形式的文字，不包含图形等其他对象。

（2）幻灯片浏览视图

在主窗口中，以缩略图显示演示文稿中的多张幻灯片，并可以对幻灯片进行删除、移动等重新排列和组织，但不能对幻灯片中的具体内容进行编辑。

（3）阅读视图

阅读视图在方便审阅的窗口中查看演示文稿，而不是使用全屏的幻灯片放映视图。此时，如果要更改演示文稿，可以随时从阅读视图切换至某个其他视图。

（4）幻灯片放映视图

观看放映效果，从当前幻灯片开始放映。

4. 格式

设计幻灯片格式可以使用模板、主题、母版和幻灯片版式等方法。

（1）模板

模板是指预先设计了外观、标题、文本图形格式、位置、颜色及演播动画的幻灯片的待用文档。"office.com 模板"为 Office 用户免费提供了多种实用的模板资源，用户可以在 Office.com 模板库中自由下载。

（2）主题

主题是一组统一的设计元素，可以作为一套独立的选择方案应用于文件中，是颜色、字体和图形背景效果三者的组合。使用主题可以简化演示文稿的设计过程，使演示文稿具有某种风格。所以主题也是模板，但它更突出内容来表达一个主题。

（3）母版

母版用来设计幻灯片的共有信息和版面设置。母版分为幻灯片母版、备注母版和讲义母版。幻灯片母版是特殊的幻灯片，是幻灯片层次结构中的顶层幻灯片，存储着有关演示文稿的主题和幻灯片版式的信息，包括背景、颜色、字体、效果、占位符大小和位置等。每个演示文稿至少包含一个幻灯片母版，修改幻灯片母版，可以实现对演示文稿中的每张幻灯片进行统一的样式更改。用户也可以自己在母版中添加占位符。

（4）幻灯片版式

幻灯片版式是演示文稿软件预先设计好的，创建新幻灯片时，用户可以从中选择需要的版式，不同的版式对标题和副标题文本、列表、图片、表格、图表、自选图形和视频等元素有不同的排列方式。有的版式有两项元素，有的版式有三项或更多的项。每一项属于一个占位符，用户可以移动或重置占位符的大小和格式，使它与幻灯片母版不同。应用一个新版式时，所有的文本和对象仍都保留在幻灯片中，但是要重新排列它们，以适应新的版式。

5.4.3　PowerPoint 2010 的功能设计与操作原理

1. PowerPoint 文件设计

PowerPoint 创建和编辑的文档，主要涉及 5 种文件：

① 默认文档格式为为 ppt（2003 之前）和 pptx 或 pptm（2010）。

② 模板文件为 pot（2003 之前）或 potx（2010），可随时方便使用模板创建和编辑文档，用户也可以自己创建。

③ 网页文件为 html 或 mhtml，即可将文档直接保存或转换为网页文件。

④ 放映格式（.ppsx），双击后可以直接进行放映。

⑤ 转换文档：Adobe 公司的便携文档格式 pdf，支持跨平台（与操作系统平台无关），已成为主流格式。演示文稿文档可直接转换为 pdf 格式的文档。

2. 内容设计和格式化

（1）组织幻灯片

对幻灯片的组织包括新建、移动、复制、删除、隐藏幻灯片等操作，在对幻灯片进行操作前，首先要掌握如何选定相应幻灯片。

（2）插入对象

在幻灯片中可以插入文本框、剪贴画、图片、自选图形、艺术字、表格、图表、SmartArt 图等普通对象，另外，根据需要还可插入音频、视频、动画等多媒体对象。

（3）格式化

对幻灯片内的对象进行排版或格式化操作，主要包括：

① 字符格式化，包括对文本内容进行修饰；

② 段落格式化，包括段落对齐、段落缩进、设置行距及段间距、编号与项目符号、设置文本大纲级别等；

③ 幻灯片格式化，主要包括主题设置、背景设置、幻灯片版式设置、母版设置、页眉和页脚设置等；

④ 对象格式化，例如图片、艺术字、自选图形、SmartArt 图形等对象，选中后可通过相应功能区的命令对其进行格式化。

3．功能设计和面板操作原理

PowerPoint 软件的功能界面设计分为两种：一是面向"功能"划分功能类别，把相近的功能归为同一类别；二是面向"服务"划分功能类别，即基于任务流程归纳和划分功能类别。

在 PowerPoint 2003 及以前版本中，都采用第一种方式，将相近的功能归为同一类别，并设置于菜单中形成工具集，以菜单方式和工具栏方式呈现功能，如图 5-21 所示。这种菜单方式为软件的大多数功能提供功能入口，单击以后，即可显示出菜单项，实现具体的功能。用户学习要先了解和熟悉功能菜单，然后在文档编辑和排版中需要哪些功能，再去寻找操作。在 PowerPoint 2003 中，依据相近功能划分，分为 9 个功能菜单："文件""编辑""视图""插入""格式""工具""幻灯片放映""窗口""帮助"等形成菜单栏，它们位于标题栏下方。在 PowerPoint 2003 之后的版本中，将功能做了调整，以面向"服务"重新划分功能类别，并合并出新的类别。

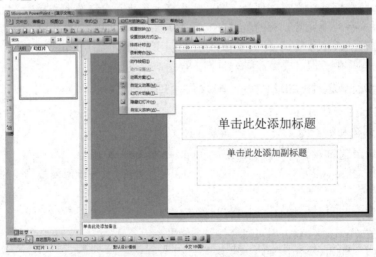

图 5-21   PowerPoint 2003 面向"功能"界面设计

在 PowerPoint 2010 中，将功能以面向"服务"划分类别，以"主选项卡"类别和"面板"为功能区的方式，共 14 个主选项卡类别（见图 5-22），默认显示为其中的 8 个主选项卡，即"开始""插入""设计""切换""动画""幻灯片放映""审阅""视图"等。每个选项卡中有 4~8 个功能面板，其中布局了若干命令按钮和工具控件。

　　为了更方便和具体的服务，系统还设计有：动态选项卡（也称工具选项卡，共 14 个）和浮动工具栏，在操作过程中，系统会依据当时的状态自动显示相应的选项卡和工具栏，这些选项卡和工具栏提供了更细致和具体的工具按钮。如当选中文本框时，主选项卡中就会自动出现"绘图工具"格式选项卡，为操作文本框对象提供服务。

　　由此可见，这种功能设计和操作是以"服务"为导向，更适合用户使用，也称为面向用户服务设计。

　　PowerPoint 2010 保留了"文件"菜单，用户可以进行文件操作，如文件的新建、保存、打开、打印和关闭，以及自定义功能区主选项卡和面板功能的"选项"设置和系统退出等，如图 5-23 所示。

图 5-22　PowerPoint 2010 面向"服务"界面设计

4．幻灯片动态效果设计

（1）动画

　　动画是指对幻灯片中的文本或其他对象（如图表、图形或图片）添加的特殊视听效果，用于突出重点或增加演示文稿的趣味性，幻灯片中的对象可以按时间、速度、方式和路径的设置进行自定义动画显示，例如可以将幻灯片中的标题设计成"自底部飞入"。

（2）幻灯片切换

　　幻灯片切换是对幻灯片设置的一些特殊效果，作为幻灯片放映时引入的形式，即从一张幻灯片变换成另一张幻灯片时的动画设置。用户可以选择各种不同的切换并改变其速度，也可以改变切换效果，以引出演示文稿新的部分或者强调某一张重要的幻灯片。

（3）超链接

　　为了增强交互性，可以通过"超链接"实现在放映时从一张幻灯片跳转到其他目标位置，例如跳转到演示文稿中的另一张幻灯片、其他文档、某个 Web 站点等。任何文本或对象都可以被设置超链接。

（4）动作按钮

　　动作按钮包含了一些形状，如左箭头和右箭头等，类似于超链接，可以插入演示文稿的幻灯片中，并为这些按钮定义超链接。使用这些按钮可以使幻灯片在演示时，通过单击迅速跳转到其他目标位置。

5．幻灯片放映

（1）幻灯片放映方式

PowerPoint 提供了 3 种放映方式，分别是：

① 演讲者放映：可以以全屏幕方式放映演示文稿。放映时演讲者具有完整的控制权，可以将演示文稿暂停或跳转，可以为幻灯片添加备注信息等。

② 观众自行浏览：类似于"阅读视图"，以窗口方式放映，适用于小规模的演示。

图 5-23　PowerPoint 2010 "文件"菜单

③ 在展台浏览：以全屏幕方式放映，适用于展览会场或会议。这种放映方式以"排练计时"来切换幻灯片，放映过程中大多数菜单和命令都不可用，按【Esc】键可结束放映。

（2）自定义放映

"自定义放映"是指将演示文稿中的某些幻灯片组合起来，形成一个放映单元，同一演示文稿可以按需要形成多个放映单元。假设要使用同一个演示文稿对公司中的不同部门做演示，演示时所使用的幻灯片的数量以及次序各有不同，此时可以针对不同的部门分别定义"自定义放映"。

（3）排练计时

通过对演示文稿进行排练计时可以为每张幻灯片记录放映时所需要的时间。排练结束时，如果用户选择保留放映时间，则在幻灯片浏览视图中可以看到每张幻灯片的放映时间。

5.4.4　PowerPoint 2010 的演示文稿制作流程

在 PowerPoint 2010 中，对演示文稿的编辑和排版，一般包括以下步骤和流程：

① 新建演示文稿文档，可以创建空白文档，也可以根据模板创建。

② 对幻灯片进行页面设置、主题、母版等外观设置。

③ 创建幻灯片，创建时需要选择相应幻灯片版式。

④ 在幻灯片中插入相应对象。

⑤ 对幻灯片中对象进行格式设置。

⑥ 对幻灯片中相应对象进行动画设置。

⑦ 对幻灯片的切换效果进行设置。

⑧ 设置幻灯片放映方式，查看放映效果。

⑨ 检查、校验和打印演示文稿。

5.4.5　案例分析

下面讲解的案例对演示文稿进行编辑排版，要求图文并茂、内容丰富，重要知识点的操作都涉及。案例所对应的素材文件名为：C5-4-5_案例分析素材.pptx（与课件一起打包）。

1．知识点

此案例涉及页面设置、主题及背景样式设置、幻灯片版式、文本级别设置、插入对象、设置对象格式、设置动画、设置切换效果、建立超链接、自定义放映等知识点和操作。

2．编辑排版要求

① 将演示文稿分为两个节，将前两张幻灯片作为一节，命名为"第 1 节"，其他幻灯片作为一节，命名为"第 2 节"。

② 为每个小节分别设置名为"暗香扑面"和"波形"的主题样式。

③ 将第一张幻灯片，调整为"标题幻灯片"版式。

④ 在第一张幻灯片中，插入音频文件"月光.mp3"，设置其为连续播放的背景音乐。

⑤ 在第一张幻灯片中，加上副标题，标题内容为作者姓名和当前日期。插入一个"人物"类剪贴画。将主标题设置动画为"轮子"，将副标题设置动画为"浮入"，将剪贴画设置进入动画效果为"螺旋飞入"。为主标题设置地址为 http://www.baidu.com 的超链接。

⑥ 将第二张幻灯片中最后三行文本的文本级别降低一个文本级别，并设置项目符号。

⑦ 将第三张幻灯片中文本转换为 SmartArt 图形"列表"类中的"垂直曲形列表"形状，插入对象后，对其中的内容和图案进行编辑。

⑧ 在标题为"2014 年同类图书销量统计"的幻灯片页中，插入一个 6 行 6 列的表格，列标题分别为"图书名称""出版社""出版日期""作者""定价""销量"。对表格进行动画设置，动画方式为"翻转式由远及近"。

⑨ 在标题为"编写组"的幻灯片中，插入组织结构图。将本幻灯片背景样式设置为"水滴"纹理。设置本幻灯片的切换方式为"揭开"。

⑩ 为演示文稿所有幻灯片设置页眉和页脚。其中，"日期和时间"项设置为"自动更新"，页脚标题为"图书策划"，设置显示幻灯片编号。

⑪ 设置幻灯片母版，插入图片"pic_1.png"，使每张幻灯片都显示相同图片。

⑫ 在该演示文稿中创建一个自定义放映方案，该演示方案包含第一和第三张幻灯片，并将该演示方案命名为"自定义放映方案 1"。

3．效果图

完成后的效果图如图 5-24 所示。

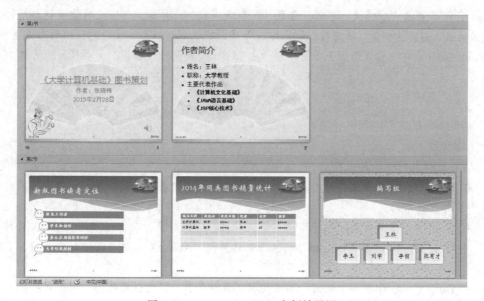

图 5-24　PowerPoint 2010 案例效果图

小　结

办公软件使传统的办公方式发生了深刻变化，工作效率大大提高，并且使用办公软件解决日常工作学习中的文字编辑、表格计算、内容展示已成为必须掌握的基本技能。

办公软件包是为办公自动化服务的系列套装软件，常用的软件包有微软公司的 Microsoft Office、金山公司的 WPS Office 和 Apache 软件基金会的 OpenOffice。这些办公软件都具有很强的办公处理能力和方便实用的界面设计，深受广大用户的喜爱。本章以 Microsoft Office 2010 办公软件为基础，重点介绍了文字处理、表格制作和数据统计分析、幻灯片制作等软件的基本概念、功能设计及操作原理。软件的使用和操作技巧将在配套实验教程中详细讲解。

文字处理软件是指在计算机上辅助人们制作文档的计算机应用程序。Word 是一款文档编辑和排版应用软件，功能强大。基本概念重点归纳出制作文档的基础知识，包括文本和表格内容、对象、视图、格式（装饰）、布局（排版或版式）和标记等；Word 的功能设计与操作原理重点讲解了 Word 文件设计、内容设计和版式、功能设计和面板操作原理；Word 的文档制作流程针对长文档和短文档的撰稿、编辑和排版流程进行了讲解；最后是实际案例的分析。基本要求是按专业水准掌握编辑排版一部图文表格一体的长文档所具备的知识和操作。

电子表格软件是指能够将数据表格化显示，并且对数据进行计算与统计分析以及图表化分析的计算机应用软件。Excel 已是一个数据计算与分析的平台，已成为国内外广大用户管理公司和个人财务、统计数据、绘制各种专业化表格的重要工具。重点归纳出制作电子表格的基础知识，包括表格内容、视图、标记和布局（排版）等；Excel 的功能设计与操作原理重点讲解了 Excel 文件设计、内容设计、功能界面设计和主要功能；Excel 的文档制作流程；最后是实际案例的分析。基本要求是制作表格、公式和常用函数的正确使用、数据计算和分析、图表绘制所具备的知识和操作。

PowerPoint 软件主要用来制作演示文稿，一个演示文稿文档由若干张幻灯片组成，每张幻灯片是背景与对象的组合体，每张幻灯片上可以存放许多对象元素。通过切换视图可以对幻灯片进行编辑或操作，通过使用模板、主题、母版、配色方案和幻灯片版式等方法可以设计幻灯片的外观，通过动画、幻灯片切换、超链接、动作按钮等可以实现对幻灯片及片内对象的动态效果设置。PowerPoint 2010 面向"服务"划分类别，以"主选项卡"类别和"面板"为功能区的方式向用户提供服务。

习　题

一、综合题

1. 办公软件包有哪些特点？

2. 在 Word 中，编辑和操作的内容抽象为三大类：文本、表格和对象等。如何理解不同的内容编辑和操作方式不同？

3. 在 Word 中，了解 4 类对象的不同：常规对象、特殊对象、动态对象和 ActiveX 控件。

4. 在 Word 中，以画图（Bitmap Image）工具为例：ActiveX 控件与常规对象（图片）有何区别？

5. 在 Word 中，设计有 5 个视图：草稿视图、页面视图、阅读版式视图、Web 版式视图和大纲视图。分析其功能的主要区别。

6. 在 Word 中，格式（装饰）是指对内容进行统一的装饰或修饰的规范管理方式，分为：模板、样式和格式化 3 种方式。3 种方式有何区别？

7. 在 Word 中，浮动图片与嵌入图片的区别是什么？要实现图文混排应设置图片为浮动还是嵌入？

8. 在 Word 中，格式刷、样式和模板分别用于什么格式的设置？

9. 在 Word 中，如何生成一个目录？关键要先对文档做什么格式的设置？

10. 在 Word 中，如何插入页眉页脚？如何实现奇偶页的页眉页脚不同？如何实现不同节的页眉页脚不同？

11. 简述 Excel 中文件、工作簿、工作表、单元格之间的关系。

12. Excel 在对单元格的引用时默认采用的是相对引用还是绝对引用？两者有何差别？

13. 在 Excel 中，若有学生成绩工作表，要按专业、性别进行分类统计人数，是用"分类汇总"功能还是"数据透视表"功能实现？

14. 要将 Word、Excel 文档转换成 PDF 文档，最方便的方法是什么？

15. 简述 Word 中的表格与 Excel 中的表格最大的区别。

16. 对 Excel 电子表格中的相对引用、绝对引用和混合引用的正确理解及使用。

17. 对 Excel 电子表格中的透视表的正确理解及使用。

18. 设计一份自己学院简介的演示文稿。内容可包含学院组织结构图、图片资料、视频资料等，通过主题、母版等设置幻灯片的外观，设置幻灯片内动画，设置幻灯片的切换方式，每张幻灯片的放映时间设计为 10 s，并且将幻灯片的放映方式设计成自动切换且循环放映。

19. 个人简历演示文稿的制作。内容可包含个人情况说明、图片资料、视频资料等，通过主题、母版等设置幻灯片的外观，设置幻灯片内动画，设置幻灯片的切换方式，为演示文稿录制旁白，将幻灯片的放映方式设计成自动切换且循环放映。

20. 为何针对不同的操作系统要开发出不同的办公软件（如 MS Office）？

二、网上练习

1. 了解微软公司的 Microsoft Office 办公软件包。

2. 了解金山公司的 WPS Office 办公软件包

3. 了解 Apache 软件基金会的 OpenOffice 办公软件包。

4. 了解 ActiveX 控件或称 OLE 对象。

5. 用百度中文搜索引擎搜索 Word 的图文混排高级排版实例。

6. 用百度中文搜索引擎搜索 Excel 公式函数的应用实例。

7. 如何在演示文稿中插入分节符？

8. 如何在幻灯片中插入 Flash 动画？

9. 如何在幻灯片中插入用来播放视频的媒体播放器？

第 6 章　数据库技术基础

　　数据库技术是现代信息科学与技术的重要组成部分，是计算机数据处理与信息管理系统的核心，产生于 20 世纪 60 年代末，并于 70 年代之后得到迅猛发展。时至今日，数据库技术已经深入企业管理、工程管理、数据统计、多媒体信息系统等领域，成为计算机科学与技术的一个重要分支。

　　本章将依次介绍数据库技术基础知识、数据库系统的内部体系结构、数据模型、关系数据库、数据库设计和 SQL 等内容，围绕数据库技术的基本概念和相关理论展开讨论，为进一步深入学习数据库技术提供准备和基础。

6.1　数据库技术基础知识

　　数据库的出现使数据处理进入了一个崭新的时代，它能把大量的数据按照一定的结构存储起来，在数据库管理系统的集中管理下，实现数据共享。数据库技术是信息系统的核心技术，是一种计算机辅助管理数据的方法，它研究如何组织和存储数据，如何高效地获取和处理数据，并通过研究数据库的结构、存储、设计、管理以及应用的基本理论和实践方法，来实现对数据库中的数据进行理解、分析和处理。即数据库技术是研究管理和应用数据库的一门软件学科，其涉及的研究和管理的具体内容包括：通过对数据的统一组织和管理，按照指定的结构建立相应的数据库和数据仓库；用数据库管理系统和数据挖掘系统设计出具有多种功能的应用系统，能够对数据库中的数据进行添加、修改、删除、处理、分析、理解、报表设计和打印等；利用应用管理系统最终实现对数据的处理、分析和使用。

　　在系统地介绍数据库技术之前，下面首先介绍一些数据库最常用的术语和基本概念。

6.1.1　数据库的基本概念

1. 数据

　　数据（Data）是指存储在某一种媒体上、能够识别的物理符号及其组合。这个概念包括两方面的含义：一是描述事物的数据内容和形式；二是能够在某一种媒体上存储。

　　数据在大多数人头脑中的第一个反应就是数字，如 1992、–314.5、￥100 等。其实数字只是最简单的一种数据，是数据的一种传统和狭义的理解。广义的理解认为数据的种类很多，不仅包括数字、文字和其他特殊字符组成的文本形式，还包括图形、图像、音频、动画、视频等多媒体形式。所以，数据的概念在计算机领域中已经被大大拓宽，如学生的档案、教师的基本情况、货物的运输情况等，这些都是可识别的不同形式的数据。

2. 数据库

　　通过一个实例来说明数据库（DataBase, DB）。每个人都有很多亲戚和朋友，为了保持与他们的联系，常常用通信录将他们的姓名、地址、电话等信息记录下来，这样要查找电话或地址就很方便了。这个"通信录"就是一个最简单的"数据库"，每个人的姓名、地址、电话等信息就是这个数据库中的"数据"。人们可以在通信录这个"数据库"中添加新朋友的个人信息，也可以由于某个朋友的电话变动而修改他的电话号码这个"数据"。人们使用通信录这个"数据库"是为了能随时查到某位亲戚或朋友的地址或电话号码这些"数据"。在人们的生活中，这样的"数据库"随处可见。

严格地讲，数据库是指长期存储在计算机内的、有组织的、可共享的数据的集合。它不仅包括描述事物的数据本身，而且包括相关事物之间的关系和数据用途。数据库能为多个用户所共享，指的是数据库中的数据往往不只是面向某一项特定的应用，而是面向多种应用，可以被多个用户、多个应用程序共享。

3. 数据处理

数据处理（Data Processing）是指以数据利用为前提，对各种形式的数据进行收集、存储、加工和传播的一系列活动的总和。

4. 数据库应用系统

数据库应用系统（Database Application System）是指系统开发人员利用数据库系统的数据资源开发的面向某一类实际应用的软件系统。例如，以数据库为基础的学生教学管理系统、财务管理系统、人事管理系统、图书管理系统、生产管理系统等。不论是面向内部业务和管理的管理信息系统，还是面向外部提供信息服务的开放式信息系统，都是以数据库为基础和核心的计算机应用系统。

5. 数据库管理系统

数据库管理系统（DataBase Management System，DBMS）是位于用户与操作系统之间的一层数据管理软件，是为数据库的建立、使用和维护而配置的软件。

数据库管理系统和操作系统一样，是计算机的基础软件，也是一个大型复杂的软件系统，它包括数据定义、数据组织、存储和管理、数据操纵、数据库的事务管理和运行管理、数据库的建立和维护等主要功能，能够保证数据的安全性、完整性、多用户对数据的并发使用及发生故障后的系统恢复。

目前，常见的数据库管理系统有 SQL Server、Oracle、MySQL、Sybase、DB2 等。

6. 数据库系统

数据库系统（DataBase System，DBS）是指引进数据库技术后的计算机系统，一般由 5 部分组成：硬件系统、数据库、数据库管理系统及相关软件、数据库管理员（DataBase Administrator，DBA）和用户。这 5 部分构成了以数据库为核心的完整的运行实体。

其中，硬件系统要有足够大的内存，存放操作系统、数据库管理系统的核心模块、数据缓冲区和应用程序；要有足够大的磁盘或磁盘阵列等设备存放数据库，要有足够大的磁带或光盘作数据备份；硬件系统要有较高的通道能力，以提高数据传送率。

除了数据库管理系统外，其他软件主要有支持数据库管理系统运行的操作系统、具有与数据库接口的高级语言及其编译系统，以及以数据库管理为核心的应用程序工具和为特定应用环境开发的数据库应用系统。

而数据库管理员是数据库系统中的专门人员或者管理机构，负责监督和管理数据库系统，其主要工作为：①数据库设计；②数据库维护，如监控数据库的运行和使用，进行数据库的改造、升级和重组等；③改善系统性能，提高系统效率。

用户指通过应用系统的用户接口使用数据库的最终用户。

实际应用中，在不引起混淆的情况下，人们常常把数据库系统简称数据库。

6.1.2　数据管理技术的发展

数据处理的中心问题是数据管理，而数据管理任务的需要产生了数据库技术。计算机对数据的管理是指对数据进行分类、组织、编码、存储、检索和维护。随着计算机软硬件技术的不断发展和应用领域的扩大，数据管理方面经历了由低级到高级的发展过程，数据管理技术经历了人工管理、文件系统、数据库系统、分布式数据库系统和面向对象数据库系统等几个阶段。

1．人工管理

20 世纪 50 年代中期以前，计算机主要用于科学计算。当时的硬件状况是，外存储器只有纸带、卡片、磁带，没有像磁盘这样的可以随机访问、直接存取的外部存储设备。软件状况是，没有操作系统，没有专门管理数据的软件，数据由计算或相应的处理程序自行携带。数据管理任务，包括存储结构、存取方法、输入/输出方式等完全由程序设计人员自行负责。

这一时期数据管理的特点是：数据与程序不具有独立性，一组数据对应一组程序。数据不能长期保存，程序运行结束后就退出计算机系统。一个程序中的数据无法被其他程序使用，因此程序与程序之间存在大量的重复数据，称为数据冗余。

2．文件系统

20 世纪 50 年代后期到 60 年代中期，计算机的应用范围逐渐扩大，计算机不仅用于科学计算，而且还大量用于管理。这时可以直接存取的磁鼓、磁盘成为联机的主要外部存储设备；在软件方面，出现了高级语言和操作系统。操作系统中已经有了专门的数据管理软件，称为文件系统。

在文件系统阶段，程序和数据有了一定的独立性，可以分别存储，有了程序文件和数据文件的区别。数据文件可以长期保存在外存储器上被多次存取。在文件系统的支持下，程序只需用文件名就可以访问数据文件，程序员不必关心数据在外存储器上的地址以及内外存之间交换数据的具体过程。

但是，文件系统中的数据文件是为了特定业务需要而设计的，服务于某一特定应用程序，数据和程序相互依赖。同一数据项可能重复出现在多个文件中，文件之间缺乏联系，导致数据冗余度大，不仅浪费存储空间，增加更新开销，更严重的是，由于不能统一修改，容易造成数据的不一致。

文件系统存在的这些问题阻碍了数据管理技术的发展，不能满足日益增长的信息需求，这正是数据库技术产生的原动力，也是数据库系统产生的背景。

3．数据库系统

20 世纪 60 年代后期以来，计算机管理的对象规模越来越大，应用范围越来越广泛，需要计算机管理的数据量急剧增长，同时多种应用、多种语言互相覆盖地共享数据集合的要求越来越强烈。

这时，硬件已有大容量磁盘，硬件价格下降，软件价格则上升，为编制和维护系统软件及应用程序所需的成本相对增加。在处理方式上，联机实时处理要求更多，并开始提出和考虑分布处理。在这种背景下，以文件系统作为数据管理手段已经不能满足应用的需求，于是为解决多用户、多应用共享数据的需求，使数据为尽可能多的应用提供服务，出现了数据库技术和统一管理数据的专门软件系统——数据库管理系统。

数据库技术的主要目的是有效地管理和存取大量的数据资源，包括提高数据的共享性，使多个用户能够同时访问数据库中的数据；减小数据的冗余，以提高数据的一致性和完整性；提供数据与应用程序的独立性，从而减少应用程序的开发和维护代价。

1968 年美国 IBM 公司研制成功的信息管理系统（Information Management System，IMS）标志着数据管理技术进入了数据库系统阶段。IMS 是层次模型数据库。1969 年美国 CODASYL（Conference on Data System Languages，数据系统语言协会）委员会公布了 DBTG 报告，对研制开发网状数据库系统起到了推动作用。自 1970 年起，IBM 公司的 E.F.Codd 连续发表论文，奠定了关系数据库的理论基础。目前关系数据库系统已成为当今最流行的商用数据库系统。

在数据库系统中，数据已经成为多个用户或应用程序共享的资源，已经从应用程序中完全独立出来，由数据库管理系统统一管理。数据库系统数据与应用程序的关系如图 6-1 所示。

图 6-1　数据库系统数据与应用程序的关系

20 世纪 80 年代后，随着计算机软硬件技术的发展，不仅服务器上，甚至一些微机上也配置了数据库管理系统，使数据库技术得到更加广泛的应用和普及。同时，数据库技术与通信技术、多媒体技术、人工智能技术、面向对象程序设计技术、并行计算技术等相互渗透、相互结合，使数据库系统产生了新的发展，成为当代数据库技术发展的主要特征。

4．分布式数据库系统

分布式数据库系统是物理上分散存储而逻辑上统一整体的数据库系统。它使用计算机网络将地理位置分散而管理和控制又需要不同程度集中的数据库连接起来，共同组成一个统一的数据库系统。20 世纪 70 年代之前，数据库系统多数是集中式的。网络技术的发展为数据库提供了分布式运行环境，从主机/终端体系结构发展到客户机/服务器（Client/Server，C/S）系统结构。

目前使用较多的是基于客户机/服务器系统结构。C/S 结构将应用程序根据应用情况分布到客户的计算机和服务器上，将数据库管理系统和数据库放置到服务器上，客户端程序使用开放数据库连接（Open DataBase Connectivity，ODBC）标准协议通过网络访问远端数据库。

5．面向对象数据库系统

数据库技术与面向对象程序设计技术相结合产生了面向对象数据库系统。面向对象数据库采用面向对象的观点来描述现实世界，能够自然地存储复杂的数据对象以及这些对象之间的复杂关系，克服了传统数据库的局限性，大幅度地提高了数据库管理效率，降低了用户使用的复杂性。

近年来，数据库技术和计算机网络技术的发展相互渗透、相互促进，已成为当今计算机领域发展迅速、应用广泛的两大领域。数据库技术不仅应用于事务处理，还进一步应用到情报检索、人工智能、专家系统、计算机辅助设计领域。尤其是在我国，由于电商领域的繁荣，需求驱动了数据库的高速发展。2017 年 11 月 11 日支付宝首次公布数据库处理峰值，即 4 200 万次/s，它的含义是在支付峰值产生的那一秒里，自主研发的数据库 OceanBase 平稳处理了 4 200 万次（SQL 语句）请求数，这也意味着中国自主研发的数据库已经跃升至全球数据库的第一梯队。OceanBase

数据库是阿里巴巴和蚂蚁金服完全自主研发的金融级分布式关系数据库系统，是一个支持海量数据的高性能分布式数据库系统，实现了数千亿条记录、数百 TB 数据上的跨行跨表事务处理。在世界大规模事务性需求的分布式数据库中，OceanBase 是第一家，在高端金融领域打破了传统商业数据库的垄断，为金融科技的国产化进程迈出了重要一步。

6.1.3 数据库系统的特点

数据库系统的主要特点如下：

1. 实现数据共享，减少数据冗余

在数据库系统中，对数据的定义和描述已经从应用程序中分离出来，通过数据库管理系统来统一管理。数据库系统从整体角度看待和描述数据，数据不再面向某个应用而是面向整个系统，因此数据可以被多个用户、多个应用共享使用。

建立数据库时，应当以全局的观点组织数据库中的数据，而不应像文件系统那样只考虑某一个部门的局部应用，这样才能发挥数据共享的优势。数据库中存放整个组织通用化的数据集合，某个部门通常仅使用总体数据的一个子集。

例如，一个学校的管理信息系统中不仅要考虑教务部的课程管理、学生选课管理、成绩管理，还要考虑学工部的学生学籍管理、财务部的学费管理等。因此，学校管理信息系统中的学生数据就要面向各个部门的应用而不仅仅是教务部的一个学生选课应用。

2. 采用特定的数据模型

数据库中的数据是有结构的，这种结构由数据库管理系统支持的数据模型表现出来。数据库系统不仅可以表示事物内部的联系，而且可以表示事物与事物之间的联系，从而反映出现实世界事物之间的联系。因此，任何数据库管理系统都支持一种抽象的数据模型。

3. 具有较高的数据独立性

数据独立性是指把数据从程序中分离出去，即数据与程序相互独立存在。数据独立性包括物理独立性和逻辑独立性。物理独立性是指用户的应用程序与存储在磁盘上的数据是相互独立的，逻辑独立性是指用户的应用程序与数据库的逻辑结构是相互独立的，也就是说，数据的逻辑结构改变了，用户程序也可以不改变。

数据独立性由数据库系统的内部体系结构来保证。用户操作数据时，只需要考虑简单的逻辑结构，无须考虑数据在存储器上的物理位置与结构。

4. 有统一的数据控制功能

数据库可以被多个用户或应用程序共享，这将会带来一定的安全隐患。而数据的存取操作往往是并发的，即多个用户同时使用同一个数据库，这又会带来不同用户间相互干扰的隐患。所以，数据库管理系统必须提供必要的保护措施和统一的数据控制功能，才能保证数据库中数据的正确与一致。这些数据控制功能包括并发访问控制功能、数据的安全性控制功能和数据的完整性控制功能。

6.2　数据库系统的内部体系结构

虽然实际的数据库管理系统产品种类很多，它们支持不同的数据模型，使用不同的数据库语言，建立在不同的操作系统之上，数据的存储结构也各不相同，但它们在数据库系统内部的体系结构上通常都具有相同的特征，即采用三级模式与两级映射，以此构成了数据库系统内部的抽象结构体系，如图 6-2 所示。

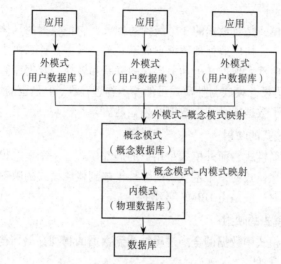

图 6-2 三级模式、两级映射关系图

6.2.1 三级模式

数据模式是数据库系统中数据结构的一种表示形式,具有不同的层次与结构方式。数据库系统的数据模式分为三级,分别是外模式、概念模式和内模式。

1. 外模式

外模式(External Schema)又称子模式(Subschema)或用户模式(User's Schema)。它是数据库用户能够看见和使用的局部数据的逻辑结构和特征的描述,是数据库用户的数据视图,是与某一应用有关的数据的逻辑表示。

2. 概念模式

概念模式(Conceptual Schema)是数据库系统中全体数据的逻辑结构和特征的描述,是所有用户的公共数据视图。它是数据库系统模式结构的中间层,既不涉及具体的硬件环境与平台,又与具体的应用程序、所使用的应用开发工具及高级程序设计语言无关。

概念模式给出了系统全局的数据描述,是数据的抽象,如整型数值、日期型数值、文本等,而外模式则给出每个用户的局部数据描述,是实际问题的数据,如姓名、学号、班级、数学成绩等。一个概念模式可以有若干个外模式,如文本可对应姓名、班级、商品名称等,每个用户只关心与他有关的模式,这样不仅可以屏蔽大量无关信息而且有利于保护数据。

3. 内模式

内模式(Internal Schema)又称物理模式(Physical Schema),是数据物理结构和存储方式的描述,是数据在数据库内部的组织方式。它给出了数据库物理存储结构与物理存取方法,如数据存储的文件结构、索引、集簇及哈希等存取方式与存取路径。内模式的物理性主要体现在操作系统及文件级上。内模式对一般用户是透明的,但它的设计直接影响数据库系统的性能。

模式的 3 个级别层次反映了模式的 3 个不同环境以及它们的不同要求,其中内模式处于最底层,它反映了数据在计算机物理结构中的实际存储形式,概念模式处于中层,它反映了设计者的数据全局逻辑要求,而外模式处于最外层,它反映了用户对数据的要求。

6.2.2　两级映射

数据库系统的三级模式是对数据的 3 个级别的抽象，它把数据的具体组织留给数据库管理系统管理，使用户能逻辑地、抽象地处理数据，而不必关心数据在计算机中的具体表示方式与存储方式。为了能够在系统内部实现这 3 个抽象层次的联系和转换，数据库管理系统在这三级模式之间提供了两级映射，使得概念模式与外模式虽然并不物理存在，但是也能通过映射而获得其实体。此外，两级映射也保证了数据库系统中数据的独立性。

1．外模式到概念模式的映射

概念模式是一个全局模式，而外模式是用户的局部模式。一个概念模式中可以定义多个外模式，而每个外模式是概念模式的一个基本视图。外模式到概念模式的映射给出了外模式与概念模式的对应关系，这种映射一般是由 DBMS 实现的。

2．概念模式到内模式的映射

该映射给出了概念模式中数据的全局逻辑结构到数据的物理存储结构间的对应关系，此种映射一般也是由 DBMS 实现的。

6.3　数　据　模　型

人们经常以模型来刻画现实世界中的实际事物。地图、沙盘、航模都是具体的实物模型，它们会使人联想到真实生活中的事物。人们也可以用抽象的模型来描述事物及其运动规律，它是以实际事物的数据特征的抽象表示来刻画事物的，描述的是事物数据的表征及其特性。

由于计算机不可能直接处理现实世界中的具体事物，所以人们必须事先把具体事物转换成计算机能够处理的数据，把现实世界中具体的人、物、活动、概念用数据模型（Data Model）这个工具来抽象、表示和处理。通俗地讲，数据模型就是对现实世界的模拟，是对现实世界数据特征的抽象。

现有的数据库系统都是基于某种数据模型的，数据库技术的发展就是沿着数据模型的主线推进的。

6.3.1　数据模型的基本类型

数据模型的作用是将现实世界的事物反映到计算机数据库中的物理世界，这种反映是一个逐步转化的过程，分为两个阶段：由现实世界开始，经历信息世界而至机器世界。

现实世界的事物反映到人的大脑中来，人们把这些事物抽象为一种既不依赖于具体的计算机系统，又不为某一 DBMS 支持的概念模型，然后再把概念模型转换为计算机上某一 DBMS 支持的数据模型。从客观现实到计算机的描述，要有不同的数据模型，数据抽象的 3 个阶段如图 6-3 所示。

图 6-3　数据抽象的 3 个阶段

数据库用数据模型对现实世界进行抽象，现有数据库系统均是基于某种数据模型的。数据模型描述的 3 个部分是：数据结构、数据操作与数据约束。

- 数据结构：描述数据的类型、内容、性质及数据间的联系等。
- 数据操作：主要描述在相应的数据结构上的操作类型与操作方式。
- 数据约束：主要描述数据结构内数据间的语法、语义联系，它们之间的制约与依赖关系，以及数据动态变化的规则，以保证数据的正确、有效与相容。

数据模型按不同的应用层面分成 3 种：

1. 概念数据模型

概念数据模型（Conceptual Data Model，CDM）简称概念模型，是一种面向客观世界、面向用户的模型，与具体的数据库管理系统和计算机平台无关。概念模型着重于对客观世界复杂事物的结构描述及其间内在联系的刻画。概念模型是整个数据模型的基础。目前，较为有名的概念模型有 E-R 模型、扩充的 E-R 模型、面向对象模型及谓词模型等。

2. 逻辑数据模型

逻辑数据模型（Logic Data Model，LDM）又称数据模型，是概念数据模型的延伸，介于概念数据模型和物理数据模型之间，表示概念之间的逻辑次序，是一个属于方法层次的模型。它一方面描述了实体、实体属性以及实体之间的关系，另一方面又将继承、实体关系中的引用等在实体的属性中进行展示。逻辑数据模型使得整个概念数据模型更易于理解，同时又不依赖于具体的数据库实现。因此，数据模型是一种面向数据库系统的模型，该模型着重于在数据库系统一级的实现。概念模型只有在转换成数据模型后才能在数据库中得以表示。目前，逻辑数据模型也有很多种，较为成熟并先后被人们大量使用过的有：层次模型、网状模型、关系模型、面向对象模型等。

3. 物理数据模型

物理数据模型（Physical Data Model，PDM）又称物理模型，是一种面向计算机物理表示的模型，此模型给出了数据模型在计算机上物理结构的表示。

6.3.2　E-R 模型

概念模型是面向现实世界的，它的出发点是有效和自然地模拟现实世界，给出数据的概念化结构。长期以来被广泛使用的概念模型是 E-R 模型（Entity-Relationship Model）（或实体-联系模型），它于 1976 年由 Peter Chen 首先提出。该模型将现实世界的要求转换成实体、联系、属性等几个基本概念，并且可以用一种图直观地表示出来。

1. E-R 模型的基本概念

（1）实体

客观存在并相互区别的事物称为实体（Entity）。实体可以是实际的事物，也可以是抽象的事物。例如，学生、课程、读者等都是实际事物；学生选课、借阅图书等都是抽象事物。具有共性的实体可组成一个集合，称同类型实体的集合为实体集。例如，学生是实体，全体学生就是一个实体集；图书馆的图书是实体，所有数学类或计算机类的图书就是一个实体集。

（2）属性

现实世界的事物均有一些特性，这些特性可以用属性（Attribute）来表示，因此，属性用来描述实体特征。一个实体可以由若干个属性来描述，每个属性都可以有值，一个属性的取值范围称为属性的值域。例如，学生实体用学号、姓名、性别、出生年份、系、入学时间等属性来描述，其中性别中的男或女取值，就是属性值。唯一标识实体的属性集称为主码。例如，学号是学生实体的主码，图书号是图书实体的主码。

在上面的例子中，学生表（学号，姓名，性别，出生年份，系，入学时间）和图书表（图书编号，分类号，书名，作者，单价）就是学生实体和图书实体，括号内是实体的属性；数据（980102，刘力，男，1980，自动控制，1997）和（098765，TP298，Access 教程，张三，30.50）就是一个具体的学生和图书的实体属性值；所有的学生和图书属性值就是学生实体集和图书实体集。而学号和图书编号可作为两张表的主码。

（3）联系

实体之间的对应关系称为联系（Relationship），反映现实世界事物之间的相互关联。两个实体间的联系可以归结为 3 种类型：

① 一对一联系，简记为 1∶1。如果一个学校只能有一个校长，一个校长不能同时在其他学校或单位兼任校长，在这种情况下，学校与校长之间存在一对一联系。

② 一对多或多对一联系，简记为 $1∶N$（$1∶n$）或 $N∶1$（$n∶1$）。例如，一个学院中可以有多名学生，而一个学生只能在一个学院中注册学习。学院和学生之间存在一对多联系。

③ 多对多联系，简记为 $M∶N$（$m∶n$）。例如，一个学生可以选修多门课程，一门课程可以被多名学生选修。因此，学生和课程之间存在多对多联系。

由实体、属性、联系三者结合起来才能表现现实世界，E-R 模型就是由上面 3 个基本概念组成的。

2. E-R 模型的图示表示

- 矩形框：表示实体，实体名称写在矩形框内。
- 椭圆形框：表示属性，属性名称写在椭圆形框内。
- 菱形框：表示联系，联系名称写在菱形框内。
- 无方向线段：表示连接关系，如属性与实体和联系之间用无向线段连接，实体集与联系的连接关系，通过无向线段连接表示。

例如，由学生实体 student、课程实体 course 以及依附于它们的属性和它们间的选课联系 SC 构成了一个学生课程联系的概念模型，其中 student 与 course 为多对多联系，student 的属性为学号 S#、姓名 Sn 及年龄 Sa，course 的属性为课程号 C#、课程名 Cn 及预修课号 P#，选课联系 SC 的属性为学号 S#、课程号 C#和课程成绩 G（SC 的自有属性），可以表示为 student(S#, Sn, Sa)、course(C#, Cn, P#)和 SC(S#, C#,G)。它们构成的 E-R 模型图如图 6-4 所示。

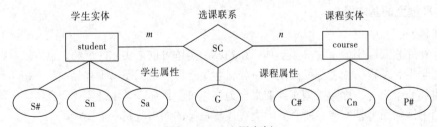

图 6-4　E-R 图实例

在概念上，E-R 模型中的实体、属性与联系是 3 个有明显区别的不同概念。但是，在分析客观世界的具体事物时，对某个具体数据对象，究竟它是实体，还是属性或联系，则是相对的，所做的分析设计与实际应用的背景以及设计人员的理解有关。这是工程实践中构造 E-R 模型的难点之一。

6.3.3　常用的逻辑数据模型

任何一个数据库管理系统都是基于某种数据模型的。数据库管理系统所支持的传统逻辑数据模型分为 3 种基本类型：层次数据模型、网状数据模型和关系数据模型。因此，使用支持某种特定数据模型的数据管理系统开发出来的应用系统相应地称为层次数据库系统、网状数据库系统和关系数据库系统。

1．层次数据模型

用树状结构表示各类实体以及实体间的联系的数据模型称为层次数据模型，它是数据库系统中最早出现的数据模型。

支持层次数据模型的 DBMS 称为层次数据库管理系统，在这种系统中建立的数据库是层次数据库。层次数据库管理系统的典型代表是 IBM 公司的信息管理系统（IMS），曾被广泛使用。

若用图来表示，层次数据模型是一棵倒立的树。节点层次从根开始定义，根为第一层，根的子节点为第二层，根称为其子节点的父节点，同一父节点的子节点称为兄弟节点，没有子节点的节点称为叶子节点。层次数据模型的特征如下：

① 有且仅有一个节点没有父节点，该节点就是根节点。

② 除了根节点，其他节点有且仅有一个父节点。

在图 6-5 所示的层次数据模型示意图中，R 表示节点，L 表示联系的连接，则 R1 为根节点；R2 和 R3 为兄弟节点，并且是 R1 的子节点，连接分别为 L1 和 L2；R4 和 R5 为兄弟节点，并且是 R3 的子节点，连接分别为 L3 和 L4；R2、R4 和 R5 为叶子节点。

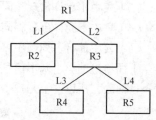

图 6-5　层次数据模型示意图

层次数据模型可以非常自然、直观地描述一对多的层次关系，且容易被人理解，这是层次数据库的突出优点，但层次数据模型不能直接表示出多对多联系。

2．网状数据模型

网状数据库管理系统的典型代表是 DBTG 系统，又称 CODASYL 系统，它于 20 世纪 70 年代由数据系统语言协会（CODASYL）下属的数据库任务组（DataBase Task Group，DBTG）提出。用网状结构表示各类实体以及实体间的联系的数据模型称为网状数据模型，若用图表示，网状数据模型是一个网络。网状数据模型的特征如下：

① 允许节点有多于一个的父节点。

② 可以有一个以上的节点没有父节点。

由于在网状模型中子节点与父节点的联系是不唯一的，因此这两个特征构成了比层次结构复杂的网状结构。在图 6-6 所示的网状数据模型示意图中，R 表示节点，L 表示联系的连接，则 R1 为 R2 的父节点，连接为 L1；R3 为 R2 和 R5 的父节点，连接分别为 L2 和 L4；R2 是 R4 的父节点，连接为 L3；R4 和 R5 的连接为 L5；R1 和 R3 没有父节点，而 R2 有两个父节点，分别为 R1 和 R3。

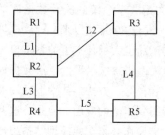

图 6-6　网状数据模型示意图

自然界中实体之间的联系更多的是非层次关系，用层次数据模型表示非树状结构很不直接，网状数据模型则可以克服这一弊病。

3．关系数据模型

在关系数据模型中，现实世界的实体以及实体间的各种联系均用关系来表示。它以关系数学理论为基础，即将集合论、数理逻辑等知识引入其中。

所谓联系是指实体之间的对应连接关系。联系可以分为 3 种：一对一的联系、一对多的联系和多对多的联系。这 3 种联系在 6.3.2 节中已讨论过。通过联系就可以用一个实体的信息来查找另一个实体的信息。

在关系数据模型中，无论实体本身还是实体间的联系均用称为"关系"的二维表来表示，即数据的逻辑结构是一张一张二维数据表以及它们之间的联系，操作的对象和结果也都是二维表。因此，关系数据模型中把所有的数据都组织到表中表示，表由行和列组成，反映了现实世界中的事物和值。

满足下列条件的二维表在关系数据模型中称为关系。

（1）表中的每个属性是不可再分的最小数据项，即表中不允许有子表。

（2）表中的每一列是类型相同的数据，数据类型保持一致。

（3）表中不允许出现相同的属性列，没有意义。

（4）表中不允许出现相同的记录行，没有意义。

（5）表中的行、列顺序可以是任意的，不影响其信息内容。

下面给出的学生基本信息表，就是一个关系，如表 6-1 所示。而表 6-2 就是一个不满足二维表条件的表，所以它不是一个关系。

表 6-1　简单的关系模型举例——学生基本信息表

学　号	姓　名	性　别	出生日期	入学成绩	入学省份
05210786016	王　涛	男	1980-09-16	560	山东
05210786017	张晓凯	男	1978-03-20	550	河南
05210786019	李小娟	女	1980-07-11	555	海南

表 6-2　不符合要求的关系表

员工号	姓名	应发工资			应扣工资			实发工资
		基本工资	奖金	补贴	房租	水电	公积金	
1001	张三	3 000	1 050	500	600	59	200	3 691

关系数据模型是目前最重要的一种模型。IBM 公司的研究员 E.F.Codd 于 1970 年发表了题为"大型共享系统的关系数据库的关系模型"的论文，首次提出了数据库系统的关系数据模型。20 世纪 80 年代以来，计算机厂商推出的数据库管理系统几乎都支持关系数据模型，非关系模型的产品也大都加上了关系接口。

基于层次模型的层次数据库是数据库系统的先驱，而基于网状模型的网状数据库，则为数据库在概念、方法、技术上的发展奠定了基础，它们是数据库技术研究最早的两种数据库，而且也曾得到广泛的应用。但是，这两种数据库管理系统，存在着结构比较复杂、用户不易掌握、数据存储操作必须按照模型结构中已定义好的存取路径进行、操作比较复杂等缺点，这就限制了这两种数据库管理系统的发展。

关系数据库以其完备的理论基础、简单的模型、说明性的查询语言和使用灵活方便等优点得到最广泛的应用，发展也十分迅速，目前已成为占据主导地位的数据库管理系统。自 20 世纪 80

年代以来，作为商品推出的数据库管理系统几乎都是关系型的，如 Oracle、Sybase、Informix、Visual FoxPro、Access 等。

6.4　关系数据库

关系数据库是基于关系模型的数据库，现实世界的实体及实体间的各种联系均用单一的结构（即关系）来表示。

6.4.1　关系术语

1. 关系

一个关系就是一张二维表，每个关系有一个关系名，也称为表名。表 6-3、表 6-4、表 6-5 和表 6-6 分别对应"院系""学生""课程""成绩"4 个关系。在计算机中，数据存储在数据库文件的表中，一个文件中可以有多张表，一张表就是一个关系。

表 6-3　院系

系 号	系 名	系 主 任
01	计算机	王某
02	外语	赵某
03	法律	辛某
04	光电	张某

表 6-4　学生

学 号	姓 名	性别	系 号
05210786016	王涛	男	01
05210786017	张晓凯	男	02
05210786019	李小娟	女	02

表 6-5　课程

课 程 号	课 程 名	学 分
101	英语	3
102	高数	3
203	体育	4
204	数据库技术	2

表 6-6　成绩

学 号	课 程 号	成 绩
05210786016	101	87
05210786016	203	69
05210786017	101	92
05210786017	102	90

2. 元组

表中的一行就是一个元组，也称为一条记录。例如，表 6-4 中的"学生"关系表中包含 3 条记录，第 3 条记录是（05210786019，李小娟，女，02）。

3. 分量

元组中的一个属性值称为元组的一个分量，即行列交叉的值。

4. 属性

表中的一列就是一个属性，也称为一个字段。例如，表 6-4 中的"学生"关系表中包含"学号""姓名""性别""系号"4 个字段。

5. 域

属性的取值范围。例如，"性别"的域是"男"或"女"，"成绩"（百分制）的域是 0～100。

6. 关系模式

对关系的描述称为关系模式，它对应一个关系的结构。其格式为：

关系名（属性 1，属性 2，…，属性 n）

例如，表 6-4 中的"学生"关系表的关系模式为：学生（学号，姓名，性别，系号）。

7. 主关键字

在表中能够唯一标识一条记录的字段或字段组合，称为候选关键字或候选码。一个表中可能有多个候选关键字，从中选择一个作为主关键字或主码。主关键字又称主键。

例如，"学生"关系表中的"学号"字段在每条记录中都是唯一的，因此学号就是主键。在"成绩"关系表中，"学号"和"课程号"两个字段的组合构成一个主键。

8. 外部关键字

如果表 A 和表 B 中有公共字段，且该字段在表 B 中是主键，则该字段在表 A 中就称为外部关键字。外部关键字又称外键。

例如，"院系"关系表和"学生"关系表中都有"系号"字段，且"系号"在"院系"关系表中是主键，则"系号"在"学生"关系表中是外键。

在关系数据库中，主键和外键表示了两个表之间的联系。"院系"关系表和"学生"关系表中的记录可以通过公共的"系号"字段相联系，当要查找某位学生所在院系的系主任时，可以先在"学生"关系表中找出相应的系号，然后再到"院系"关系表中找出该系号所对应的系主任。

6.4.2　关系的完整性

关系模型的完整性规则是对关系的某种约束条件，这些约束条件实际上是现实世界的要求。关系模型中有三类完整性约束：实体完整性、参照完整性和用户定义的完整性约束。其中，前两种由关系数据库系统自动支持。对于用户定义的完整性，主要指属性值或域的完整性约束，由关系数据库系统提供完整性约束语言，用户利用该语言写出约束条件即可，运行时由系统自动检查。

1. 实体完整性（Entity Integrity）

实体完整性指对关系中的主键及其取值的约束，如主键不能取空值或重复的值。所谓空值（NULL）就是"不存在"或"不知道"的值，不是 0 值。

例如，在"学生"关系表中，"学号"为主键，则学号就不能取空值，也不能有重复值。在"成绩"关系表中，"学号"和"课程号"构成主键，则这两个字段都不能取空值，也不允许表中任何两条记录的学号和课程号的值完全相同。

2. 参照完整性（Referential Integrity）

参照完整性指关系中的外键和主键之间依赖关系的完整性约束，主要是对外键的取值约束。若关系 R 有主键 K 和外键 F，F 又是关系 S 的主键；依据关系 R 外键 F 对主键 K 的依赖或约束，外键 F 可以取空值，或关系 S 的主键值域，不能超出此值域，没有意义。

例如，"系号"在"学生"关系表中为外键，在"院系"关系表中为主键，则"学生"关系表中的"系号"可以取空值（表示学生尚未选择某个系），或者取"院系"表中已有的一个系号值，如 01～10 之中的一个值（表示学生已属于某个院系），不能取没有的系号，如 11，不存在，没有意义。

实体完整性和参照完整性是关系模型必须满足的完整性约束条件，由关系数据库系统自动支持。

3. 用户定义的完整性（User-defined Integrity）

针对某一具体应用所涉及的数据必须满足的语义要求，也就是说某一具体应用的属性值必须满足一定要求，如某一唯一值、某一范围值等。此完整性约束是应用领域需要遵循的约束，由用户根据应用需求自行定义，检验的机制则由系统提供。

例如，在"成绩"关系表中，如果要求成绩以百分制表示，并保留两位小数，则用户就可以在表中定义成绩字段为数值型数据，小数位数为 2，取值范围为 0～100。

6.4.3　关系运算

要在关系数据库中访问所需要的数据或找到用户关心的数据，就要对一个关系或多个关系进行关系运算。关系运算分为两类：传统的集合运算和专门的关系运算。关系运算的操作对象是关系，运算结果仍是关系。

传统的集合运算包括并、交、差和广义笛卡儿积等 4 种，专门的关系运算包括选择、投影和连接 3 种。

1．选择

从一个关系中找出满足条件的元组的操作称为选择（Selection）。选择是从一个关系中行的角度进行的运算，其结果是原关系的一个子集，记录个数会减少。例如，从前面表 6-4 所示的"学生"关系表中选择所有男生的记录，结果如表 6-7 所示，它是"学生"关系表中记录的一部分，即子表。

2．投影

从一个关系中选出若干字段组成新的关系称为投影（Projection）。投影是从一个关系中列的角度进行的运算，相当于对关系进行垂直分解，字段个数会减少。例如，从前面表 6-4 所示的"学生"关系表中找出所有学生的学号、姓名和性别，结果如表 6-8 所示。

表 6-7　选择运算

学号	姓名	性别	系号
05210786016	王涛	男	01
05210786017	张晓凯	男	02

表 6-8　投影运算

学号	姓名	性别
05210786016	王涛	男
05210786017	张晓凯	男
05210786019	李小娟	女

3．连接

连接（Join）是指把两个关系中的元组按一定的条件横向结合，生成一个新的关系，或从两个关系的笛卡儿积中选取属性值满足一定条件的元组。连接操作的结果是将字段进行合并，形成一张大表。

在连接操作中，以两个关系的字段值对应相等为条件进行的连接称为等值连接。去掉重复字段的等值连接称为自然连接，它利用两个关系中的公共字段（或语义相同的字段），把字段值相等的记录连接起来。自然连接是最常用的连接运算。例如，将前面表 6-3 所示的"院系"关系表和表 6-4 所示的"学生"关系表进行自然连接，结果如表 6-9 所示。

表 6-9　自然连接

学号	姓名	性别	系号	系名	系主任
05210786016	王涛	男	01	计算机	王某
05210786017	张晓凯	男	02	外语	赵某
05210786019	李小娟	女	02	外语	赵某

利用关系运算或几个基本关系运算的组合，可以实现对关系数据库的查询，找出用户感兴趣的数据。如多表查询，往往是选择和投影或选择和连接的组合运算。

6.5　数据库设计

数据库设计（Database Design）是数据库应用的核心。它是根据用户的数据需求，在某一具体的数据库管理系统中，设计出一个能满足用户要求的、结构和性能良好的数据库的过程。

6.5.1 数据库设计概述

数据库设计是指根据用户的数据需求研制数据库结构的过程，具体地说，数据库设计的基本任务是根据用户的信息需求、处理需求和数据库的支持环境（包括硬件、操作系统与 DBMS），设计出数据模式（包括外模式、逻辑模式和内模式）以及应用系统。所谓信息需求是指用户所需要的数据及其结构，它反映了数据库的静态要求；所谓处理需求则表示用户经常需要进行的数据处理，即处理的行为和动作，它反映了数据库的动态要求。如工资计算、成绩统计等。

从数据库设计任务来看，数据库设计是把现实世界中的数据，根据各种应用处理的要求，加以合理的组织，满足硬件和操作系统的特性，利用已有的 DBMS 来建立能够实现系统目标的数据库。

数据库应用系统的开发一般采用生命周期法，将整个设计和开发过程分解成目标独立的若干阶段，一般为需求分析阶段、概念设计阶段、逻辑设计阶段、物理设计阶段、编码阶段、测试阶段、运行阶段和进一步修改阶段。其中前 4 个阶段即数据库设计，它以数据结构与模型的设计为主线。

至今，数据库设计的很多工作仍需要人工来做，除了关系型数据库已有一套较完整的数据范式理论可用来部分地指导数据库设计之外，尚缺乏一套完善的数据库设计理论、方法和工具，以实现数据库设计的自动化或交互式的半自动化设计。所以，数据库设计今后的研究发展方向是研究数据库设计理论，寻求能够更有效地表达语义关系的数据模型，为各阶段的设计提供自动或半自动的设计工具和集成化的开发环境，使数据库的设计更加工程化、规范化。

6.5.2 需求分析

数据库设计是面向应用的设计，用户是最终的使用者，为设计出满足用户需求的数据库，必须首先对用户的需求进行调查、分析与描述。需求分析简单地说就是分析用户的需求，它是设计数据库的起点，需求分析结果是否准确反映用户的实际需求，将直接影响到后续各阶段的设计，影响到整个数据库设计的可用性和合理性。

1. 需求分析的任务

需求分析要通过详细调查现实世界要处理的对象，充分了解原系统的工作概况，明确用户的各种需求，然后在此基础上确定新系统的功能。新系统必须充分考虑今后可能的扩充和改变，不能仅考虑当前应用需求。

调查的重点是"数据"和"处理"，通过调查要从中获得每个用户对数据库的要求，如信息要求、处理要求、安全性和完整性的要求。

2. 需求分析的方法

分析和表达用户的需求，经常采用的方法有结构化分析方法和面向对象的方法。用数据流图表达数据和处理过程的关系，用数据字典对系统中数据进行详尽描述，给出各类数据属性的清单。

（1）数据流图（Data Flow Diagram，DFD）

数据流图是结构化分析方法的工具之一，它以图形的方式描绘数据在系统中流动和处理的过程，由于它只反映系统必须完成的逻辑功能，所以它是一种功能模型。在结构化分析方法中，数据流图是需求分析阶段产生的结果。

任何一个系统都可以抽象为图 6-7 所示的情况。

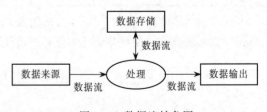

图 6-7　数据流抽象图

（2）数据字典

在结构化分析中，数据字典的作用是给数据流图上每个成分加以定义和说明。换句话说，数据流图上的所有成分的定义和解释的文字集合就是数据字典。对数据库设计来讲，数据字典是进行详细的数据收集和数据分析所获得的主要结果。

数据字典是各类数据描述的集合，它通常包括以下几部分：① 数据项，是数据的最小单位；② 数据结构，是若干数据项有意义的集合；③ 数据流，可以是数据项，也可以是数据结构，表示某一处理过程的输入或输出；④ 数据存储，是数据结构停留或保存的地方，也是数据流的来源和去向之一，可以是手工凭证、手工文档或计算机文档。

数据字典在需求分析阶段建立，在数据库设计过程中不断修改、充实、完善。

6.5.3 概念设计

将需求分析得到的用户需求抽象为信息结构（即概念模型）的过程就是概念设计，是整个数据库设计的关键。

概念设计可采用两种方法，即自顶向下和自底向上，分别如图 6-8 和图 6-9 所示。

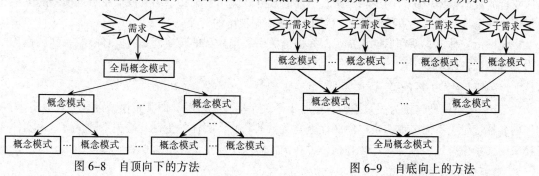

图 6-8 自顶向下的方法　　　　　　　　图 6-9 自底向上的方法

在数据库概念设计阶段，通常采用 6.3.2 节中介绍的 E-R 模型，具体设计方法参见前面 6.3.2 节中的示例，其中图 6-4 展示了由实体 student、course 以及属性和它们间的联系 SC 构成的一个学生课程联系的概念模型。

在开发一个大型信息系统时，最经常采用的策略是自顶向下地进行需求分析，然后再自底向上地设计概念结构，即首先设计各子系统的分 E-R 图，然后将它们集成起来，得到全局 E-R 图。

如图 6-10 所示，E-R 图的集成一般需要分合并和消除冗余两步走。

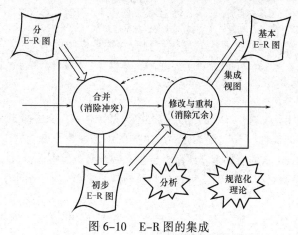

图 6-10 E-R 图的集成

1. 合并

分 E-R 图中语法和语义都相同的概念称为对应，分 E-R 图之间的不一致称为冲突。合并分 E-R 图就是尽量合并对应的部分，保留特殊的部分，着重解决冲突的部分。各分 E-R 图面向不同的局部应用，通常由不同的开发设计人员进行设计，因此，各个分 E-R 图间的冲突是难免的。一般来讲，冲突分为命名冲突、属性冲突和结构冲突。

2. 消除冗余

冗余包括冗余数据和实体间的冗余联系。冗余数据指可由其他数据导出的数据；冗余联系指可由其他联系导出的联系。冗余数据和冗余联系会破坏数据库的完整性，增加数据库管理的困难，应该消除。但并非所有的冗余都应去掉，访问频率高的冗余数据应适当保留，同时加强数据完整性约束。消除冗余后可得到基本 E-R 图。

6.5.4 逻辑设计

逻辑设计的任务就是把概念设计阶段设计好的基本 E-R 图转换为与选用数据库管理系统产品所支持的数据模型相符合的逻辑结构。目前的数据库应用系统都采用支持关系数据模型的关系数据库管理系统，所以这里仅介绍 E-R 图向关系数据模型的转换。

E-R 图由实体、联系和属性组成，E-R 图向关系数据模型的转换就是将实体、联系和属性转换为关系模式，原则如下。

1. 实体转换为关系模型

将实体-联系模型转换为关系模型，用若干个关系模式来表示。即关系模型可直接表示实体，实体的名称就是关系的名称，实体的属性就是关系的属性，实体的主键就是关系的主键。由实体转换来的关系模型是否符合规范化理论，可在优化阶段用规范准则进行检查、修改。

2. 联系转换为关系模型

（1）一对一联系的转换

若实体间的联系是 1∶1，则可以转换为一个独立的关系模式，即在任意一端对应的关系模式合并。在被合并的关系中增加联系本身的属性和与联系相关的另一端实体对应关系的主键，被合并关系的主键保持不变。

例如，图 6-11 中 E-R 图的实体有：教师、班级；联系有：负责（教师号，班级名），1∶1 联系。如果将负责联系转换合并到教师端实体，则合并关系模式：

  教师关系(教师号,姓名,性别,班级名)，主键：教师号，外键：班级名；
  班级关系(班级名,专业,人数)，主键：班级名。

或者，将负责联系转换合并到班级端实体，则合并关系模式：

  班级关系(班级名,专业,人数,教师号)，主键：班级名，外键：教师号；
  教师(教师号,姓名,性别)，主键：教师号。

（2）一对多联系的转换

若实体间的联系是 1∶n，则可以在"n"端实体类型转换成的关系模式中，加入"1"端实体类型的主键和联系类型的属性，"n"端实体对应关系的主键保持不变。

例如，图 6-12 中 E-R 图的实体有：班级、学生；联系有：包含（班级名，学号，班内职务），1∶n 联系。按一对多联系的转换原则，将包含联系转换合并到"n"端学生实体，则转换为两个关系模式为：

  学生关系(学号,姓名,性别,班级名,班内职务)，主键：学号，外键：班级名；
  班级关系(班级名,专业,人数)，主键：班级名。

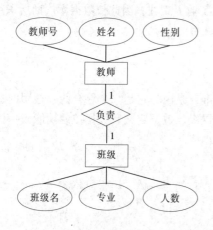

图 6-11　E-R 图的 1 : 1 联系

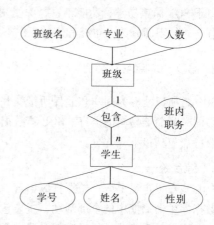

图 6-12　E-R 图的 1 : n 联系

（3）多对多联系的转换

若实体间的联系是 $m : n$，则可以把联系类型也转换成关系模式。

例如，图 6-4 中 E-R 图实体有：学生 student 和课程 course，以及一个多对多的选课联系 SC（学号 S#，课程号 C#，成绩 G）。按多对多联系的转换原则，可以转换成三个关系模式为：

```
student(S#,Sn,Sa)，主键: 学号 S#;
course(C#,Cn,P#)，主键: 课程号 C#;
SC(S#,C#,G)，主键: S#+C#,自有属性成绩 G.
```

6.5.5　物理设计

数据库物理设计的主要目标是对数据库内部物理结构进行调整并选择合理的存取路径，以提高数据库访问速度及有效利用存储空间。在现代关系数据库中已大量屏蔽了内部物理结构，因此留给用户参与物理设计的余地并不多，一般的 RDBMS（关系数据库管理系统）中留给用户参与物理设计的内容大致有 3 种：索引设计、集簇设计和分区设计。

6.6　SQL 语言

自 SQL 成为国际标准语言以后，各个数据库厂家纷纷推出各自的 SQL 软件或与 SQL 的接口软件。这就使大多数数据库均用 SQL 作为共同的数据存取语言和标准接口，使不同数据库系统之间的互操作有了共同的基础。SQL 已成为数据库领域中的主流语言，意义重大。

6.6.1　SQL 的概念

SQL（Structured Query Language，结构化查询语言）由 IBM 实验室于 20 世纪 70 年代后期开发出来，是基于关系代数运算的一种关系数据查询语言，又称第四代语言（4GL）。这种结构化查询语言是高级的非过程化编程语言，允许用户在高层数据结构上工作。

SQL 基本上独立于数据库本身、使用的机器、网络、操作系统，基于 SQL 的 DBMS 产品可以运行在不同机型和网络的各种计算机系统上，具有良好的可移植性。

SQL 成为关系数据库的标准语言，也是一个通用的、功能极强的关系数据库语言。其功能不仅仅是查询，而且包括数据库模式创建、数据库数据的插入与修改、数据库安全性完整性定义与控制等一系列功能。

由于 SQL 简单易学，功能丰富，深受用户及计算机工业界欢迎，因此被数据库厂商所采用。经过各公司的不断修改、扩充和完善，SQL 得到业界的认可。

6.6.2　SQL 的特点

SQL 之所以能够为用户和业界所接受并成为国际标准，是因为它是一个综合的、通用的、功能极强同时又简洁易学的语言。SQL 集数据查询、数据操纵、数据定义和数据控制功能于一体，其主要特点包括以下几部分。

1. 综合统一

SQL 集数据定义语言、数据操纵语言、数据控制语言功能于一体，语言风格统一，可以独立完成数据库生命周期中的全部活动，主要包括：

（1）定义关系模式，插入数据，建立数据库。

（2）对数据库中的数据进行查询和更新。

（3）数据库重构和维护。

（4）数据库安全性、完整性控制。

2. 高度非过程化

非关系数据模型的数据操纵语言，"面向过程"的语言，用"过程化"语言完成某项请求必须指定存取路径。而用 SQL 进行数据操作时，它只提操作要求，不必描述操作步骤；使用时只需要告诉计算机"做什么"（模块或命令和参数），而不需要告诉它"怎么做"；不用循环语句等；因此无须了解存取路径。存取路径的选择以及 SQL 的操作过程由系统自动完成。SQL 的大多数语句都是独立执行并完成一个特定操作，与上下文无关。

3. 面向集合的操作方式

非关系数据模型采用面向记录的操作方式，操作对象是一条记录。而 SQL 采用集合操作方式，不仅操作对象、查找结果可以是元组的集合，而且一次插入、删除、更新操作的对象也可以是元组的集合。

4. 以同一种语法结构提供命令和嵌入两种使用方式

SQL 既是独立的语言，又是嵌入式语言。它既能够独立地直接用命令方式联机交互使用，用户可以在终端键盘上直接输入 SQL 命令对数据库进行操作；又能够用嵌入方式，嵌入到高级语言程序中，供程序员设计程序时使用，这使它具有极大的灵活性和强大的功能。在两种不同的使用方式下，SQL 的语法结构基本上是一致的。

5. 语言简洁，易学易用

SQL 功能极强，语言简洁，只用 9 个命令就可完成四大类功能：

① 数据定义：创建数据库或表 Create，删除数据库或表 Drop，修改表的列、主键 Alter；

② 数据操纵：插入记录 Insert，修改记录 Update，删除记录 Delete；

③ 数据查询：从表中查询数据 Select；

④ 数据控制：授予用户对数据库对象的访问权限 Grant，取消授权 Revoke。

完成核心功能只需用 6 个动词：SELECT、CREATE、INSERT、UPDATE、DELETE、GRANT（REVOKE），它们都是接近英语口语的单词，易于学习和使用。

6.6.3 一个使用 SQL 的例子

1. 示例代码

假如在某学生信息管理系统中，需要使用 SQL 完成数据库和数据表的创建，并在此基础上实现数据的查询和更新，可以写出如下代码：

```
//1.创建数据库 stuentmanage
CREATE DATABASE stuentmanage;
//2.创建学生信息数据表 student
CREATE TABLE student ( sno CHAR(9) PRIMARY KEY, sname CHAR(20) UNIQUE, ssex
CHAR(2),  sbirth DATE,  sdept CHAR(20) );
//3.创建课程数据表 course
CREATE TABLE course ( cno CHAR(4) PRIMARY KEY,  cname CHAR(40) NOT NULL,cpno
CHAR(4), ccredit SMALLINT,  FOREIGN KEY(cpno) REFERENCES course(cno));
//4.创建学生选课数据表 sc
CREATE TABLE sc (  sno CHAR(9), cno CHAR(4), grade SMALLINT, PRIMARY KEY
(sno,cno), FOREIGN KEY (sno) REFERENCES student(sno), FOREIGN KEY (cno)
REFERENCES course(Cno) );
//5.向学生信息数据表 student 中插入 5 条记录
INSERT INTO student VALUES
( '201815121',  '李勇',   '男',  #1999-03-23# ,  '计算机系'),
( '201815122',  '刘晨',   '女',  #1999-12-23# ,  '计算机系'),
( '201815123',  '王敏',   '女',  #2000-08-13# ,  '管理系'),
( '201815124',  '张刚',   '男',  #2001-10-01# ,  '信息系' ),
( '201815125',  '赵倩',   '女',  #2001-06-18# ,  '信息系' );

//6.向数据表课程 course 中插入 5 条记录
INSERT INTO course VALUES ('1','数据库','4',4), ('2','C语言','5',2),
('3','操作系统','5',3), ('4','数据结构','2',4), ('5','人工智能',NULL,2);

//7.向学生选课数据表 sc 中插入 5 条记录
INSERT INTO sc VALUES ('201815121', '1',92), ('201815121', '2',85),
('201815121', '3',88), ('201815122', '2',90), ('201815122', '3',80);

//8.查询不姓刘的学生的学号、姓名和性别信息
SELECT sno,sname, ssex  FROM student  WHERE sname NOT LIKE '刘*';

//9.查询选修 2 号课程且成绩在 90 分以上的所有学生的学号和姓名
SELECT student.sno,sname  FROM student,sc  WHERE student.sno=sc.sno AND
sc.cno= '2' AND sc.grade>90;

//10.查询所在系为计算机系或管理系或信息系的所有学生的姓名、年龄及所在系，要求用小写字
母表示系名，按姓名降序排列，同时指定查询结果的年龄和所在系列标题为 age 和 department
SELECT  sname, YEAR(DATE())-YEAR([sbirth]) AS age, LOWER([sdept]) AS
department  FROM student  WHERE sdept= '计算机系' OR sdept= '管理系' OR sdept=
'信息系'  ORDER BY sname DESC;

//11.查询平均成绩大于或等于 90 分的学生学号和平均成绩
SELECT sno, AVG(grade)  FROM sc  GROUP BY sno HAVING AVG(grade)>=90;

//12.查询学号为 201815121 的学生选修课程的总学分数
SELECT SUM(ccredit)  FROM sc,course  WHERE sno='201815121' AND sc.cno=
course.cno;
```

```
//13.为55~59分之间的学生成绩增加5分
UPDATE sc  SET grade=grade+5  WHERE grade BETWEEN 55 AND 59;

//14.删除学号为201815124的学生记录
DELETE  FROM student  WHERE sno='201815124';
```

2．解释说明

上述代码中，分号";"表示一条语句的结束，共14条语句完成14个操作功能。第1条语句关键词 CREATE DATABASE 完成的是创建数据库 stuentmanage；第 2～4 条语句中的关键词 CREATE TABLE 完成了 3 张数据表的创建：学生信息数据表 student、课程数据表 course 和学生选课数据表 sc。创建数据库只需要给出数据库的名称，而创建数据表除了要给出表名，还要指定表的结构，即各字段名、相应字段的数据类型以及完整性约束条件。

第 5～7 条语句中的关键词 INSERT INTO 完成了向以上 3 张数据表中插入记录（数据）的功能。插入的需要给出表名以及新记录的各字段值，各值的数据类型必须与创建数据表时的数据类型一致，且个数也要匹配。

利用上述代码可以分别创建出表 6-10～表 6-12 所示的 3 个表。

表 6-10　学生信息表 student

学　号 sno	姓　名 sname	性　别 ssex	出生日期 sbirth	所 在 系 sdept
201815121	李勇	男	1999-03-23	计算机系
201815122	刘晨	女	1999-12-23	计算机系
201815123	王敏	女	2000-08-13	管理系
201815124	张刚	男	2001-10-01	信息系
201815125	赵倩	女	2001-06-18	信息系

表 6-11　课程表 course

课 程 号 cno	课 程 名 cname	先 行 课 cpno	学　分 ccredit
1	数据库	4	4
2	C 语言	5	2
3	操作系统	5	3
4	数据结构	2	4
5	人工智能	空（null）	2

表 6-12　学生选课表 sc

学　号 sno	课 程 号 cno	成　绩 grade
201815121	1	92
201815122	2	85
201815123	3	88
201815124	2	90
201815125	3	80

第 8～12 条语句中的关键词 SELECT 完成的是数据查询的功能，是数据库的核心操作。既可以完成简单的单表查询，也可以完成复杂的连接查询和嵌套查询。

第 8～9 条语句完成了简单的条件查询；第 10～12 条语句完成了在复杂查询条件下，通过 DATE( )函数和出生日期 sbirth 的差计算年龄，以及用 AVG( )函数求平均成绩和 SUM( )函数求总学分等统计。

第 13 条语句中的关键词 UPDATE 完成的是修改数据的功能，使用关键词 SET 给出新的属性列值，当然也可以使用 WHERE 子句引导条件表达式。

第 14 条语句中的关键词 DELETE 完成的是条件删除数据的功能，可以从指定表中删除满足 WHERE 子句条件的所有元组。如果省略 WHERE 子句，则表示删除表中全部元组，但表的定义仍在字典中。

在 SQL 中，还可以使用 GRANT 和 REVOKE 关键字向用户授予或收回对数据的操作权限，以此来保证数据库操作的安全。由于篇幅有限，在此不做介绍。

小　结

数据库技术是现代信息科学与技术的重要组成部分，是计算机数据处理与信息管理系统的核心。利用数据库技术，能够对数据进行统一组织和管理，能够按照指定的结构建立相应的数据库和数据仓库，能够对数据库中的数据进行处理、分析和使用。数据库技术已经深入到企业管理、工程管理、数据统计、多媒体信息系统等众多领域。

本章依次介绍了数据库技术的基础知识、数据库系统的内部体系结构、数据模型、关系数据库、数据库设计的一般步骤和 SQL 相关内容，实例丰富、通俗易懂，为进一步深入学习数据库技术提供了准备和基础。

习　题

一、综合题

1. 简述数据处理经历的发展阶段。

2. 常用的 3 种数据模型是什么？其数据结构各有什么特点？

3. 简述实体完整性、参照完整性和用户自定义完整性。

4. 举例说明专门的关系运算。

5. 简述 E-R 模型中的实体、属性、实体集和联系的概念。

二、网上练习

1. 用百度中文搜索引擎搜索我国自主研发的支持海量数据的高性能分布式关系数据库 OceanBase，并了解它。

2. 通过百度中文搜索，了解逻辑设计中 E-R 图向关系模型的转换规则。

3. 通过网络了解 Oracle、DB2、MySQL、SQL Server、Sybase 等大型数据库管理系统。

第 7 章 ┃ 计算机网络基础

计算机网络是计算机技术与通信技术发展结合的产物。它的诞生和发展推进了社会的进步，改变了人们的工作、生活和思维方式，使人们可以不受时间和空间限制地进行工作、学习、交流和娱乐。计算机网络已成为现代信息社会的基础，在当今社会经济中起着非常重要的作用，对人类社会的进步做出了巨大贡献。

本章主要介绍计算机网络的基本概念、组建网络，以及 Internet 的基础知识、资源和应用。通过学习要求基本掌握计算机网络的形成与发展、定义、组成、功能、分类，网络通信、网络工作模式、网络硬件、网络软件、网络协议和体系结构等基础知识；基本掌握 Internet 的历史、组成及常用专业术语、IP 地址和域名系统、接入方式等内容，了解 WWW 和网站、电子邮件服务、搜索引擎、电子商务、电子支付和社交媒体等资源和应用。

7.1 计算机网络概述

当前人类所处的是一个以计算机网络为核心的信息时代，其特征是数字化、网络化和信息化。世界经济正从工业经济转向知识经济，而知识经济的主要特征为信息化和全球化。要实现信息和全球化，就必须依赖由电信网络、广播电视网络和计算机网络组成的网络体系，其中起核心作用的是计算机网络。计算机网络的发展水平不仅反映了一个国家的计算机科学和通信技术水平，而且已经成为衡量其现代化程度的重要标志之一。

7.1.1 计算机网络的组成与分类

1. 计算机网络的定义和功能

计算机网络是把若干台地理位置不同，且具有独立功能的多台计算机，借助于通信线路和通信设备连接在一起形成的网络；在通信软件的支持下，实现计算机之间的数据通信和资源共享的计算机系统。计算机网络是计算机技术与通信技术紧密结合的产物，两者的迅速发展及相互渗透形成了计算机网络技术。图 7-1 所示为一个计算机网络示意图。

具体说来，计算机网络具有以下 4 个功能：

（1）数据通信

计算机网络通过提供电子邮件、网络聊天、进行电子商务、远程登录或教育或医疗等、网页浏览等功能，收发文字、图像、声音、视频等信息，实现不同地域的计算机之间的通信和数据传输，方便地进行信息交换或协同工作。数据通信是计算机网络的基本功能之一。

（2）资源共享

计算机资源是指计算机软件、硬件和数据资源。资源共享功能是组建计算机网络的驱动力之一，使得凡是在网络上的用户均能享受网络中各个计算机系统的全部或部分计算机资源，而不受地理位置的限制。共享硬件资源可以避免贵重硬件设备的重复购置，提高硬件设备的利用率；共享软件资源可以避免软件开发的重复劳动与大型软件的重复购置，进而实现分布式计算的目标；共享数据资源可以促进人们相互交流，达到充分利用信息资源的目的。

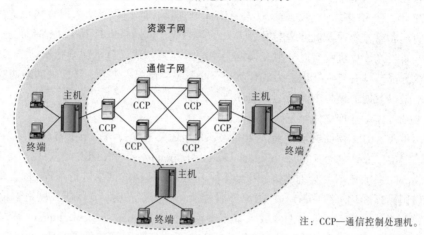

图 7-1　计算机网络示意图

（3）提高计算机系统的可靠性

可靠性对于军事、金融和工业过程控制等部门的应用极为重要。计算机通过网络中的冗余部件，尤其是借助虚拟化技术可大大提高可靠性。例如，网络中的每台计算机都可以通过网络相互成为后备机。一旦某台计算机出现故障，它的任务就可以由其他计算机代为完成；网络中的一条通信线路出了故障，可以取道另一条路线，从而提高了网络整体系统的可靠性。同样，当网络中某台计算机负担过重时，网络又可以将新的任务交给较为空闲的计算机完成，均衡负载，从而提高每台计算机的可用性。利用网盘存储就是对自己的存储的可靠性保障。

（4）分布式处理

对于综合性的大型科学计算、商业和金融数据计算、社会数据计算、城市大脑数据计算和信息处理，可以采用一定的算法，将任务分给网络中不同的计算机处理，以达到均衡使用网络资源，实现数据或任务的分布式处理的目的。由此，用户可以根据需要合理选择网络资源，就近快速地进行处理。

2．计算机网络的发展历程

计算机网络始于 20 世纪 50 年代，其发展经历了一个从简单到复杂，从低级到高级的过程，大致可分为 4 个阶段。

（1）以数据通信为主的第一代计算机网络

1954 年，美国军方的半自动地面防空系统将远距离的雷达和测控仪器所探测到的信息，通过通信线路汇集到某个基地的一台 IBM 计算机上进行信息集中处理，再将处理好的数据通过通信线路送回各自的终端设备。这种以单个计算机为中心和控制者，面向终端设备，而网络只提供终端设备和计算机之间的通信的网络结构，严格地讲，是一种联机系统，只是计算机网络的雏形，一般称为第一代计算机网络。

（2）以资源共享为主的第二代计算机网络

20 世纪 60 年代中期，出现了将若干台计算机互连起来的系统，实现了计算机之间的通信和资源共享，出现了现代意义上的计算机网络。最具代表性的是美国国防部高级研究计划局

（Advanced Research Projects Agency，ARPA）1969 年将分散在不同地区的 4 台计算机连接起来，建成了 ARPA 网。建立该网的最初动机是出于军事目的，保证在现代化战争情况下，仍能够利用具有充分抗故障能力的网络进行信息交换，确保军事指挥系统发出的指令能够畅通无阻。到了 1972 年，有 50 多家大学和研究所与 ARPA 网连接，而 1983 年，入网计算机达到 100 多台。ARPA 网的建成标志着计算机网络的发展进入了第二代，该网络也是 Internet 的前身。

第二代计算机网络以分组交换网为中心，与第一代计算机网络相比，第二代计算机网络中通信双方都是具有自主处理能力的计算机，而不是终端机；再者，计算机网络功能以资源共享为主，而不是以数据通信为主。

（3）体系标准化的第三代计算机网络

由于 ARPA 网的成功，到了 20 世纪 70 年代，不少公司推出了自己的网络体系结构。最著名的有 IBM 公司的 SNA（System Network Architecture）和 DEC 公司的 DNA（Digital Network Architecture）。随着社会的发展，需要各种不同体系结构的网络进行互连，但是由于实现比较困难，所以国际标准化组织（ISO）在 1977 年设立了一个分委员会，专门研究网络通信的体系结构。1983 年，该委员会提出了著名的开放系统互连参考模型（Open System Interconnection，OSI），给网络的发展提供了一个可共同遵守的规则，从此，计算机网络的发展走上了标准化的道路，尤其是 TCP/IP 协议的研制成功，各种异构网络之间的互连成为可能。因此，把体系结构标准化的计算机网络称为第三代计算机网络。

（4）以 Internet 为核心的第四代计算机网络

进入 20 世纪 90 年代，Internet 的建立将分散在世界各地的计算机和网络连接起来，形成了覆盖世界的大网络。随着信息高速公路计划的提出和实施，Internet 迅猛发展起来，网速成倍提升，将世界带入了以网络为核心的信息时代。通过网络传输多媒体信息，并且能进行各种电子商务活动。计算机网络已经成为人们日常生活、学习、娱乐不可或缺的组成部分。目前，该阶段计算机网络发展特点为高速互连、智能与更广泛的应用。

3. 计算机网络的发展趋势

计算机网络发展的方向是 IP 技术+光网络，光网络将会演进为全光网络。从网络的服务层面上看，将是一个 IP 的世界，通信网络、计算机网络和有线电视网络将通过 IP 三网合一；从传送层面上看，将是一个光的世界；从接入层面上看，将是一个有线和无线的多元化世界。

（1）三网合一

随着技术的不断发展，新旧业务的不断融合，目前广泛使用的通信网络、计算机网络和有线电视网络正逐渐向单一的统一 IP 网络发展，即所谓的三网合一。

IP 网络可将数据、语音、图像、视频均封装到 IP 数据包，通过分组交换和路由技术，采用全球性寻址，使各种网络无缝连接。IP 协议将成为各种网络、各种业务的"共享语音"，实现三网合一，并最终形成统一的 IP 网络，这样会大大地节约开支、简化管理、方便用户。可以说三网合一是网络发展的一个最重要的趋势。

（2）光通信技术

随着光纤、各种光复用技术和光网络协议的发展，光传输系统的速度已从 Mbit/s 级发展到 Tbit/s 级，提高了近 10 万倍。光通信技术的主要有两个发展方向：一是主干传输向高速率、大容量的光传送网发展，最终实现全光网络；二是接入向低成本、综合接入、宽带化光纤接入网发展，最终实现光纤到家庭和光纤到桌面。全光网络是指光信息流在网络中的传输及交换始终以光的形式实现，不再需要经过光/电、电/光转换，即信息从源节点到目的节点的传输过程中始终在光域内。

（3）IPv6 协议和 IPv9 协议

TCP/IP 协议簇是互联网的基石之一。目前广泛使用的 IP 协议的版本为 IPv4，其地址位数为 32 位，即理论上约有 43 亿（2^{32}）个地址在全世界使用，没有系统地考虑安全因素。因此它的问题逐渐显露出来，主要有地址资源不够用、路由表急剧膨胀、网络安全架构危机和多媒体应用的支持不够等。

IPv6 作为下一代的 IP 协议，为解决地址资源不够用的问题，采用了 128 位地址长度，即理论上约有 2^{128} 个地址，几乎可以不受限制地提供地址。美国因特网元老约翰戴（John Day）指出 IPv6 协议的设计只解决了地址短缺问题，忽略了因特网安全架构方面的致命缺陷。

对我国来说，接入 IPv4 或 IPv6 协议的因特网，网络主权和信息安全问题并没有解决，我们知道没有网络安全，就没有国家安全，网络安全的核心是网络主权。因为美国主导开发的拥有（A—M）13 个根域名服务器的（IPv4）网络体系，即全球因特网，10 台在美国，2 台在欧洲，1 台在日本，都由美国所掌管和控制。我们的因特网每次接入上网，都受到根域名服务器的控制，是主从关系的"接入网"，因此在全球因特网体系，我们只是一个租客，使用权就有被剥夺的隐患。

现在大力发展车联网、物联网、智慧城市等一系列美好愿景的应用，都是建立在因特网基础之上的，同样也存在巨大的隐患。另外，使用因特网我国还需要在经济上支出巨额（2007 年 5 千亿元）费用，随着物联网时代的到来，电子标签、4G 和 5G（2020 年）移动终端推出，我国所需要的 IP 地址和国际出口流量费用还将大幅上升，预测 2020 年支出费用可达 6 万亿。

2001 年我国开始对 IPv9 进行研究，经过 20 多年的潜心研究，提出了新一代互联网 IPv9，使我国成为继美国之后，第二个在世界上拥有自主知识产权的 IPv9 网络母根服务器、主根服务器、（N—Z）13 个根域名服务器、IPv9 地址空间和新一代网络命名资源的国家。

从技术层面上的优势来看，现阶段的 IPv9 地址位数做到 256 位（2^{256}），最长为 2078 位（2^{2078}）；兼容 IPv4 和 IPv6 网络；兼容手机移动终端和 Windows 桌面系统；安全机制：一是先认证后通信，二是地址可以加密（IPv4 和 IPv6 没有）。有了 IPv9，使得我们用这个网络工具能更廉价、更可靠、更安全地为我们的社会发展来服务。

（4）宽带接入技术与移动通信技术

低成本光纤到户的宽带接入技术和更高速度的 3G、4G 及 5G 宽带移动通信系统技术的应用，使得不同的网络间无缝连接，为用户提供满意的服务。同时，网络可以自行组织，终端可以重新配置和随身携带，它们带来的宽带多媒体业务也逐渐步入我们的生活。

4. 计算机网络的组成

计算机网络是计算机应用的高级应用形式，是由物理硬件、网络软件和网络资源组成。

（1）从物理连接上讲

从物理连接上讲，计算机网络由网络终端设备和通信链路组成。

① 网络终端设备。网络设备的主体，一般指计算机（大型计算机或微机），主要担负数据处理工作，其任务是进行信息的采集、存储和加工。但是随着家用电器的智能化以及物联网的发展，打印机、大型存储设备、手机、电视机、报警设备等都可以接入网络，都可以属于网络终端设备。

② 网络通信链路。网络通信链路是连接两个节点之间的通信信道，通信信道包括通信线路（传输介质）与通信互连设备，用以连接网络终端设备并构成计算机网络，如通信线路：双绞线、光缆、同轴电缆、微波、卫星等；通信互连设备：网卡、调制解调器、路由器、交换机、中继器等。

（2）从网络软件上讲

从网络软件上讲，有网络协议、系统和应用软件等。

① 网络协议。网络协议是网络终端设备之间进行通信时必须遵守的一套规则和约定。发送的信息要遵守该规则，收到的信息要按照规则或约定进行理解。目前，互联网广泛使用的网络协议是 TCP/IP 协议簇，包含了网络互连所需要的 100 多个协议。

② 网络操作系统和网络应用软件。网络操作系统是网络用户与计算机网络之间的接口，是计算机网络中管理一台或多台主机的软硬件资源、支持网络通信、提供网络服务的程序集合。用户为了更好地使用网络，需要在自己的网络终端设备（如计算机）上安装相应的网络应用软件，以实现相应的功能，如 QQ、浏览器等。

（3）从逻辑功能上讲

从逻辑功能上讲，可以把计算机网络分成通信子网和资源子网两个子网（见图 7-1）。

① 通信子网。通信子网提供计算机网络的通信功能，由网络节点和通信链路组成。通信子网是由节点处理机和通信链路组成的一个独立的数据通信系统。

② 资源子网。资源子网提供访问网络和处理数据的能力，由主机和终端设备组成。主机负责本地或全网的数据处理，运行各种应用程序或大型数据库系统，向网络用户提供各种软硬件资源和网络服务。终端控制器用于把一组终端连入通信子网，并负责控制终端信息的接收和发送。终端控制器可以不经主机直接和网络节点相连，当然还有一些设备也可以不经主机而直接和节点相连，如打印机和大型存储设备等。

5. 计算机网络的分类

根据用户不同的应用需求，会组建不同类型的计算机网络。因此，要了解计算机网络的类别。计算机网络分类可以有不同的分类方法。比如按网络拓扑结构、覆盖范围、传输介质、数据传输技术等，这些分类标准给出了网络某一方面的特征。下面介绍几种常见的计算机网络分类方式。

（1）按网络覆盖范围分类

按网络覆盖范围的大小，可以将计算机网络分为局域网、城域网、广域网和因特网 4 种。

① 局域网（Local Area Network，LAN）。一般用微机通过高速通信线路连接，覆盖范围从几百米到十千米左右。局域网中的计算机和网络设备通常位于一个相对封闭的物理区域，如一个房间、一栋楼等建筑物内；一般属于一个部门、一个单位或一个机构所有，如企业、学校等。局域网一般不对外提供公共服务，其特点是组建和管理方便，结构灵活、成本低廉、运行可靠、传输速度快，安全保密性好等。目前，不少家庭中的多台计算机或通信设备（如手机）也可以组成网络，称为 PAN（Personal Area Network），是局域网的一种特例。

② 城域网（Metropolitan Area Network，MAN）。覆盖范围从几十千米到上百千米，因此，是在一座城市范围内建立的计算机通信网络。通常使用与局域网相似的技术，但对媒介访问控制在实现方法上有所不同。城域网是在局域网不断普及，网络产品增加，应用领域拓展等情况下发展起来的，多用作骨干网。通过城域网将位于同一城市内不同地点的主机、数据库及局域网等互相连接起来。

③ 广域网（Wide Area Network，WAN）。覆盖范围广阔，网络规模较大，通常跨接很大的地理范围，如一个城市、一个地区或国家。广域网用于连接不同城市之间的局域网或城域网。

广域网提供的资源丰富，可以实现远程计算机通信，更能发挥计算机网络的优势。但由于广域网距离远，信号衰减较重，故多租用专线。目前几个全国范围的计算机网络就属于这类网络，如中国公用计算机互联网（Chinanet）、中国教育和科研网（CERnet）及中国科技网（CSTnet）等。

④ 因特网（Internet）。是范围最广的一种网络，可以说是最大的广域网。它将世界各地的广域网、局域网等互连起来，形成一个整体，实现全球范围内的数据通信和资源共享。其最大特点是不定性和复杂性。连入互联网的计算机的网络体系各不相同，而整个网络的计算机也随着人们不断接入和断开互联网而发生变化。

（2）按网络拓扑结构分类

把网络中的计算机等设备抽象成点，把网络中的通信媒体抽象成线，这样就形成了由点和线组成的几何图形，即采用拓扑学方法抽象出的网络结构，称为网络的拓扑结构。按照拓扑结构来划分，计算机网络分为总线结构、环形结构、星形结构、树形结构和分布式结构 5 种。图 7-2 和图 7-3 所示为几种典型的网络拓扑结构节点图和示意图。

① 总线结构。把所有主机点或站点通过专门的连接器连接到称为总线（线路或电缆）的公共信道上形成的网络结构，如图 7-2 和图 7-3 所示。总线是一条开环、无源的双绞线或同轴电缆的单一信道。它上面的任何一台主机都是平等的，任何一个主机发送的信号都沿着总线向两个方向扩散或广播，并且总能被总线上的其他所有主机接收，从而主机间可以直接通信。总线网络也被称为广播网。

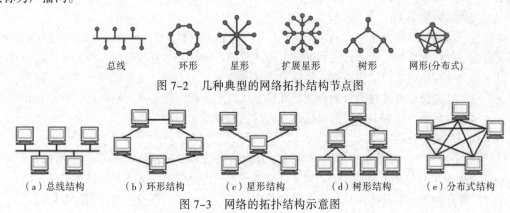

图 7-2　几种典型的网络拓扑结构节点图

图 7-3　网络的拓扑结构示意图

总线结构的优点是：结构简单，布线容易，增减设备方便，可靠性高，常用于局域网。缺点是：故障检测和隔离较困难，总线负载能力较低。另外，一旦线缆中出现断路，就会使主机之间造成分离，使整个网段通信终止。

② 环形结构。一个包括若干节点和链路的单一封闭环，每个节点只与相邻的两个节点相连形成一个环路，如图 7-2 和图 7-3 所示。在环形结构中，信息按照环路按同一方向传输，依次通过每台主机。各主机识别信息中的目的地址，如果与本地地址相符，则信息被接收下来。信息环绕一周后由发送主机将其从环上删除。

环形结构的优点：容易安装和监控，传输最大延迟时间是固定的，传输控制机制简单，实时性强。缺点：网络中任何节点或线路的故障都会影响到全网络正常工作，故障检测比较困难、节点增删不方便。

③ 星形结构。由各节点通过某个中央节点设备相互连接形成的结构。中央节点所用设备一般为集线器或交换机，也可以是主机，如图 7-2 和图 7-3 所示。各节点计算机通过传输线路与中心节点相连，信息从计算机通过中央节点传送到网上所有计算机。星形结构的特点是很容易在网络中增加新节点，数据的安全性和优先级容易控制。网络中的某台计算机或者一条线路的故障不会影响整个网络的运行。

星形结构的优点：传输速度快，误差小，扩容比较方便，易于管理和维护，故障的检测和隔离也很方便。缺点：中央节点是整个网络的瓶颈，必须具有很高的可靠性。中央节点一旦发生故障，整个网络就会瘫痪。另外，每个节点都要和中央节点相连，需要耗费大量的电缆。实际上大都是采用交换机来构建多级结构的星形网络，形成扩展星形结构。

④ 树形结构。由总线结构和星形结构演变而来的。其结构中，看上去像一棵倒置的树，各个节点发送的信息通过根节点向全网广播，是一种分层的网络结构，具有根节点和分支节点，便于分级管理和控制，如图7-2和图7-3所示。但是，整个网络性能对根节点依赖性很强，如果根节点出现了故障，则整个网络会瘫痪。

树形结构的网络在扩容和容错方面都有很大的优势，很容易将错误隔离在小范围内。

⑤ 网形结构或分布式结构。各个节点和通过传输线路形成的链路互连组成的网络结构，并且每个节点都有一条链路或几条链路同其他节点相连，如图7-2和图7-3所示。

网形结构中节点间路径多，局部的故障不会影响整个网络的正常工作，可靠性高，网络扩充和主机入网比较灵活、简单，常用于广域网中。但其结构和协议比较复杂，建网成本高，不易管理和维护，不常用于局域网。

（3）按传输介质分类

计算机网络按照传输介质的不同，可以分为有线网和无线网。有线网采用双绞线、同轴电缆、光纤或电话线做传输介质。用双绞线和同轴电缆连成的网络经济且安装简便，但传输距离相对较短。以光纤为介质的网络传输距离远，传输速率高，抗干扰能力强，安全好用，但成本稍高。无线网主要以无线电波或红外线为传输介质，联网方式灵活方便，但联网费用稍高，可靠性和安全性还有待完善。另外，还有卫星数据通信网，进行数据通信。

（4）按网络使用性质分类

计算机网络按照网络用途的不同，可以分为通用网络和专用网络。其中，公用网（Public Network）是一种大众使用的付费网络，属于经营性网络，由电信部门或其他提供通信服务的经营部门组建、管理和控制，任何单位和个人付费租用一定带宽的数据信道，如我国的电信网、广电网、联通网等。专用网（Private Network）是某个部门根据本系统的特殊业务需要而建造的网络，这种网络一般不对外提供服务。例如，军队、政府、金融、电力等系统的网络就属于专用网。

7.1.2 计算机网络通信基础

数据通信是指数据信息的端到端传输或交换，它是计算机网络的基础，没有数据通信技术的发展，就没有计算机网络的飞速发展。同样通过计算机网络系统实现数据信息的点到点传输或交换，成为计算机网络通信。

1. 通信系统模型

通信的基本任务是传递信息，因此通信系统模型中要有三个要素：信息的发送者、信息的接收者、携带信息的通道，分别称为信源、信宿和信道（光或电信号），如图7-4所示。

图7-4 数据通信系统模型

信源就是信息的发送端，是发出待传送信息的设备；信宿就是信息的接收端，是接收所传送信息的设备。在网络中，信息如果是双向传输，信源也可以是信宿，即发送者也是接收者。

通信信道是以通信线路为物质基础的，信道所使用的物理介质和传输技术的不同，对通信的速率和传输质量的影响也不同。另外，信息在传输过程中可能会受到外界的干扰，这种干扰称为噪声。一次通信中产生和发送信息的一端称为信源，接收信息的一端称为信宿，信源和信宿之间通过信道进行信息的交互。

所谓信号，是带有信息的某种物理量，如电信号、光信号、声音信号等。信号一般以时间为自变量，其幅值（频率或相位）可以随时间变化或随空间变化。从时间自变量是否连续取值，信号可分为模拟信号和数字信号。因此，信道中携带数据信息（光或电信号）就是这两种形式的信号，如图 7-5 所示。模拟信号是指在连续时间范围内，其幅值是连续的信号，如图 7-5（a）所示。这个连续的幅值是指电平幅度或电流强度的物理量，例如固定电话线上传送的按照声音强弱幅度连续变化的电信号，电视图像信号、语音信号、温度压力传感器的输出信号等都是模拟信号。数字信号是指幅值是离散的，自变量时间的取值也是离散的信号，如图 7-5（b）所示。离散幅值使用的电平或电流强度只有 0 和 1 两种状态表示，例如计算机、数字电话、数字传真机发出的信号都是数字信号。对于传输数字信号来说，最容易的办法就是用两个电压来表示两个二进制数字 0 和 1，例如，无电压（也就是无电流）常用来表示 0，而恒定的正电压表示 1，如图 7-5（b）所示。

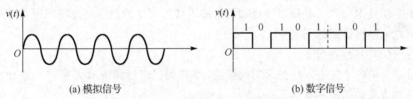

图 7-5　模拟信号和数字信号

用于传输模拟信号的信道称为模拟信道，用以传输数字信号的信道称为数字信道。模拟信号在传输过程中容易受噪声信号的干扰，传输质量不稳定。而数字信号抗干扰能力强，差错可控制，加密方便，可靠性好。

虽然数字通信技术已经得到了很大发展，但模拟信号和数字信号在目前的通信系统中仍然并存，因此在信息传输中需要进行数据信息的调制和解调。所谓调制，就是把数字信号转换成模拟信号；解调就是把模拟信号转换成数字信号。能完成上述功能的设备称为调制解调器（Modem）。

2. 数据传输速率与带宽

在网络中有两种不同的速率：一是信号（即电磁波）在传输媒体上的传播速率（m/s，km/s）；二是计算机网络中每秒发送或接收比特的速率（bit/s）。这两种速率的意义和单位完全不同。在这里第二种称为数据传输速率。数据传输速率是描述数据传输系统的重要技术指标之一。数据传输速率指信道在单位时间内能传输的二进制位数，单位为 bit/s，称比特率。人们常说的“网速”实际上指的就是某个网络的数据传输速率，用 kbit/s、Mbit/s、Gbit/s 表示。在实际应用中，常用的数据传输速率单位关系如下：

1 Gbit/s=10^3 Mbit/s=10^6 kbit/s=10^9 bit/s

在现代网络技术中，人们总是以“带宽”来表示信道的数据传输速率。“带宽”与“速率”几乎成了同义词。

带宽应用的领域非常多，可以用来标识信号传输的数据传输能力（频带宽度）、标识单位时间内通过链路的数据量（数据传输速率）、标识内存读/写能力。

① 在模拟信号系统中，带宽叫频宽（频带宽度），在传输管道中可以传递数据的能力。在被用来描述信道时，带宽是指信道能传送信号的频率宽度，也就是可传送的信号的最高频率与最低

频率之差。通常以每秒传送周期或赫兹（Hz）来表示。例如模拟语音电话的信号带宽为 3 400 Hz，一个 PAL-D 电视频道的带宽为 8 MHz。

② 在数字信号系统中，带宽指单位时间能通过链路的数据量，即数据传输速率，每秒可传输二进制位数（比特），以比特率 bit/s 为单位。例如综合业务数字网（ISDN）的 B 信道带宽为 64 kbit/s。带宽在信息论、无线电、通信、信号处理和波谱学等领域都是一个核心概念。描述带宽时常常把"bit/s"省略，例如，带宽是 10M，实际上是 10 Mbit/s。数字信道的带宽除了用比特率外，还直接用波特率来描述，即线路中每秒传送的波形的个数或符号数，其单位为波特（baud）。

带宽与时钟频率、位数有着非常密切的关系的，带宽=时钟频率×总线位数/8 字节，例如：DDR400 内存的数据传输频率为 400 MHz，那么单条模组就拥有 64 bit × 400 MHz ÷ 8（Byte）= 3.2 Gbit/s 的带宽，为每秒 3.2 GB 字符数的读/写能力。

目前来说，带宽就是网络速度的实际流量；带宽使用量就是实际使用网络时使用的网络流量。例如，目前家庭的 10M 网络带宽，改造为光纤，带宽达到 1G（理论值）。网络的实际流量和理论流量会有一定的差距。

3. 数据通信方式

对于数据通信技术来说，要研究的是如何将表示各类信息的二进制比特序列通过传输介质，在不同计算机之间进行传送的问题。

（1）串行通信与并行通信

根据组成字符的各个二进制位是否同时传输，字符编码在信源/信宿之间的传输分为串行通信和并行通信两种方式，如图 7-6 所示。

在计算机中，通常是用 8 位二进制代码表示一个字符。在数据通信中，可以按图 7-6（a）所示的方式，将待传送的每个字符的二进制代码按由低位到高位的顺序，在一条通信信道依次发送，这种通信方式称为串行通信。

在数据通信中，也可以按图 7-6（b）所示的方式，将表示一个字符的 8 位二进制代码同时通过 8 条并行的通信信道发送，每次发送一个字符代码，这种通信方式称为并行通信。

串行和并行通信的特点：串行通信的优点是单一的通信信道，节省传输线费用，但数据传送效率低。并行通信数据传送效率高（见图 7-6 中，并行通信信道 $n=8$，传输速率是串行通信的 8 倍），但建立多个通信信道造价较高。在远程通信中，一般采用串行通信方式，造价低。

（2）数据传输方向

数据通信按照信号传送方向与时间的关系，可以分为 3 种：单工通信、半双工通信、全双工通信。

① 单工通信是指数据信号只能单方向传输的工作方式，如图 7-7（a）所示。发送端和接收端的身份是固定的（如接收和发送电子邮件），发送端不能接收信息，接收端不能发送信息，数据信号仅从一站点送到另一站点，即信息流是单方向的。例如无线电广播、电视信号、遥控、遥测等，都是典型的单工通信的实例。

② 半双工通信是指数据信号可以双向传输，但必须是交替进行的工作方式，如图 7-7（b）所示。通信双方都具有发送器和接收器，但信道只能容纳一个方向的传输，即一个时间只能向一个方向传送，不能在两个方向上同时进行传输。由一方发送变为另一方发送必须改换信道方向，此时可以用开关进行转换，分别实现 A 到 B 与 B 到 A 两个方向通信的方式。

半双工由于在信道中频繁调换信道方向，所以效率低，但可节省传输线路，因此在局域网中取得了广泛的应用，例如，对讲机就是典型的半双工通信的实例。

③ 全双工通信是指数据信号可以在同一时刻双向传输，如图 7-7（c）所示。相当于把两个相反方向的单工通信信道组合在一起，同时进行信号传输。全双工通信自然也可以用于单工或半双工通信。相对于半双工通信来说，全双工通信效率高、控制简单，但结构复杂，成本较高。

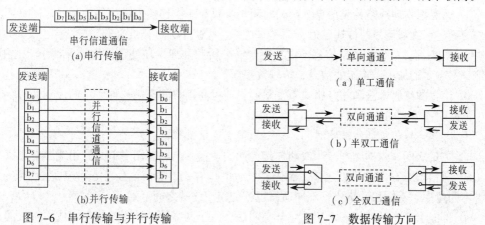

图 7-6 串行传输与并行传输   图 7-7 数据传输方向

4．数据交换技术

经编码后的数据在通信线路上进行传输的最简单形式是在两个互连的设备之间直接进行数据通信，但是，直接连接两个遥远的设备往往是不现实的。常常是经过有节点的网络来把数据从源地点发送到目的地点，以此实现数据的通信。这些节点并不关心数据内容，而是提供一个交换设备，使数据从一个节点传到另一个节点直至到达目的地为止。如何在这种网络中，长距离、高效、畅通地传输大量的不同发送端和接收端的信息，这就是数据交换技术要讨论的问题。

所谓数据交换方式是指对应于各种传输模式，交换节点为完成其交换功能所采用的互通（Intercommunication）技术。数据交换技术主要有 3 种类型：电路交换、报文交换和分组交换。

（1）电路交换（Circuit Exchanging）

两台计算机通过通信子网进行数据交换时，首先要在通信子网中建立一个实际的物理线路连接（专业线路），然后再进行数据通信。在通信中独占这条链路进行信息传输，而不允许其他计算机和终端同时共享该条链路，直到通信一方释放这条链路。公众固定电话网（PSTN 网）和移动网（包括 GSM 网和 CDMA 网）采用的都是电路交换技术。电路交换方式如图 7-8 所示。

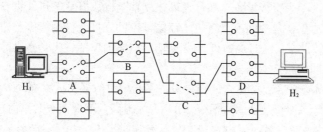

图 7-8 电路交换方式

电路交换方式的通信过程需要经历 3 个阶段：

① 线路建立阶段：如图 7-9 所示，如果主机 H_1 要向主机 H_2 传输数据，要通过通信子网在主机 H_1 与主机 H_2 之间建立线路连接。临时建立的线路连接：主机 H_1—节点 A—节点 B—节点 C—节点 D—主机 H_2，即专用物理线路连接建立完成。

② 数据传输阶段：在主机 H_1 与 H_2 连接建立的基础上，可以进行实时、双向交换数据。

③ 线路释放阶段：在数据传输完成后，进入路线释放阶段。由主机 H_1 向主机 H_2 发出"释放请求包"，逆向从节点 D 开始依次将建立的物理连接释放直到主机 H_2，此次通信结束。

电路交换方式的优点如下：

① 因专用物理线路传输信息，延迟时间小（对于一次连接来说，传输延迟是固定不变的），唯一的延迟是物理信号的传播延迟，即实时性好、干扰小、可靠性高等。

② 交换机对用户的数据信息不进行存储、分析和处理，在处理方面的开销小，对用户的数据信息不需要附加用于控制的信息，传输效率高。

③ 信息的编码方法和信息格式不受限制，即可在用户间提供"透明"的传输。

电路交换方式的缺点如下：

① 电路连接建立通信链路时间较长，短报文通信效率低。

② 主机之间建立的物理专用线路连接为此次通信，电路利用率低，专用线路费用高。

③ 通信双方在信息传输速率、编码格式、同步方式、通信规程等方面应完全兼容，限制了各种不同速率、不同代码格式、不同通信规程的用户终端之间互通。

④ 可能会产生呼叫损失（用户发起呼叫后，由于网络的原因呼叫未能完成而损失的比率），并且不具备差错控制功能。

电路交换方式多用于传输信息量较大，通信对象比较确定的用户。例如，数字话音和传真等业务。这种独占线路方式，不适合计算机网络传送计算机与终端或计算机与计算机之间的数据。

（2）报文交换（Message Exchanging）

如果在发送数据时，不管发送数据（如一个数据文件、一篇新闻稿件等）的长度是多少，都把它当作一个逻辑单元按一定的格式打成包；打包前可以在发送的数据上加上目的地址、源地址与控制信息，这个数据包就是一个报文或数据块，报文格式如图 7-9 所示。

起始标志	信息开始	源节点	目的节点	控制信息	报文编号	正文	报文结束	误码检测
信息头或报头				正文			信息尾或报尾	

图 7-9　报文格式

报文交换不事先建立物理电路，当发送方有数据要发送时，它把要发送的数据当作一个整体数据块交给中间交换设备，中间交换设备先接收报文再将其存储起来，然后选择一条合适的空闲输出线将报文转发给下一个交换设备，如此循环往复直至将数据发送到目的节点。

报文交换的基本思想就是中间节点接收"存储–转发"。报文交换的优点如下：

① 报文以存储/转发方式通过交换机，输入/输出电路的速率、代码格式可以不同，很容易实现各种不同类型用户间的相互通信。

② 报文交换中没有通信链路建立过程，来自不同用户的报文可以在同一线路上以报文为单位实现时分多路复用（共享使用），线路的利用率大大提高。就像汽车共享高速公路。

③ 用户不需要叫通对方就可以发送报文，没有呼叫损失，并可以节省通信终端操作人员的时间。同一报文可由交换机转发到许多不同的收信地点。

报文交换的缺点如下：

① 由于"存储–转发"和排队，增加了数据传输的延迟，且时延抖动大，不利于实时通信。

② 交换机要存储转发用户发送的报文，有的报文可能很长，要求交换机要有高速处理能力和大的存储空间。报文交换机的设备比较庞大，费用较高。

由于以上缺点，报文交换不适用于实时交互通信（如语音、实时视频等），而主要用于传输报文较短、实时性要求较低的通信业务，如公用电报网、电子信箱业务。

（3）分组交换（Packet Switching）

在通信过程中，通信双方以分组为单位、使用存储–转发机制实现数据交互的通信方式，被称为分组交换。在分组交换网中，将要传输的报文划分成多个更小的等长数据段（一般为 128B 大小），在每个数据段的前面加上必要的控制信息等作为数据段的首部，其中包括分组编号，每个带有首部的数据段就构成了一个分组（Packet），然后以分组为单位按照与报文交换同样的方法接收"存储–转发"进行传输。因为每个分组头部中包含了分组编号，当各分组都到达目的节点后，目的节点按分组编号重组报文。由于以较小的分组为单位进行传输和交换，所以分组交换比报文交换快，分组交换技术是报文交换技术的改进。分组报文格式如图 7-10 所示。

分组头	信息源地址	目的站地址	控制信息	信息编号	分组编号	最末分组标志	正文	误码检测

图 7-10　分组基本格式

分组交换的优点如下：

① 因为具有差错校验、重发等差错控制机制，传输质量高。

② 不同的数据分组可以在同一条链路上以动态共享和复用方式进行传输，使得通信资源利用率高，传输费用明显下降。

③ 可在不同种类和速率的终端之间通信，服务质量可靠。

④ 具有面向连接（逻辑连接）和无连接两种工作方式。

分组交换的缺点如下：

① 数据传输延时不固定，平均时延较长，不适宜传送实时性要求高的数据。

② 分组头部增加开销。要将分组通过网络传送，包括目的地址在内的额外开销信息和分组排序信息必须加在每个分组里。这些信息开销增加，自然降低了可用来运输用户数据的通信容量。

③ 要实现分组交换，要求具有较高处理能力的交换机，故大型分组交换网的投资较大。

由于分组长度较短，传输过程中检错容易并且重发花费的时间较少，这就有利于提高存储转发节点的存储空间利用率与传输效率，因此成为当今公用数据交换网中主要的交换技术。目前，美国的 Telenet、TYMNET 以及我国的 CHINAPAC 都采用了分组交换技术，这类能够进行分组交换的通信子网称为分组交换网。

7.1.3　计算机网络工作模式

计算机网络的发展也推动了计算工作模式的更新。由初期的用户安装和使用软件、用户维护软件的无网络单个计算机工作模式（称单机工作模式）发展到在计算机网络中多台计算机相互依赖和协助的工作模式。由于角色和工作性质不同，也就出现了不同的计算机网络工作模式。

1. 对等模式（Peer to Peer）

对等模式简称 P2P，它是指网络中的每台计算机没有主次之分，既可以作为客户机也可以作为服务器，彼此之间是对等关系的工作模式。它们各自具有绝对的自主权，可以对等地相互通信，还可以共享彼此的软硬件资源。网络中没有专用的服务器。对等模式示意图如图 7-11 所示。

具有对等工作模式的网络通常采用星形或总线拓扑结构，能够提供灵活的共享模式，是比较简单的一种网络模式，具有结构简单、成本低和维护方便等优点；缺点是网络中数据保密性比较差，并且不能进行集中管理。

2. 客户机/服务器模式（Client/Server）

客户机/服务器模式简称 C/S 模式。在这种模式中，网络中的计算机可以扮演两个不同的角色：能力强、资源丰富，集中进行共享数据的管理和存取的计算机充当服务器，它能给其他计算机提供功能、资源和服务（如数据处理、数据文件、磁盘存储空间、打印机、处理器等）；计算能力弱、需要其他计算机提供一定的功能、资源和服务的计算机作为客户机。客户机分散在网络中处理用户应用需求的工作。在这种模式中，客户机与服务器在网络中的地位不平等，服务器在网络服务中处于中心地位。工作时客户机接收用户的应用请求，进行适当处理后，通过网络把请求发送给服务器，即向服务器提出服务请求，服务器在接收到服务请求以后，服务器完成请求相应的数据处理后，并把结果通过网络返回给客户机（具体执行都是由双方进程完成的）。可以看出，客户机处于主动提出应用请求享用服务的角色，而服务器处于被动的接收请求提供服务的角色。C/S 模式示意图如图 7-12 所示。

图 7-11　对等模式示意图　　　　　图 7-12 C/S 模式示意图

在这种工作模式下，服务器控制所有软硬件资源，客户机要访问资源必须事先提出请求并获得服务器批准。服务器控制管理数据的能力已由文件管理方式上升为数据库管理方式。实现这种模式，无论是客户端还是服务器端都需要特定的软件支持。对用户来说，也就是每个用户要搜索、下载和安装特定的客户端软件。如果把自己使用的计算机作为客户机，在其上安装 QQ 即时通信工具（电脑版和手机 APP）、淘宝电脑版、各银行客户端软件等，就是在实现 C/S 模式下工作（或将智能手机作为客户机上安装的软件，称为手机 APP）。

客户机/服务器模式的优点是网络功能的分布式应用，将任务合理分配到客户端和服务器端来实现，可以快速进行信息处理，能更好地保护网络资源，降低系统的各种开销；客户机与服务器的网络连接是固定的，不被窃取，对信息安全的控制能力很强。缺点是客户机上的系统维护对用户来说相对复杂和困难，并且系统缺乏灵活性。

3. 浏览器/服务器模式（Browser/Server）

浏览器/服务器模式简称 B/S 模式，它是另一种 C/S 模式的变化或者改进。Internet 就是一种特殊的 C/S 网络工作模式。在这种模式中，客户端除了用 WWW 浏览器外，一般不需要其他程序，这也是与 C/S 模式的最大区别。客户端的工作界面是通过 WWW 浏览器来实现的（即网页方式），极少部分功能在前端（Browser）实现，主要工作在服务器实现。用户仅通过浏览器（中的网页）就可以向服务器发出请求，服务器接收并处理用户的请求，将结果返回给用户。这种模式，客户机不用安装软件，简化了管理工作，系统维护与升级零成本，并且不受操作系统的限制；另外，浏览器操作用户易学易用。但是，服务器运行数据负荷很重，当用户访问量超出服务器能承受的量时，系统可能会出现"崩溃"等问题，因此要考虑数据备份；在网上对信息安全的控制能力相对 C/S 模式要弱。这种模式，实质上就是网站开发模式，随着它使用方便、技术和安全性的提高，目前已成为主流模式。

4. B/S 和 C/S 混合模式

从技术发展趋势上看，B/S 和 C/S 两种模式发展都很快，尤其是移动终端的智能手机（即移动电脑）普及，智能手机的 C/S 模式更方便于用户随时随地安全使用。因此，B/S 模式网站开发的同时，也开发有客户机软件或智能手机 APP，即 B/S 与 C/S 同时存在的混合模式。

为了方便用户，各大银行的网银（银行网站）+手机银行（APP），京东和淘宝的电商平台也是网上电子商务+手机电子商务，说明了混合模式的存在和意义。

7.2　组建网络：硬件、软件、协议与体系结构

组建计算机网络是指计算机网络系统，包括网络硬件、网络软件和网络协议与体系结构。

7.2.1　网络硬件

网络硬件是计算机网络系统的物质基础。构成一个计算机网络系统，要将计算机及其附属硬件设备与网络中其他计算机系统连接起来，实现物理连接。随着计算机技术和网络技术的发展，网络硬件日趋多样化和复杂化，且功能更强。其中，计算机设备是重要的网络设备。由此，网络硬件由主体设备、传输介质和互连设备三部分组成。

1. 网络主体设备

计算机网络中的主体设备称为主机（Host），根据其在网络中的服务特性，一般划分为中心站（又称服务器）和工作站（客户机）两类。

服务器（Server）是指在计算机网络中担负一定数据处理任务和提供资源服务的计算机，在其上运行网络操作系统，是网络控制的核心，直接影响着网络的整体性能。一般选用高档次的机型，如大型机、中型机和小型机，如图 7-13 所示。根据服务器提供的服务不同，又可划分为文件服务器、数据库服务器、通信服务器、邮件服务器、备份服务器和打印服务器等。

图 7-13　服务器

客户机（Client）又称用户工作站，一般由微机担任或移动终端（智能手机、笔记本电脑和平板电脑），是网络用户入网操作的节点，可以有自己的操作系统。用户既可以通过运行工作站上的网络软件向服务器提出请求或共享网络资源，也可以不上网，独立工作。工作站要参加网络活动，必须要先连上网络，然后与相关服务器连接，并进行登录（访问公共网站可以不登录），按照被授予的一定权限访问服务器资源。

2. 网络传输介质

在计算机网络中，构建网络让计算机能够互相访问，必须要有一条通路使它们能够互相通信。传输介质就是网络通信用的信号线路，它提供了连接收发双方的物理通路，属于物理层设备，也是通信中实际传送信息的载体。通常，对于一种传输介质性能指标的评价包括以下几个方面。

① 传输距离：数据的最大传输距离。

② 抗干扰性：传输介质防止噪声干扰传输数据的能力。

③ 带宽：在这里指的是信道所能传送的信号的频率宽度。信道的带宽由传输介质、接口部件、传输协议以及传输信息的特性等因素所决定。它在一定程度上体现了信道的传输性能，是衡量传输系统的重要指标。通常，信道的宽带大，信道的容量也大，其传输速率相应也高。

④ 衰减性：信号在传输过程中会逐渐衰减。衰减越小，不加放大的传输距离就越长。

⑤ 性价比：性价比越高说明我们的投入越值得，对于降低网络建设的整体成本很重要。

根据传输介质形态的不同，常把传输介质分为有线传输介质和无线传输介质两大类。

（1）有线传输介质

有线传输介质指用来传输电或光信号的导线或光纤。有线介质技术成熟，性能稳定，成本较低，是目前网络中使用最多的介质。有线传输介质主要有双绞线、同轴电缆和光纤等。

① 双绞线：双绞线是局域网络中最常用的传输介质。双绞线是把彼此绝缘的两根铜导线绞合在一起。采用胶合结构可以降低相邻导线的电磁对信号的干扰。常见的双绞线由 4 对组成，分为非屏蔽双绞线和屏蔽双绞线两种，如图 7-14 所示。屏蔽双绞线比非屏蔽双绞线增加了一层金属丝网，这层丝网的主要作用是增强其抗干扰性能，同时可以在一定程度上改善带宽特性。屏蔽双绞线性能更好一些，但价格稍高。

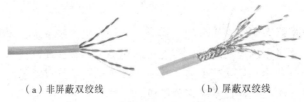

（a）非屏蔽双绞线   （b）屏蔽双绞线

图 7-14   非屏蔽双绞线与屏蔽双绞线

一般常用的双绞线数据传输速率为 10～100 Mbit/s，传输距离<100 m。双绞线安装方便，成本低廉，数据传输速率较高，因此性价比高；但是数据传输距离有局限性，且抗干扰性较差。在局域网络中是最常用的传输介质。

② 同轴电缆：同轴电缆是指由内导体铜芯、绝缘层、网状编织的外导体屏蔽层以及塑料绝缘保护层组成的同一轴心的电缆。由于屏蔽层的作用，同轴电缆有较好的抗干扰能力，但是数据传输速率较慢（10 Mbit/s），物理连接性不够稳定，在计算机网络中已经逐渐被双绞线所代替，如图 7-15 所示。

图 7-15   同轴电缆

通常按直径和特性阻抗的不同将同轴电缆分为：宽带同轴电缆（粗缆）和基带同轴电缆（细缆）。粗缆直径 10 mm，特性阻抗为 75 Ω，使用中经常被频分复用，即将宽带分割成不同频谱被不同的电视频道占用，实现多电视频道传输。因此，是有线电视网（CATV）中的标准传输电缆；细缆直径 5 mm，特性阻抗为 50 Ω，即基带同轴电缆，经常用来传送没有载波的基带信号。

③ 光纤：也称光缆，是一种由玻璃或塑料拉丝制成的非常细、透明的光导纤维，如图 7-16（a）所示。光导纤维的纤芯直径为 2～125 μm，外面涂有一层低折射率的包层和保护层。光信号传播利用了光的全反射原理。如图 7-16（b）所示，当光从一种高折射率介质射向低折射率介质时，只要入射角足够大，就会产生全反射，这样一来，光就会不断在光纤中折射传播下去。如果要在光纤中实现多种频率共存，可以采用多种入射角实现多频传输。由于光的全反射，它的衰减性非常小，所以光纤可以实现远距离传输。

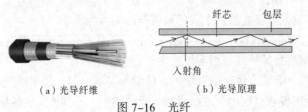

（a）光导纤维   （b）光导原理

图 7-16   光纤

由于光纤非常细，难以提供足够的抗拉强度，因此通常做成结实的光缆，如图 7-16（a）所示。相对于其他有线传输介质，光纤的抗电磁波等干扰性能强，保密性好，也不干扰其他通信系统；光信号衰减程度小，带宽高（100 Mbit/s～10 Gbit/s），传输速度快，传输损耗小、传输距离长（几十千米）；体积小、南量轻，是传输图像、声音等多媒体信息的理想介质。但光纤成本昂贵，安装需要专用设备，设置复杂，主要用于主干网的连接。

（2）无线传输介质

无线传输介质是指在两个通信设备之间不使用任何物理连接，而是通过空间传输的一种技术。无线传输介质主要有无线电波、红外线、微波、卫星和激光等。

① 无线电波通信：无线电波指在自由空间传播的射频频段的电磁波。无线电波通信是指无线电频率在 1 kHz～1 GHz 范围的电磁波谱通信，其速度可达 10 Mbit/s，传输范围为 50 km。在此频段范围中包括短波波段（高频）、甚高频波段（超短波）、超高频波段。无线电波通信中的扩展频谱通信技术是当前无线局域网的主流技术。

无线电波的传播方式有两种：一是直线传播，即电波沿地表面向四周传播；二是通过大气层中的电离层反射传播。传播是全方向的，能从源向任意方向进行传播，很容易穿过建筑物，被广泛地应用于现代通信中。

② 红外线通信：是以红外线作为传输载体的一种通信方式。目前广泛使用各种家电的遥控器几乎都是采用红外线传输技术。红外线采用<1μm 的波长作为传输媒体，具有较强的方向性，即直线传播，传输距离短，不能透射非透明物体，通信成本低等特点。但实现简单、设备便宜。这就导致了主要用于短距离、无障碍通信。

③ ISM 频段无线通信：ISM 频段（Industrial Scientific Medical Band）是国际通信联盟（ITU）定义的，开放给工业、科学、医学等机构使用的频段。在该频段内无须授权许可，只需要遵守一定的发射功率要求，且不对其他频段造成干扰，即可使用。虽然各国家和地区对 ISM 频段具体范围的定义稍有差别，但大部分频段是通用的，常见的 Wi-Fi、蓝牙和 ZigBee 无线通信网就工作在此频段内。

Wi-Fi（Wireless Fidelity）是一种目前应用十分广泛的无线局域网（WLAN）标准。最快传输速率可达到 1 Gbit/s。蓝牙（Bluetooth）是用在固定设备、移动设备和局域网之间进行短距离数据交换的无线通信技术，传输速率不超过 3 Mbit/s。它比 Wi-Fi 传输速率慢，距离短，但比 Wi-Fi 更为节能。蓝牙常用于手机、平板电脑等便携式移动设备，以及各种需要无线连接的计算机外设、智能家电类设备等。ZigBee 无线通信技术是一种和蓝牙类似的超短距离、超低能耗、超低成本的低速无线通信技术，最高速率为 250 kbit/s，常用于物联网领域和各种工业自动化控制、智能家电类设备等。

④ 微波通信：微波是沿直线传播的，收发双方必须直视，而地球表面是一个曲面，因此传播距离受到限制，一般只有 50 km 左右。若采用 100 m 高的天线塔，则传播距离可增大到 100 km。为实现远距离传输，必须设立若干中继站。中继站把收到的信号放大后再发送到下一站。

因为工业和天气干扰的主要频谱成分比微波的频率低得多，所以微波受到的干扰比短波通信小得多，因此传输质量较高。另外微波有较高的带宽，通信容量很大。微波与通信电缆相比，投资小，可靠性高，但隐蔽性和保密性差。

⑤ 卫星通信：实际上也是微波通信，它是航天技术和电子技术相结合而产生的一种重要通信方式。卫星通信以空间轨道中运行的人造卫星作为中继站，地球站作为终端站，实现两个或者多个地球站之间的长距离大容量的区域性通信乃至全球通信。

　　卫星通信具有传输距离远、覆盖区域大、灵活、可靠、不受地理环境条件限制等独特优点。以覆盖面积来讲，一颗通信卫星可覆盖地球的 1/3 表面，若在地球赤道上等距离放上三颗卫星，就可以覆盖整个地球。

　　⑥ 激光通信：是一种利用激光传输信息的通信方式。和微波相似，要有发送站和接收站。激光设备通常都安装在固定位置（高山的铁塔上等），并且天线相互对应。由于激光束能在很长的距离上得以聚焦，因此激光的传输距离比较远，可以达到几十千米，而且通信容量大、保密性强、设备结构轻便和经济。但是，它只能直线传输，任何障碍物都会阻碍正常的数据传输。2012 年 10 月，俄罗斯空间站首次使用激光技术将电子数据传送至地面接收站，传输数据量为 2.8 GB，传输速率达到 125 MB/s。大气层外的激光通信具有优势，传输损耗小，传输距离远，通信质量高，可用于卫星间通信和星际通信。

3. 互连设备

　　网络中的互连设备种类非常多，但是它们完成的工作大都相似，主要是完成信号的转换和恢复或继续传输工作，由此可以把互连设备分为接口设备和网络连接设备。网络互连设备直接影响网络的传输效率，因此对其需要有所了解。

　　（1）接口设备

　　由于网络上传输数据的方式与计算机内部处理数据的方式不同，因此在计算机和传输介质之间通常需要接口和转换设备，常用的有网卡和调制解调器两种，它们是用户常用的设备。

　　① 网卡：网卡又称网络适配器（NIC），它是计算机与传输介质进行数据交互的中间部件或接口，是计算机和其他设备上网的必用设备。网卡可以集成在计算机主板上，也可插入到计算机主板总线插槽内或某个外部接口的扩展卡上，用于编码转换和收发信息，如图 7-17 所示。

　　不同的网络使用不同类型的网卡，在计算机接入网络时需要知道网络的类型，从而购买适当的网卡。网卡对应传输介质的接口是连接双绞线、光纤的接口，现在的计算机设备基本都自带网卡，并且具有无线和有线上网功能。

图 7-17　网卡

　　网卡的作用主要是通报自己的网卡地址和在网络和计算机之间传输数据。每个网卡都有一个固定的全球唯一的网卡地址（MAC，介质访问控制地址），又称物理地址，此地址也是计算机在网络中对自己的标识。只有装有网卡的计算机具有了物理地址标识，在网络中才能区分出数据是从哪台计算机来的，到哪台计算机去。网卡接收网线上传来的数据，并把数据转换为本机可识别和处理的格式，通过计算机总线传输给本机。同时，能把本机要向网上传输的数据按照一定的格式转换为网络设备可以处理的数据形式，通过网线传送到网上。传输数据的功能是指实现联网通信所需要的并行数据与串行数据的转换、数据打包和拆装、存取控制，产生网络信号等。在 OSI 模型中，网卡属于数据链路层和物理层双层设备。

　　网卡地址格式采用十六进制数表示，共 6 字节（48 位），如 "00-00-E8-51-0E-7C"。其中，前 3 字节（左端高 24 位）是由 IEEE 统一分配，是生产厂商的标识；后 3 字节（右端低 24 位）由各厂家自行确定如何分配，称为扩展标识符，由此形成网卡在网络上的唯一地址或标识。

　　随着技术的不断进步和最终用户应用需求的不断提高，网卡的类型也呈现出多层次、多标准的特点，如 PCI 网卡、USB 网卡、PCMCIA 网卡和 ISA 网卡等。

　　② 调制解调器：调制解调器（Modem）是调制器和解调器的简称，俗称"猫"，是一个通过电话网接入网络的必备设备，它也是计算机通过电话网接入 Internet 的中间设备，如图 7-18 所示。

计算机处理的是数字信号，而电话线传输的是模拟信号，调制解调器在其中起到转换作用。如当计算机发送信息时，将计算机数字信号转换成可以用电话线传输的模拟信号（称为调制），通过电话线发送出去；在接收信息时，把电话线上传来的模拟信号转换成数字信号传给计算机（称为解调），供计算机接收和处理。

图 7-18　调制解调器

（2）网络连接设备

在计算机网络中，当连接的计算机较远传输介质不能达到，或局域网和局域网连接、局域网和广域网连接时，需要用到不同网络之间的网络连接设备。网络连接设备按其工作的层次分为中继器、集线器、网桥、交换机、路由器和网关等。这些设备工作在 OSI 模型的物理层、数据链路层和网络层，在网络通信中起着放大信号、转发数据和寻找数据通信路径的作用，是建立计算机网络的重要组成部分。

① 中继器：放大衰减的网络传输信号，从而延长网络传输距离。属于物理层设备。

② 集线器：一个具有多个端口的中继器，将多台计算机和其他设备集中连接在一起，同时对接收到的信号进行再生整形放大，以扩大网络的传输距离。属于物理层设备。

③ 网桥：将两个相似的网络以一对多的关系连接起来，并对网络数据的流通进行管理。即实现数据包从一个网段到另一个网段的选择性发送（要过滤）。网桥使用 MAC 地址来确定数据的转发，属于网络数据链路层的存储-转发网络设备。

④ 交换机：是一种在通信系统中完成任意两个网络节点的一对一连通，实现信息交换功能的设备。使用 MAC 地址进行数据的转发，工作在数据链路层，其实就是更先进的网桥。它发展迅猛，基本取代了集线器和网桥、并增强了路由选择功能。其主要功能包括物理编址、错误校验、帧序列以及流控制等。根据网络覆盖范围的广域网和局域网不同，交换机一般分为广域网交换机和局域网交换机两大类。

⑤ 路由器：用来连接不同结构的网络。根据一定的路由选择算法，结合数据包中的目的 IP 地址，确定传输数据的最佳路径。而网桥和交换机是使用 MAC 地址来确定数据的转发。属于网络层设备。

⑥ 网关：是不同网络之间连接的"关口"，即网间连接器或协议转换器，是软件和硬件的结合产品。网关用于类型不同且差别较大的网络系统间的互连，或用于不同体系结构的网络或者局域网与主机系统的连接。是最复杂的网络互连设备，可用软件实现，它没有通用的产品，必须是具体的某两种网络互连网关。属于传输层设备。

在使用不同的通信协议、数据格式或语言，甚至体系结构完全不同的两种系统之间，网关是一个翻译器，要对收到的信息重新打包，以适应目的系统的需求。

7.2.2　网络软件

网络软件是一种在网络环境下使用和运行或者控制和管理网络工作的计算机。根据软件的功能，计算机网络软件可以分为网络系统软件和网络应用软件两大类。

1. 网络系统软件

网络系统软件是控制和管理网络运行、提供网络通信、分配和管理共享资源的网络软件，它包括网络操作系统、网络协议软件、通信控制软件和网络管理软件等。

网络操作系统是指能够对局域网范围内的资源进行统一调度和管理的程序，它是计算机网络软件的核心程序，是网络软件系统的基础。目前常用的网络操作系统有 Windows Server、UNIX、Linux、Solaris 等。

网络协议软件（如 TCP/IP 协议软件）是实现各种网络协议的软件，它是网络软件的核心部分，任何网络软件都要通过协议软件才能起作用。

通信控制软件使用户能够在不必详细了解通信控制规程的情况下完成计算机之间的通信，并对大量的通信数据进行加工管理。

网络管理软件就是能够完成网络管理功能的网络管理系统，随着网络的日益普及和广泛使用，网络管理软件越来越重要。

2．网络应用软件

网络应用软件是指为某一应用目的而开发的网络软件。应用软件一般可分为两类：一类是基于浏览器运行的电子邮件、搜索工具、网银、电子商务、新闻类、在线教育类等网站，不需要下载安装；另一类是基于独立运行软件，如即时通信的 QQ、股票行情交易软件、网络银行 APP、教育类 APP、电信业务管理、数据库及办公自动化等客户机软件，用户只要找到下载、安装并使用即可。

实际上，大多数应用软件，即使不是为了网络应用专门设计的，也包含了一些网络功能。例如，Microsoft 公司的 Office 系列软件，包括 Word、Excel、PowerPoint 等，都具有强大的网络相关功能。比如，用户撰写的 Word 文档，可以直接作为电子邮件发送到网络上；Word 还支持多人协同完成文档的制作（通过网络）、支持超链接等，都是和网络相关的服务功能。

网络应用软件为用户提供访问网络的手段、网络服务、资源共享和信息的传输。

7.2.3　计算机网络协议与体系结构

网络协议与网络体系结构是网络技术中两个最基本的概念，只有掌握这些基本内容，才能对计算机网络有更深刻的认识。

1．网络协议

（1）协议概念

建立计算机网络的目的是数据交换、资源共享。由于网内的计算机系统及设备各不相同，彼此间要进行通信，就必须遵守共同的规则和约定，这种规则和约定的集合就是网络协议（Protocol）。网络协议事先约定好的一整套通信规程，包括严格规定要交换的数据格式、控制信息的格式和控制功能以及通信过程中执行的顺序等必须严格遵守。

为了实现人与人交互，通信规约无处不在。例如在邮政系统发送信件时，信封必须按照一定格式和要求书写：收件人和发件人地址格式，及所在位置，否则，信件无法投递，也不可能到达目的地。同时，信件的内容也必须遵守一定的规则：什么语言对方能看懂，语言内容格式等，否则，收件人不可能理解信件内容。最后，邮政网络还必须要有投递规则，保证投递畅通和可靠，如投递路线和出错纠错规则，如天灾人祸如何处理等。

计算机网络的数据交换过程与上述邮政系统发送信件过程非常相似，但是要复杂得多。要保证网络通信任务顺利完成，各计算机系统必须遵守更复杂的"协议"。写信一方必须根据一定的规则写信发信，收信一方必须用同样的规则接收信件和理解信的内容，邮政网络必须保障畅通，通信才能完成。

网络协议的内容很多，可供不同的需要使用。一般来说，网络协议由语法、语义和时序三个要素组成。

① 语法：规定用户数据与控制信息的结构或格式，即确定通信双方之间"怎么做"。具体来

说，明确通信时采用的数据格式、编码、信号电平及应答方式等。

② 语义：需要发出何种控制信息，以及完成何种动作与作出的响应，即确定双方之间"做什么"。具体来说，由通信过程的说明构成，要对发布请求、执行动作及返回应答予以解释，并确定用于协调和差错处理的控制信息。

③ 时序：对事件实现顺序的详细说明，即确定"何时做"。例如，采用同步传输或异步传输方式来实现通信先后顺序和速度匹配。

计算机网络是一个庞大、复杂的系统，网络的通信规则也不是一个协议可以描述清楚的。因此，在计算机网络中存在多种协议，每一种都有其设计目的和需要解决的问题。同时，每一种协议也有其优点和使用限制，这样做的主要目的是使协议的设计、分析、实现和测试简单化。例如，TCP/IP 是 Internet 采用的协议标准，它包括了很多种协议，如 HTTP、Telnet、FTP 等，而 TCP 和 IP 是保证数据完整传输的两个最基本的协议。因此，通常用 TCP/IP 来代表整个 Internet 协议系列。现在使用的协议是由国际组织制定的，生产厂商按照协议开发产品，把协议转化成相应的硬件或软件，网络的建设者则根据协议选择适当的产品组建自己的网络。对用户来讲，协议软件是一种无须用户编写的操作系统组件，用户根据通信需要选择安装相应的协议即可。由于互联网的普及，TCP/IP 协议通常是默认安装的。具有通信功能的应用软件都会包含通信模块，主要功能就是调用相应的网络通信协议。

（2）协议分层

一个功能完备的计算机网络需要制定一套复杂的协议集。对于结构复杂的网络协议来说，为了方便理解、制定、运行和维护，最好的组织方式就是层次结构。计算机网络的协议是分层的，层与层之间相对独立，各层完成特定的功能，每一层都为上一层提供某种服务，最高层为用户提供诸如文件传输、电子邮件、打印等网络服务。网络协议分层的原因有以下几点：

① 分层有助于网络的实现和维护。这种层次结构将一个复杂的大系统分割成若干个易于实现的小系统，使实现和维护变得更容易控制。

② 分层有助于技术发展。只要保证相邻层的接口不变，就可以用最先进的技术对某层进行改进，而不至于影响其他部分的工作。

③ 分层有助于网络产品的生产。协议分层后，各个公司都可以根据自己的情况提供某个协议层次的产品，为组建网络提供丰富的软、硬件选择。

④ 分层能促进标准化工作。分层后，每一层提供的服务及所需要的条件都有了精确的说明；反过来看，也能暴露出每层协议中不恰当的部分，促进协议的进一步发展。

2．网络体系结构

计算机网络的协议是按照层次结构模型来组织的，我们将网络层次结构模型与计算机网络各层协议的集合称为网络的体系结构或参考模型。

如何划分计算机网络的层次结构，计算机网络理论研究界和应用界提出了很多方案，制定了各自的协议体系，其中最著名的是 OSI 参考模型（理论模型）和 TCP/IP 体系结构（商业模型或结构）。1983 年国际标准化组织提出了开放系统互连参考模型（OSI）的概念，1984 年 10 月正式发布了整套 OSI 国际标准。

（1）OSI 参考模型

OSI 参考模型采用分层描述方法，将整个网络的功能划分为 7 个层次。自底层到高层分别为物理层（Physical Layer）、数据链路层（Data Link Layer）、网络层（Network Layer）、传输层（Transport Layer）、会话层（Session Layer）、表示层（Presentation Layer）和应用层（Application Layer），如图 7-19 所示。

　　在通信过程中，当发送数据时，信息压缩加密成数据，数据从上层的应用层逐层传递到下层，在物理层连接到通道的物理介质上，完成数据的发送；当接收数据时，将物理层的数据依次向上传递至应用层，还原信息完成数据的接收。接收数据方向与发送方向相反。

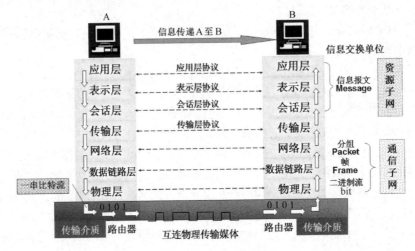

图 7-19　OSI 模型

　　在 OSI 参考模型中，每层完成一个明确定义的功能并按协议相互通信。底层使用下层提供的服务，向上层提供所需服务。各层的服务是互相独立的，层间的相互通信通过层接口实现。只要保证层接口不变，那么任何一层实现技术的变更均不影响其余各层。

　　在这 7 层中，1~4 层为低层，面向通信；5~7 为高层，面向信息处理。各层的基本功能说明如下：

　　① 物理层：位于 OSI 参考模型的最低层，提供一个物理链接，所传数据的单位是比特流的 0 和 1 的电信号。其概念是对上层屏蔽传输媒体的区别，提供比特流传输服务。也就是说，有了物理层后，数据链路层以上各层都不需要考虑使用的是什么传输媒体（如图像、声音、文本等），无论是用双绞线、光纤还是用微波，都被看成是一个比特流管道。

　　从原理上看，物理层提供计算机及网络设备物理接口的机械、电气、功能和过程特性。例如，规定使用网卡、电缆和接头的类型，传送信号的电压等。在这一层，数据帧对应的比特流被转换为媒体可传输的电、光等信号并在传输媒体中传输。

　　在网络的一个物理网段内，根据数据帧所包含的物理目标地址、信宿接收信源发送来的数据，并从第一层开始逐层向上传送，最终到达应用层，由应用层的用户应用程序接收数据并处理数据，从而实现了两台设备之间的通信。

　　② 数据链路层：建立和拆除数据链路，将数据按一定格式组装成帧或解析帧（Frame），以便无差错地传送。每一帧包括一定数量的数据和一些必要的控制信息，含有源站点网卡和目的站点设备的物理地址（MAC 地址）。数据链路层关心的问题包括物理地址、网络拓扑、错误通告、数据帧的有效传输和流量控制。其功能是对物理层传输的比特流进行校验，并采用检错重发等技术，使本来可能出错的数据链路变成不出错的数据链路，从而为上层提供无差错的数据传输服务。换句话说，网络层及以上各层不再需要考虑传输中出错的问题，就可以认定下面是一条不出错的数据传输信道，把数据交给数据链路层，数据链路层就能完整无误地把数据传给相邻节点的数据链路层。

事实上，数据链路因干扰发生错误时，数据链路层具有检验错误和请求重发的能力。这样，数据链路层就可以向网络层提供无差错传输。

数据链路层传送的基本单位是帧，其结构如图 7-20 所示。soh 为帧的开始符，eot 为帧的结束符。使用帧可以解决长延迟和计算机崩溃情况下出现的数据传输的不完整性问题，如 eot 没有到达，表示此帧不完整，但使用帧也会增加网络开销，因为多传了开始符和结束符。

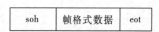

图 7-20　帧结构示意图

③ 网络层：解决网络与网络之间，即网际的通信问题，其主要功能是提供路由，即选择到达目标主机最佳路径，并沿该路径传送数据包。网络层将传输层生成的数据分段封装成分组或包（Packet），成为传送单位。包中封装由网络层报头，含有源站点和目的站点的网络逻辑地址（IP 地址）。根据地址，实现网络间的路由选择，将数据包从一个网络传送到另一个网络，直至目标网络。

④ 传输层：在发送端和接收端（两个进程）之间建立一条不会出错的通信，为上层提供可靠的报文传输服务。与数据链路层提供的相邻节点间比特流的无差错传输不同，传输层主要控制的是包的丢失、错序、重复等问题，保证的是发送端和接收端之间的无差错传输。

⑤ 会话层：会话层虽然不参与具体的数据传输，但用以解决控制会话和数据传输方面的管理，如建立、维护和结束会话连接的管理。会话层建立在两个互相通信的应用进程之间，组织并协调其交互。例如，在半双工通信中，确定在某段时间谁有权发送，谁有权接收；或当发生意外时（如已建立的连接突然中断），确定应从何处开始重新恢复会话，而不必重传全部数据。

⑥ 表示层：负责提供通用的数据格式（编码方法），以便在不同系统的数据格式之间进行转换，保证通信双方数据的可识别性。具体看，为上层用户解决用户信息的语法表示问题，完成数据转换、数据加密和解密、数据压缩和恢复。表示层将欲交换的资料从适合于某一用户的抽象语法变换为适合于 OSI 系统内部使用的传送语法。有了这样的表示层，用户就可以把精力集中在要交谈的问题本身，而不必过多地考虑对方的某些特性。

⑦ 应用层：负责应用程序与网络操作系统之间的联系，为用户提供各种服务，包括 WWW 浏览服务、文件传送、远程登录、电子邮件及网络管理、NEWS 新闻组讨论、DNS 域名服务、NFS 网络文件系统等。应用层是 OSI 模型的最高层，传送的是用户数据报文。

由上可见，OSI 参考模型的网络功能可分为三组：下面两层解决信道问题，第三、四层解决传输服务问题，上三层处理应用进程的访问，解决应用进程的通信问题，这样保证了网络和设备之间的互连和通信。但它也只是一个原则性的、开放的理论模型，并没有提供一个可以实现的方法。OSI 模型是一个抽象模型。这种分层思想给了人们很多启示，包括工业标准化问题、复杂问题求解思想和网络协议的思想等。

（2）Internet 的 TCP/IP 参考模型

Internet 采用的 TCP/IP 协议是 1974 年 Vinton Cerf 和 Robert Kahn 开发的。由于 OSI 参考模型仅仅是可参考的理论模型，随着 Internet 的飞速发展，确立了 TCP/IP 的地位，TCP/IP 成为事实上的实现网络互连的通信协议的国际标准。TCP/IP 是采用基于开放系统的网络参考模型，实际上是一组完整的体系结构，因其两个著名的协议 TCP（Transmission Control Protocol，传输控制协议）和 IP（Internet Protocol，网际协议）而得名。TCP/IP 协议体系和 OSI 参考模型一样，也是一种分层结构，由基于硬件的 4 个概念性层次构成，即网络接口层、网际层、传输层和应用层。图 7-21 所示为 TCP/IP 与 OSI 参考模型的对应关系。

OSI 模型		TCP/IP 模型	信息格式
应用层 表示层 会话层	各种应用层协议，如 Telnet、SMTP、FTP、DNS、RIP、NFS、SNMP、HTTP 等	应用层 （应用程序）	报文流
传输层	TCP、UDP	传输层	分组
网络层	IP、ARP、ICMP、IGMP	网际层	IP 数据报
数据链路层、物理层	SLIP、PPP	网络接口层	帧

图 7-21　TCP/IP 与 OSI 参考模型的对应关系

对照 OSI 7 层协议，TCP/IP 参考模型中没有数据链路层和物理层，只有网络与数据链路层的接口，称为网络接口层，可以使用各种现有的链路层、物理层协议。目前，用户连接 Internet 最常用的数据链路层协议是 SLIP（Line Interface Protocol）和 PPP（Point to Point Protocol）。TCP/IP 模型的网际层对应 OSI 模型的网络层，包括 IP（网际协议）、ICMP（网际控制报文协议）、IGMP（网际组报文协议）以及 ARP（地址解析协议），这些协议处理信息的路由以及主机地址解析。传输层对应于 OSI 模型的传输层，包括 TCP（传输控制协议）和 UDP（用户数据报协议），这些协议负责提供流控制、错误校验和排序服务，完成源到目标间的传输任务。应用层对应 OSI 模型的应用层、表示层和会话层，它包括了所有高层协议，并且有新的协议加入。

常用的应用层协议主要有以下几种：

- 超文本传输协议（HTTP）：用于传递制作的万维网 WWW 网页文件。
- 文件传输协议（FTP）：用于实现互联网中交互式文件传输功能。
- 电子邮件协议（SMTP）：用于实现互联网中电子邮件传送功能。
- 网络终端协议（Telnet）：用于实现互联网中远程登录功能。
- 域名服务（DNS）：用于实现网络设备名称到 IP 地址映射的网络服务。
- 路由信息协议（RIP）：用于网络设备之间交换路由信息。
- 简单网络管理协议（SNMP）：用来收集和交换网络管理信息。
- 网络文件系统（NFS）：用于网络中不同主机间的文件共享。

OSI 参考模型与 TCP/IP 参考模型都采用了层次模型的概念，但二者在层次划分与使用的协议上是有很大区别的。OSI 参考模型概念清晰，但结构复杂，实现起来比较困难，特别适合用来解释其他网络体系结构；TCP/IP 参考模型的服务、接口与协议的区别尚不够清楚，这就不能把功能与实现方法有效地分开，增加了 TCP/IP 利用新技术的难度。但伴随着 Internet 发展，TCP/IP 模型赢得了大量的用户和投资，成为目前公认的商业使用的国际标准。

综上所述，由计算机、网络设备、通信介质、网络协议和网络体系结构组成的计算机网络是一个基础设施框架，它提供了网络资源共享和各种网络服务的平台。需要在这个平台上达到各种需要，享受各种网络服务，都需要有丰富的网络应用程序加以支持，二者缺一不可。

7.3　网络的网络：因特网

Internet 可以说是人类历史上的一大奇迹，它让分居在世界各地的我们感到相聚不再遥远。它是一个虚拟社会，与现实社会相似，有一定的社会结构和层次。Internet 是国际互联网，又称因特网。通俗地说 Internet 是将世界上各个国家和地区成千上万的同类和异类型网络连在一起而形成的一个全球性大型网络系统。从网络通信技术的角度来看，Internet 是以 TCP/IP 网络协议连接各个国家、各个地区及各个机构的计算机网络的数据通信网；从信息资源角度来看，Internet 是集各个部门、各个领域的各种信息资源为一体，供网上用户共享信息资源网。因此，Internet 也是一个"计算机网络的网络"，或"网间网"。

Internet 包含了难以计数的信息资源，向全世界提供信息服务。Internet 已成为获取信息的一种方便、快捷、有效的手段，是信息社会的重要支柱。

7.3.1　因特网的历史

因特网（Internet）是世界上广泛应用的最大的广域网的集合，是当今世界上最大的信息网络。自 20 世纪 80 年代以来，它的应用已从军事、科研与学术领域进入商业、传播和娱乐等领域，并于 90 年代成为发展最快的传播媒介。

人们通过因特网完成学习过程，进行工作交流，观看各种多媒体信息，等等。因特网已经成为人们生活、学习、娱乐不可或缺的组成部分。

1. Internet 的起源和发展

Internet 是在美国较早的军用计算机网 ARPANet 的基础上经过不断发展变化而形成的，其起源主要可分为以下几个阶段：

Internet 的雏形形成阶段：1969 年，为了能在爆发核战争时保障通信联络，美国国防部高级研究计划署（ARPA）开始建立一个命名为 ARPANet 的网络，当时建立这个网络只是为了将美国几个军事和研究用计算机主机连接起来。人们普遍认为这就是 Internet 的雏形。

Internet 的发展阶段：美国国家科学基金会（NSF）在 1985 年开始建立了 NSFNet。NSF 规划建立了 15 个超级计算机中心及国家教育科研网，用于支持科研和教育的全国性规模的计算机网络 NSFNet，并以此为基础，实现同期网络的连接。NSFNet 成为 Internet 上主要用于科研和教育的主干部分，代替了 ARPANet 的主干地位。

1989 年，MILNet（由 ARPANet 分离出来的）实现了和 NSFNet 的连接后，就开始采用 Internet 这个名称。此后，其他部门的计算机网相继并入 Internet，ARPANet 宣告解散。同年，由欧洲核子研究组织（CERN）开发成功万维网（World Wide Web，WWW），为 Internet 实现广域网超媒体信息获取/检索奠定了基础。从此，Internet 进入到迅速发展时期。

Internet 的商业化阶段：20 世纪 90 年代初，商业机构开始进入 Internet，使得 Internet 开始了商业化的新进程，也成为 Internet 大发展的强大推动力。

1995 年，NSFNet 停止运作，Internet 彻底商业化。

这种把不同网络连接在一起的技术的出现，使得计算机网络的发展进入一个新的时期，形成由网络实体相互连接而构成的超级计算机网络，人们把这种网络形态称为 Internet（互联网）。

2. Internet 在中国

1987 年 9 月 20 日，钱天白教授发出我国第一封电子邮件"越过长城，通向世界"，揭开了中国人使用 Internet 的序幕。

Internet 在中国的发展可以粗略地划分为三个阶段：第一阶段为 1987—1993 年，我国的一些科研部门通过 Internet 建立电子邮件系统，并在小范围内为国内少数重点高校和科研机构提供电子邮件服务。第二阶段为 1994—1995 年，这一阶段是教育科研网发展阶段。北京中关村地区及清华大学、北京大学、组成的 NCFC 网于 1994 年 4 月开通了与国际 Internet 的 64 kbit/s 专线连接，同时还设立了中国最高域名（cn）服务器。这时才真正加入了国际 Internet 行列。此后又建成了中国教育和科研计算机网（CERNet）。第三阶段为 1995 年以后，该阶段开始了商业应用。

下面分别介绍我国现有四大主干网络的基本情况。

（1）中国公用计算机互联网（ChinaNet）

1995 年，有原邮电部投资建设了 ChinaNet，它是面向社会公开开放的，服务于社会公众的大规模的网络基础设施和信息资源的集合，是中国民用 Internet 的主干网，提供多种途径、多种速度的接入方式。

（2）中国教育和科研计算机网（CERNet）

CERNet 主要面向教育和科研单位，是全国最大的公益性互连网络。CERNet 分 4 级管理，分别是全国网络中心、地区网络中心和地区主节点、省教育科研网、校园网。

（3）中国科技信息网（CSTNet）

CSTNet 主要为科技界、科技管理部门政府部门和高新技术企业服务，提供的服务主要包括网络通信服务、域名注册服务、信息资源服务和超级计算机服务。

（4）国家公用经济信息通信网络（金桥网：ChinaGBN）

金桥网是建立在金桥工程上的业务网，支持金关、金税、金卡等"金字头工程的应用"。同时为企业服务，为国家宏观经济调控和决策服务。它是覆盖全国，实行国际联网，为用户提供专用信道、网络服务和信息服务的基干网。

随后，在 2000 年开始，中国三大门户网站搜狐、新浪、网易的快速兴起，百度中文搜索引擎、电子商务和移动支付（淘宝、京东、微信等）、即时通信（QQ、微信等）的快速发展，中国 Internet 成为了全球第一大网，网民人数最多（2018 年 8 亿网民），联网区域最广。

3. Internet 的发展趋势

从 1996 年起，世界各国陆续启动下一代高速互联网络及其关键技术的研究。下一代互联网与现在使用的互联网相比，具有以下不同：

① 规模更大：启用 IPv6 地址空间，由 IPv4 的 32 位扩大到 128 位（我国提出 IPv9，256 位），2 的 128 次方形成了一个巨大的地址空间，未来的移动电话、电视、冰箱等信息家电都可以拥有自己的 IP 地址，一切都可以通过网络来控制，把人类带进真正的数字化时代。

② 速度更快：下一代互联网的网络传输速率比现在提高 1000 倍以上，这与目前的"宽带网"是两个截然不同的概念，下一代互联网强调的是端到端的绝对速度。2004 年 12 月 7 日，CERNet2 在北京与天津之间实现了 40 Gbit/s 的传输速率，传输一本《辞海》的内容只用一眨眼的功夫。

③ 更安全：目前的因特网因为种种原因，在体系设计上有一些不完善的地方，存在大量安全隐患，下一代互联网将在建设之初就从体系设计上充分考虑安全问题，使网络安全的可控性、可管理性大大增强。

④ 更智能：随着各种感知技术在互联网上的广泛应用，物联网技术飞速发展，使得互联网能够给我们提供更多、更智能、更易管理的应用。如无人驾驶汽车等。

7.3.2　因特网的组成及常用专业术语

1. Internet 的组成

Internet 是通过分层结构，由物理网、协议、应用软件和信息四层组成的。

① 物理网：实现因特网通信的基础，它的作用类似于现实生活中的交通网络，像一个巨大的蜘蛛网覆盖全球，而且仍在不断延伸和加密。

② 协议：在 Internet 上传输的信息至少遵循三个协议：网际协议、传输协议和应用程序协议。网际协议负责将信息发送到指定的接收机；传输协议（TCP）负责管理被传送信息的完整性；应用程序协议几乎和应用程序一样多，如 SMTP、Telnet、FTP 和 HTTP 等，每个应用程序都有自己的协议，它负责将网络传输的信息转换成用户能够识别的信息。

③ 应用软件：实际应用中，通过一个个具体的应用软件与 Internet 打交道。每个应用程序的使用代表着要获得 Internet 提供的某种网络服务。例如，通过 WWW 浏览器可以访问 Internet 上的 Web 服务器，享受图文并茂的网页信息。

④ 信息：没有信息，网络就没有任何价值。信息在网络世界中就像货物在交通网络中一样，建设物理网（修建公路）、制定协议（交通规则）和使用各种各样应用软件（交通工具）的目的是传输信息（运送货物）。

2．Internet 的常用专业术语

与 Internet 打交道常会接触一些名词或术语，TCP/IP、FTP、E-mail、WWW、Telnet、BBS、POP、SMTP 等在本书中其他部分已涉及，此处仅列出在其他部分未涉及的部分名词或术语。

① Web 或 WWW 万维网：也称全球广域网。它是针对 Internet（国际互联网，又称因特网）的一个使用超文本（HTTP）网页文档系统的协议。早期 Web 1.0 是以静态、单向阅读为主基于超文本网页技术的文档系统协议。目前 Web 2.0 可以提供将文字、图形、音频、视频信息集合于一体的网页，并有限的互动参与。Web 3.0 将提供更多人工智能服务，用户可以实现实时参与。

② ISP：Internet 服务提供商，主要为用户提供拨号上网、WWW 浏览、FTP、收发 E-mail、BBS、Telnet 等各种服务。

③ PPP 协议：点对点协议，Modem（调制解调器）与 ISP 连接通信时所支持的协议。

④ DNS：域名服务器，将用户的域名转换成对应的 IP 地址，又称域名解析，然后系统通过 IP 上网。在配置 Internet 软件时，必须将 ISP 提供给自己的 DNS 的 IP 地址写正确。

⑤ 博客：Blogh 或 Weblog，源于"Web Log"（网络日记），是一种十分简易的网上个人信息发布方式。或在网络上出版，发表和张贴个人文章的人。

⑥ Intranet 企业内部网：又称内部网、内联网、内网，是一个用 Internet 同样技术的只限企业内部使用的计算机网络。通常建立在一个企业或组织的内部并为其成员提供信息的共享和交流等服务，如校园网、政府网和企业网等，企业在内部网可以有效地进行财务管理、供应链管理、进销存管理、客户关系管理等，外部用户不能通过 Internet 对其进行访问。

7.3.3 因特网的 IP 地址及域名系统

Internet 是通过路由器将物理网络互连在一起的虚拟网络。在一个具体的物理网络中，每台计算机都有一个物理地址（Physical Address），即网卡地址，终身不变，物理网络根据此地址来识别其中每台计算机。在 Internet 中，在 IP 层采用了一种全网通用的地址格式，为网络中的每台主机分配一个在此网络上网的网络号和主机编号（即 Internet 地址），是网络提供商提供的。通俗地看，物理地址相当于人的身份证号码，是识别身份用的，终身不变；IP 地址相当于此人的手机号码，用来标识入网通信或打电话，不使用了可以给别人。路由器相当于电话网的程控式交换机。

1．IP 地址

为了使接入 Internet 的众多计算机在通信时能够相互识别，在 Internet 上为每台主机指定的全球唯一可标识的地址称为 IP 地址，又称网际地址，是 Internet 上主机的一种数字型标识，也是连网主机的逻辑标识。IP 协议使用该地址在主机之间传递信息，这是 Internet 能够运行的基础。这个 IP 地址，可以是固定分配的，也可以是动态分配、可变化的。

目前使用的 IP 地址是 IP 协议的第四版本，所以又称 IPv4，它规定 IP 地址为 32 位的二进制数（4 字节）组成，分 4 段，其中每 8 位一段，为了便于书写，每个字节单独书写，中间用小圆点"."隔开，每 8 位 1 个字节的十进制取值范围为 0～255，如图 7-22 所示。

二进制表示法	点分十进制表示法
11001010 . 01110010 . 01100000 . 00000110	202.114.96.6

图 7-22　IP 地址的表示方法

IP 地址是一种层次性的地址，它分为网络地址和主机地址两部分。处于同一网络内的各节点，其 IP 地址中的网络地址部分是相同的。而主机地址部分不同，它标识了该网络中的某个具体节点（第几个主机数），如服务器、客户机、路由器等

2. IP 地址的分类

为了便于对网络进行管理，有效利用 IP 地址以适应主机数目不同的各种计算机网络，IP 地址被分成 A、B、C 三个基本类和 D、E 两个扩展类，其中 A、B、C 为常用 IP 地址，如图 7-23 所示。它们均由网络号和主机号两部分组成，规定每一组都不能用全 0 和全 1。通常全为 0 的表示网络本身的 IP 地址，全为 1 表示网络广播的 IP 地址。为了区分类别，A、B、C 三类的最高位分别为 0、10、110，如图 7-23 所示。

	0	1	2	3	4	5		7	8		15	16		23	24		31
A 类	0	网络地址：1～126（2^7-2=126）							主机数量：16 777 214（主机地址 24 位）								
B 类	1	0	网络地址：128.0～191.255（2^{14}=16384）									主机数量：65 534（主机地址 16 位）					
C 类	1	1	0	网络地址：192.0.0～223.255.255（2^{21}=2 097 152）											主机数量：254（8 位）		
D 类	1	1	1	0	网络地址：224.0.0.0～239.255.255.255，组播地址												
E 类	1	1	1	1	0	网络地址：240.0.0.0～255.255.255.255，保留为今后使用											

图 7-23　IP 地址的分类

（1）A 类地址

A 类 IP 地址前 8 位为网络地址，后 24 位为主机地址（见图 7-23）。该类地址可提供使用的网络号，最高位固定为 0B（二进制），余下的 7 位是 2^7-2=126 个网络号或网络数。减 2 是因为网络地址全为 0 和全为 1 的 IP 地址。网络号范围：

　　　　　　二进制范围 00000001　B 到 01111110　B
　　　　　　十进制范围　　　1　D 到　　126　D

在 A 类 IP 地址中的 24 位主机地址，最大主机数量为 2^{24}-2=16 777 214，这里主机地址减 2 的原因同上，扣除主机地址全 0 和全 1 的 IP 地址。主机号范围：

　　　　二进制范围 00000000.00000000.00000001　　B 到 11111111.11111111.11111110　B
　　　　十进制范围　　　0.　　　　0.　　　1　D 到　　255.　　255.　　254　D

A 类 IP 地址通常用于大型网络。例如，一台主机 A 类 IP 地址为 122.168.3.1，则该主机所在的网络地址就是 122.0.0.0，主机地址为 0.168.3.1，广播地址为 122.255.255.255（主机地址全为 1）。

（2）B 类地址

B 类 IP 地址的前 16 位为网络地址，后 16 位为主机地址（图 7-23）。该类地址可提供使用的网络号，最左面两位固定为 10 B，余下的 14 位是 2^{14}=16 384 个网络数。这里不存在减 2 问题，因为不可能出现网络地址全为 0 和全为 1。网络号范围：

　　　　　　二进制范围 10000000.00000000　　B 到 10111111.11111111　　B
　　　　　　十进制范围　　128.　　　0　D 到　　191.　　255　D

在 B 类 IP 地址中的 16 位主机地址，最大主机数量是 $2^{16}-2=65\,534$。这里减 2 的原因类似 A 类地址中情形。主机号范围：

二进制范围 00000000.00000001　B 到 11111111.11111110　B
十进制范围　　　0.　　　1 D 到　　255.　　254 D

B 类 IP 地址适用于中等规模的网络，每个网络所能容纳的计算机数为 6 万多台。如各地区的网络管理中心。

（3）C 类地址

C 类 IP 地址的前 24 位为网络地址，后 8 位为主机地址，如图 7-23 所示。C 类地址的网络号，最左面三位固定为 110B，余下的 21 位是 $2^{21}=2\,097\,152$ 个网络数，这里也不存在减 2 问题。网络号范围：

二进制范围 11000000.00000000.00000000　B 到 11011111.11111111.11111111　B
十进制范围　　　192.　　　0.　　　0 D 到　　223.　　255.　　255 D

在 C 类 IP 地址中的 8 位主机地址，最大主机数量是 $2^8-2=254$。这里减 2 的原因类似 A 类地址中情形。主机号范围：

二进制范围 00000001　B 到 11111110　B
十进制范围　　　1 D 到　　254 D

C 类 IP 地址一般适用于校园网等小型网络。

3．子网掩码（Subnet Mask）

在网络中，IP 地址中包括网络号和主机号，只有将 IP 地址中的网络号和主机号分离出来，才能知道或识别具有该 IP 地址的计算机所处网络和第几台主机，或识别两台计算机是否在同一个网络。子网掩码是用来与 IP 地址进行简单的逻辑与运算，从中分离出网络号和主机号的编码。子网掩码的主要作用：一是将某个 IP 地址划分成网络地址和主机地址两部分；二是用于将一个大的网络划分为若干小的子网络。

子网掩码的格式必须遵循一定的规则。与 IP 地址相同，子网掩码的长度也是 32 位，正常情况左边的网络地址全为二进制数字 1 表示；右边的主机位全为二进制数字 0 表示。A、B、C 三类 IP 地址的默认子网掩码为：

A 类网络的子网掩码：255.　0.　0.0 D 或 11111111.00000000.00000000.00000000B
B 类网络的子网掩码：255.255.　0.0 D 或 11111111.11111111.00000000.00000000B
C 类网络的子网掩码：255.255.255.0 D 或 11111111.11111111.11111111.00000000B

下面通过两个例子说明子网掩码的作用与用法。

实例一：二进制 IP 地址与子网掩码的逻辑与运算，区分出 IP 地址中的网络地址；二进制 IP 地址与子网掩码取反的逻辑与运算，区分出主机地址。

假定有一个 C 类 IP 地址为 202.9.200.13，其默认的子网掩码为 255.255.255.0。

	11001010	00001001	11001000	00001101	二进制 IP 地址
AND（与）	11111111	11111111	11111111	00000000	二进制子网掩码
结果为：	11001010	00001001	11001000	00000000	二进制结果
	202	9	200	0	转换为十进制结果

IP 地址与子网掩码的逻辑与运算过滤了主机地址 13，得十进制结果：202.9.200.0，即网络号为 202.9.200.0。

	11001010	00001001	11001000	00001101	二进制 IP 地址
AND（与）	00000000	00000000	00000000	11111111	二进制子网掩码取反
					（1 变 0，0 变 1）
结果为：	00000000	00000000	00000000	00001101	二进制结果
	0	0	0	13	转换为十进制结果

IP 地址与子网掩码取反的逻辑与运算过滤了网络地址 202.9.200，得十进制结果：0.0.0.13，即主机号为 13。

4．IPv6

当前 Internet 上使用的 IP 协议是在 1978 年确立的，称为 IPv4。尽管在理论上大约有 43 亿个 IP 地址。随着 Internet 技术的迅猛发展和规模的不断扩大，IPv4 已经暴露出了许多问题，其中最严重的问题就是 IP 地址资源的短缺和网络安全问题。采用新的 IP 协议版本 IPv6 可以解决这些问题。

IPv6（Internet Protocol Version 6）是 IETF 设计的用于替代现行版本 IPv4 的下一代 IP 协议。IPv6 采用 128 位地址长度，是 IPv4 地址长度的 4 倍，每 16 位划分为一段，采用十六进制表示，每段 4 位十六进制数，用冒号隔开，例如：

$$1B56:AF01:B345:5789:7BC1:9F00:F345:2789 \quad （H）$$

5．Internet 域名系统

为了方便用户，Internet 在 IP 地址的基础上提供了一种面向用户的字符型主机命名机制，这就是域名系统，它是一种更高级的地址形式。

（1）域名系统

虽然在网络中有了 IP 地址，可以唯一地识别某一台主机，但是它只相当于居民身份证号码，对普通用户来说太抽象，而且是数字编码（IPv4 二进制 32 位，十进制也有 12 位）记住困难。生活中使用方便、便于记忆的是姓名，并且还有内涵，而不是居民身份证号码。为此，便于使用和记忆，也为了便于网络 IP 地址的分层管理和分配，Internet 采用了 DNS（Domain Name System，域名管理系统），即面向用户的字符型主机命名机制，简称域名系统。而用字符型主机命名机制标识和定位 Internet 上的一台计算机的 IP 命名方式称为域名（Domain Name），域名采用了层次结构，如图 7-24（a）所示，即给每台主机一个分层次的字符串组成的名字。相对于数字型 IP 地址，字符型 IP 地址（即域名）是一种高级形式，面向人使用的，也有利于计算机网络应用的普及。

（2）域名服务器

IP 地址和域名是一一对应的，来看一个 IP 地址对应域名地址的例子。例如：某大学的 IP 地址是 219.218.158.71，对应域名地址为 wenjing.ytu.edu.cn。这个域名地址的信息存放在一个叫域名服务器（Domain Name Server，DNS）的主机内，使用者只需了解和使用易记的字符域名地址，其对应转换工作就留给了域名服务器 DNS。

DNS 服务器就是将域名(字符型 IP 地址)自动转换为 IP 地址(数字型 IP 地址)上传到 Internet，然后用数字型 IP 地址上网。在 Internet 中，有很多域名服务器，每个域都有各自的域名服务器，由它们负责注册该域内的所有主机，即建立本域中的主机名与 IP 地址的对照表，见图 7-24（b）所示。

（3）域名系统的结构

从技术角度来看，域名是在 Internet 上由一行有层次的字符组成的字符型 IP 地址，从右向左级别由高到低，采用层次树形结构分级，如图 7-24（a）所示。一个完整的域名由 2 个或 2 个以上的级别部分组成，各级别之间用"."分隔，顶级域名（一级域名）在最右侧部分，"."的左侧为二级域名；每一级的域名控制它下一级域名的分配；每一级的域名都由英文字母和数字组成（不超过 63 个字符，不区分大小写），完整的域名不超过 255 个字符。如 wenjing.ytu.edu.cn 中，cn 代表顶级域名中国，edu 为二级域名中国教育科研网，ytu 代表烟台大学，wenjing 代表文经学院。

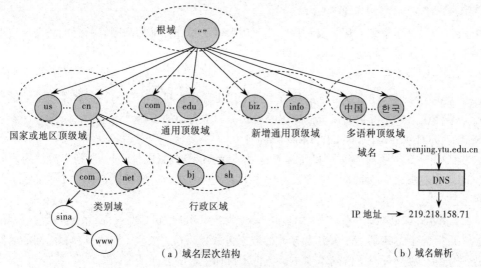

（a）域名层次结构　　　　　　　　　　　　　　　（b）域名解析

图 7-24 域名层次结构和解析

① 顶级域名：包括国家或地区顶级域名和国际顶级域名两种。国家或地区顶级域名表示所属国家或地区规定由两个字母组成。例如：cn 表示中国，us 美国，uk 英国等。国际组织顶级域名有 6 个，规定由三个字母组成，如表 7-1 所示。

表 7-1 常见顶级域名（部分组织、国家或地区）

组织域名代码	用　　途	国家和地区域名代码	国家或地区
com	商业组织	cn	中国
edu	教育机构	de	德国
gov	政府部门	fr	法国
mil	军事部门	ru	俄罗斯
org	非营利性组织	jp	日本
net	网络服务机构	uk	英国
int	国际组织	us	美国

② 二级域名：在国家或地区顶级域名下注册的二级域名均由该国家自行确定。我国的二级域名划分为两大类："类别域名"和"行政域名"。例如，中国顶级域名 cn，将其教育和企业机构等 6 个类别域名定为二级域名： edu 和 com，还有：ac（科研机构）、gov、net、org；行政区域二级域名（如 bj、sh、tj、sd 等为北京、上海、天津、山东）有 34 个，中国二级域名合计共 40 个。

（4）域名注册

域名注册通常分为国内域名注册和国际域名注册。目前国内域名注册统一由 CNNIC（China Internet Network Information Center，中国互联网络信息中心）进行管理。国际域名注册现在由一个来自多国私营部门人员组成的非营利民间机构 ICANN（The Internet Corporation for Assigned Names and Numbers，国际域名管理中心）统一管理。

目前，国际域名有效期在注册时可以选择一年或更长，国内域名注册有效期为一年。在域名到期之前用户必须缴纳下一个有效期的费用，否则域名会停止运行直至删除。

2010 年，ICANN 管理委员会批准了中国互联网信息中心，这意味着中文域名开始进入全球域名体系。

7.3.4　网络命令

TCP/IP 协议中包含了很多实用工具程序，用于因特网的检测、维护和网络信息的查看等。下面介绍几种常用的网络命令的功能和使用方法。

1．ping 命令

ping 命令来源于潜艇声呐发送回声的侦查术语，用于确定本机是否能与另一台主机交换数据包。ping 命令是测试网络连接状况以及信息包收发状况非常有用的工具。

命令格式：ping [–t] [–a] [–n count] [TargetName]

其中："–t"指定在中断前 ping 可以持续发送回显请求信息到目的地；"–a"指定对目的地 IP 地址进行反向名称解析；"–n count"指定发送回显请求消息的次数，默认值是 4；"TargetName"指的是目的主机地址。

如图 7–25 所示，如果在命令行中输入命令"ping 202.194.116.66"。在 ping 命令执行后返回的信息中包括：目标机器的 IP 地址，发送和接收的数据包数目以及丢失包、到达目标和返回的时间等。通过这些信息，用户可以了解到本地主机与指定目标主机的连通情况。

如果出现 "Request timed out" 或者 "Packets：Sent = 4, Received = 0, Lost = 4 (100% loss)" 这类信息，则表示网络连接有问题，可以预测故障可能出现在以下几方面：网线故障、网络适配器配置不正确、IP 地址不正确、网关设置不正确、计算机中病毒等。

2．ipconfig 命令

ipconfig 命令显示当前 TCP/IP 协议的具体配置信息，此命令可以显示网络适配器的物理地址、主机的 IP 地址、子网掩码以及默认网关等，还可以查看主机名、DNS 服务器、节点类型等相关信息。其中，关于网络适配器的物理地址信息在检测网络错误时非常有用。

命令格式：ipconfig　[/all]

其中：/all 表示显示所有的有关 IP 地址的配置信息。

同 ping 命令一样，ipconfig 命令也需要在命令行输入，运行结果如图 7–26 所示。

图 7–25　ping 命令示例　　　　　　　　图 7–26　ipconfig 命令示例

7.3.5　接入因特网的上网方式

计算机只要配置了 TCP/IP 协议，就可以连入因特网。其实，除了计算机，还有很多其他设备，都可以连入因特网。比如，手机、平板电脑、PDA 设备、数字电视等。只要做了正确的设置，都可以连入因特网。要接入因特网，必须要向提供接入服务的 ISP 提出申请，也就是说要找一个信息高速公路的入口。ISP（Internet Service Provider）就是因特网服务提供商，例如，美国最大的 ISP 是美国在线，中国最大的 ISP 是国际出口的中国四大主干网，下面还有许多 ISP 代理。用户向当地的 ISP 申请，并填写相关信息，即可接入因特网。

连入网络的方式各种各样，下面介绍几种常见的连网方式。

1．局域网上网

局域网上网方式是指加入局域网中的计算机通过路由器连入因特网。这种连接方式一般被机构、企业、学院等单位用户使用。局域网接入因特网使用的网络设备包括网卡（现在的计算机都附带网卡）、网线、路由器、DDN 专线（租用）等，现在也经常使用光缆连接，速度更快，网络性能更稳定。目前，各电信公司以及部分分 ISP 都在推出宽带 LAN 接入方式上网，用户 PC 的上网速率可达 100 Mbit/s。光纤到户（Fiber to the Home，FTTH）最高速率可以达到 1Gbit/s。

局域网基本不受用户数量的限制，但网络安装和设备、网络维护均需要专业人员。

2．宽带上网

这里的宽带上网方式指的是因特网用户登录到因特网的方式。在互联网刚刚兴起的时候，一般个人用户只能采用拨号上网方式，速度很慢。随着通信技术和计算机网络技术的飞速发展。目前已经有了很多连入因特网的方式供用户自由选择。

（1）DSL 方式

DSL（Digital Subscriber Line，数字用户专线）是以普通电话线提供的宽带数据业务的技术，也是目前较常用的一种接入技术。它利用分频技术划分电话线低频信号和高频信号，低频信号供电话使用，高频信号就可以供连入互联网使用，使用 ADSL Modem 作为连接设备。

目前使用较多的是 ADSL（Asymmetric Digital Subscriber Line，非对称数字用户专线）技术，如图 7-27 所示。其上行（从用户到 ISP 方向，如文件上传）速率低和下行（从 ISP 到用户，如文件下载）速率较高，带宽相对较宽，形成不对称，因此称为非对称数字用户线路。因其安装方便、无须缴纳电话费等特点而深受用户喜爱。ADSL 采用频分复用技术把普通的电话线分成了电话、上行和下行 3 个相对独立的信道，是一种异步传送模式，从而避免了相互之间的干扰。通常 ADSL 在不影响正常电话通信的情况下可以提供最高 3.5 Mbit/s 的上行速度和最高 24 Mbit/s 的下行速度，其有效传输距离为 3～5 km。在 ADSL 接入方案中，每个用户都有单独的一条线路与 ADSL 连接，其结构可以看作星形结构，数据传输带宽由每个用户独享。

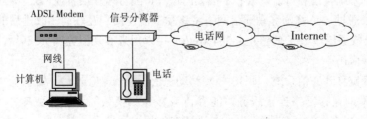

图 7-27　ADSL 安装和连接示意图

（2）Cable Modem 方式

有线电视 CATV 是最早进入家庭的有线系统，有线电视公司通过机顶盒（Cable Modem，又称电缆调制解调器）提供高速连网的功能。

Cable Modem 是串接在用户的有线电视电缆插座和上网设备之间的，把用户要上传的上行数据以 5～65 MHz 的频率调制之后向上传送，带宽 2～3 Mbit/s；把下行数据进行解调，带宽 6～8 Mbit/s，传输速率可达 40 Mbit/s。目前，Cable Modem 接入技术在全球，尤其是北美的发展势头很猛，每年用户数以超过 100%的速度增长。我国许多省市已开通了 Cable Modem 接入。

（3）无线局域网方式

在无线局域网（Wireless Local Area Networks，WLAN）发明之前，人们要想通过网络进行联络和通信，必须先用物理线缆（双绞线、同轴电缆、光纤等）组建一个网络通路。当网络发展到一定规模后，人们又发现，这种有线网络无论组建、拆装还是在原有基础上进行重新布局和改建，都非常困难，且成本和代价也非常高，于是 WLAN 的组网方式应运而生。

WLAN 是相当便利的数据传输系统，利用射频（Radio Frequency，RF）技术，使用无线电磁波，将传统网络的有线连接方式所构成的局域网络，在空中进行通信连接，使得无线局域网络能利用简单的存取架构供用户使用，达到"信息随身化、便利走天下"的理想境界。

主流应用的无线网络分为 GPRS 手机无线网络上网和无线局域网两种方式。

另一类无线局域网方式就是通常所说的 Wi-Fi 上网方式。它可以将个人计算机、手持设备（如 PDA、智能手机）移动等终端以无线方式互相连接的技术。Wi-Fi（Wireless Fidelity，无线保真）技术是一个基于 IEEE 802.11 系列标准的无线网络通信技术的品牌，由 Wi-Fi 联盟（Wi-Fi Alliance）所持有，简单来说 Wi-Fi 就是一种无线联网的技术。该技术使用的是 2.4 GHz 附近的频段。Wi-Fi 传输范围有限，属于在办公室和家庭中使用的短距离无线技术。目前的很多电子设备都具备了 Wi-Fi 上网的功能，如手机、平板电脑、PDA、智能手表等。

3. 移动通信和蜂窝移动通信上网

移动通信（Mobile Communication）是在移动用户与固定点用户之间或者移动用户与移动用户之间进行信息交流的通信方式。蜂窝移动通信（Cellular Mobile Communication）是目前最常用的一种移动通信技术，它采用小区制蜂窝无线组网的方式，在终端和网络设备之间通过无线通道连接起来，进而实现移动中的终端设备之间以及终端设备和固定点用户之间的相互通信功能。其终端具有可移动性，可以跨区切换和跨网漫游。蜂窝移动通信网络由基站子系统、移动交换子系统等组成，可以用来传输语音、数据、视频图像等。

第一代蜂窝移动通信系统，即 1G 蜂窝移动通信网络，都是模拟制式的频分双工系统，主要用来进行通话语音等信息的传输，系统的用户容量和通信质量都比较差，而且很难用于数据网络通信。

第二代蜂窝移动通信系统，即 2G 蜂窝移动通信网络，都是全数字化的系统，实现了语音的数字化，不仅系统容量和通话质量有了很大的提升，还可以在语音通话之外提供数据通信业务，移动用户可以通过 2G 蜂窝移动通信网络将移动终端连接到互联网。改进后的 EDGE 技术称为 2.5G，理论上数据传输最高速率可达 384 kbit/s，可以用来实现浏览网页或者发送电子邮件等较为简单的互联网应用。

第三代蜂窝移动通信系统，即 3G 蜂窝移动通信网络，理论最大下载速率可以达到 7.2 Mbit/s，可以提供基本的宽带网络连接服务，能够传输影像和视频等多媒体数据，可支持各种主流的 Internet 应用，以多媒体通信为特征。3G 的迅速发展对通信设备制造业、移动通信终端制造业和移动信息服务业形成了强大的拉动力。

第四代蜂窝移动通信系统，即 4G 蜂窝移动通信网络，它的理论最高下载速率可以达到 150 Mbit/s，可以完美地支持所有 Internet 应用，通信进入无线宽带时代，如网络视频可以在智能手机上流畅地播放。

目前各国都在竞争第五代移动电话行动通信标准，又称第五代移动通信技术，即 5G 标准。也是 4G 之后的延伸，5G 网络的理论下行速度为 10 Gbit/s（相当于下载速度 1.25 GB/s）。这意味着手机用户在不到一秒时间内即可完成一部高清电影的下载。而且 5G 的功耗将低于 4G，这从而带来一系列新的无线产品，比如更多智能家居设备和可穿戴计算设备。如果说 3G 和 4G 使人与人相联，那么 5G 将使万物互连。中国有可能成为 5G 时代的全球领跑者，而 5G 时代的到来将推动新一轮技术革命。

7.4 因特网的资源

因特网已经成为一个虚拟的世界，每天有数以亿计的用户在因特网上浏览、检索信息，观看视频，进行电子购物，网上交流，发送邮件等。本节介绍因特网的各种资源和应用。

7.4.1 WWW 和网站

网络中的资源都是存放在服务器上的，用户最常用的访问方式就是通过浏览器来访问。

1. WWW 和浏览

WWW（World Wide Web，简称 Web）被译成万维网。WWW 是一个基于 Internet 的全球性多媒体信息系统，它通过遍布全球的 Web 服务器（网站形式）向配有浏览器的 Internet 用户提供信息服务，以超文本和超媒体技术将大量的信息连接起来。

WWW 系统的工作方式是采用客户机/服务器（C/S）模式，由四部分组成，即客户机（Client）、服务器（Server）、HTTP 协议和 HTML 文档格式。信息资源以网页（HTML）或网站的形式存储在 WWW 服务器中，用户通过 WWW 客户机浏览器向 WWW 服务器发出请求；服务器根据客户机请求内容，将保存在 WWW 服务器中的某个页面发送给客户机；浏览器在接收到该页面后对其进行解析，最终将图、文、声并茂的画面呈现给用户。

客户机与服务器都使用 HTTP 协议传输信息，而信息的基本单位就是网页，即一页一页请求和应答传输。请求是通过客户机上的地址栏输入网页地址（URL）后回车或单击网页中的"超链接"，系统会读出网页地址或超链接所附的地址，然后向相应的服务器发送一个请求，要求相应的文件，最后服务器对此作出响应将网页（超文本文件 HTML）传给用户。WWW 的工作方式如图 7-28 所示。

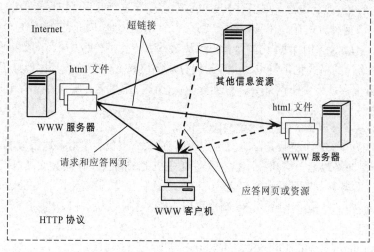

图 7-28 WWW 工作方式示意图

从本质上讲，WWW 是超媒体（超媒体=超文本+多媒体）思想在计算机网络上的实现，WWW 要解决的问题主要包括：一是如何标识 Internet 中的文档（即网页的 URL）；二是用什么协议实现万维网上的超链接（HTTP）；三是怎样使不同作者的不同风格文档（HTML）共享。

2. 网页、主页和网站

网页（Web Page，简称 Web）是一个遵守超文本标记语言格式，包含 HTML 标签的纯文本文件，又称页面，标准的网页文件扩展名为".html"或".htm"。在 WWW 万维网环境中，信息是以一页一页的网页页面组织呈现的，通过单击一次超链接所调来的内容就是一页。在页面中，包含有文本信息和多媒体信息（如图形、图像、声音和视频等），多媒体信息通过超连接组合构成，通过网页浏览器阅读网页的。

主页（Home Page）又称首页，即网站的首页或入口网页。它是打开浏览器时默认自动打开的第一个网页，即打开网站后看到的第一个页面。主要包含个人主页、网站网页、组织或活动主页、公司主页、部门主页等类型。一般情况下，主页的作用和内容类似书刊的序言和目录，或报刊的头版，提供网站内容的简要描述和索引，以便用户浏览网站。大多数作为首页的文件名是 index、default、main 或 portal 加上扩展名。

网页和主页是构成网站的基本元素，是承载各种网站应用的平台。网站（Web Site）就是由若干网页组成的，用于展示特定内容网页的集合。网站可以存放在世界某个角落的某一台服务器中，网站内各个网页之间通过超链接建立联系，以便浏览阅读。人们通过网页浏览器打开网站主页进入网站。

从系统角度来看，网站又是基于 Web 的一个综合信息服务系统，可以分布在一台计算机，也可以是多台计算机（即服务器）。目前因特网的信息服务主要以网站的形式提供。比如，现在非常普遍的门户网站（如新浪网、搜狐网等）都能够给用户提供"一站式"的服务，类似于信息超市。

门户网站最初提供接入和搜索服务。比如，AOL（American On-Line，美国在线），现在的门户网站基本上就是指专门提供因特网综合信息服务的公司和机构。另外，门户网站还指那些专门的机构、企业、政府部门、学校等为因特网用户访问其信息所建的网站。

3. 统一资源定位器（URL）

统一资源定位器（Uniform Resource Location，URL）是 WWW 上的一种准确定位机制，又称编址机制。通过统一资源定位器，可以对 WWW 的众多资源进行标识，以便于检索、访问和浏览；每个文件，不论它以何种方式存储在服务器上，都有一个 URL 地址，因此，URL 就是个文件在 Internet 上的标准通用网络地址。URL 的作用就是指出用什么方法、去什么地方、访问哪个文件。

URL 是一个简单的格式化字符串，由双斜线分成协议和文件存储的具体地址（服务器网络地址+存储器或硬盘上存放位置）两部分，可细分为：协议、主机名、端口和文件地址（存放位置）四部分。URL 的书写格式：

协议://主机名[:端口号]/路径/文件名

其中，"协议"指提供该文件的服务器所使用的通信协议；"主机名"指上述服务器所在主机 IP 地址或域名（服务器网络地址）；"路径"指该文件在主机上的路径（存储器或硬盘上的存放位置）；"文件名"指文件的名称，如果网页文件名为"index.xxx"，可以省略，例如 index.html、index.jsp、index.asp 和 index.php 等。访问时采用 80 端口可以省略，也称默认端口（HTTP 默认 80 端口，FTP 默 21 端口）。例如：

烟台大学：http://www.ytu.edu.cn:80/index.html；

烟台大学文经学院：http://wenjing.ytu.edu.cn:80/index.html

80 端口和文件名省略后为：

烟台大学：http://www.ytu.edu.cn/；

烟台大学文经学院：http://wenjing.ytu.edu.cn/。

4．超文本传输协议（HTTP）

超文本传输协议（HyperText Transmission Protocol）用于定义合法请求预应答的协议，通过它可以请求服务器发出 HTML 编写的网页至客户端。

HTTP 协议定义了浏览器如何向 Web 服务器发送请求，以及 Web 服务器如何将 Web 页面返回给浏览器，如图 7-28 所示。

5．超文本标记语言（HTML）

超文本标记语言（Hyper Text Markup Language）是 WWW 用来组织信息并建立信息网页之间连接的工具。从作用的效果上看，可以把 HTML 看作一种用于制作排版网页格式的描述语言。WWW 的页面是用 HTML 编写的超文本文件，以 html 或 htm 为文件扩展名。HTML 命令可以是文字、图形、动画、声音、表格、链接等，HTML 的代码文件是一个纯文本文件（即 ASCII 码文件）。

6．超链接

超链接是万维网最具特色的功能之一，它是包含在每个页面中能够连到万维网上其他页面或文件资源的连接信息或连接关系，也是网页的一部分，即连接元素，通过这种方法可以浏览相互连接的页面。超链接可以是文本超链接、图像超链接、E-mail 链接、多媒体文件链接等。超链接是一种对象，它以特殊编码的文本或图形的形式实现链接（文件的 URL 地址），如果单击该链接，则相当于指示浏览器移至同一网页内的某个位置，或打开一个新的网页，或打开某一个新的 WWW 网站中的网页，即网页中超链接一般分为以下三种类型：内部链接（网站内），锚点链接（网页内）和外部链接（其他网站）。在一个网页中识别超链接的方法是，当鼠标移到超链接上时鼠标光标会变成手形。

7．浏览器（Browser）

在客户机上运行的，用来解释 Web 页面并完成相应转换和显示的 WWW 客户程序为浏览器。其功能包括：

① 执行 HTTP 协议，向 Web 服务器请求网页。

② 接收 Web 服务器下载的网页。

③ 解释网页（HTML 文档）的内容，并在窗口中进行展示。

④ 提供用户界面，进行人机交互。

浏览器是一种用于获取 Internet 上信息资源的应用程序，不仅是 HTML 文件的浏览软件，也是一个能实现 FTP、Mail、News 的全功能的客户软件。

常用的浏览器有 IE（Internet Explorer）、360 安全浏览器、搜狗高速浏览器、QQ 浏览器、百度浏览器等，其基本功能大致相同。

浏览器中有地址栏，在其中手工输入网址（URL 地址），即指定要浏览的 WWW 服务器的地址，回车确认即可下载后浏览网页，即上网。

7.4.2　电子邮件服务

1．电子邮件概述

电子邮件服务（又称 E-mail 服务）是目前因特网上使用最频繁的服务之一，它为因特网用户之间发送和接收消息提供了一种快捷、廉价的现代化通信手段，特别是在信息交流中发挥着重要作用。与传统邮件相比，电子邮件传递的信息可以包括文字、图形、图像、声音、视频或软件等的文件形式。

2. 电子邮件工作过程和协议

用户发送和接收电子邮件是分开的两个互不干扰的过程，在 Internet 上分别由发送邮件服务器与接收邮件服务器独立完成，它们与用户直接相关。发送邮件服务器采用简单邮件传输协议（Simple Mail Transfer Protocol，SMTP），又称 SMTP 服务器。SMTP 协议是一组用于由发送邮件源地址到接收邮件目标地址传送邮件的规则，属于 TCP/IP 协议簇。通过 SMTP 协议，当发送方计算机连接自己的 SMTP 服务器后，就可以把 E-mail 准确无误地发送到收信人的接收邮件服务器上寄存。接收邮件服务器遵循邮局协议（Post Office Protocol 3，POP3），即邮局协议的第三个版本，又称 POP3 服务器。POP3 协议规定怎样将个人计算机连接到 Internet 的接收邮件服务器和接收电子邮件的电子协议，是因特网电子邮件的第一个离线协议（UDP 协议）标准。通过 POP3 协议，当用户计算机与自己的 POP3 服务器连接后，可把存储在该服务器的电子邮箱中的邮件准确无误地接收到用户计算机中阅读，同时管理和删除保存在 POP3 服务器上的邮件。

3. 电子邮件地址格式

收发电子邮件要拥有一个属于自己的"邮箱"，也就是 E-mail 账号。E-mail 账号可以向 ISP 申请，每个用户都有唯一的地址。由此可见，E-mail 是直接寻址到用户的，而不仅仅到计算机（即邮件服务器），所以个人的名字或有关说明也要编入 E-mail 地址中。Internet 的电子邮箱地址组成如下：

用户名 @ 电子邮件服务器名

它表示以用户名命名的邮箱是建立在符号"@"（读作 at）后面说明的电子邮件服务器上的，这个电子邮件服务器就是 SMTP 服务器和 POP3 服务器。例如，在 QQ 的 ISP 处申请一个用户名为 changsheng 的电子邮件账号，该账号是建立在邮件服务器 qq.com 上的，则电子邮件地址就是 changsheng@qq.com。提供免费电子邮箱服务的网站有：网易的邮箱：×××@163.com、×××@126.com 和×××@yeah.net；腾讯 QQ 邮箱:×××@qq.com；搜狐邮箱：×××@sohu.com 等，几乎门户网站都提供免费电子邮箱服务。

4. 电子邮件工具

使用电子邮件有两种方式：第一种是采用客户机/服务器方式的电子邮件客户端软件，如 Outlook Express、Foxmail 等，需要先将这些软件安装在本地计算机上，并使用这些软件通过已申请的电子邮件账号连接到电子邮件服务器，配置好软件来使用电子邮件的各种功能。第二种是采用各个门户网站提供的浏览器/服务器方式的电子邮件服务，用户利用浏览器在其服务器上注册一个合法的电子邮箱，通过用户名和密码登录到服务器即可使用电子邮件的相关服务。目前人们大都喜欢利用第二种方式，又称 Web 方式收发和管理邮件，这种方式不用安装和维护软件，邮箱使用方便。

7.4.3　搜索引擎

因特网就是一个有着大量、无序、繁杂的信息资源库，因用户对网络信息的需求，信息检索系统应运而生。其核心思想是用人工智能的方法，按一定策略，在互联网中搜集、发现信息，并对信息进行理解、提取、分类、组织和处理，以便帮助人们快速查找想要的内容，摒弃无用信息。这种为用户提供检索服务、起到信息导航作用的系统称为搜索引擎（Search Engine）。

搜索引擎其实入口也是一个网站（浏览器/服务器模式），只不过该网站专门为用户提供信息检索服务，即 Internet 上的一种专业服务器以帮助人们在浩如烟海的信息海洋中搜寻自己所需要的信息。这个服务器的主要任务就是在 Internet 上主动搜索 Web 服务器信息并自动索引，将其索引内容存储于可供查询的大型数据库汇总。图 7-29 所示为一般搜索引擎的搜索原理。

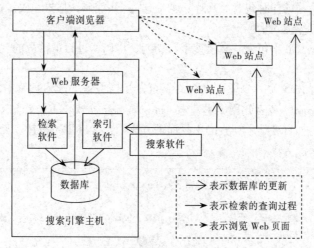

图 7-29　搜索引擎原理

搜索引擎的工作过程，大致可以分为 3 个步骤：

① 搜索器从 Internet 上抓取网页（信息的采集）。

② 索引器建立索引数据库（信息的组织）。

③ 检索器在索引数据库中搜索并将结果排序输出（信息的输出）。

当前著名的搜索引擎有百度（www.baidu.com）、雅虎（cn.yahoo.com）、新浪（www.sina.com.cn）、网易（www.163.com）、搜狗（www.sogou.com）、360 搜索（www.so.com）等。

在网上搜索是采用关键字进行的，因此要搞清楚待查信息的关键字。可以先输入一个主关键字进行搜索，如果发现搜索到的结果太多或者用处不大，说明这个关键字不明确，在"高级搜索"中输入第二个关键字，再次搜索，一般就能查到所需信息。百度中文搜索引擎提供了四类搜索技巧：

搜索方式一：搜索完整不可拆分关键词。

将关键词用""双引号或者《》书名号括起来，这样，百度就不会将关键词拆分后去搜索了，得到的结果也是完整关键词的。比如：搜索 "USB 接口"和《USB 接口》，这样"USB 接口"是不会被拆分成"USB"和"接口"两个词再检索的。

搜索方式二：指定命令搜索，命令有：intitle、site、inurl、filetype 等。

① 指定网站标题内容搜索命令：intitle。如网站标题有"足球"的"解说"关键字搜索，格式为：解说 intitle:足球。

② 指定网址搜索命令：site。如指定网址"www.baidu.com"的"机器学习"关键字搜索，格式为：机器学习 site:www.baidu.com。

③ 指定链接内容搜索命令：inurl。如在链接中包含"ytu"所示网站下的"篮球"关键字内容搜索，格式为：篮球 inurl:ytu。

④ 指定文件类型搜索命令：filetype。如在 Word "doc"文件类型中的"工作"关键字内容搜索，格式为：工作 filetype:doc。

搜索方式三：排除"–"或包含"+"某个关键词搜索。

① 排除关键词搜索标识符为"–"，这时候，搜索结果不会出现有排除关键词的网站。比如搜索羽毛球的同时排除乒乓球：羽毛球 – 乒乓球，格式：关键词–排除关键词。

② 包含关键词搜索标识符为"+"，这时候，搜索结果为有附加关键词和关键词同时存在的网站。比如搜索羽毛球的同时包含乒乓球：羽毛球 + 乒乓球，格式：关键词+附加关键词。

搜索方式四：高级搜索功能。

百度还提供了包含和不包含"高级搜索"功能，可以通过百度首页的"设置"进入百度的高级搜索功能。

如果需要搜索学术论文等专业文献资料，可以访问专业的学术搜索引擎，如百度学术搜索（http://xueshu.baidu.com/）或者知网学术搜索（http://scholar.cnki.net/）等。有些学术搜索引擎还提供了论文查重服务，如百度学术搜索的主页面下方有"论文查重"按钮（见图 7–30），即可使用百度提供的论文查重服务。

图 7–30　学术论文搜索

7.4.4　文件传输

1. FTP 文件传输

文件传输是基于因特网的 FTP（File Transfer Protocol）文件传输协议，采用客户机/服务器工作模式，用户计算机和远程服务器之间的文件传输，俗称为文件上传下载。FTP 的主要作用是在因特网上把任意格式的文件（包括文本、二进制、图像、数据压缩文件等）从一台计算机传送到另一台计算机中。FTP 包括文件上传和下载两部分功能。在实际应用中，文件传输服务对用户来说，多数为下载资源。实现网络资源下载的方法有多种，如可以在 WWW 浏览时，以 http 方式进行资源下载，也可以用工具实现，如 CuteFTP、LeapFTP、迅雷等。

FTP 的工作原理如下：用户从客户端启动一个安装好的 FTP 应用程序，如 CuteFTP，与 Internet 中的 FTP 服务器建立连接,然后使用 FTP 功能或命令,将服务器中的文件传输到本地计算机中(下载）。在权限允许的情况下，还可以将本地计算机中的文件传送到 FTP 服务器中（上传）。如在网络上更新文件或网站，管理员就可以向服务器上传新的文件或网站。利用工具进行资源下载，如 CuteFTP（见图 7-31），它们具有图形界面、操作简单、适合大文件传送，而且还有断点续传功能。

匿名 FTP：匿名 FTP 服务器为普通用户建立了一个通用的账号名，即 anonymous，在口令栏内输入用户的电子邮件地址，就可以连接到远程服务器。

图 7-31　CuteFTP 的运行界面

2. 基于 BT 的下载技术

BT（BitTorrent）是一种互联网上的 P2P 传输协议，它是目前互联网最热门的应用之一。BT 服务是一个点对点的 P2P 下载软件，通过 torrent 文件来获取文件的下载信息进行下载。它克服了传统 FTP 软件下载方式的局限性。

在传统 FTP 软件下载方式中，一般是把服务器端文件传送到客户端。由于是从一台服务器下载，服务器所提供的带宽是一定的，因而下载人越多速度越慢，甚至"死机"。所以很多服务器都会有用户人数的限制、下载速度的限制，这就给用户造成了诸多的不便。

BT 服务是通过"我为人人，人人为我"互相下载服务的方式实现文件共享。用 BT 下载反而是用户越多，下载越快。BT 服务器首先在上传端把文件分成若干个部分，如果有甲、乙、丙、丁四位用户同时下载，那么四位不会从 BT 服务器上下载所有部分，而是有选择地从其他用户的计算机上下载他已完成的部分。例如丁用户的 BT 软件会从甲、乙、丙和 BT 服务器上有选择地同时下载，这样不但减轻了 BT 服务器的下载负荷，也加快了丁用户的下载速度，其他用户也类似。所以说"我为人人，人人为我"互相下载，下载的人越多，下载速度也就越快。而且，在你下载的同时，你也在上传（别人也在你的计算机上下载文件的某个部分），即在享受别人提供的下载服务的同时，自己也在为别人贡献。

7.4.5　社交媒体

社交媒体（Social Media）指互联网上基于用户关系的内容产生与交换平台。在社交媒体中，众多的用户可以通过撰写、分享、评价、讨论等方式互动，然后自发地贡献、提取、创造、传播各种资讯。社交媒体在互联网上的发展非常迅速，通过各种社交媒体传播的信息已成为当前人们浏览互联网的重要内容之一。目前常见的社交媒体主要包括各种社交网站、论坛、微博、微信、博客等。

1. 社交网站

社交网站是以提供网络社交平台服务为主的网站，目前国内主流的社交网站有人人网、开心网、豆瓣网等。

2. 电子公告牌（BBS）

BBS（Bulletin Board System）意指电子公告栏系统或电子公告牌系统。它是一种电子信息服务系统，向用户提供一块公共电子白板，每个用户都可以在上面发布信息或提出看法，同时阅读他人信息和看法，也可以个人聊天。

现在 BBS 大多以网络论坛的形式呈现，一般分为校园 BBS、商业 BBS、专业 BBS、个人 BBS、专题性论坛、综合性论坛等。BBS 现有两种访问方式：Telnet 远程登录和 Web 访问。

Telnet 访问方式，是在命令行方式输入命令，如 Telnet bbs.tsinghua.edu.cn，运行界面如图 7-32 所示。现在几乎没有人用 Telnet 去访问 BBS，都是通过 Web 页面进行 BBS（也就是"论坛"）的访问和使用。Web 页面访问很方便，直接在浏览器的地址栏输入论坛的访问地址（https://www.bdwm.net/bbs/index.php）即可，如图 7-33 所示。

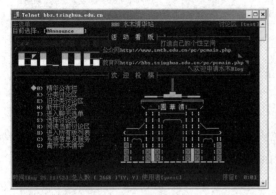

图 7-32　Telnet 访问 BBS

图 7-33　Web 页面访问 BBS

访问 BBS，必须要注册合法的论坛用户才能发表自己的看法。没有注册的用户为"游客"，"游客"一般只能浏览论坛里面的帖子内容，不能发表看法。

3. 博客（Blog）

博客的正式名称为网络日志，通常是一种由个人管理、不定期张贴新的文章的网站。

博客上的文章通常根据张贴时间，以倒序方式由新到旧排列。许多博客专注于特定的课题上提供评论或新闻，其他则被作为比较个人的日记。一个典型的博客结合了文字、图像、其他博客或网站的链接及其他与主题相关的媒体，能够让读者以互动的方式留下意见，是许多博客的重要因素。大部分博客内容以文字为主，也有一些博客专注在艺术、摄影、视频、音乐、播客等各种主题。

简而言之，Blog 就是以网络作为载体，简易迅速便捷地发布自己的心得，及时有效轻松地与他人进行交流，再集丰富多彩的个性化展示于一体的综合性平台。博客已经成为社会媒体网络的一部分。

4. 微博（Micro Blog）

微博是微型博客的简称，是一种通过关注机制分享简短实时信息的广播式的社交网络平台。

在最初阶段，这项服务只是用于向好友的手机发送文本信息。2009 年 8 月，中国门户网站新浪推出"新浪微博"内测版，成为中国第一家提供微博服务的门户网站，微博正式进入中文上网主流人群视野。随着微博在网民中的日益火热，在微博中诞生的各种网络热词也迅速走红网络，微博效应正在逐渐形成。

微博是一个基于用户关系信息分享、传播以及获取的平台。用户可以通过 Web、WAP 等各种客户端组建个人社区，以不超过 140 字（包括标点符号）的文字更新信息，并实现即时分享。微博的关注机制分为可单向、可双向两种。

相对于博客来说，微博作为一种分享和交流平台，其更注重时效性和随意性。微博更能表达出每时每刻的思想和最新动态，而博客则更偏重于梳理自己在一段时间内的所见、所闻、所感。

5. 微信（Web Chat）

微信是腾讯公司于 2011 年 1 月 21 日推出的一个为智能终端提供即时通信服务的免费应用程序。微信支持跨通信运营商、跨操作系统平台通过网络快速发送免费（需消耗少量网络流量）语音短信、视频、图片和文字，同时，也可以使用通过共享流媒体内容的资料和基于位置的社交插

件 "摇一摇" "漂流瓶" "朋友圈" "公众平台" 等服务插件。

微信提供公众平台、朋友圈、收藏、消息推送、发红包、理财、支付等功能，用户可以通过 "摇一摇" "搜索号码" "附近的人" "扫二维码" 方式添加好友和关注公众平台，还可以访问手机通信录的好友。用户可以将发布的微信内容分享给好友以及将用户看到的精彩内容分享到微信朋友圈。

截至 2018 年 12 月，微信注册用户量已经突破 10 亿。微信是亚洲地区最大用户群体的移动即时通信软件。

微信作为时下最热门的社交信息平台，也是移动端的一大入口，正在演变成为一大商业交易平台，其对营销行业带来的颠覆性变化开始显现。微信商城的开发也随之兴起，微信商城是基于微信而研发的一款社会化电子商务系统，消费者只要通过微信平台，就可以实现商品查询、选购、体验、互动、订购与支付的线上线下一体化服务模式。

6. QQ 即时通信

QQ 是腾讯 QQ 的简称，是腾讯公司开发的一款基于 Internet 的即时通信软件。目前 QQ 已经覆盖 Microsoft Windows、OS X、Android、iOS、Windows Phone 等多种主流平台。其标志是一只戴着红色围巾的小企鹅。

腾讯 QQ 支持在线文字和音频聊天、视频通话、点对点断点续传文件、共享文件、网络硬盘、自定义面板、QQ 邮箱、QQ 空间等多种功能，并可与多种通信终端相连。

7.5　发展中的因特网

因特网是全球性的。这意味着，无论是谁发明了它，它都将为全人类服务。事实上，因特网还远远没有达到人们常说的 "信息高速公路" 的程度。这不仅因 Internet 的传输速率不够，更重要的是因特网还没有定型，还一直在发展、变化。与此同时，越来越多的人加入到这个全球网络中，越来越多使用各种网络应用的过程中，也会不断地从社会、文化的角度对因特网的意义、价值和本质提出新的理解。

7.5.1　第二代互联网 Web 2.0 和第三代互联网 Web 3.0

Web 的发展，本质上基于 Web 及其通信协议 HTTP 和超文本标识语言（HTML）的各种开发应用，而不是产生了新的技术。早前的第一代互联网 Web（即 Web 1.0）是基于 Web Site（网站）建设的。用户通过浏览网站得到信息，信息的流向基本是单向的：由网站到用户。而所谓的 Web 2.0，其主要标志就是网络信息的流向发生了根本变化：用户可以在网络上发布博客、上传应用、上传文件等，使得 Web 网站和用户之间实现了真正的交互。用户不仅从网站上接收信息，还可以向网站上传送信息，使 Web 成为真正意义上的 "信息平台"。

Web 2.0 的核心是 "分享与参与的架构"，相关技术包括了博客、RSS（Really Simple Syndication，信息聚合）、Wiki（网上百科）、社会网络、P2P、IM（即时通信）。Web 2.0 的显著特点就是 "去中心化"，任何因特网的参与者都可以成为信息源，为因特网其他用户提供服务。

互联网的技术日新月异，互联网不断深入人们的生活，Web 3.0 将是彻底改变人们生活的互联网形式。

关于 Web 3.0，最直接的理解是：假如说 Web 1.0 的本质是联合，那么 Web 2.0 的本质就是互动，它让网民更多地参与信息产品的创造、传播和分享，而这个过程是有价值的。Web 2.0 的缺点是没有体现出网民劳动的价值，所以 2.0 很脆弱，缺乏商业价值。纯粹的 Web 2.0 会在商业模式上遭遇重大挑战，需要跟具体的产业结合起来才会获得巨大的商业价值和商业成功。Web 3.0 是在 Web 2.0 的基础上发展起来的能够更好地体现网民的劳动价值，并且能够实现价值均衡分配的一种互联网方式。例如电子商务领域不管是 B2C 还是 C2C，网民利用互联网提供的平台进行交易，在这个过程中，他们通过互联网进行劳动，并获得了财富，这就是 Web 3.0。

总体而言，Web 3.0 更多的不是仅仅一种技术上的革新，而是以统一的通信协议，通过更加简洁的方式为用户提供更为个性化的互联网信息资讯订制的一种技术整合。它将会是互联网发展中由技术创新走向用户理念创新的关键一步。

7.5.2　GPS 和智能手机

在地球低空运行的卫星，可以较为精确地测量地球上的目标位置。从 20 世纪 70 年代开始建设，到 1994 年完成，美国以低空 24 颗卫星组建了全球定位系统（Global Positioning System，GPS）。当时是为美国的军事行动提供定位支持，提供实时、全天候和全球性的导航服务，并用于情报收集、核爆监测和通信等军事目的，全球覆盖率高达 98%。

现在的全球定位系统也应用于航海、航空以及地面交通等民用领域。因特网的发明人温顿瑟夫认为因特网将向空中发展。不妨可以设想：地面上的所有网络实现了互连，再经过覆盖全球的 GPS 系统和其他卫星通信系统，加上移动通信网络技术，因特网将真正成为"天罗地网"，网络不再阻塞，而且能够精确定位，网络服务将更加快捷有效。

目前因特网和智能手机的结合已经成为广大用户应用的常态。而且，利用 GPS 技术将手机和网络更加有序地结合起来，也是现在技术发展的热门方向。人们已使用 GPS 技术来进行智能手机的定位，以实现各种"定位服务"，包括获取用户的位置信息，以及该位置所在地区和区域的天气、交通等情况，获取周边的各种商务、生活、娱乐、交通设施的信息。这就是所谓的 LBS（Location Based Service，基于位置的服务）。

7.5.3　电子商务和电子支付

1．电子商务

电子商务（Electronic Commerce）是以信息网络技术为手段，以商品交换为中心的商务活动，是把传统商务活动各环节进行电子化、网络化、信息化之后的产物。在因特网开放的网络环境下，基于浏览器/服务器或者客户端/服务器等应用方式，交易双方不谋面地进行各种商贸活动，实现网上购物、商户之间的网上交易和在线电子支付等商务活动、交易活动、金融活动和相关的综合服务活动。这是一种在互联网时代出现的新型商业运营模式。从技术层面来看电子商务，涉及计算机技术、网络技术和远程通信技术，以及支付技术、物流配送技术等。

电子商务不仅仅是商业运营模式，而且是由信息流、资金流、物流和商流形成的巨大的电子商务系统。电子商务主要有 B2B、B2C、C2C、O2O 等模式（见 1.3.8 节中相应内容）。

2．网络支付

2005 年 10 月 26 日， 中国人民银行在《中国人民银行公告〔2005〕第 23 号》中发布了《电子支付指引（第一号）》，该"指引"规定："电子支付（Internet Payment）是指单位、个人直接或授权他人通过电子终端发出支付指令，实现货币支付与资金转移的行为。电子支付的类型按照电子支付指令发起方式分为网上支付、电话支付、移动支付、销售点终端交易、自动柜员机交易和其他电子支付。"简单来说，电子支付是指电子交易的当事人（包括消费者、商家和金融机构）之间使用安全电子手段把支付信息通过信息网络安全地传送到银行或相应的处理机构，用来实现货币支付或资金流转的行为。电子支付的最大特点是通过互联网及互联网终端实现的网上支付，故又称网络支付。网络支付是各种支付方式都是采用数字化的方式进行款项支付的；而传统的支付方式则是通过现金的流转、票据的转让及银行的汇兑等物理实体流转完成款项支付的。

随着国内互联网产业的发展，网上支付越来越广泛和便捷，各大银行都能实现网上支付，但是目前国内主流的网络支付平台主要有支付宝和微信支付等。

电子商务中，银行是连接生产企业、商业企业和消费者的纽带，起着至关重要的作用，银行是否能有效地实现电子支付已成为电子商务成败的关键。所以，电子货币的实现和应用也成为电子商务过程中非常重要的组成部分。

电子货币（Electronic Money；Electronic Wallet）：可以在互联网上或通过其他电子通信方式进行支付的手段，这种货币没有物理形态。

电子货币以计算机技术为依托，进行存储、支付和流通，可广泛应用于生产、交换、分配和消费领域；集金融储蓄、信贷和非现金结算等多种功能于一体。电子货币具有使用简便、安全、迅速、可靠的特征。

2011 年，中国人民银行颁布了包括中国银联在内的 27 家企业的支付业务许可证，这意味着我国电子支付的市场开始步入正轨发展。

知名的电子商务网站，美国有 Amazon.com、eBay.com 等，中国有阿里巴巴、京东等。据《中国互联网络发展状况统计报告》统计显示，截至 2018 年 12 月，我国网民规模达 8.29 亿，互联网普及率为 59.6%。手机网民规模达到 8.17 亿。我国电子商务市场，呈现出普及化、全球化、移动化的发展趋势。

小　结

本章内容多、范围广，涉及大量的概念和技术，难度较大。计算机网络是指将地理位置不同的具有独立功能的多台计算机及其外部设备，通过通信线路连接起来，在网络操作系统、网络管理软件及网络通信协议的管理和协调下实现信息交换、资源共享、协同工作和在线处理等功能的计算机系统。因此要了解网络的基本概念，包括计算机网络的形成与发展、定义、组成、功能、分类；认识计算机网络通信基础和工作模式，包括通信模型、数据传输、通信方式和交换技术，常遇到的工作模式有客户机/服务器模式（C/S）和浏览器/服务器模式（B/S），这种工作模式与单个计算机的工作模式完全不同。如何组建网络？需要了解网络硬件和软件，掌握计算机网络协议与体系结构。

因特网（Internet）是国际互联网，它将世界上各个国家和地区成千上万的同类和异类网络连接在一起，从而形成了一个全球性大型网络系统。需要了解因特网的历史、组成及常用专业术语、上网方式，掌握因特网的 IP 地址及域名系统，以便很好地配置和使用网络。

如何用好网络，需要了解和认识因特网的资源和成功的应用，包括 WWW 和网站、电子邮件服务、搜索引擎、文件传输、社交媒体和电子商务和电子支付等。

习　题

一、综合题

1. 什么是计算机网络？计算机网络的功能有哪些？

2. 计算机网络由哪几部分组成？

3. 计算机网络按覆盖范围和网络拓扑结构如何分类？

4. 通信系统模型中要有哪三个要素？

5. 手机和对讲机通信的数据信号传输工作方式分别是哪一种？

6. 串行和并行通信的特点是什么？

7. 数据交换技术主要有哪几种类型？互联网采用哪种数据交换技术？

8. 计算机网络有哪几种工作模式？网站一般采用哪种工作模式？

9. 计算机网络中的主体设备有哪些，起什么作用？

10. 通过比较说明双绞线、同轴电缆与光纤三种常用传输介质的特点。

11. 什么是网络协议？简述对网络协议的理解。

12. 什么是 OSI 参考模型和 TCP/IP 体系结构，它们有哪些特点？

13. 简述因特网发展经历了哪几个阶段，描述一下你对未来因特网的展望。

14. 你认为现在的智能手机和平板电脑可以替代计算机吗？为什么？

15. C 类 IP 地址共 4 字节 32 位，其中前 24 位为网络地址，后 8 位为主机地址。问 C 类 IP 地址的第一个字节 8 位，十进制数为 192 至 223 是如何计算出来的？

16. "219.218.158.71" IP 地址是哪一类 IP 地址？通过其子网掩码，进行简单的逻辑与运算得到网络号和主机号。

17. IP 地址与域名（地址）是什么关系？

18. 使用网络测试命令 "ipconfig/all"，根据结果显示界面写出本机的 IP 地址、网卡物理地址、网关地址和子网掩码。

19. 简述 WWW 的工作方式。

20. 网页、主页和网站有何不同？

21. 简述 Internet 具有的功能与服务。

22. 简述统一资源定位器 URL 的定义与组成。URL 与文件夹路径有何不同？

23. 电子邮件的收邮件和发邮件是独立分开的，有什么好处？

二、网上练习

1. 路由器是网络中重要的互连设备，通过百度搜索引擎查阅了解路由器的作用和功能。

2. 通过网络搜索电子商务的各种技术分类（如 B2C），列出各种技术的特点。

3. 尝试在新浪网或搜狐网建立自己的微博，并熟练使用微博进行网络社交的相关操作。

4. 通过百度搜索引擎查阅 IPv6 和 IPv9 资料，进一步了解 IPv6 和 IPv9。

第8章 | 多媒体技术基础

早期的计算机只能处理文字和数字等单一媒体。自1984年美国Apple（苹果）公司推出世界上第一台具有多媒体特性的Macintosh计算机以来，多媒体技术以其强大的生命力在全世界计算机领域蓬勃发展。多媒体技术的出现，标志着信息技术一次革命性的飞跃。应用多媒体技术已成为计算机应用的特征，多媒体时代已经到来。

本章介绍多媒体技术的概念和技术、多媒体系统的组成，数字图形图像、数字声音、数字视频的相关概念、数字化、文件格式和处理工具等。

8.1 多媒体概述

8.1.1 多媒体技术的基本概念

1. 媒体的概念

一般来看，媒体（Media）是指人借助用来传递信息与获取信息的工具、渠道、载体、中介物等技术和手段。国际电信联盟（ITU）依据综合因素，将媒体分为：感觉媒体、表示媒体、显示媒体、存储媒体和传输媒体五大类：

（1）感觉媒体

感觉媒体（Perception Medium）指直接作用于人的感觉器官，使人产生直接感觉的媒体。例如，引起听觉反应的声音，引起视觉反应的图像等。

（2）表示媒体

表示媒体（Representation Medium）指传输感觉媒体的中介媒体，即用于数据交换的编码。例如，图像编码（JPEG、MPEG等）、文本编码（ASCII码、GB2312等）和声音编码等。

（3）显示媒体

显示媒体（Presentation Medium）指进行信息输入和输出的媒体。例如，键盘、鼠标、扫描仪、传声器、摄像机等为输入媒体；显示器、打印机、扬声器等为输出媒体。

（4）存储媒体

存储媒体（Storage Medium）指用于存储表示媒体的物理介质，如硬盘、磁盘、光盘、U盘、ROM及RAM等。

（5）传输媒体

传输媒体（Transmission Medium）指传输表示媒体的物理介质，如双绞线、同轴电缆、光纤等。

人类通过视觉得到的信息最多，其次是听觉和触觉。三者一起得到的信息，达到了人类感受到信息总量的95%。

从信息技术角度来看，通常所说的"媒体"是信息表示和传播的载体。它包括两种含义：一是指媒体的物理介质，简称媒质，即存储信息的物理实体，如书本、挂图、磁盘、光盘、磁带以及相关的存储设备等；另一层含义是指信息的表现形式、传递和处理的载体，如数字、文字、声音、图形、图像、动画等。多媒体计算机中所说的媒体，是指后者而言，即能够由计算机进行处理，计算机不仅能处理文字、数值之类的信息，而且还能处理声音、图形、电视图像等各种不同形式的信息。

2. 多媒体和多媒体技术

多媒体译自英文 Multimedia 一词，一般理解为多种媒体的综合，这里所说的"多种媒体"包括数字、文本、图形、图像、动画、音频和视频等。

多媒体技术就是将多种媒体信息有机组合起来，利用计算机、通信和广播电视技术，使它们建立逻辑联系，并能进行加工处理的技术。这里所说的 "加工处理"主要是指对上述媒体信息的数字化采集、获取、压缩或解压缩、编辑、显示、传输、存储等。多媒体技术是一个集成系统并具有交互性。一般来讲，多媒体技术有两层含义：

（1）计算机以预先编制好的程序控制多种信息载体，如 CD、VCD、DVD、录像机、照相机、立体声设备等。

（2）计算机处理信息种类的能力，即把数字、文字、声音、图形、图像和视频信息集为一体的能力。当前指的多媒体技术就是指的这个含义。

在计算机系统中，多媒体指组合两种或两种以上媒体的一种人机交互式信息交流和传播媒体，以及计算机软件所提供的交互功能。所以说，多媒体技术是计算机技术、通信技术、音频技术、视频技术、图像压缩技术、文字处理技术等多种技术的综合。

从研究和发展的角度来看，多媒体技术具有以下特点：

（1）多样性

信息载体的多样性是多媒体的主要特征之一，也是多媒体研究需要解决的关键问题。多样性是指综合处理多种媒体信息，包括数字、文本、图形、图像、动画、音频和视频等。信息载体的多样化是相对计算机而言的。在多媒体技术中，计算机能处理的信息空间范围扩展和放大了，不再局限于数值、文本、图形和特殊对待的图像，并且强调计算机与声音、影像相结合，以满足人的感官对多媒体信息的需求。这在计算机辅助教育、广告、动画片制作等方面有很大的发展前途。

（2）集成性

多媒体技术的集成性是指将不同的媒体信息有机地结合起来，形成一个整体以及与这些媒体相关的设备集成。信息能够集成的基础是媒体信息的数字化。

多媒体技术的集成性主要表现在以下两个方面：

①多种媒体信息的集成：各种媒体信息应该按照一定的数据模型和组织结构集成为一个有机整体，以便媒体的充分共享和操作使用；例如，尽可能地实现多通道输入和输出，统一进行存储、组织和合成等。

②处理媒体的工具和设备的集成：多媒体相关的各种硬件设备的集成和软件的集成，为多媒体系统的开发和实现建立一个理想的集成环境，以提高多媒体的生产力。

（3）交互性

多媒体的交互性是另一个关键性特点，是指用户可以介入到各种媒体加工、处理的过程中，从而使用户更有效地控制和应用各种媒体信息。多媒体系统采用人机对话方式，对计算机中存储的各种信息进行查找、编辑及同步播放，操作者可以通过鼠标或菜单选择自己感兴趣的内容。它在计算机辅助教学、模拟训练、虚拟现实等方面有着巨大的应用前景。

（4）实时性

实时性是指当多种媒体集成时，需要考虑时间特性、存取数据的速度、解压缩的速度，以及最后播放速度的实时处理。这就要求多媒体系统在处理信息时，有严格的时序要求和很高的速度要求。

（5）数字性

传统媒体信息基本上是模拟信号，而多媒体技术处理的都是二进制数字数据，这些多媒体数据具有数量多、差别大、类型丰富和所需输入/输出设备复杂等特点。数字化技术也就是计算机处理技术，是多媒体技术的核心。

3．流媒体

所谓流媒体（Streaming Media），又叫流式媒体，是指在数据网络上，按时间先后次序边传输和边播放的连续音/视频数据流，它是多媒体的一种。其在 Internet 上的边传边播的传输方式也称流式传输。

数字音频、数字视频在网络上传输的方式，目前主要有完全下载和流式传输两种方式。在完全下载方式中，用户必须等待媒体文件从 Internet 上下载完成后，才能通过播放器欣赏节目。它带来的问题是需要的存储容量较大，对网络带宽要求较高；在流式传输方式中，在播放前并不下载整个文件，而是先在客户端的计算机上创造一个缓冲区周转，只需经过几秒或十几秒的启动延时的下载即可进行观看，后续不断下载和播放同时进行。这样只是在开始时有一些延迟，对网络带宽要求并不高，节省了下载等待时间和存储空间。流媒体运用可变带宽技术，使人们在从 28～1 200 kbit/s 的带宽环境下都可以在线欣赏到连续不断的高品质的音频、视频节目。

流媒体的"流"指的就是这种媒体的传输方式（流的方式），而不是指媒体本身。它融合了网络的传输条件、媒体文件的传输控制、媒体文件的编码压缩效率及客户端的解码等多种技术。流媒体技术涉及流媒体数据的采集、压缩、存储，以及网络通信等多项技术。

流式传输是实现流媒体的关键技术。流式传输不仅成十倍、百倍地使启动延时缩短，而且不需要太大的缓存容量。流式传输避免了用户必须等待整个文件全部从 Internet 上下载才能观看的弊端。

4．计算机中的媒体元素

利用多媒体技术可以对文、声、图、像等进行处理，我们将这些多媒体处理对象称为媒体元素。媒体元素是指多媒体应用中，可显示给用户的媒体组成部分。目前，多媒体技术处理的媒体元素，主要包括文本、图形、图像、动画、声音和视频影像六类信息。

（1）文本（Text）

文本是以文字和各种专用符号表达的信息形式，它是实现生活中使用的最多的一种信息存储和传递方式。文本主要用于对语言的表达和知识的描述性表示。在计算机中，文本是采用编码的方式进行存储和交换的。英文字符采用的是 ASCII 编码（美国信息交换标准代码）；汉字采用的是中国国标 GB2312—1980 编码（或者扩展的 GBK 编码）。其他编码还有 BIG5（繁体字）等。

（2）图形（Figure）

图形是指由外部轮廓线条构成的矢量图，是由计算机绘制的点线面，即直线、圆、矩形、曲线、图表等构成。

图形用一组指令集合来描述图形的内容，如描述构成该图的各种图元的大小、位置、形状、颜色、维数等。描述对象的矢量图可任意缩放不会失真。适用于描述轮廓不是很复杂，色彩不是很丰富的对象，如几何图形、工程图纸、CAD、3D 造型软件等。

（3）图像（Image）

图像是客观对象的一种相似性的、生动性的描述或写真，是人类社会活动中最常用的信息载体。或者说图像是客观对象的一种表示，它包含了被描述对象的有关信息。它是人们最主要的信息源。

广义上说，图像就是所有具有视觉效果的画面，包括：纸介质上的、底片或照片上的、电视、投影仪或计算机屏幕上的。图像根据图像记录方式的不同可分为两大类：模拟图像和数字图像。模拟图像可以通过某种物理量（如光、电等）的强弱变化来记录图像亮度信息，例如模拟电视图像；而数字图像则是用计算机存储的数据来记录图像上各点的亮度信息。

图像可以用摄像机、照相机、扫描仪等输入设备获得，以数字化形式存储，它是真实物体重现的影像。

（4）声音（Sound）

声音是由物体振动产生的声波，是通过介质（空气或固体、液体）传播并能被人或动物听觉器官所感知的波动现象。人类的耳朵能够识别的频率范围为 20 Hz～20 kHz，也被称为音频（Audio）。在物理学中，声音通常用一种模拟的连续波形来表示（模拟信号），该波形描述了空气的振动情况，如图 8-1 所示。

图 8-1　声音的波形图

在现实社会，声音是人们用来传递信息、交流感情最方便、最熟悉的方式之一。在多媒体中，声音基本上分为音乐和音效两类。物体规则振动发出的声音成为乐音，由有组织的乐音来表达人们思想感情、反映现实生活的一种艺术就是音乐。音效是指由声音所制造的效果，是指为增进某一场面的真实感、气氛或戏剧信息，而加于声带上的杂音或声音。

（5）视频（Video）

从原理上看，将若干幅图像画面（帧）连续播放就形成了视频。视频信息中的每一幅画面称为帧，实际上一帧就是一幅静态图像。根据视觉暂留原理，超过 24 帧/s 的速度播放的画面，人眼无法辨别画面是否处在静态，而是看上去平滑连续的视觉效果。因此，当由内容关联的众多图像按照超过 24 帧/s 的速度连续播放时的画面叫视频。一般视频中，图像连续播放的速度是 25～30 帧/s。因为视频图像的数据量非常庞大，所以必须采用数据压缩技术对数据进行压缩来存储和传输。

从技术角度来看，视频又泛指将一系列静态影像以电信号的方式加以捕捉、记录、处理、存储、传送与重现的各种技术。视频影像具有时序性与丰富的信息内涵，常用于说明事物的发展过程。视频非常类似于人们熟知的电影和电视，有声有色，在多媒体中担当重要的角色。

（6）动画（Cartoon）

动画是一种比较特殊的视频，也是一种活动影像。当连续图像变化低于 24 帧/s 的画面时，人眼有不连续的感觉，称为动画。因此动画是利用人的视觉暂留特征，快速播放一系列连续运动变化的图形图像，也包括画面的缩放、旋转、变换、淡入淡出等特殊效果。与视频的差别是动画的每一帧是由人工创作出来的图形图像，并且播放速度比普通视频要慢，一般是 16～20 帧/s。通过动画可以把抽象的内容形象化。

从艺术角度来看，动画又是一种综合艺术，它是集合了绘画、漫画、电影、数字媒体、摄影、音乐、文学等众多艺术门类于一身的艺术表现形式。

8.1.2　多媒体信息处理的关键技术

推动多媒体技术的实用化、产业化和商品化，先要研究多媒体的关键技术，其中主要包括数据压缩与解压缩、多媒体数据存储、多媒体处理芯片等关键技术。

1．数据压缩/解压缩技术

随着多媒体技术在计算机以及网络中的广泛应用，多媒体信息中的图像、视频、音频信号都必须进行数字化处理，才能应用到计算机和网络上。但是这些多媒体信息数字化后的数据量非常庞大，给多媒体信息的存储、传输、处理带来了极大的压力，必须对数据进行压缩编码同时解压缩。因此，数据压缩和解压缩技术也就成了多媒体信息处理中的核心技术。

2．多媒体数据存储技术

数字化的多媒体信息经过压缩处理后仍然包含大量数据。如何实现多媒体大容量信息的存储是多媒体技术的关键。目前海量存储设备有磁带机、光盘机、硬盘机、海量存储器等，为多媒体数据的存储和交换提供了支持。人们一直在追求存储器容量大、速度快、体积小、携带方便的存储设备。

3．多媒体专用芯片技术

专用芯片是多媒体计算机硬件的关键器件。为了实现音频、视频信号的快速压缩、解压缩和播放处理，需要大量的快速计算，而且图像的绘制、生成、合并、特殊效果等处理也需要大量的计算，因此，必须要有专用的高速芯片支持。多媒体计算机专用芯片可归纳为两种类型：一种是固定功能的芯片；另一种是可编程的数字信号处理器（DSP）芯片。

专用芯片可用于多媒体信息的综合处理，如图像的特效、图形的生成和绘制、提高音频信号处理速度等。

8.1.3 多媒体技术的应用领域

多媒体的应用丰富多彩，不仅涉及计算机的各个领域，也涉及教育培训、电子出版、通信、文化娱乐等行业或领域。随着计算机网络以及因特网的发展，多媒体技术也逐渐渗透到 Internet，并随着网络的发展和延伸，不断地进步和成熟。

1．教育培训

教育领域是应用多媒体技术最早的领域，也是发展最快的领域。多媒体技术的各种特点最适合于教育培训行业。人们以最自然、最直观、最容易的多媒体形式接受教育，不但增加了信息的丰富性和知识的趣味性，而且还提高了科学的准确性和学习的主动性。

2．商业广告

生动的多媒体技术特别有助于商业演示服务。多媒体广告不同于平面广告，这种广告几乎使人们的视觉、听觉和感觉全部处于兴奋状态。从影视广告、招贴广告，到市场广告、企业广告，其丰富绚丽的色彩、变化多端的形态、特殊创意的效果，不但使人们了解了广告的内容，还得到了艺术的享受。在大型超市，顾客可通过多媒体计算机的触摸屏浏览商品、了解其性能、外观和价格。

3．影视娱乐

随着多媒体技术的发展逐步趋于成熟，在影视娱乐业，使用先进的计算机技术已经成为一种趋势。大量的计算机效果被注入到影视作品中，从而增加了影视作品的艺术效果和商业价值。在高等教育体系中也出现了"影视多媒体技术"这样的专业，说明多媒体技术已经深刻影响到了影视产业的发展。

多媒体系统已经大量进入游戏领域。多媒体计算机游戏和网络游戏，不仅具有很强的交互性，而且人物造型逼真、情节引人入胜，使人很容易进入游戏情景，如同身临其境一般。数字照相机、数字摄像机、DVD 等越来越多地进入到人们的生活和娱乐活动中。

4. 电子出版

电子出版是多媒体技术应用的一个重要方面。我国国家新闻出版署对电子出版物曾有过如下定义：电子出版物是指以数字代码方式将图、文、声、像等信息存储在磁、光、电介质上，通过计算机或类似设备阅读使用，并可复制发行的大众传播媒体。

多媒体技术为报纸、杂志及图书的出版带来了勃勃生机，各种各样的电子出版物应运而生。电子出版物由于具有信息容量大、易于检索、成本低等优点而得到迅速发展。例如，将百科全书、电子辞典、技术手册等采用光盘作为载体，观看和收藏都极为方便。

5. 军事领域应用

目前，多媒体技术在军事领域中的应用主要有军事信息管理、作战指挥与作战模拟、军事教育与训练、情报处理等方面。在军事领域，模拟训练一直是军事与航天工业中的一个重要课题，利用虚拟现实技术，可以模拟逼真的战争场景，可以模拟真正的零重力环境，为军事训练提供了非常好的发展空间。

6. 医学医疗

在医疗方面，多媒体技术可以在帮助远离服务中心的病人通过多媒体通信设备、远距离多功能医学传感器和微型遥测接受医生的询问和诊断，为抢救病人赢得宝贵的时间，并充分发挥名医专家的作用，节省各种费用开支。

随着虚拟现实（Virtual Reality）技术的出现和发展，多媒体的应用提到了一个新的更高的境界。例如，医学院的学生可在虚拟实验室中进行"尸体"解剖和各种手术练习。由于不受标本、场地等的限制，所以培训费用大大降低。一些用于医学培训、实习和研究的虚拟现实系统，仿真程度非常高，其优越性和效果是不可估量和不可比拟的。

8.1.4 多媒体技术的发展方向

多媒体技术是当今信息技术领域发展最快、最活跃的技术，是新一代电子技术发展和竞争的焦点。多媒体技术从问世起即引起人们的广泛关注，并迅速由科学研究走向应用、走向市场，其应用领域遍及人类社会的各个方面。

多媒体涉及的技术范围很广，是多种学科和多种技术交叉的领域。目前，多媒体技术的发展方向有以下几个方面。

1. 流媒体技术

随着因特网的迅速普及，计算机正在经历一场网络化的革命。在这场变革中，传统多媒体手段由于其数据传输量大的特点而与现实的网络传输环境发生了矛盾，面临发展相对停滞的危机。虽然高速的网络连接手段可以从根本上解决这个问题，但是由于网络建设和消费者拥有成本等原因，短期内还不能大范围普及。解决这个问题的一个很好的方法就是采用流媒体技术。流媒体技术大大地促进了多媒体技术在网络上的应用。

2. 智能多媒体技术

多媒体技术充分利用了计算机的快速运算能力，综合处理声、文、图信息，用交互式弥补计算机智能的不足。发展智能多媒体技术包括很多方面：文字的识别和输入、语音的识别和输入、自然语言理解和机器翻译、图形的识别和理解、机器人视觉和计算机视觉、知识工程以及人工智能的一些课题。

把人工智能领域某些研究课题和多媒体计算机技术很好地结合，就是多媒体计算机长远的发展方向。

3．虚拟现实

虚拟现实是一项与多媒体密切相关的边缘技术，它通过综合应用计算机图像处理、模拟与仿真、传感、显示系统等技术和设备，以模拟仿真的方式，给用户提供一个真实反映操作对象变化与相互作用的三维图像环境，从而构成一个虚拟世界，并通过特殊的输入/输出设备（如数据手套、头盔式三维显示装置等）提供给用户一个与该虚拟世界相互作用的三维交互式用户界面。

虚拟现实技术结合了人工智能、计算机图形技术、人机接口技术、传感技术、计算机动画等多种技术，它的应用包括模拟训练、军事演习、航天仿真、娱乐、设计与规划、教育与培训、商业等领域，发展潜力不可估量。虚拟现实技术的应用，将会对多媒体技术的应用产生重大深远的影响。

8.2　多媒体系统

8.2.1　多媒体系统简介

多媒体系统是一个可组织、存储、操作和控制多媒体信息的集成环境和交互系统。

多媒体个人计算机（Multimedia Personal Computer, MPC）是能够输入/输出，并综合处理文字、声音、图形、图像和动画等多媒体信息的计算机。

多媒体计算机系统将计算机软件和硬件技术及数字化声像技术和高速通信网络技术结合起来构成一个整体，使多媒体信息的获取、加工、处理、传输、存储和展示集于一体的系统。简单地说，一般指能进行多媒体信息处理的计算机系统，而 MPC 就是一种具有多媒体信息处理功能的个人计算机。

但从更广泛的意义上来说，多媒体系统是一个集计算机、电视、电话、网络于一体的多媒体信息综合处理服务系统，是能综合处理多媒体信息，使信息之间能建立联系，并具有交互性的完整的计算机系统。多媒体计算机与其他具有声音、影像播放功能的电视机、录像机等家用电器的根本区别在于多媒体计算机具有信息集成、处理和交互等特有的功能。

按照 MPC（Multimedia Personal Computer，多媒体个人计算机）联盟的标准，多媒体计算机包括 5 个基本组成部件：个人计算机（PC）、只读光盘驱动器（CD-ROM）、声卡、操作系统、扬声器（音箱或耳机）。同时对主机的 CPU 性能，内存（RAM）的容量，外存（硬盘）的容量以及屏幕显示能力也有相应的限定。

多媒体计算机系统一般由多媒体硬件系统和多媒体软件系统组成，如图 8-2 所示。

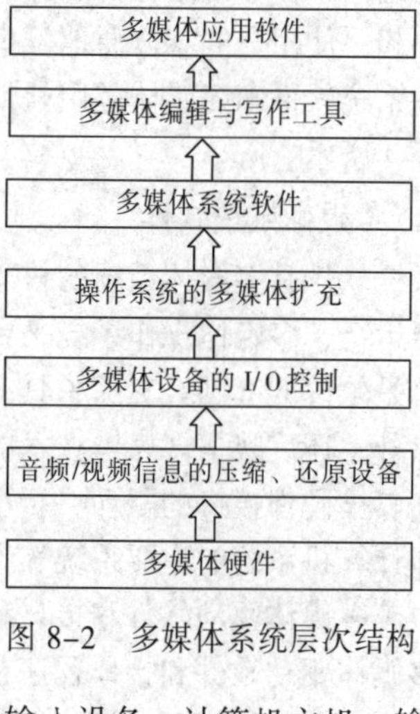

```
┌─────────────────────┐
│    多媒体应用软件     │
└─────────┬───────────┘
          ↑
┌─────────────────────┐
│  多媒体编辑与写作工具  │
└─────────┬───────────┘
          ↑
┌─────────────────────┐
│    多媒体系统软件     │
└─────────┬───────────┘
          ↑
┌─────────────────────┐
│  操作系统的多媒体扩充  │
└─────────┬───────────┘
          ↑
┌─────────────────────┐
│  多媒体设备的 I/O 控制 │
└─────────┬───────────┘
          ↑
┌─────────────────────┐
│音频/视频信息的压缩、还原设备│
└─────────┬───────────┘
          ↑
┌─────────────────────┐
│      多媒体硬件       │
└─────────────────────┘
```

图 8-2　多媒体系统层次结构

8.2.2　多媒体硬件系统

从处理的流程来看，一个功能齐全的多媒体计算机系统包括输入设备、计算机主机、输出设备、存储设备几部分。

一台多媒体计算机，不一定包括图 8-3 中所述的全部配置，但至少应当包括声卡和 CD-ROM 驱动器或大容量优盘。

一般来说，多媒体个人计算机的基本硬件结构可以归纳为六部分：① 至少有一个功能强大、处理速度快的中央处理器（CPU）；② 可管理、控制各种接口与设备的配置的多媒体操作系统；

③ 具有一定容量（尽可能大）的存储空间，如高质量大容量的优盘；④ 具有高分辨率的显示接口与设备，如高质量的显示器；⑤ 高质量的声音处理系统接口与设备，如高质量的声卡；⑥ 处理高分辨率的图像的接口与设备，如高质量的显卡。

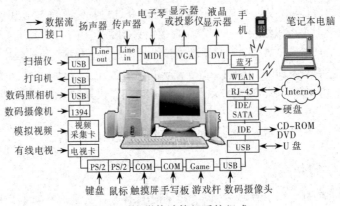

图 8-3　多媒体计算机系统组成

也就是说，多媒体计算机硬件系统是在具有一定性能的计算机基础上增加了以下 3 类硬件设备。① 声音/图像输入设备：包括普通光驱、音效卡、传声器、扫描仪、数码照相机、数码摄像机和电子乐器等；② 功能接口卡：包括视频采集卡、Modem 卡、特技编辑卡、视频输出卡、数据压缩卡、网卡等；③ 声音/图像输出设备：包括可刻录光驱、音效卡、视频输出口、扬声器、打印机等。

8.2.3　多媒体软件系统

构建一个多媒体系统，硬件是基础，软件是灵魂。多媒体软件的主要任务是将硬件有机地组织在一起，使用户能够方便地发挥硬件的作用和使用多媒体信息。多媒体软件系统按功能可分为多媒体系统软件和多媒体应用软件，其层次结构如图 8-4 所示。

1. 多媒体系统软件

系统软件是多媒体系统的核心，各种多媒体软件要运行于多媒体操作系统平台上，故操作系统平台是软件的基础。它除了具有一般系统软件的特点外，还反映了多媒体技术的特点，如数据压缩、媒体硬件接口的驱动、新型交互方式等。多媒体计算机系统的主要系统软件有：

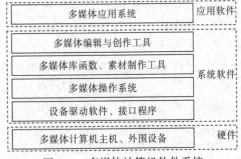

图 8-4　多媒体计算机软件系统

（1）多媒体驱动软件和接口程序

多媒体驱动软件和接口程序是最底层硬件的支撑环境，它直接与计算机硬件相关，完成设备初始化、设备的打开和关闭、设备操作、基于硬件的压缩/解压缩、图像快速变换及功能调用等。通常多媒体驱动软件有视频子系统、音频子系统及视频/音频信号获取子系统。接口程序是高层软件与驱动程序之间的接口软件，为高层软件建立虚拟设备。

（2）多媒体操作系统

多媒体操作系统实现多媒体环境下多任务调用，保证音频、视频同步控制及信息处理的实时性，提供多媒体信息的各种基本操作和管理。操作系统还具有独立于硬件设备的特性和较强的可扩展性。

（3）多媒体库函数、素材制作工具

多媒体素材制作工具及多媒体库函数是为多媒体应用程序进行数据准备的软件，主要是多媒体数据采集软件，作为开发环境的工具库供开发者调用。多媒体素材制作工具按功能有文本素材编辑工具、图形素材编辑工具、图像素材编辑工具、声音素材及 MIDI 音乐编辑工具、动画素材编辑工具和视频影像素材编辑工具等。

（4）多媒体编辑与创作工具

多媒体创作工具是在多媒体操作系统上进行开发的软件工具，用于编辑生成多媒体应用软件。多媒体创作工具提供将媒体对象集成到多媒体产品中的功能，并支持各种媒体对象之间的超链接以及媒体对象呈现时的过渡效果。多媒体创作工具大都提供文本及图形的编辑功能，但对复杂的媒体对象，如声音、动画以及视频影像等的创建和编辑，还需借助多媒体素材编辑类工具软件。

2. 多媒体应用软件

多媒体应用软件又称多媒体应用系统或多媒体产品，它是由各种应用领域的专家或开发人员依据多媒体终端用户要求而定制的应用软件或面向某一领域的用户应用软件系统，一般分为多媒体播放软件和多媒体制作软件两类。

常用的多媒体播放软件有 Windows 系统自带的 Windows Media Player、苹果公司的 QuickTime Player 等。此外，还有 RealPlayer、暴风影音、RealONE Player、豪杰超级解霸、金山影霸等。

多媒体制作软件包括文字编辑软件、图像处理软件、动画制作软件、音频处理软件、视频处理软件以及多媒体创作和著作软件等。

多媒体系统是通过多媒体应用软件向用户展现其强大的、丰富多彩的视听功能。例如，各种多媒体教学软件、培训软件、声像俱全的电子图书等，这些产品都可以光盘或网络的形式面世。

8.3　数字图形图像处理

计算机中的图形和图像都是以数字化的方式进行记录、处理和存储的，所以又称数字图像。数字图像处理技术，是指针对数字化图形图像，借助计算机为代表的辅助工具，进行数字编辑创作的过程。有资料统计，人们获得信息的 80% 来自视觉系统，实际就是文字、图像和视频。人们最容易接受的是图像和视频，而视频也是由图像组成的，可见图像在多媒体中的重要性。

数字图像处理技术也是一门方兴未艾的实用技术，其应用领域不断发展与扩大。就目前而言，其主要的行业应用有：平面设计、网页设计、广告、艺术、影视、摄影、印刷、动漫、教育、医疗、科研等，范围相当广泛。

8.3.1　图形与图像的基本参数

先来了解几个有关图形与图像数字化质量的主要参数，以便于对图形和图像更容易理解。

1. 色彩深度

色彩深度又称图像颜色深度，是指描述图像中每个像素的数据所占的二进制位数。图像中的每个像素点对应的数据通常可以是 1 个二进制位（bit）或多个字节（Byte），用来存放该像素点的颜色、亮度等信息。因此如果数据位数越多，所对应的颜色种数也就越多，颜色深度也就越大。

（1）单色图像

单色图像是只有黑白两种颜色的图像，也称二值图像。每个像素颜色不是黑就是白，其灰度值没有中间过渡的，只有黑白两种灰度值，一个像素点只需要 1 个二进制位来记录，占用存储空间较少。

（2）灰度图像

图像除了包含黑白两种颜色外，还包含黑与白之间不同深度（等级）的灰色，范围一般从 0 到 255，白色为 255，黑色为 0，共 256 灰度等级，故黑白图片又称灰度图像。这样一个灰度像素要用 8 个二进制位来记录，就可以表达 256 种不同的灰度。由此，灰度图像的画面是由白到黑共 256 级色度组成的，即从白、淡灰、浅灰、中灰……一直到黑，共有 256 级，即 2^8。例如黑白照片，就是一种灰度图像。

（3）彩色图像

一般采用的都是 RGB 颜色模型，通过 R（red）、G（green）和 B（blue）红绿蓝三原色的相互混合形成各种各样的色彩。可以按照颜色的数目，即色彩数来划分，如 16 位彩色图像、256 位彩色图像、真彩色图像等。例如，24 位真彩色图像（3 字节），一共有 $2^8 \times 2^8 \times 2^8 = 1\ 670$ 万种颜色，文件存储时需要较大空间。

2. 分辨率

分辨率是图像质量的一个重要参数，它表示图像数字信息的数量或密度（精细程度或质量），它是衡量图像细节表现力的技术参数，与像素和网格特性有着直接联系。

分辨率的种类很多，其含义也各不相同。①图像分辨率是指图像中存储的信息量，反映的是数字图像的实际尺寸，即图像的水平和垂直方向的大小。图像分辨率越高，像素就越多，像素所需要的存储空间也就越大。它是以每英寸的像素数 PPI（Pixels Per Inch）来衡量。②显示分辨率是指显示屏上能够显示出的像素数目，它由水平方向的像素总数和垂直方向的像素总数构成。例如，标清电视屏显示分辨率为水平方向 720 像素，垂直方向 576 像素，表示整个显示屏有 720×576=414 720 个像素点，则高清电视屏分辨率为 1920×1080 像素，2 073 600 像素点，说明分辨率远远高于标清电视屏。显示分辨率与显示屏的硬件条件有关，同时也与显卡的缓冲存储器容量有关，其容量越大，显示分辨率越高。在同样大小的显示屏幕上，显示分辨率越高，像素的密度越大，显示的图像越精细、质量也就越高，但是屏幕上的文字越小。③扫描分辨率指在扫描一幅图像之前所设定的分辨率。在扫描仪上，设定的分辨率越高扫描的图像文件质量越高，文件也越大。④设备分辨率又称输出分辨率，指的是各类输出设备每英寸可产生的像素点数，设备分辨率通过每英寸的像素点数 DPI（Dots Per Inch）来衡量。

总之，分辨率越高所包含的像素密度就越高，数据量也高，得到或显示的图像就越清晰，画面精细，印刷的质量也就越高。如果是彩色图像，颜色深度也是很大的数据量。显然，图像文件需要较大的存储空间。在使用多媒体应用软件时，一定要考虑图像的大小。因此、对图像文件进行压缩处理，从而减小图像文件所占用的存储空间是非常必要的。

8.3.2　图形和图像概念

计算机生成的图片有图形与图像两种形式，在技术和原理上，它们分别为矢量图形和位图图像。

1. 图像的位图

图像（Image）又称位图图像或点阵图像，是由许多像素点组成的，可以把图像理解为一个矩形，矩形中从左到右、从上到下均由像素点组成。在计算机中，像素点的信息值为灰度或颜色等级和亮度，每个像素点的颜色等级越多，则图像越逼真。像素的颜色和亮度是组成位图图像的基本单位。

位图图像的精细程度和显示质量取决于图像像素数目，即分辨率高低和颜色等级。

只要有足够多的不同色彩的像素，位图图像就可以逼真地表现自然界的景象和色彩层次丰富的图像；显示设备原则上大部分是位图设备，价格相对较低，直接显示位图图像。但是，位图图像记录的是像素属性，位图文件容量非常大，同时依赖于分辨率，在缩放和旋转时容易失真，边界为锯齿形，如图 8-5 所示。

位图文件大小（存储空间）计算公式：位图图像数据量=图像的总像素×色彩数÷8（字节 B），即图像存储的字节数。

假设高清电视屏分辨率为 1920×1080 像素，显示 24 位真彩色的位图图像，一幅图像大小为：1920×1080×24÷8=6080.625KB=5.938MB。

位图文件容量大，有必要经过压缩后再存储或传输。

2. 图形的矢量图形

图形（Graphic）又称矢量图形（向量图形）或几何图形，它一般是通过绘图软件的一组指令绘制构成画面的所有直线、圆、圆弧、矩形、任意曲线等的几何形状、位置、颜色等各种属性和参数。从原理上看，它记录了每个图形的轨迹坐标和其他属性和参数，这就是矢量图的数据结构，所形成的存储文件称为矢量图形文件。因此，矢量图形文件中存储的是一组描述各个图元（图形元素）的大小、位置、形状、轮廓、颜色、维数等属性的指令集合，通过相应的绘图软件读取这些指令（图形的轨迹坐标），将其转换为输出设备可以显示的图形。

矢量图形的优点：与分辨率无关，可无级缩放不失真，输出质量高；数据量相对小，占用存储空间小。但矢量图形也存在一些缺点：矢量图形色彩不丰富，难以表现色彩层次丰富的逼真图像效果；直接呈现矢量图的设备制造复杂，价格昂贵；用点阵设备呈现矢量图需要转换为点阵图才能显示，如图 8-5 所示。

（a）位图图像　　　　　　　　（b）矢量图像　　　　　　（c）位图和矢量字母

图 8-5　位图和矢量图像

矢量图形主要用于表示线框型图片、工程制图、二维动画设计、三维物体造型、美术字体设计等。大多数计算机绘图软件、计算机辅助设计软件（CAD）、三维造型软件等都采用矢量图形作为基本的图形存储格式。

而图像是由摄像机、照相机、扫描仪等输入设备捕捉的实际画面，或以数字化形式存储的任意画面，是真实物体重现的影像，以位图形式存储。位图与分辨率有关，矢量图与分辨率无关。二者的共同点是：都是静态的，与时序无关。

8.3.3　数字图像的获取

数字图像的获取指的是从现实世界中获得数字图像的过程，也就是数字图像的生成。

数字图像的获取一般有以下几种途径：

① 利用抓图热键获取图像（如屏幕图像的复制 PrtScreen）。

② 利用数字图像制作软件获取和创建图像，如 Adobe Photoshop。

③ 利用数码照相机和扫描仪等设备采集数字化图像。

④ 利用网络下载或其他途径（光盘等存储设备）获取。

如果获取的图像是模拟图像，还必须将这些模拟图像转换成数字图像，这个转换过程一般分为 3 个步骤：采样、分色和量化。

8.3.4　数字图像的压缩

随着数字图像应用的不断普及和扩展，也带来了新的问题，就是数字图像的数据量（像素信息量）是十分庞大的，影响了在计算机系统中的存储、处理和传输过程，尤其是在计算机网络中的应用。因此，要对数字图像进行压缩处理，以减少存储和传输量都十分必要。

1. 数字图像压缩的可能性

① 冗余度。对于描述一幅图像所需要的最少信息之外的多余信息，称为冗余度。一般图像中都含有冗余度，去除图像里的冗余度就在一定程度上做到了数据压缩。

② 当用于图像数据传输的信号信道的传输带宽不够时，降低输入的原始图像的分辨率对输出图像分辨率影响不大。

③ 用户对原始图像的信号不全都感兴趣，可用特征提取和图像识别的方法，丢掉大量无用的信息。提取有用的信息，使必须传输和存储的图像数据大大减少。

2. 数字图像的冗余

在数字图像压缩中，常有 3 种基本的数据冗余：编码冗余、像素间的冗余以及视觉心理冗余。

① 如果一个图像的灰度级编码使用了多于实际需要的编码符号，就称该图像包含了编码冗余。例如，如果有一幅黑白图像，采用了 8 位灰度编码，就存在着大量的编码冗余，因为只有 2 种颜色，用 1 位灰度编码即可。

② 对于一个图像，很多单个像素对视觉的贡献是冗余的。原始图像越有规则，各像素之间的相关性越强，它可能压缩的数据就越多。

③ 视觉心理冗余。一些信息在一般视觉处理中比其他信息的相对重要程度要小，这种信息称为视觉心理冗余。

3. 数字图像压缩技术指标

对数字图像压缩技术的评估，有 3 个重要技术指标：

① 压缩比：图像压缩前后所需的信息存储量之比，压缩比越大越好。

② 压缩算法：利用不同的编码方式，实现对图像的数据压缩，包括压缩算法的性能、压缩时间、压缩效率等。

③ 失真性：压缩前后图像存在的误差大小。

全面评价一种压缩技术的优劣，除了看它的编码效率、实时性和失真度以外，还要看它的设备复杂程度，是否经济与实用。因此，经常采用混合编码的方案，以求在性能和经济上取得折中。

4. 数字图像压缩方法

数据压缩就是将数据量尽可能地减少。其实质就是查找和消除信息的冗余量。被压缩的对象就是原始数据，压缩后得到的数据是压缩数据，二者容量之比为压缩比，对应的逆处理就是解压缩。

根据解压缩后数据与原始数据是否完全一致来分类，数字图像压缩分为两大类：无损压缩和有损压缩。数字图像压缩可以在不失真的前提下进行，即可完全解压恢复原图像，压缩与解压可逆，信息没有损失称无损压缩；也可以在允许的失真条件下进行，即不能完全解压恢复原图像，不可逆，有一定信息损失称有损压缩。

无损压缩算法中删除的仅仅是图像数据中冗余的信息，因此在解压缩时能精确恢复原图像，无损压缩的压缩比很少有能超过 3:1（一般为 2:1～5:1）的，常用于要求高的场合。例如：编码 aaaabbccccccdddeeee，使用 RLE 编码压缩，则可以用"4a2b6c3d4e"来表示，压缩比达 1.9:1。这类方法广泛用于文本数据、程序和特殊应用场合的图像数据（如指纹图像、医学图像等）的压缩。

由于压缩比的限制，仅使用无损压缩方法不可能解决图像和数字视频的存储和传输的所有问题，此时可能需要选择有损压缩。

有损压缩利用人们对图像中的某些频率成分不敏感的特性，允许压缩过程中损失一定的信息；虽然不能完全恢复原始数据，但是所损失的部分对理解原始图像的影响很小，却可以换来大得多的压缩比，可以从几倍到上百倍。因此，有损压缩是通过牺牲图像的准确率以实现较大的压缩率，在压缩比大于 30:1 时仍然可恢复或重构图像，而如果压缩比为 10:1～20:1，则重构的图像与原图几乎没有差别。有损压缩广泛应用于语音、图像和视频数据的压缩。

8.3.5　数字图像的存储格式或压缩标准

数字图像的存储有多种形式，表现为不同的文件格式，即压缩标准。压缩标准实质上是一种压缩算法。常用的图像文件格式，除 BMP 外，压缩格式有 GIF、PNG、JPEG、JPEG 2000、TIFF 和 PDF 等，大多数图像软件都可以支持多种格式的图像文件，以适应不同的应用环境。

1. BMP 格式

BMP（Bitmap）是 Windows 操作系统中图形和图像标准位图文件格式，图像文件的扩展名为.bmp。BMP 文件存储数据时，图像的扫描方式是按从左到右、从下到上的顺序，不经压缩得到的像素信息形成巨大的数据量存储，所占用的空间也很大。因此，位图设备可直接显示，但文件大不太适合网络上使用。

在 Windows 操作系统的画图工具中，支持黑白（单色）图像、16 色和 256 色的伪彩色图像以及 24 位真彩色图像。Windows 操作系统下运行的绝大多数图形图像软件都支持 BMP 格式的图像文件。

2. GIF

GIF（Graphics Interchange Format，图像互换格式）是 CompuServe 公司在 1987 年开发的图像文件格式，是一种压缩图像存储格式，文件扩展名为.gif。目前几乎所有相关软件都支持它。

GIF 文件的数据是一种基于 LZW 算法的连续色调的无损压缩格式。其压缩率一般在 50%左右。其压缩采用了可变长度等压缩算法。因此，GIF 文件中可以保存多幅彩色图像，如果把保存于一个文件中的多幅图像数据逐幅读出并显示到屏幕上，就可构成一种最简单的动画。

GIF 格式因其体积小且成像相对清晰，为网络传输和 BBS 用户使用图像文件提供方便。特别适合应用于互联网，如特别适合于动画制作、网页制作及演示文稿制作等领域。

3. PNG

PNG（Portable Network Graphic Format，可移植网络图像格式）是一种能存储 32 位信息的位图文件格式，其图像质量远胜过 GIF。同 GIF 一样，PNG 也使用无损压缩方式。在压缩位图数据时，它采用了颇受好评的 LZ77 算法的一个变种。目前，越来越多的软件开始支持这个格式。与 GIF 不同的是，PNG 图像格式不支持动画。

PNG 文件格式压缩比高，生成文件容量小，一般应用于 Java 程序和网页中。并且，PNG 格式的图像在浏览器上采用流式浏览，这个特性很适合在通信过程中显示和生成图像。

4. JPEG

JPEG（Joint Photographic Experts Group）是由联合图像专家组制定的第一套国际静态图像压缩

标准，也是一种文件存储格式，扩展名为.jpeg 或.jpg。联合图像专家组包括国际标准组织（ISO）和国际电话电报咨询委员会（CCITT），他们命名图像压缩标准为"ISO 10918-1（JPEG）"，JPEG 是简称。JPEG 是一种比较复杂的文件结构和编码方式的文件格式。

JPEG 压缩技术十分先进，它用有损压缩方式去除冗余的图像和彩色数据，在获得极高压缩率的同时能展现十分丰富生动的图像。换句话说，就是可以用最小的存储空间得到较好的图像品质。而且，JPEG 是一种很灵活的格式，具有调节图像质量的功能，允许用不同的压缩比例对文件进行压缩，支持多种压缩级别，压缩比率通常在 10:1～40:1，压缩比越大，品质就越低；相反，品质就越高。JPEG 文件格式适合应用于互联网，可减少图像的传输时间，可以支持 24 位真彩色，也普遍应用于需要连续色调的图像。

由于 JPEG 优良的品质，在短短几年内就获得了成功，被广泛应用于互联网和数码照相机领域，网站上 80%的图像都采用了 JPEG。

5. JPEG 2000

JPEG 2000 是基于小波变换的图像压缩标准，由 JPEG 组织创建和维护。JPEG 2000 优势明显，且向下兼容，被认为是未来取代 JPEG 的下一代图像压缩标准，文件的扩展名为 jp2。其压缩率比 JPEG 高约 30%左右，同时支持有损和无损压缩。

虽然 JPEG 2000 在技术上有一定的优势，但是到目前为止，网络上采用 JPEG 2000 技术制作的图像文件数量仍然较少，并且大多数浏览器仍然没有内置支持 JPEG 2000 图像文件的显示。由于 JPEG 2000 在无损压缩下仍然能有比较好的压缩率，所以 JPEG 2000 在图像品质要求比较高的医学图像的分析和处理中已经有了一定程度的广泛应用，实际上它可以应用于传统的 JPEG 市场，如扫描仪、数码照相机等，也可应用于新兴领域，如网路传输、无线通信等。

6. TIFF

TIFF（Tag Image File Format，标签图像文件格式）是一种通用的位映射图像文件格式，支持从单色模式到 32 位真彩色的所有图像类型，主要用来存储包括照片和艺术图在内的图像文件，扩展名为.tif 或.tiff。

TIFF 格式文件现在广泛应用于桌面印刷和页面排版、扫描、传真、文字处理、光学字符识别等应用领域。

7. PDF

PDF（Portable Document Format，可移植文档格式）是 Adobe 公司开发的用于 Windows、Mac OS、UNIX 和 DOS 系统的一种电子出版软件的文档格式。该格式以 PostScript Level 2 语言为基础，因此可以覆盖矢量式图像和点阵式图像，并且支持超链接。

PDF 格式文件可以存储多页信息，其中包含图形、文档的查找和导航功能，因此，使用该软件不需要排版或图像软件即可获得图文混排的版面。由于该格式支持超文本链接，因此是网络下载经常使用的文件格式。

PDF 文件要用专门的 PDF 文件阅读器打开，如 Adobe Reader。

8.3.6　数字图像处理软件

计算机获取数字图像后，一般还要进行相应的处理，才能真正应用。

数字图像处理软件与图像的应用领域有很大关系，一般都具有很强的专业性。例如，遥感图像处理软件，是对遥感图像进行辐射校正和几何纠正、图像整饰、投影变换、镶嵌、特征提取、分类以及各种专题处理等一系列操作，以求达到预期目的。医学图像处理软件，则主要是进行图像分割、纹理分析、图像配准和图像融合等操作。这些都是比较专业的图像处理软件，而一般用户使用较多的是面向办公、出版与信息发布的图像处理软件，它们都具有图像扫描、图像编辑、绘图、图像合成及图像输出等多种功能。具体图像处理的方法和技术为：进行去噪、亮度色彩变换和增强、复原与校正、分割与拼接、特征提取与分析、编码与压缩、存储、检索等操作处理，这个过程称为数字图像处理。

常用的图像处理软件有以下几种：

① Autodesk Maya。Maya 是由美国欧特克有限公司（Autodesk）出品的世界顶级的三维动画软件，不仅包括一般三维和视觉效果制作的功能，而且结合了最先进的建模、数字化布料模拟、毛发渲染、运动匹配技术。在目前市场上用来进行数字和三维制作的工具中，Maya 是首选解决方案。因其强大的功能在 3D 动画界产生巨大的影响，已经渗入电影、广播电视、公司演示、游戏可视化等各个领域，且成为电影级别的高端制作软件。

② 3ds Max。3ds Max 是世界上应用最广泛的三维建模、动画、渲染软件，完全满足制作高质量动画、最新游戏、设计效果等领域的需要。

③ ACDSee。ACDSee 是一款优秀的数字图像处理软件，广泛应用于图片的获取、管理、浏览、优化等。利用相片管理器可以快速地查看和寻找图像，修正不足，并通过电子邮件、打印和免费在线相册来分享自己的收藏。

④ Autodesk AutoCAD。AutoCAD 软件是由美国欧特克有限公司（Autodesk）开发的绘图程序软件包，即自动计算机辅助设计软件，可以用于绘制二维制图和基本三维设计，通过它无须编程即可自动制图。具有完善的图形绘制和强大的图形编辑功能；支持多种图形格式、多种硬件设备和多种操作系统平台。因此它成为国际上广为流行的绘图工具，广泛用于土木建筑、装饰装潢、工业制图、工程制图、电子工业、服装加工等领域。

⑤ Adobe Flash。Flash 是交互式矢量图形编辑和动画制作软件，创建的文件扩展名为.swf 和.flv。它可将多种媒体素材以及富有新意的界面融合在一起，制作出高品质的网页动态效果。媒体素材包括图像、文字、声音、视频等。Flash 动画广泛应用于多媒体网站制作、广告制作、多媒体课件制作中，此外还可制作 MTV、游戏、贺卡、动画短片等。

⑥ Adobe Photoshop。Photoshop 是最著名和流行的平面图像设计、处理软件，创建的文件扩展名为.psd，支持 BMP、GIF、JPG 和 JPG2000、PDF、PNG 和 TIF 等文件格式。该软件功能可分为图像编辑、图像合成、校色调及功能色效制作等部分。在图像编辑中，可以对图像做各种变换如放大、缩小、旋转、倾斜、镜像、透视等，以及进行复制、去除斑点、修补、修饰图像的残损等处理。它的强大功能和易用性，得到了广大用户的喜爱。在图像处理领域，计算机的图形图像数字化处理技术已经得到普及，而图像处理及特效是 Photoshop 最突出的功能。

Photoshop 在图像、图形、文字、视频、出版等各方面都有广泛应用。

8.4　数字声音处理

声音是人们用来传递信息的最方便、最直接的方式，是携带信息的重要媒体（载体）。在人类接收的各种信息中，声音大概占 20%的信息量。同数字图像一样，计算机获取的声音数据也要经过一定的处理过程，将其转换为数字声音数据，才能在计算机系统中得到更好的应用。在多媒体系统中，语音和音乐是必不可少的，没有音频的视频是不可接受的。音频和视频同步，使视频图像更具有真实性。娓娓动听的音乐和解说，使静态图像变得更加丰富多彩。可视电话、电视会议中的声音更为重要。电子游戏中的音响效果使游戏更加生动。声音信号的处理技术主要包括声音的数字化转换、存储，以及数字化声音信号的编码、压缩、传输等。

8.4.1　声音基本概念

声音是人类进行交流和认识自然的主要媒体形式。在多媒体系统中，声音是由于空气振动引起耳膜的振动，而被大脑所感知的，一般指人耳能识别的音频信息，如人的话音、乐器声、动物及机器的声音、自然界的声音，也包括人工合成的声音。从本质上说，声音是通过一定介质（如空气、水和物体等）传播的一种连续的波，在物理学中称为声波。自然界的声音是一个随时间而变化的连续信号，可近似地看成一种周期性的函数。通常用模拟的连续波形描述声波的形状，单一频率的声波可用一条正弦波表示。

声波是随时间连续变化的模拟量，它有以下三个重要物理量指标：

① 振幅。声波振幅通常是指音量（或音强），它是声波波形的高低幅度，表示声音信号的强弱程度。

② 周期。声音信号的周期是指两个相邻声波之间的时间长度，即重复出现的时间间隔，以秒为单位。

③ 频率（1/周期）。声音信号的频率是指信号每秒变化的次数，即周期的倒数，以赫兹（Hz）为单位，又称音调。

这种声波的模拟量，通过能量转换装置，可用随声波变化的电压或电流信号来模拟，并以模拟电压的幅度来表示声音的强弱。

声音的强弱体现在声波的振幅上，音调的高低体现在声波的周期或频率上。声音质量是用声音信号的频率范围来衡量的。频率范围又称频域或频带。

因此，声音信号是由许多频率不同的声波信号组成的复合信号。复合信号的频率范围就是频带，又称带宽。人类能够感知到的信号带宽为 20 Hz～20 kHz，这样的信号称为音频信号。不同种类的声源其带宽也不同。

声音主要有以下几种类型：

① 语音。人的说话声音是一种特殊波形声音。重要的是它包含有丰富的语言内涵，可以经过抽象，提取特定成分，理解其意义。语音的频率范围在 80～3 400 Hz。

② 音乐。音乐是形式更加规范的波形声音，也可以称为符号化了的声音，乐谱可转变为符号媒体形式。平时人们所说的低音的频率范围为 20～160 Hz；中音频率范围为 160～2 500 Hz；高音频率范围为 2 500 Hz～20 kHz。

③ 音效。音效是指自然界发生的有特殊效果的声音，比如，鼓掌声、门铃声、鸟鸣声等。

④ 噪声。噪声是指由各种不同频率和声强组成的无规律的、杂乱组合成的声音。

⑤ 合成声音。合成声音指的是由计算机通过一种专门定义的语言来驱动一些预制的语音/音乐合成器产生的声音信号。

声音的质量和声音的带宽有关，一般来说频率范围越宽，表现力越好，层次越丰富，声音质量也就越高，如表 8-1 所示。

科学地形容一种声音须依据其 3 个要素，即音调、音强和音色。

① 音调：代表了声音的高低，与声音的频率有关，频率越高，音调越高，反之亦然。人耳的感知频率为 20 Hz～20 kHz，低于 20 Hz 的声波称为次声波，高于 20 kHz 的声波称为超声波。

② 音强：指音量，即音的强弱响度，取决于声音的振幅，即振幅的大小和强弱。CD 等其他形式的声音载体中的音强是一定的，通过播放设备的音量控制，可改变聆听时的响度。

③ 音色：通俗地讲，在同一音高和同一声音强度的情况下，也能区分出是不同乐器或人声发出的声音的特色就是音色；理论上讲，音色是由混入基音的泛音决定的。所以，音色是指声音的特色，即特征。

表 8-1　声音的质量

声 音 类 型	带　　宽
电话语音	200 Hz～3.4 kHz
调幅广播	50 Hz～7 kHz
调频广播	20 Hz～15 kHz
CD	20 Hz～20 kHz

8.4.2　声音信号数字化

声音是一种具有一定振幅和频率且随时间变化的声波，通过话筒的转换装置可将其变成相应的电信号，但这种电信号是一种模拟信号，不能由计算机直接处理，必须先对其进行数字化，即将模拟声音信号经过模/数转换器转换成计算机能处理的数字声音信号，然后利用计算机进行存储、编辑或处理。在数字声音回放时由数/模转换器将数字声音信号转换为实际的模拟声音信号，放大后由扬声器播出。

1. 声音信号的数字化

声音是连续信号，以连续波的形式传播。而计算机只能处理数字信号，为使计算机能处理音频信号，必须对声音信号数字化处理。

把模拟声音信号转变为数字声音信号的过程称为声音的数字化，它是通过对声音信号进行采样、量化和编码 3 个过程来实现的。声音信号的数字化过程如图 8-6 所示。

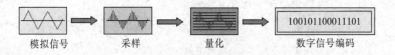

图 8-6　声音信号的数字化示意图

（1）采样（Sampling）

采样是指固定的时间间隔抽取模拟信号的幅度值。时间间隔称为采样周期，每秒的采样次数称为采样频率。采样后得到的是离散的声音振幅样本序列，仍是模拟量。采样频率越高，声音的保真度越好，但采样获得的数据量也越大。根据奈奎斯特定律，要进行声音信号的无损转换，采样频率至少是原始信号最高频率的 2 倍。由此产生了 3 种标准采样频率：11.025 kHz（单声道、电话、AM 广播等为语音效果）；22.05 kHz（双声道，FM 广播为音乐效果）；44.1 kHz（CD 音质为高保真效果）。

比如，人耳听觉的上限为 20 kHz，因此要获得较佳的听觉效果，采样频率要达到 40 kHz 以上，因此 CD 数字声音信号就采用了 44.1 kHz。随着计算机技术的发展，现在也出现了更高采样频率的声音信号，如 DVD 音质，可以达到 192 kHz 的采样频率。

如图 8-7 所示，采样频率 0.5 s，三点采样量化振幅模拟值[t,f(t)]：
$$A(0.5,4.8),B(1.5,10),C(2.5,6)$$

（2）量化（Quantization）

量化是把采样得到的信号幅度的样本值从模拟量转换成数字量。数字量的二进制位数称量化位数，是量化精度。在 MPC 中，量化精度的标准定为 8 位、16 位。采样和量化过程称为模/数转换。量化位数越多，数值的量化精度就越高，对原始波形的模拟越细腻，声音的音质就越好，但数据量也越大。如图 8-7 所示，量化位数为 8 位。

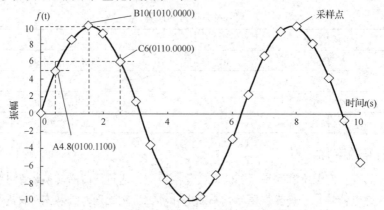

图 8-7　声音信号的采样、量化和编码示意图

（3）编码（Code）

编码是把数字化声音信息按一定的数据格式表示。

模拟信号量经过采样和量化以后，形成一系列离散信号——脉冲数字信号。这种脉冲数字信号可以一定的方式进行编码，形成计算机内部运行的数据。所谓编码，就是按照一定的格式把经过采样和量化得到的离散数据记录下来，并在有用的数据中加入一些用于纠错、同步和控制的数据。在数据回放时，可以根据所记录的纠错数据判别读出的声音数据是否有错，如在一定范围内有错，可加以纠正。

图 8-7 所示采样三点振幅值量化、偏码（8 位）：

$$A(4.8),B(10),C(6) \leftrightarrow A(0100.1100),B(1010.0000),C(0110.0000)$$
$$十进制模拟量 \leftrightarrow 二进制数字量$$

编码的形式比较多，常用的编码方式是 PCM（脉冲编码调制）。

2. 影响声音数字信号质量的技术参数

对模拟音频信号进行采样量化编码后，得到数字音频。数字音频的质量取决于采样频率、量化位数和声道数 3 个因素。

采样频率是指一秒内采样的次数。采样频率越高，声音质量就越高。

量化位数又称"量化精度"，是描述每个采样点样值的二进制位数。例如，8 位量化位数表示每个采样值可以用 2^8（即 256）个不同的量化值之一来表示，而 16 位量化位数表示每个采样值可以用 2^{16}（即 65 536）个不同的量化值之一来表示。常用的量化位数为 8 位、12 位、16 位。量化位数越多，声音的音质越好，声音数据存储量也就越大。

声音通道的个数称为声道数，是指一次采样所记录产生的声音波形个数。记录声音时，如果每次生成一个声波数据，称为单声道；每次生成两个声波数据，称为双声道（立体声）。随着声道数的增加，所占用的存储容量也成倍增加。声道数越多，声音表现就越丰富，但是数据存储量也就越大。

以字节为单位，模拟波形声音被数字化后数字声音文件的大小（未经压缩）为：

$$数字声音存储量=采样频率×量化位数×声道数/8$$

例如，用 44.1 kHz 的采样频率进行采样（高保真效果），量化位数选用 16 位，则录制 1 min 的立体声（双声道）声音，其波形文件所需的存储量为：

　　44 100（Hz）×16（位）/8（1 字节）×2（双声道）×60（s）=10 584 000 B=10.9 MB。

可见，1 min 的立体声录制，声音存储量很大，自然需要进行压缩。

8.4.3　常见数字声音的文件格式

音频数据都以文件形式保存在计算机中。音频文件格式主要有 WAV、CD、MP3、RA、WMA、MIDI 等，除了 WAV 外，都是压缩格式。专业数字音乐工作者多使用非压缩的 WAV 格式进行操作，而普通用户更乐于接受压缩率高、文件容量相对小的 MP3 或 WMA 格式。

1. WAV 文件格式

WAV 文件又称波形文件（声音的源文件），来源于对声音模拟波形的采样，并以不同的量化位数把这些采样点的值转换成二进制数，然后不经过压缩存入磁盘，这就产生了波形文件，没有失真。波形文件的数据量比较大，其数据量的大小，直接与采样频率、量化位数和声道数成正比。WAV 文件用于保存 Windows 平台的音频信息资源，被 Windows 平台及其应用程序所广泛支持。

标准格式的 WAV 文件采用 44.1 kHz 的采样频率，16 位量化位数。可以说，WAV 格式的声音文件质量和 CD 相差无几，也是目前 PC 上广为流行的声音文件格式。WAV 格式支持多种压缩算法，支持多种音频位数、采样频率和声道，即转换成其他格式，是 PC 上最为流行的声音文件格式。但是，其文件容量较大，多用于存储简短的声音片断，不适合于网络传输。

2. CD 格式

CD 格式是光盘数字声音文件，俗称 CD 音乐，扩展名为 CAD。标准 CD 格式的采样频率为 44.1 kHz，16 位量化位数，速率为 176 KB/s，是一种近似无损的文件格式，因此它的声音基本保真度高。CD 可以在 CD 唱机中播放，也能用计算机中的各种播放软件播放。

CAD 文件只是一个索引信息，并不真正包含声音信息，所以在计算机上看到的 CDA 文件都是 44B。不能直接复制 CD 格式的 CDA 文件到硬盘上播放，需要使用音频抓轨软件进行格式转换。

3. MP3 格式

MP3 全称是动态影像专家压缩标准音频层面 3（Moving Picture Experts Group Audio Layer 3 或 MPEG Audio Layer 3），是 MPEG-1 运动图像压缩标准的声音部分，是当今较流行的一种数字音频编码和有损压缩格式。根据压缩质量和编码复杂度，MPEG-1 的音频层划分为 3 层，即 Layer1、Layer2、Layer3，分别对应 MP1、MP2 和 MP3 三种格式的声音文件。MPEG 音频编码的层次越高，对应的编码器就越复杂，压缩率也就越高。MP3 采用有损压缩，文件的压缩比一般为 12:1 左右。因此，一张可以存储 15 首歌曲的普通 CD，如果采用 MP3 格式，则可存储超过 160 首 CD 音质的 MP3 歌曲。其采样频率也是 44.1 kHz，16 位量化位数。MP3 文件音质接近于 CD 音质，而且文件容量较小，是现在计算机网络中应用最广泛的一种声音文件格式。

4. RA 格式

RA（Real Audio）是 Real Networks 公司开发的一种流媒体音频（Streaming Audio）文件格式。它包含在 Real Networks 所制定的音频、视频压缩规范 Real Media 中。RA 文件压缩比例高，可以随网络带宽的不同而改变声音质量，在低速率的广域网上也可实时传输音频信息。网络连接速率不同，客户端所获得的声音质量也不尽相同，对于 28.8 bit/s 的网络连接速度，可以达到广播级的声音质量；如果拥有 ISDN 或更快的网络连接速度，则可获得 CD 音质的声音。由于文件小巧在网络上颇为流行。

5. WMA 格式

WMA（Windows Media Audio）格式是来自于微软的声音文件格式。音质要强于 MP3 格式，更远胜于 RA 格式，它是以减少数据流量但保持音质的方法来达到比 MP3 压缩率更高的目的，WMA 的压缩率一般都可以达到 18:1 左右；现在大多数 MP3 播放器都支持 WMA 文件；WMA 的另一个优点是内容提供商可以通过 DRM（Digital Rights Management）方案加入防复制保护。

6. MIDI 格式

MIDI（Musical Instrument Digital Interface，乐器数字接口）文件格式是电子音乐格式的标准，即音符、控制参数等指令来记录音乐，可称为"计算机能理解的电子乐谱"。它不是声音信号，它的指令指示 MIDI 设备要做什么，怎么做，如演奏哪个音符、多大音量等，用来确定计算机音乐程序、合成器和其他电子音响的设备互相交换信息与控制信号的方法。在 MIDI 文件中包含音符、定时和多达 16 个通道的演奏定义。每个通道的演奏音符信息包括：键、通道、号、音长、音量和力度（击键时键达到最后位置的速度）。由于，MIDI 文件数据是音乐代码或电子乐谱，它所需的存储空间比较小，并且可以灵活地进行编辑修改，主要应用于计算机作曲领域，是现在电子乐曲常用的声音文件格式。当需要播放时，只需从相应的 MIDI 文件中读出 MIDI 消息，指挥电子音乐设备生成所需要的乐器声音波形，经放大后由扬声器输出。

8.4.4　声音处理软件

录音处理功能包括声音录制、编辑、合成数字声音和转换等。不同软件，各有其特点和功能。

1. Windows 自带录音机

"录音机"是 Windows 提供的一种具有语音录制功能的工具。用"录音机"录制音频文件时，一次能录制的时间为 60 s，此文件的类型为 WAV 格式。

2. GoldWave

GoldWave 是一款比较流行的音频编辑和处理软件。利用该软件可以进行录音、编辑、合成数字声音，结果可以保存为 WAV 或 MP3 格式。使用该软件也可以复制、剪切和粘贴声音，因此在工作窗口中能够直接看到声音的波形，复制和粘贴都很方便。

3. Audio Converter

Audio Converter 全能音频转换器支持目前所有流行的音频、视频格式，如 MP2、MP3、MP4、WAV、WMA、AVI、RM、FLV 等，转换成 MP3/WAV/WMA 等音频格式。更为强大的是该软件能从视频格式中提取出音频文件，并支持批量转换，支持从 CD 光盘中抓轨转换输出流行音频格式。

4. Sound Forge

Sound Forge 是 Sonic Foundry 公司的产品，意为"声音熔炉"，也就是说，把声音放在此软件里，应能把它锻造成想要的样子。它在音乐和游戏音效制作领域应用广泛，只能对单个音乐文件进行编辑，不能进行多轨道音频处理。

5. Audition

Adobe Audition 的前身是 CoolEdit，是 Adobe Systems 公司开发的一款多轨录音和音频处理软件。它集成了几乎全部主流音乐工作站软件的功能，可以完成音频录制和提取、声音编辑、混音、效果处理、降噪等工作，还可以为视频作品配音、制作流行歌曲，并与同类软件协同工作，完成音乐的创作过程。Audition 的工作模式有编辑、多轨和 CD 三种，其中最长用的是编辑和多轨模式。

8.5 数字视频处理

人类获取信息三分之二来自视觉，视频已经成为现代社会主要信息形态。视频（Video）与图像是两个既有联系又有区别的概念。静止的图片称为图像，多幅图像以一定的速度连续播放就形成了视频。视频信息是连续变化的影像，通常是指实际场景的动态演示，如电影、电视、摄像资料等。视频信息带有同期音频，画面信息量大，表现的场景复杂，常采用专门的软件对其进行加工。

8.5.1 数字视频基本概念

凡是通过视觉传递信息的媒体，都属于视觉媒体。视频是多媒体的重要组成部分，是人们容易接受的信息媒体，包括静态视频（静态图像）和动态视频（电影、动画）。通常，将静态视频称为"图像"。这里讨论的视频是指动态视频，如电视、电影、摄像和动画等。

1. 视频的分类

按照处理方式的不同，视频分为模拟视频和数字视频。模拟视频是指每一帧图像是实时获取的自然景物的真实图像信号。我们在日常生活中看到的电视、电影都属于模拟视频的范畴。数字视频是指以一定的速度对模拟视频信号进行捕获、处理生成的以数字形式记录的视频。

数字视频相对于模拟视频而言，具有以下特点：

① 数字视频可以无失真地进行无限次复制，而模拟视频信号每转录一次，就会有一次误差积累，产生信号失真。

② 模拟视频长时间存放后视频质量会降低，而数字视频便于长时间存放。

③ 数字视频可以进行非线性编辑，并可增加特技效果等。

④ 数字视频数据量大，在存储与传输过程中必须进行压缩编码。

随着数字视频应用范围的不断发展，它的功效也越来越明显。

2. 电视的制式

电视是指电视机播放的视频信号。电视信号的标准简称制式。电视视频的制式是指视频播放的一些特定格式，包括视频播放的速度，清晰度以及伴音的情况等多个因素。电视要符合一定的制式才能够正常播放。

目前世界上彩色广播电视制式主要有 3 种：NTSC、PAL、SECAM，另外还有正在普及的 HDTV。

（1）PAL 制式

PAL（Phase Alteration Line，逐行倒相）制式是中国和东南亚以及大部分欧洲国家使用的视频制式。PAL 制式规定：帧频 25 帧/s，电视水平扫描线为 625 线；电视标准分辨率为 720×576 像素，采用隔行扫描方式，场频（垂直扫描频率）为 50 Hz。

（2）NTSC 制式

NTSC（National Television Standards Committee，美国国家电视标准委员会）制式是美国、日本等国家使用的视频制式。NTSC 规定：帧频 29.97 帧/s（简化为 30 帧/s），电视水平扫描线为 525线，电视标准分辨率为 720×480 像素，场频（垂直扫描频率）为 60 Hz。

（3）SECAM 制式

SECAM（Sequentiel Couleur A Memoire，按顺序传送彩色与存储）制式是法国、俄罗斯、非洲地区使用的视频制式。SECAM 制式规定：帧频 25 帧/s，每帧 625 行。隔行扫描，画面比例 4:3，分辨率为 720×576 像素。

（4）HDTV

HDTV（High Definition Television，数字高清晰度电视），是继黑白模拟电视、彩色模拟电视之后的第 3 代电视系统，又称 2K 电视（最高横向像素数目不超过 $2 \times 1\,024 = 2\,048$ 个，实际为 1 920 个）。

HDTV 技术源于 DTV（Digital Television，数字电视）技术，属于 DTV 的最高标准，拥有最佳的视频、音频效果。HDTV 与采用模拟信号传输的传统电视系统不同，其采用数字信号传输。由于 HDTV 从电视节目的采集、制作到电视节目的传输以及用户终端的接收全部实现数字化，因此 HDTV 给我们带来了极高的清晰度。分辨率最高可达 1 920 × 1 080，帧率高达 60 帧/s。

除此之外，HDTV 的屏幕宽高比也由原先的 4:3 变成了 16:9，若使用大屏幕显示则有亲临影院的感觉，同时由于运用了数字技术，信号抗噪能力也大大加强。在声音系统上，HDTV 支持杜比 5.1 声道传送，带给人 Hi-Fi 级别的听觉享受。和模拟电视相比，数字电视具有高清晰画面、高保真立体声、电视信号存储、可与计算机协同完成多媒体系统、频率资源利用充分等优点，而此诸多的优点也必然推动 HDTV 成为家庭影院的主力。

8.5.2　视频信号数字化和压缩

要让计算机处理视频信息，首先要解决的是视频数字化的问题。视频数字化是将模拟视频信号经模数转换和彩色空间变换转换为计算机可处理的数字信号，与声音信号数字化类似，计算机也要对输入的模拟视频信息进行采样与量化，并经编码使其变成数字化图像。

1. 视频信号的数字化

必须把视频模拟图像转换成数字化的视频图像，才能用计算机对其进行处理。转换过程由计算机设备和相应的软件进行。这种把模拟信号转换成数字信号的过程称为模数转换；反之，将数字信号转换成模拟信号的过程称为数模转换。

在一段时间内以一定的速度对视频信号进行捕获并加以采样形成数字化数据的过程就称为视频信号的数字化。它包括两方面的内容：即空间位置的离散和数字化，以及亮度电平值的离散和数字化。具体过程涉及视频信号的扫描、取样、量化和编码。

例如，分辨率为 1 280 × 1 024 的"真彩色"（24 位）高质量的电视图像，按 30 帧/s 计算，播放 1 min，则需要的存储空间为：

1 280（列）× 1 024（行）×（24/8）× 30（帧/s）× 60 s（字节/2^{30}）GB =6.59 GB

由此可见，视频信号数字化处理后得到的数据量非常庞大，对于计算机和网络系统的存储、处理和传输都带来了巨大的困难。因此必须要进行高效压缩才能进入存储和传输系统。

2. 视频信号的压缩

根据数字视频信号的特点，视频数据中存在着大量的数据冗余，即图像的各个像素数据之间存在极强的相关性，使得视频数据可以极大地压缩，有利于计算机系统进行进一步的处理、存储和传输。因此，对视频数据压缩成为多媒体系统中的关键技术之一。

视频数据主要存在以下形式的冗余：空间冗余、时间冗余、结构冗余、知识冗余和视觉冗余等。各种压缩算法都考虑了不同的数据冗余特点和其他特征，以及采样的不同压缩方法，因此，压缩效果和质量各不相同。

视频信号的压缩根据压缩的结果可以分为无损压缩和有损压缩两种：

　　① 无损压缩法：不会产生图像失真，能保证完全地恢复原始数据，但压缩比较低，一般为2:1～5:1。

　　② 有损压缩：不能完全恢复原始数据，压缩比较高，对于动态图像的压缩比可达 100:1～200:1。

　　视频数据的编码和压缩是以声音与图像的编码和压缩为基础的，主要采用了由 ISO（国际标准化组织）推出的 MPEG 系列技术标准和由 ITU-T（国际电信联盟远程通信标准化组织）与 MPEG 联合开发的新标准 H.264 系列，H.264 标准是目前最新的视频编码算法。

　　MPEG（Moving Picture Expert Group，活动图像专家组）具有很好的兼容性，能够比其他算法提供更好的压缩比，最高可达 200:1 。而且，MPEG 在提供高压缩比的同时，对数据的损失很小。目前 MPEG 有 5 个技术标准：MPEG-1、MPEG-2 和 MPEG-4，以及目前推出的专门支持多媒体信息基于内容检索的编码方案 MPEG-7 和多媒体框架标准 MPEG-21。

　　目前，H.264 技术标准是最先进的数字视频编码和数字视频压缩格式。为了降低码率，获得尽可能好的图像质量，它吸取了 MPEG-4 技术的长处，克服以前标准的弱点，具有更高的压缩比、更好的信道适应性。如在同等图像质量下，采用 H.264 技术压缩后的数据量只有 MPEG2 的 1/8，MPEG4 的 1/3。H.264 能提供连续、流畅的高质量图像（DVD 质量）。它必将在数字视频的通信和存储领域得到越来越广泛的应用。

8.5.3　数字视频的文件格式

　　数字视频从出现以来，广泛地应用于各个领域，不同的技术标准，不同的视频图像质量要求，形成了多种视频文件的不同格式。

　　1. AVI

　　AVI（Audio Video Interleave，音频视频交叉存取格式）是于 1992 年初 Microsoft 公司推出的AVI 技术标准的数字视频文件格式，是将语音和影像同步组合在一起的文件格式。它对视频文件采用了一种有损压缩方式，压缩比较高，因此尽管画面质量不是太好，但其应用范围仍然非常广泛。AVI 支持 256 色和 RLE 压缩。AVI 信息主要应用在多媒体光盘上，用来保存电视、电影等各种影像信息。

　　AVI 格式的优点是可以跨多个平台使用，其缺点是体积过于庞大，使压缩标准不统一。比如，高版本 Windows 媒体播放器播放不了采用早期编码编辑的 AVI 格式视频，但是可以通过下载相应的解码器来解决。

　　2. MOV

　　MOV 格式，即 QuickTime 影片格式，是 Apple（苹果）公司开发的一种视频格式。MOV 视频格式具有很高的压缩比和较完美的视频清晰度，其最大特点还是跨平台性，不仅支持 Mac OS，同样也支持 Windows 系列操作系统。MOV 格式文件还具有存储空间小等特点，采用有损压缩，画面效果较 AVI 格式稍微好一些。

　　3. MPEG/MPG

　　MPG（或 MPEG）格式是采用 MPEG 技术标准生成的数字视频文件格式，MPEG 是运动图像压缩算法的国际标准，现已被几乎所有的计算机平台共同支持。MPEG 压缩标准是针对运动图像而设计的，其基本方法是：在单位时间内采集并保存第一帧信息，然后只存储其余帧相对第一帧发生变化的部分，从而达到压缩的目的。MPEG 的平均压缩比为 50:1，最高可达 200:1。同时，图像和音响的质量也非常好，并且在微机上有统一的标准格式，兼容性相当好。MPEG 标准包括 MPEG

视频、MPEG 音频和 MPEG（视频、音频同步）系统三部分，MP3 音频文件就是 MPEG 音频的一个典型应用，而 Video CD（VCD）、Super VCD、DVD 则是全部采用 MPEG 技术生产出来的消费类电子产品。

具体来看，其中，MPEG-1 被广泛应用于 VCD 制作；MPEG-2 应用于 DVD 制作、HDTV（高清晰电视广播）和一些高要求的视频编辑、处理方面。MPEG-4 是一种新的压缩算法，使用这种算法的 MPG 格式可以把一部 120 min 长的电影压缩成 300 MB 左右的视频流，可供在网上观看。

4. FLV

FLV 流媒体格式是一种新的视频格式，由于它形成的文件极小、加载速度也极快，这就使得网络观看视频文件成为可能。

FLV 是在 Sorenson 公司的 Sorenson Spark（运动视频编解码器）压缩算法的基础上开发出来的，它的出现有效地解决了视频文件导入 Flash 后，使导出的 SWF（Shock Wave Flash，动画设计软件 Flash 的专用格式）格式文件体积庞大，不能在网络上很好地使用等缺点。FLV 格式不仅可以轻松地导入 Flash 中，同时也可以通过 RTMP（Real Time Messaging Protocol，实时消息传输协议）协议从服务器上流式播出。因此，目前国内外主流的视频网站都使用这种格式的视频文件提供在线观看。

5. ASF

ASF（Advanced Streaming Format，高级串流格式）是 Microsoft 公司为 Windows 系统所开发的串流多媒体压缩文件格式。ASF 文件中包含音频、视频、图像以及控制命令脚本的数据格式。它使用了 MPEG-4 压缩算法，压缩率和图像质量都很不错。

ASF 以网络数据包的形式传输，实现流式多媒体内容发布。其中，在网络上传输的内容称为 ASF Stream。ASF 支持任意的压缩/解压缩编码方式，并可以使用任何一种底层网络传输协议，具有很大的灵活性。现在广泛应用于互联网上的视频点播（VOD）服务。

6. RM

RM（Real Media）格式是 Real Networks 公司开发的一种流媒体视频文件格式，是针对音频/视频压缩规范 Real Media 中的一种，可以根据网络数据传输的不同速率制定不同的压缩比率，从而实现在 Internet 上进行音频/视频的实时传送和播放。它主要包含 Real Audio、Real Video（RA、RAM）和 Real Flash 三类文件。

RM 格式是 Real 公司对多媒体世界的一大贡献，它首创了视频流媒体技术，也使更多人了解了流文件。这类文件可以在网络上，使用 RealPlayer 或 RealOnePlayer 播放器实现音频/视频的即时或实况播放，这种"边传边播"的方法避免了用户必须等待整个文件从 Internet 上全部下载完毕才能观看的缺点，因而特别适合在线观看影视。RM 作为目前主流网络视频格式，还可以通过 RealServer 服务器将其他格式的视频转换成 RM 格式并由 RealServer 服务器负责对外发布和播放。

RM 主要用于在低速率的网上实时传输视频的压缩格式，它同样具有小体积而又比较清晰的特点。RM 文件的大小完全取决于制作时选择的压缩率，这也是为什么有时会看到 60 min 的影像只有 200 MB，而有时却有 500 MB。

7. RMVB

RMVB（RealMedia Variable Bit，RM 动态码率）格式是由 RM 视频格式升级而延伸出的新型视频格式，其中"VB"即 VBR（Variable Bit Rate，动态码率）。RMVB 视频格式的先进之处在于打破了原先 RM 格式使用的平均压缩采样的方式，在保证平均压缩比的基础上更加合理地利用比特率资源，也就是说对于静止和动作场面少的画面场景采用较低编码速率，从而留出更多的带宽空间，这些带宽会在出现快速运动的画面场景时被利用。这就在保证了静止画面质量的前提下，大幅提高了运动图像的画面质量，从而在图像质量和文件大小之间达到了平衡。

同时，与 DVD 格式相比，RMVB 视频格式也有着较明显的优势，一部大小为 700 MB 左右的 DVD 影片，如将其转录成同样品质的 RMVB 格式，最多也就 400 MB 左右。不仅如此，RMVB 视频格式还具有内置字幕和无须外挂插件支持等优点。较之 RM 格式，RMVB 文件画面要清晰很多，可以用 RealPlayer、暴风影音、QQ 影音等播放软件播放。

8. WMV

WMV（Windows Media Video）是微软推出的一种采用独立编码方式，并且可以直接在网上实时观看视频节目的文件压缩格式。它也可以说是 ASF 格式的升级和扩展，压缩比要高于 MPEG-2。

WMV 视频格式的主要优点：本地或网络回放、可扩展的媒体类型、可伸缩的媒体类型、流的优先级化、多语言支持、环境独立性、扩展性等。

能够播放 WMV 文件的软件，包括 Windows 媒体播放器（Windows Media Player）、RealPlayer、MPlayer、Media Player Classic、VLC 媒体播放器和 KMP（K-Multimedia Player）。

以上所有视频格式可分为两大类：适合本地播放的本地影像视频格式和适合在网络中播放的网络流媒体影像影视格式。AVI、MPEG/MPG 文件格式为前者，MOV、FLV、ASF、RM、RMVB、WMV 文件格式为后者。

8.5.4　数字视频的处理软件与应用

1. 视频处理软件

视频的处理工作主要依靠软件来完成，一般的视频处理软件都包括获取、重组、剪辑、润色视频片段，添加背景音乐，添加片头和片尾文字和设置特殊效果等功能。常用的视频编辑软件有以下几种。

（1）Windows Movie Maker

Windows Movie Maker 是 Windows 系统自带的视频制作工具软件，简单易学，使用它制作家庭电影充满乐趣。可以在 PC 上创建、编辑和分享自己制作的家庭电影。通过简单的拖放操作精心筛选画面，然后添加一些效果、音乐和旁白，家庭电影就初具规模了。可以通过 Web、电子邮件、PC 或 CD，甚至 DVD 与亲朋好友分享成果，也可以将电影保存到录音带上，在电视或者摄像机上播放。

（2）Adobe Premiere

Adobe Premiere 是一款常用的视频编辑软件，由 Adobe 公司推出。它有较好的兼容性，且可以与 Adobe 公司推出的其他软件相互协作。目前这款软件广泛应用于广告制作和电视节目制作中。

（3）Camtasia Studio

Camtasia Studio 是最专业的屏幕录像和编辑套装软件，可进行屏幕录像和后期编辑，同时包含屏幕录像器、剪辑和编辑器、菜单制作器、剧场、播放器和 Screencast 的内置功能等。屏幕录像是指录制计算机视窗环境桌面的操作、播放器视频内容（如 QQ 视频、游戏视频、电脑视窗播放器等），主要用于视频图像的采集、教学操作视频的制作。它支持多种视频格式：FLV、SWF、MOV、WMV、AVI 和 RM 等，并打包发布。

2. 数字视频文件格式的转换

用户对于数字视频的需求是多种多样的，比如，一般在 PC 中，可以使用 AVI 格式，Apple

系统使用 MOV 格式，使用较大视频时，可以使用 MPEG 或 RMVB，需要在网络上实时传输时可以使用 RM 或 ASF 等。也可以通过相应的数字视频转换软件进行相互转换，以适应不同的用户需求。

目前，常用的视频格式转换软件有：狸窝全能视频转换器、暴风转码、WinMPG Video Convert（视频转换大师）等。大多数视频处理软件都具有视频转换功能。

3. 数字视频的应用

在计算机软硬件技术和计算机网络技术迅猛发展的环境下，数字视频在各个领域的应用越来越广泛。

（1）计算机动画

计算机动画是使用计算机生成一系列内容连续的画面供播放的一种技术，是一种计算机合成的数字视频。

计算机动画制作过程包括：在计算机中建立景物的模型；描述模型的运动特征；生成一系列逼真的图像；形成动画。现在的计算机动画广泛应用于影视和广告领域、教育和培训领域、科技领域、军事领域以及电子游戏产业等。

（2）数字电视

数字电视指的是电视节目的制作（摄录、编辑）、处理、传输、接收播放全过程的数字化，特别是将电视信号进行数字化之后以数字形式进行网络传输和接收。

数字电视的特点如下：

① 频道利用率高：传输的数字电视节目比模拟电视节目增加好几倍。

② 抗干扰能力强：同等传输条件下的抗干扰能力优于模拟电视。

③ 图像清晰度高：用户接收到的图像质量能达到演播室水平。

④ 音响效果好：有 CD 级音质效果，可支持 5.1 环绕立体声家庭影院。

⑤ 可开展基于 TV 的交互式数据业务：包括电视购物、电视银行、电视商务、电视游戏、点播电视等业务。

小　结

多媒体是多种媒体的综合，一般包括文本、图形、图像、声音、动画、视频等多种媒体形式。在计算机系统中，多媒体指组合两种或两种以上媒体的一种人机交互式信息交流和传播媒体。

在多媒体概述中，首先讨论了多媒体技术的基本概念，包括媒体和媒体分类，多媒体、多媒体技术和特点，流媒体，计算机中的媒体元素。其次多媒体信息处理的关键技术，如数据压缩/解压缩技术、数据存储技术和专用芯片技术等。另外，就多媒体技术的应用领域和发展方向等做了阐述。

多媒体系统是一个多媒体信息的集成环境和交互系统。由多媒体硬件系统和软件系统构成。多媒体软件系统按功能可分为多媒体系统软件和多媒体应用软件。

在数字图形图像处理中。阐述了其基本概念和数字化质量的主要参数、获取、压缩、存储文件格式等，介绍了处理软件。在数字声音处理中，阐述了其基本概念和物理量指标、声音信号数字化、文件格式等，介绍了处理软件。在数字视频处理中，阐述了其基本概念（视频的分类和电视的制式）、视频信号数字化和压缩、文件格式等，介绍了处理软件与应用。

多媒体给传统的计算机系统、音频和视频设备带来了方向性的变革，对大众传播媒介产生了深远的影响，使人们更加自然、更加人性化地使用多种信息。

多媒体技术经过几十年的发展，已经成为科技界、产业界普遍关注的热点之一，并且已经渗透到不同行业的多种应用领域。

通过本章的学习，要求读者掌握多媒体的基本概念、多媒体技术的特点和主要研究方向，熟悉多媒体系统的构成，了解多媒体技术处理过程中使用的各种技术、软件，各种媒体文件的格式和多媒体的简单应用。

习　题

一、综合题

1. 什么是媒体？媒体分为几类？它们之间有什么区别？

2. 什么是多媒体？什么是多媒体技术？多媒体技术具有哪些特点？

3. 请描述你对流媒体概念和应用的理解。

4. 计算机中的媒体元素有哪些？

5. 多媒体信息处理的关键技术有哪些？

6. 从一两个应用实例出发，谈谈多媒体技术在此领域中的重要性（如教育领域）。

7. 什么是电子出版物？它具有哪些优点？

8. 什么是多媒体系统？

9. 要把一台普通的计算机变成多媒体计算机需要解决哪些关键技术？

10. 了解图形与图像的基本参数。

11. 矢量图形和位图图像有什么区别？如果你来设计，什么情况用矢量图，什么情况用位图？

12. 图像的无损压缩比率是多少？为何要进行有损压缩？编码和压缩是什么关系？

13. 在网络、PC 和照相机等情况下，你认为常用的图像文件格式有哪些？

14. 超高清电视即 4K 电视（UHDTV），全高清电视（HDTV）一般指 2K 电视。4K 电视理论上横向像素数目 4×1 024=4 096 个，实际为 3840 个。4K 电视是目前市面上清晰度最好的电视，4K 电视分辨率为 3840×2 160，比 2K 电视 1920×1080 的画面理论上高 4 倍。请计算 4K 电视显示 24 位（B）真彩色的位图图像，一幅图像大小为多少 MB？

15. 如何用画图工具创建 24 位真彩色 BMP 图像文件？

16. 了解声波三个重要物理量指标、声音主要类型和声音依据的 3 个要素。

17. 人耳可以听到的声音频率在什么范围之间？声音和音频有什么不同？

18. 声音信号的数字化有哪些过程？

19. MP3 声音的文件格式是 MPEG 规范中哪个规范和层次？

20. 在网络和 PC 中，常用的声音文件格式有哪些？

21. 如何用 Windows 自带录音机录制 WAV 格式的声音文件？

22. 视频容量的计算。超高清电视（即 4K 电视）3840×2160 的分辨率、24 位真彩色、30 帧/s 的帧频播放的视频，播放 60 s 存储空间是多大？

23. 了解数字视频的文件格式。

24. 多媒体数字化信息无损压缩比，一般在哪个范围？有损压缩视频压缩比，一般又在哪个范围？

25. 多媒体数字化信息为何要压缩后存储和传输，解压缩后显示或播放？

26. 多媒体数字化信息的编码与压缩是什么关系？

二、网上练习

1. 通过网络搜索目前常用的计算机动画制作软件，分析它们的优点和缺点。

2. 在网络中搜索本章中介绍的所有声音文件格式，并进行音质、特点的比较。

3. 在网络中搜索本章中介绍的所有图像文件格式，并进行图像质量、特点的比较。

4. 在网络中搜索本章中介绍的所有视频文件格式，并进行视频质量、特点的比较。

5. 在网络中搜索和了解超高清电视即 4K 电视（UHDTV）和全高清电视（HDTV）即 2K 电视。

第 9 章 | 信息社会与安全

计算机带给现代社会的变化之大，是人类历史上任何一门科学所没有过的，因此人们对信息社会的讨论从来就没有停止过。本章介绍计算机时代所特有的社会问题，如计算机犯罪与相关法律，计算机对生活环境的影响，计算机安全问题以及相关专业人员的职业道德等，这些问题影响和改变着今天的社会。

9.1　社 会 影 响

自第一台计算机诞生至今，它的广泛使用不仅为社会带来了巨大的经济效益，同时也对人类社会生活的诸多方面产生了深远的影响，它把社会及其成员带入了一个全新的生存与发展的技术和人文环境中。这些影响，无论是正面的还负面的，都需要直接面对，是无法回避的。

9.1.1　社会问题

计算机和网络正在迅速地、不可逆转地改变着世界，计算机技术对社会的影响是其他任何技术所不及的。高度信息化社会带来的现实的和潜在的问题也是人类要面临和将要面临的。下面列举几个方面。

1. 对个人隐私的威胁

这里所说的个人隐私是指个人信息被滥用或者盗用。现在银行开账户、购买飞机票、办理包裹邮寄、就医以及多种场合都需要个人身份证，网上注册也需要个人信息。因此，随着计算机和网络的发展，信息交流加快了，个人信息被别人分享的情况将会增加，随之而来的有关责任影响就会成为一个社会问题。

2. 计算机犯罪

使用计算机进行非法活动，这是信息时代必须面临的一个问题，而且将会是一个大的问题。计算机犯罪的含义不仅仅是盗用他人的上网账号，还包括破坏他人的计算机系统，盗窃他人存放在计算机和网络上的商业信息等。

3. 知识产权保护

知识作为产权是信息时代的一个重要内容，软件和数据都可被认定为财产，需要得到法律的保护。软件的可复制性使得知识产权的保护显得更加困难，传统的音像制品、书籍和文献被转化为计算机及网络数据后，更容易被盗用，而且二次创作的侵权定义变得难以界定。

4. 自动化威胁传统的就业

大量的计算机辅助制造系统进入传统的生产过程，势必有大量的产业工人将失去他们的工作。

5. 信息时代的贫富差距

如果说信息时代克服了人类社会活动空间和时间限制，使得社会财富迅速增长，那么今天的问题是，信息社会带来的财富知识更多地增长到发达国家、新的富豪手中，这不但没有减少社会贫富差距，反而加大了国家间、人群间的财富差距。

类似于上网成瘾、沉迷于计算机游戏、虚假网络信息等一些社会问题也都是在信息社会发展过程中所产生的。

9.1.2　计算机犯罪

1. 计算机犯罪

计算机犯罪是指各种利用计算机程序及其处理装置进行犯罪或者将计算机信息作为直接侵害目标的犯罪的总称，比如利用计算机网络窃取国家或他人机密、盗用他人信用卡、复制和传播淫秽内容等。

2. 常见的计算机犯罪类型

① 非法入侵计算机信息系统。利用窃取密码等手段侵入计算机系统，用以删除、增加、干扰、篡改、窃取或破坏信息。

② 利用计算机实施贪污、盗窃、诈骗和金融犯罪等活动。

③ 利用计算机传播反动和色情等有害信息。

④ 知识产权的侵权：主要是针对电子出版物和计算机软件。

⑤ 网上经济诈骗。

⑥ 网上诽谤，个人隐私和权益遭受侵犯。

⑦ 利用网络进行暴力犯罪。

⑧ 故意制作和传播计算机病毒等破坏程序，影响计算机系统正常运行。

3. 计算机犯罪的特点

计算机犯罪具有行为隐蔽性强、技术性强、作案距离远、作案速度快、危害巨大等特点，且具有社会化、国际化等发展趋势。

计算机和网络在发展过程中势必会有新的副作用出现，法律所固有的滞后效应会出现一些法律真空地带。但一般认为计算机犯罪是指使用计算机知识或技术实施的犯罪行为。

9.2　计算机与环境

计算机和环境保护都是当今热门话题，越来越多的人意识到了计算机和环境保护之间的密切关系。计算机的诞生给人类带来了巨大效益和便利，但同时对环境、对人类自身健康也造成了一定的危害。如何使人们在享受计算机文明的同时，也尽可能少地付出环境污染的代价呢？创造一个真正的绿色计算机世界就成为了人们追求的目标。

在科技发展史上，人类文明的每一次进步对于环境保护而言都是利弊同在的。计算机的发展也不例外。计算机的发展使社会进入了信息化时代，但是对环境的负面影响也不容忽视。

计算机对环境最大的负面影响首先在于其高物耗。制造一台计算机需要 700 多种原材料和化学物质，制造一块芯片有 400 道工序，需用 284 g 液态化合物。据估算，制造一台微机需耗水约 3.3 万升、耗电 2 313 kW·h。更为严重的是，在生产芯片的过程中含有一些有毒物质，其中绝大多数是有机溶液及难以处理和安全清除的气体。有报道称，美国半导体工业中心的硅谷，自 1981 年以来，已经有 100 多种有毒化学物质泄漏在硅谷内外。

其次，高能耗也是计算机对环境的一大负面影响，一般个人计算机功率均在 100 W 以上。若长时间不使用或使用者忘记关机，耗电量会增长很多。美国微电子和计算机协会的研究报告曾指出，计算机的高物耗、高能耗及其对环境的影响是当今所有制造业中最大的。

再者，废弃的计算机本身以及辅助产品都会对环境造成影响，虽然某些部分可被循环利用，最终消失在垃圾埋放地。例如，金属过几十年被氧化了，玻璃几个世纪后会碎成沙子，但是塑料部分将会几千年保持本质不变。另外，还有些组成部分，如电池和显示器，则含有可溶进沙子的有毒物质。

最后，其对环境的间接破坏作用也不可忽视，如打印机需要到纸张、色带和其他物质，纸张作为计算机的主要"消费品"，消耗了大量的树木，而造纸行业又是污染最严重的工业之一。

20 世纪 90 年代初美国推出"能源之星"的绿色计算机计划，这种计算机在待机状态时功率低于 60 W，其中主机和显示器各低于 30 W。为了进一步降低计算机使用能耗，制造商在新的计算机中还采用了节电装置，如果计算机在一段时间内没有任何操作会自动进行节电方式，其功率大约为 30 W。当更长的时间内机器仍无操作，主机会自动降低工作频率。若持续下去，则进入最低频率工作即休眠状态，此时其耗电量仅是计算机工作时的 1/4。这种电源管理技术使得每台计算机一年可节约 100 美元电费。

绿色计算当然不局限于省电这一项功能，还在于其生产方式的改变，例如，传统的电子清洗液和众所周知的氟利昂一样是一种会消耗臭氧层的物质。目前采用的新溶剂，其清洗线路板的效果比传统液体更出色，同时更为环保。

9.3 计算机与人类健康

计算机的发展给人类的工作学习生活提供了大量的便利，包括医学使用计算机为医院管理和临床服务，改进医疗过程，研究和制造新的医疗设备，改善人类健康环境等积极因素。然而随着计算机的快速普及，"计算机病"也开始发生并引起了人们的关注。和计算机有关的健康问题主要有以下几种：

① 如今最主要的计算机职业病是肢体重复性劳损，是指当肌体组织受到高强度重复动作或者 10 万次以下低强度重复所造成的肌体组织劳损。

② 计算机视觉综合征，这是由于长时间在强光亮的显示器前工作所导致眼睛的损伤。

③ 最新的与计算机有关的病症是技术压力。当然它主要是由使用计算机引发的，其症状包括易怒、对人的敌视、缺乏耐心和疲劳等。

④ 计算机荧屏辐射作用虽然还未得到论证，但计算机显示器辐射电离子和低频磁场，其射线进入人体后可能造成影响，至今未能给出更多的证据表明这种作用的危害程度。不管结论如何，20 世纪 80 年代以来，所有厂商已尽力减少屏幕辐射，而且低辐射的 LCD 显示屏也开始大量用于计算机显示器。

并没有什么有效的方法可以克服上面这几个问题。在计算机的结构设计上能够适当缓解这些问题的发生或者减轻其程度，如计算机在整机结构设计上也更符合人体工学原理，计算机外形日趋美化且舒适、合理、实用。

9.4 信息安全基础

当社会对计算机形成"依赖"的时候，计算机的安全就开始被人们所重视。威胁计算机安全的因素主要有自然灾难、系统缺陷、病毒、黑客攻击等。针对计算机安全的研究使之成为计算机科学的重要分支，即计算机安全工程。

9.4.1 计算机安全工程

计算机系统是信息处理、存储、利用和传输控制的节点，计算机系统的安全是信息安全的关键环节。计算机系统的安全包括实体安全和信息安全等。其中，实体安全是指计算机系统设备及相关设施的安全正常运行，是整个计算机系统安全的前提。而信息安全是使信息网络的硬件、软件及其系统中的数据受到保护，不受偶然的或者恶意的因素而遭到破坏、更改、泄露，确保系统连续、可靠、正常地运行，信息服务不中断。

不同的系统和应用对信息安全的要求各不相同，一般情况下都会有以下几方面的要求，即保证信息的可用性、机密性、完整性和不可否认性等。

1. 可用性

可用性指保障信息资源随时可提供服务的能力特性，即使在发生故障或者突发事件时，用户仍然可以使用数据，系统也能正常运转。

2. 机密性

机密性指保证信息不能被非法授权浏览，即使非授权用户得到信息也很难知晓信息内容。通过访问控制权限可以阻止非授权用户获得机密信息，通过对信息进行加密可以阻止非授权用户获知信息的内容。

3. 完整性

完整性指要保证被处理的信息自产生后不被非授权修改，并且通过相应的手段和机制能检测出信息是否被非授权修改过。

4. 不可否认性

不可否认性指要通过相应的手段和机制来判断信息是否来源于它的生成者，并且保证生成信息者不能否认其信息行为。

目前，信息安全的主要威胁来自计算机病毒的感染和黑客的入侵，因此，建立基于网络环境的信息安全体系是保证信息安全的关键，安全体系的建立要考虑到计算机操作系统的安全性、各种安全协议（SSL协议等）和安全机制（数据加密、数字签名、身份认证、防火墙等）等。

信息安全问题涉及很多方面，不仅涉及反病毒、防黑客等专业技术问题，而且涉及法律政策问题和管理问题。技术问题是最直接的保证信息安全的手段，而法律政策和管理是信息安全的保障。

安全工程就是从这些新的应用的混乱中发展起来的。计算机和网络安全所依赖的技术基础主要是密码学、可靠性技术、安全印刷和认证、审计等，这些都是人们所熟悉的技术，问题是缺乏运用这些技术的知识和经验。安全工程的本质在于了解系统的潜在威胁，然后选择适当的措施来控制这些威胁因素。

密码是计算机安全工程中的重要基础，是计算机验证用户身份的主要机制。密码可以以 PIN（个人标识码）的形式被嵌入在许多系统中，例如自动取款机、移动电话等，但这并不意味着就安全了。基于密码的安全协议是"质询/响应"协议，当密码被输入后，系统可以经过一定的算法得到响应，基于密钥加密是常见的方法。

有关安全工程有许多需要讨论的问题，如数据安全一般采用数据备份技术。对重要的网络数据还要通过异地备份，以确保数据不会受到自然灾害或其他不可抗力的破坏。再如，为了防止非法入侵，在计算机和网络系统中建立访问控制，建立分级安全机制，使用专门的识别技术，如指纹、声音、手写签名、面部识别，甚至耳纹、视网膜检验等。

9.4.2　因特网面临的攻击

1. 因特网的安全威胁

Internet 面临的安全威胁可分为两种：一是对网络数据的威胁；二是对网络设备的威胁。这些威胁可能来源于各种各样的因素，大致包括：

① 非人为、自然力造成的数据丢失、设备失效、线路阻断。

② 人为但属于操作人员无意的失误造成的数据丢失。

③ 来自外部和内部人员的恶意攻击和入侵。

最后一种是当前 Internet 所面临的最大威胁，是电子商务、政府上网工程等顺利发展的最大障碍，也是企业网络安全策略最需要解决的问题。

2. 攻击手段

最常见的攻击手段有 3 种：系统扫描、拒绝服务和系统渗透。

（1）系统扫描

攻击者通过发送不同类型的包来探查目标网络或系统，根据目标的响应，攻击者可以获知系统的特性和安全弱点。扫描本身并不会对系统造成破坏，通常应用在进行网络入侵的准备阶段。攻击者通过扫描，可以获取以下信息：目标网络的拓扑结构、防火墙允许通过的网络流量类型、网络中活动的主机、主机正在运行的操作系统和服务器软件、所检测到的软件版本号等。

目前，有许多种扫描工具帮助自动完成扫描过程，如网络扫描器、端口扫描器、漏洞扫描器等。其中，漏洞扫描器是一种特殊类型的扫描器，它能列出网络中所有活动的主机和服务器并提供每个系统可能遭受攻击的安全弱点和漏洞的详细描述。

（2）拒绝服务

拒绝服务攻击是指企图阻塞或关闭目标网络系统或者服务的攻击，攻击手段主要有两种：缺陷利用和洪流。

缺陷利用是指通过对目标系统中软件缺陷的不当利用，以引起系统处理失败或者导致系统资源耗尽。这里的资源包括 CPU 时间、内存、磁盘空间、缓冲区空间或者网络带宽。ping of death 攻击就是引起系统处理失败的一个例子。正常的 ping 程序发出的数据段大小为 32 B 或 56 B，而此种攻击使用特大的数据包，如 65 537 B。这种长度的数据包超出了单个 IP 包的大小，必须分片处理，而许多早期的系统没有对这种情况进行处理的能力，造成系统崩溃。对于这类拒绝服务攻击，及时给系统打补丁就可以防止。

洪流攻击向系统发送大量信息，以至于超出其处理能力。即使发送的大量信息还不足以超出目标系统的处理能力，攻击者至少可以独占到目标的网络连接，这样其他用户就会被系统拒绝访问。对于这类攻击，不是给系统打补丁就能解决的。事实上，很少有防止洪流攻击的一般性方法。因此，这类攻击是使企业遭受损失的主要攻击手段。

（3）系统渗透

渗透攻击通过利用软件的种种缺陷获得对系统的控制，包括非法获得或者改变系统权限、资源及数据。对比前面提到的两类攻击，其中扫描攻击并不对系统产生直接的破坏，拒绝服务攻击破坏资源的可用性，而渗透攻击则破坏系统的完整性、保密性和可控制性。

9.4.3　常见网络安全技术

1．数据加密技术

数据加密是指将原始的信息进行重新编码。原始信息称为明文，经过加密的数据称为无法识别的密文。密文即便是在网络传输中被第三方获取，也很难从得到的密文中破译出原始的数据信息。接收端通过加密的逆过程解密得到原始的数据信息，加密技术不仅能保障数据信息在公共网络传输过程中的安全性，同时也是实现用户身份鉴别和数据完整性保障等安全机制的基础。

目前，一般使用的是基于密钥的加密与解密。密钥是一组信息编码，加密和解密过程要通过密钥。基于密钥的加密技术分为两类：对称密钥算法和非对称密钥算法。

对称密钥算法中，加密过程和解密过程使用相同的密钥，如果第三方获取该密钥就会造成失密。只要通信双方能确保在交换阶段未泄密，就可以保证信息的机密性和完整性。对称加密技术存在着通信双方之间确保密钥安全交换的问题。如果密钥没有以安全方式传送，黑客就很可能容易地截获报文。

非对称加密算法使用一个密钥实现加密，另一个密钥实现解密。用来加密的密钥可以是公开的，也称为公开密钥或公钥；用于解密的密钥只有解密人自己知道，称为私有密钥或私钥。通信双方只需要向对方传递用于加密的公钥，而将解密使用的私钥安全地存放在本机内，即便是某人能获取公钥，也不会对使用该公钥加密的密文造成任何隐患，非对称加密算法克服了对称密钥传递过程中存在的安全隐患。

2．数字签名技术

在数据传输过程中，为确定发送人的身份问题，需要使用数字签名技术。现实生活中，亲笔签名是用来保证文件或资料真实性的一种方法。在网络环境中，通常使用数字签名技术来模拟日常生活中的亲笔签名。数字签名将信息发送人的身份与信息传送结合起来，可以保证信息在传输过程中的完整性，并提供信息发送者的身份认证，以防止发送者抵赖行为的发生，目前利用非对称加密算法进行数字签名是最常用的方法。

3．认证技术

认证技术包含身份认证和内容认证。身份认证是通过某些安全机制对通信对方的身份加以鉴别和确认，从而证实对方通信身份的真实性和有效性；内容认证是指对数据在网络传输过程中的完整性加以确认和证实，保证接收到的数据内容与发送的数据内容完全一致。

在网络环境下，身份认证是通过计算机来实现的，简单的认证可以通过用户名和密码实现，但密码在认证中容易被攻击者窃听或截获。利用数据加密技术中的非对称加密技术来实现通信双方的身份认证是目前比较广泛的认证机制。

数据内容的完整性保障是网络安全的另一个重要方面，数据的完整性是指数据在传输过程中并未遭遇篡改，利用数字签名技术可以实现数据的完整性，但由于文件内容太大，加密和解密速度慢。目前采用报文摘要技术，将较大的报文生成较短的固定长度的摘要，然后仅对摘要进行数字签名，而接收方对接收的报文进行处理产生摘要，与经过签名的摘要比较，便可以确定数据在传输中的完整性。

4．防火墙技术

防火墙技术是一个能将外部网络和内部网络隔离开的硬件和软件的组合，内部网络是可信赖的网络，而外部网络是不可信赖的网络，通过监测和控制外部网络与内部网络之间的数据包传输，防火墙决定哪些外部系统有权或使用相应的内部组件，从而达到保护内部网络资源不受外部非法用户的使用。

如果在机构的内部网络和外部网络之间设置一个防火墙，可以灵活控制所转发的数据包，使外界对内部的访问只限定在某些特定的服务器上，或服务器的特定服务上。另外，防火墙还能通过监控所通过的数据包，及时发现并阻止外部对内部网络系统的攻击行为。

9.4.4　计算机病毒

对计算机安全影响最大的大概就是计算机病毒了，也许是因为它的破坏力所涉及的范围往往是世界范围的缘故。在我国的《计算机信息系统安全保护条例》中，病毒被明确定义为"编制或者在计算机程序中插入的破坏计算机功能或者破坏数据，影响计算机使用并且能够自我复制的一组计算机指令或者程序代码"。

病毒是一种隐藏在计算机或网络中的、具有破坏性的计算机程序，病毒能够破坏机器数据，具有可运行、可复制、传染性、潜伏性、欺骗性、精巧性、隐蔽性和顽固性等特点，对计算机和网络的安全与正常运行具有极大的危害。

早在 20 世纪 60 年代初，在美国贝尔实验室里，有几个程序员编写了一个名为"磁心大战"的游戏，游戏中通过复制自身来摆脱对方的控制，这也许就是计算机病毒的第一个雏形。到了 20世纪 70 年代，美国作家雷恩在其出版的图书中构思了一种能够自我复制的计算机程序，并第一次称之为计算机病毒。1983 年，计算机专家将病毒程序在计算机上进行了实验，第一个计算机病毒就这样诞生在实验室中。

今天的计算机和网络中的病毒有成千上万种，对计算机网络的安全带来了巨大的危害。常见的计算机病毒主要有：宏病毒、寄生型病毒、蠕虫病毒和黑客病毒等。

宏病毒是一种寄生在 Office 文档或模板的宏中的计算机病毒，它是针对微软公司的字处理软件 Word 编写的一种病毒。一旦打开带有宏病毒的文档，宏病毒就会被激活，转移并驻留在 Normal模板中。此后，所有自动保存的文档都会"感染"上这种宏病毒，文档的交换使病毒又会转移到其他计算机中。一种恶劣的宏病毒甚至能删除 C 盘中的所有文件。

寄生型病毒是一种感染可执行文件的程序，感染后的文件以不同于原先的方式运行，从而造成不可预料的后果，如删除硬盘文件或破坏用户数据等。它具有"寄生"于可执行文件进行传播的能力，且只有在感染了的可执行文件执行之后，病毒才会发作。

蠕虫病毒是指能够自我复制的计算机病毒程序，虽然它并不感染其他文件，但通过分布式网络来扩散传播特定的信息或错误，使网络流量大大增加进而造成网络服务遭到拒绝并发生死锁，其传染途径是通过网络和电子邮件。

特洛伊木马是黑客病毒中最有名的，也是一种病毒的类型。这里的特洛伊木马是一种计算机程序，它本身不是病毒，但它携带病毒，能够散布蠕虫病毒或其他恶意程序，可能破坏机器中的数据，也可能窃取密码。

9.4.5　反病毒软件的机制与防治

有病毒软件就会有反病毒软件。专门开发反病毒软件的公司有许多，如瑞星公司、金山公司和 360 等。

反病毒软件基本上是建立在对已知病毒的捕获和消除上的，它能够检测机器中的文件是否被病毒感染。反病毒软件使用各种技术来检测文件是否感染了病毒。如果一个文件被感染了病毒，它往往会导致原文件的长度变大，早期的反病毒程序主要通过检查文件长度的变化来检测是否感染了病毒。在安装反病毒软件时，它会记录机器中所有可能被感染的那些类型的文件的长度，并定期进行检查它们的长度的变化。

反病毒软件的另一个主要技术是寻找病毒的特征码，也就是一组已知病毒的程序代码序列被记录下来，然后和机器中的软件的代码序列进行比较鉴别。特征码一般是病毒的一部分，目前绝大多数反病毒软件都对病毒的特征码进行识别，由于这些病毒的类型众多，而且每天都有新的类型产生，因此反病毒软件公司会定期发布这些病毒的特征码，用户需要更新数据以便在所使用的反病毒软件中加上新病毒的特征码。所有病毒特征码被组成一个数据库的形式，所以也把这些病毒特征码的数据库叫作病毒库。当反病毒软件运行时，需要把这些特征库的中的数据与机器中那些可能被感染的文件中的代码进行比较，这个过程叫作"扫描病毒"。

由于病毒技术往往在设计时特意避开一种或几种检测技术，所以反病毒软件需要综合各种技术进行复杂的设计。

9.4.6　网络黑客及防范

黑客源于英文 hacker 的音译，其原意是指那些独立思考、奉公守法的计算机迷以及热衷于设计与编制计算机程序的程序设计者和编程人员。然而，今天的黑客常指专门利用计算机犯罪的人，即凭借其所掌握的计算机技术，专门破坏计算机系统和网络系统，窃取政治、军事、商业秘密，或者转移资金账户，窃取金钱，秘密进行计算机犯罪的人。由于计算机黑客利用系统中的安全漏洞非法进入他人计算机系统，因此社会上普遍认为黑客的存在是计算机安全的一大隐患。

黑客一般使用黑客程序，这是一种专门用于进行黑客攻击的应用程序，它们有的比较简单，有的功能较强。由于整个攻击过程已经程序化了，不需要高超的操作技巧和高深的专业计算机软件知识，只需要一些最基本的计算机知识便可实施，因此，其危害性非常大。较有名的黑客程序有 BO、YAI 以及"拒绝服务"攻击工具等，而这些工具的获得只需要从网络上下载即可。

黑客往往会通过攻击那些知名的网络以获得出名的机会，大学、政府机构、大公司都是他们的目标。1998 年 2 月，MIT 原子能实验室被黑客入侵，几天后，美国国防部也被黑客"光顾"，4个海军系统和 7 个空军系统的网站被黑客入侵。黑客在入侵美国国防部已经被发现的情况下，还连续进行了整整一周的骚扰活动。有些黑客还在网络系统内安置一个"暗门"或者窃取密码，随时可以进出。

为了防御黑客入侵，需要对实体安全进行防范，包括机房、网络服务器、线路和主机等的安全检查和监护，对系统进行全天候的动态监控；还要加强基础安全防范，主要包括授权认证、数据加密和信息传输加密、防火墙设置等。

实际上，对黑客的这些防范措施并不能有效地阻止网络被攻击。但出于"防比不防好"的想法，一些措施至少能够使黑客的攻击被延缓或者能够有时间发现被攻击。网络和计算机安全工程不完全是为了防范黑客，还有其他许多原因需要建立防范体系。总之为了各种原因综合起来的安全体系对保证计算机信息安全是必需的。建立防火墙、设置物理隔离、设置访问控制、建立防病毒机制以及建立信息安全的管理机制都是安全工程的内容。

"防火墙"这个名称来源于建筑行业，现在被借用于计算机和网络系统中，是指为了防止非法访问而设置的"屏障"。防火墙可以通过硬件实现，也可以通过软件实现，前者对数据访问的速度影响要小些，但因为配置的是专门设备（也需要软件），比使用防火墙软件安装在一台普通的个人计算机或者直接安装在服务器上的代价要高些，效果也要好些。

小　结

计算机的诞生不仅为社会带来了巨大的经济效益，同时也对人类社会生活的诸多方面产生了深远的影响，这些影响，有正面的，也有负面的。本章介绍了计算机时代所特有的社会问题，如计算机犯罪，计算机对生活环境的影响，计算机对人类健康的影响等。通过分析计算机安全问题以及因特网所面临的各种攻击，介绍了目前常见的网络安全相关技术。

习　题

一、综合题

1. 什么是计算机犯罪？有哪些特征？

2. 什么是网络信息安全？简述主要的网络信息安全威胁。

3. 网络入侵形式有哪些？各有何特点？

4. 加密系统有哪些形式？各有何特点？

5. 什么是数字签名？解释数字签名的基本原理。

6. 简要谈谈对计算机病毒防治的理解。

7. 什么是计算机病毒？它的危害性如何？

二、网上练习

1. 什么是黑客？如何防止计算机被非法入侵？试着在网络上查找有关黑客的更多信息，了解黑客对计算机进行非法入侵的情况。

2. 上网查看有关计算机病毒的情况，并了解目前最新病毒的情况，了解目前反病毒的技术发展。

3. 有关计算机犯罪的案例比较多，通过因特网了解最新案例或者查看经典案例，思考如何防止计算机犯罪的发生。

4. 数据备份是信息安全的一个重要方法，进行数据备份需要特殊的工具软件吗？如果需要，有多少工具软件可供选择？

5. 以"木马"为关键字进行搜索，了解一些"木马"程序的种类及其攻击方式。

6. 用搜索引擎搜索关于防火墙的资料，了解现有常用防火墙产品的功能及使用。

7. 用搜索引擎搜索关于 RSA 算法的资料，理解公钥加密体制的工作原理。

8. 用搜索引擎搜索关于数字签名技术的应用领域及形式。

第三部分 提 高 能 力

第10章 | 问题求解的算法基础与程序设计

本章首先介绍用计算机求解问题的基本过程，然后介绍有关算法的基本知识，并对常见的算法进行举例，最后讲解程序设计的基础知识以及面向过程与面向对象程序设计思想。

10.1 计算机求解问题过程

问题求解是计算科学的根本目的之一，计算科学也是在问题求解的实践中逐渐发展壮大的。既可用计算机来求解如数据处理、数值分析等问题，也可用计算机来求解如物理学、化学和心理学所提出的问题。当拿到问题之后，不能马上就动手编程，而是要经历一个思考、设计、编程以及调试的过程。编写程序解决问题的过程一般包括图 10-1 所示的 5 个步骤。

① 分析问题：即确定计算机要做什么，实现自然语言的逻辑建模。

② 建立模型：即将原始问题转化为数学模型。

③ 设计算法：即形式化地描述解决问题的途径和方法。

④ 编写程序：即将算法翻译成计算机程序。

⑤ 调试测试程序：即发现和修改程序运行过程中存在的错误。

其中，前 3 个步骤在问题求解过程中具有非常重要的地位。只有当算法设计好之后，才可以很方便地用程序设计语言实现编程。下面详细介绍这 5 个基本步骤。

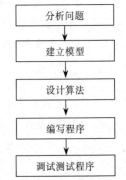

图 10-1 问题求解过程图

1. 分析问题

通过分析题意，搞清楚问题的含义，明确问题的目标是什么，要求解的结果是什么，问题的已知条件和已知数据是什么，从而建立起逻辑模型，将一个看似很困难、很复杂的问题转化为基本逻辑（例如顺序、选择和循环等）。例如，要找到两个城市之间的最近路线，从逻辑上应该如何推理和计算？应该先利用图的方式将城市和交通路线表示出来，再从所有的路线中选择最近的。

可以将问题简单地分为数值型问题和非数值型问题。非数值型问题可以通过模拟为数值型问题来进行求解。人们已经将问题求解进行分类，设计了比较成熟的解决方案，不同类型的问题可以有针对性地进行处理。

2. 建立模型

在分析问题的基础上，要建立计算机可实现的数学模型。确定数学模型就是把实际问题直接或间接转化为数学问题，直到得到求解问题的公式。例如，对求解一元二次方程 $ax^2+bx+c=0$ 的根，如下所示的求根公式就是解本题的数学模型，可直接用求根公式求得。

$$x_{1,2} = \frac{-b \pm \sqrt{b^2 - 4ac}}{2a}$$

建模是计算机解题中的难点，也是计算机解题成败的关键。对于数值型问题，可以先建立数学模型，直接通过数学模型来描述问题。对于非数值型问题，可以先建立一个过程或者仿真模型，通过过程模型来描述问题，再设计算法解决。

3．设计算法

有了数学模型或者公式，需要将数学的思维方式转化为离散计算的模式。算法是求解问题的方法和步骤，通过设计算法，根据给定的输入得到期望的输出。

对于数值型的问题，一般采用离散数值分析的方法进行处理。在数值分析中有许多经典算法，当然也可以根据问题的实际情况自己设计解决方案。对于非数值型问题，可以通过数据结构或算法分析进行仿真。也可以选择一些成熟和典型的算法进行处理，例如穷举法、递推法、递归法、分治法、回溯法等。

对于求解大问题、复杂问题，需要将大问题分解成若干个小问题，每个小问题将作为程序设计的一个功能模块。

算法确定之后，可进一步形式化伪代码或者流程图。算法可以理解为由基本运算及规定的运算顺序所构成的完整解题步骤，或者按照要求设计好的有限步骤的确切的计算序列。

4．编写程序

根据已经形式化的算法，选用一种程序设计语言进行编程，按照算法并根据程序设计语言的语法规则写出源程序。后面将介绍程序设计语言的概念及程序设计方法。

5．调试测试程序

程序编写的过程中需要不断地上机调试程序。证明和验证程序的正确性是一个极为困难的问题，比较实用的方法就是对于程序进行测试，看看运行结果是否符合预先的期望，如果不符合，要进行判断，找出问题出现的地方，对算法或程序进行修正，直到得到正确的结果。

10.2　算法的概念

算法是计算科学的最基本的概念，对算法的研究是计算机领域中的一个重要研究内容。

计算机是一种按照程序，高速、自动地进行计算的机器。用计算机解题时，任何答案的获取都是按顺序执行一系列指令的结果。因此，用计算机解题时，需要将解题方法转换成一系列具体的、在计算机上可执行的步骤，这些步骤能清楚地反映解题方法——一步步"怎么做"的过程，这个过程就是通常所说的算法。

简单地说，算法就是解决问题的一系列步骤。广义地说，为解决问题而采用的方法和步骤就是算法。算法是程序设计的基础，算法的质量直接影响程序运行的效率。程序是与机器兼容的算法的实现，在软件开发中，核心工作就是进行算法的设计。

根据图灵理论，只要能够被分解为有限步骤的问题就可以被计算机执行。其中包含两层含义：一是算法必须是有限步骤的；二是能够将这些步骤设计为计算机所执行的程序。

根据以上理论，可以给出算法的正式定义：算法是求解问题步骤的有序集合，它能够产生结果并在有限时间内结束。

举一个简单的算法例子，假设求两个自然数 m 和 n 的最大公约数，通常使用辗转相除的欧几里得算法，算法描述如下：

① 对于已知两数 m、n，使得 $m>n$。

② m 除以 n 得到余数 r。

③ 若 $r=0$，则 n 即为最大公约数，算法结束；否则继续进行下一步。

④ 令 $m \leftarrow n$，$n \leftarrow r$，转到第②步。

以上算法描述了求解两个自然数中最大公约数的解题步骤，经过多次辗转相除，总会达到余数为 0 的情况，所以算法会在有限步骤、有限时间内完成，并能输出相应结果。

10.3　算法的分类、特性和评价方法

10.3.1　算法的分类

算法的分类方法有许多种，按照算法所涉及的对象，一般可以把算法分成两大类：数值运算算法和非数值运算算法。

数值运算算法的目的是对数值进行求解，其特点是少量的输入、输出，复杂的运算。例如，求一元二次方程的根、输出 1～100 之间的所有素数、求函数的定积分等计算。由于数值运算的模型比较成熟，因此对数值运算算法的研究是比较深入的。

非数值运算算法的目的是对数据进行管理，其特点是大量的输入、输出，简单的算术运算和大量的逻辑运算。例如，对数据的排序、查找等算法。随着计算机技术的发展和应用面的普及，非数值运算算法的涉及面会更广，研究的任务会更重。

10.3.2　算法的特性

一般来说，算法应该具有以下特性：

① 确定性：一个算法中的每一个步骤必须是精确的定义、无二义性，不会使编程者对算法中的描述产生不同的理解。

② 有穷性：一个算法必须在执行有穷步后结束，每一步必须在有穷的时间内完成。

③ 可行性：算法描述的步骤在计算机上是可行的，能在一个合理的范围内有效地执行，并应能得到一个明确的结果。

④ 输入：一般有零个或多个输入值。

⑤ 输出：一个算法的执行过程中或结束后要有输出结果，或者产生相应的动作指令。

程序设计者在编写程序之前，先要分析问题，形成自己的算法。对刚接触计算机程序设计的人员来说，可以先使用或借鉴别人设计好的算法来解决问题，编程实践多了，自然会较好、较快地设计自己的算法。

10.3.3　算法的评价方法

解决某个问题的方法可能有很多种，这也就意味着会有很多种不同的算法。那么，采用哪个算法会比较好呢？通常可以从以下几方面来衡量算法的优劣。

1. 算法的正确性

算法正确性是指算法应该满足具体问题的需求。其中，"正确"的含义大体上可以分为 4 个层次：

① 算法所对应的程序没有语法错误。

② 算法所对应的程序对于几组输入数据能够得出满足要求的结果。

③ 算法所对应的程序对于精心选择的典型、苛刻而带有刁难性的几组输入数据能够得到满足要求的结果。

④ 算法所对应的程序对于一切合法的输入数据都能产生满足要求的结果。

达到第④层含义下的正确性是极为困难的，不少大型软件在使用多年后，仍然还能发现其中的错误。一般情况下，以第③层含义的正确性作为衡量一个算法是否正确的标准。

2．可读性

一个好的算法首先应该便于人们理解和相互交流，其次才是机器可执行。可读性好的算法有助于人对算法的理解，难懂的算法容易隐藏错误且难于调试和修改。

3．健壮性

作为一个好的算法，当输入非法数据时，也能适当地做出正确反应或进行相应的处理，而不会产生一些莫名其妙的输出结果，或者毫无反应甚至崩溃。

4．高效率和低存储量

算法的效率通常是指算法的执行时间，即根据算法编写的程序在运行过程中，从开始到结束所需要的时间。对于一个具体问题的解决通常可以有多个算法，执行时间短的算法效率比较高。所谓的存储量是指算法在执行过程中对存储空间的需求。一个算法对应的程序在执行时必须加载到计算机的内存中，程序本身、程序中用到的变量都要占用内存空间。除了这些内存消耗外，程序在执行过程中还可能动态地申请额外的内存空间。通常情况下，可根据算法运行时所需要的时间和空间，即算法运行的时间复杂度和空间复杂度来评价算法的优劣。

10.4　算法的三种结构

20 世纪 70 年代后，程序设计方法学开始得到发展。荷兰学者 Dijkstra 总结并提出了结构化程序设计思想，提出按照一定的结构进行程序设计。结构化程序设计思想包含两方面的内容：一是程序由 3 种基本的逻辑结构组成；二是程序设计要自顶向下进行。

3 种结构分别是顺序结构、分支结构和循环结构。其中，分支结构也称选择结构或判断结构。事实证明，使用这三种结构可以使得程序或算法很容易地被理解。结构化程序要求任何程序只有一个入口或出口，程序中没有执行不到的语句，且没有无限循环发生。

算法是程序的基础，程序是算法的实现。因此，程序的逻辑结构也就是进行算法设计的 3 种结构。

10.4.1　顺序结构

顺序结构是算法中最简单的一种结构，它设计使求解问题的过程按照顺序由上至下执行。图 10-2 所示为顺序结构，其中有两个框代表算法的步骤，执行了 A 后再执行 B 指定的操作。

事实上，无论哪一类程序，它的主结构都是顺序结构的，从一个入口开始，到一个出口结束。

10.4.2　分支结构

分支结构也叫条件结构、选择结构或判断结构，在程序执行过程中，可能会出现判断，如判断某门功课的成绩，大于或等于 60 分为"及格"，否则为"不及格"，这时就必须采用分支结构实现。图 10-3 所示为分支结构的一般表示。若条件成立，则执行分支 A，否则执行分支 B。

如果在 A 或 B 中，又需要根据判断设计分支结构，就会出现多分支结构。

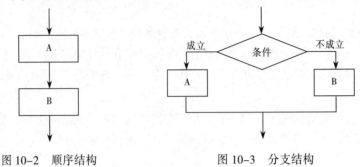

图 10-2　顺序结构　　　　　　图 10-3　分支结构

10.4.3　循环结构

在程序中有许多重复的工作，因此没有必要重复编写相同的一组命令。此时，可以通过编写循环结构，让计算机重复执行这一组命令。有两类循环结构：当型（while）循环结构和直到型（until）循环结构。

当型循环的原理如图 10-4 所示，当条件成立时执行 A，执行完 A 后再判断条件是否成立，若成立则继续执行 A，如此反复，直至条件不成立才结束循环。

直到型循环的原理如图 10-5 所示，先执行 A，再判断条件是否成立，如果条件不成立则继续执行 A，如此反复，直至条件成立才结束循环。

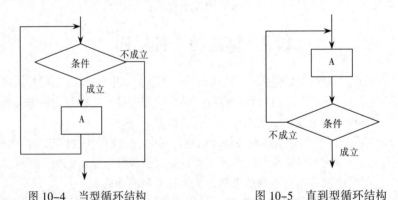

图 10-4　当型循环结构　　　　　图 10-5　直到型循环结构

这两种循环结构的区别在于循环体 A 的执行顺序：对于 while 结构，如果一开始循环条件就不成立，则 A 将不会被执行；而对于 until 结构，无论循环条件成立与否，A 至少被执行一次。

如果在循环体中包含了分支结构，就构成了循环加条件判断的处理结构。同样，在分支结构的任何一个分支里都可以出现循环结构。

10.5　算法的表示

算法的表示是为了把算法以某种形式加以描述，一个算法的表达可以通过多种形式，常用的有自然语言、传统流程图、N–S 流程图、伪代码等。

10.5.1 自然语言

自然语言是人们日常使用的语言，是人类交流信息的工具，因此最常用的表达问题的方法也就是自然语言。10.2 节中的算法步骤就是用自然语言方式描述的。用自然语言表示，通俗易懂，但存在以下缺陷：

① 易产生歧义性，往往根据上下文才能判别其含义，不太严格。

② 语句比较烦琐、文字冗长，并且很难清楚地表达算法的逻辑流程，尤其当描述有选择、循环结构的算法时，不太方便和直观。

所以，除了简单的问题以外，一般不用自然语言描述算法。对于一些需要有背景知识进行推理的表达，也许自然语言是最好的选择。在表达复杂问题求解的算法上，也许它只是一种选择，而且并不是最好的选择。

10.5.2 传统流程图

传统流程图是算法表示的常用的方法，它采用一些图框、线条以及文字说明来形象、直观地描述从算法开始到结束的流程，而不考虑其实现过程的细节。美国国家标准化协会规定了一些常用的流程图符号，如表 10-1 所示。

10.2 节中的关于求最大公约数的算法可以按图 10-6 所示的传统流程图方式进行描述，该算法描述采用当型循环结构。

表 10-1 流程图的常用符号

符 号 名 称	图 形	功 能
起止框	⬭	表示算法的开始和结束
输入/输出框	▱	表示算法的输入/输出操作
处理框	▭	表示算法中的各种处理操作
判断框	◇	表示算法中的条件判断操作
流程线	→	表示算法的执行方向
连接点	◯	表示流程图的延续

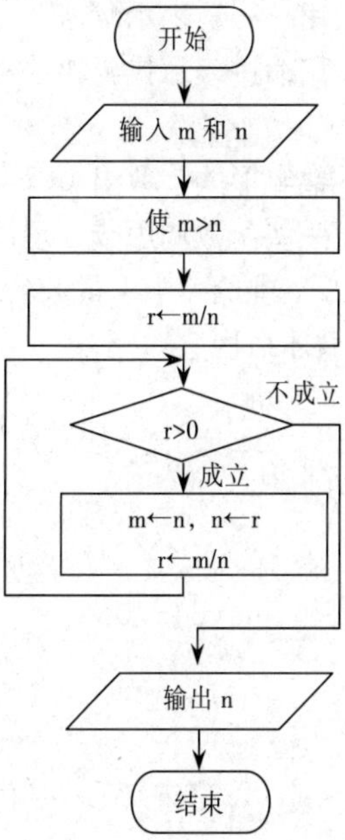

图 10-6 求最大公约数算法流程图

10.5.3 N–S 图

N–S 图是美国学者 I.Nassi 和 B.Shneideman 提出的一种新的流程图形式，并以他们的姓名的第一个字母命名。N–S 图中去掉了传统流程图中带箭头的流程线，全部算法以一个大的矩形框表示，该框内还可以嵌套一些从属于它的小矩形框，适合结构化程序设计。图 10-7 表示了结构化程序设计的三种基本结构的 N–S 图。

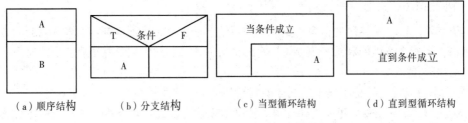

| （a）顺序结构 | （b）分支结构 | （c）当型循环结构 | （d）直到型循环结构 |

图 10-7　N-S 图的 3 种基本结构

10.5.4　伪代码

伪代码是一种算法的表达方法，产生于 20 世纪 70 年代，它是在程序开发过程中表达算法的一种非正式的符号系统，它不考虑实现算法的计算机语言，是一种与程序设计过程一致的、表达简明扼要的语义结构的方法。伪代码使用介于自然语言和计算机语言之间的文字和符号来描述算法，有如下简单约定：

① 每个算法用 Begin 开始、End 结束；若仅表示部分实现，代码可省略。

② 每一条指令占一行，指令后不跟任何符号。

③ "//"标志表示注释的开始，一直到行尾。

④ 算法的输入/输出以 Input/Output 后加参数表的形式表示。

⑤ 用"←"表示赋值。

⑥ 用缩进表示代码块结构，包括 while 和 for 循环、if 分支判断等；块中多条语句用一对{ }括起来。

⑦ 数组形式：数组名[下界…上界]；数组元素：数组名[序号]。

⑧ 一些函数调用或处理简单任务可以用一句自然语言代替。

10.2 节中的关于求最大公约数的算法可以采用如下的伪代码方式进行描述，该算法描述采用直到型循环结构。

```
Begin
  Input m,n        //输入 m 和 n
  使 m>n
  r←0              //变量赋初值
  r←m/n            //取余数
  while(r>0)
    {
      m←n
      n←r
      r←m/n        //再取余数
    }
  Output  n        //输出最大公约数
End
```

10.6　算法的发现

前面一直在对算法进行讨论，包括其概念、特性及表示，但算法的发现，即求解问题的算法的寻找过程，应该是最被关注的。事实上，发现算法具有很大的挑战性。一个例子就是最短路径问题：一个邮递员从邮局出发，要走完他所管辖的街道，应该选择什么样的路径使全程最短。这就是我国组合数学家管梅谷教授提出的"中国邮递员问题"。

在中国邮递员问题当中，不但要选择路径，而且要确保选择的路径最短。选择路径容易，但选择的路径最短则是求解问题目标，这也被归类于"最优"问题。

数学家 G.Polya 于 1945 年提出的解决问题的 4 个步骤，到今天还是被当作解决问题的基本原理。

① 理解问题。

② 设计一个解决问题的方案。

③ 执行这个方案。

④ 检验这个方案。

这 4 个步骤解决问题的过程，强调的是要重视过程，而不仅仅是结果。另外一位数学家杜威也提出过解决问题的步骤，包括：理解问题、找出重点、设计方案、执行、在执行过程中修正设计方案。显然，解决问题的过程首先需要的是理解问题并得到其解决方案，因此理解算法最重要的是理解问题的求解过程。

设计一个问题的求解方案需要更多的数学知识，包括图论、组合学等，例如，上述的中国邮递员问题，就需要使用图论知识，在此不再展开。下面举一个较为简单的例子：求 100～1000 以内的水仙花数。

所谓的水仙花数是一个 n 位的正整数的每一位数的 n 次幂之和等于这个数本身。例如，$153=1^3+5^3+3^3$，因此 153 是水仙花数。100～1 000 之间的水仙花数还有 370，371 和 407 等。理解这个问题不难，但要设计能够让计算机进行计算的算法则需要解决以下几个问题：

① 要遍历全部的 3 位正整数。

② 分解每一个 3 位正整数，分别得到该正整数的 3 个整数位。

③ 检查它们的立方和是否与原数相等，如果相等，则是水仙花数。

用伪代码表示求 3 位水仙花数的算法如下：

```
Begin
  n←100                    //给正整数 n 赋初值
  while n<1000 do
  {
    a←n mod 10             //取出 n 的个位上的整数值，mod 是取余数运算
    b←(n/10) mod 10        //取出 n 的十位上的整数值
    c←(n/100) mod 10       //取出 n 的百位上的整数值
    if n=a*a*a+b*b*b+c*c*c
     Output n              //n 是水仙花数
     n←n+1                 //准备下一个数
  }
End
```

10.7　算 法 举 例

通过理解常用的算法来体会算法的发现与设计，是大多数学习计算机程序设计的人所采用的学习方法。本节将介绍几种最为典型的算法的例子，也是在计算机程序设计中最为常见的几种算法。这里只讨论其一般的概念，以帮助大家理解算法，具体实现过程则需要使用程序设计语言。

10.7.1 基本算法

算法有很多，同一个问题也有多种算法，例如，最为常见的排序算法，就有选择法、冒泡法、快速排序、堆排序、希尔排序、桶排序、合并排序、计数排序、基数排序等。其原因是，对不同的数据类型及数据表达，一种方法是有效的，但另一种方法则效果不佳。

1．求和

求和是学习计算机程序设计首先遇到的算法问题。两个数求和不需要算法，需要算法的是一组数的求和，例如，在一定范围内的奇数和或者偶数和，或一个数列之和等。适合计算机求和的算法是在循环中使用加法求和。例如，计算 $n \sim m$ 之间的整数之和。

假设使用 sum 存放求和结果，使用 i 作为循环控制变量，则求和算法可以通过以下伪代码方式进行描述。

```
Begin
  sum←0                 //定义求和结果变量，初始值为 0
  i←n                   //将 n 赋值给循环控制变量 i
  while i<=m  do
  {
   sum←sum+i            //将循环控制变量 i 的值累加到 sum 中
   i←i+1                //准备下一个数
  }
End
```

这个算法的循环过程完成两个操作，将一个整数加到 sum 中，并准备下一次循环操作。其中，i 既是加数，也是循环控制变量。

2．累积

一组数连续相乘求其积，也是基本算法。典型的例子就是计算 N 的阶乘，这里不再赘述。

3．求最大值和最小值

判断两个数大小的算法是许多算法的基础，求最大值和最小值的算法，使用分支结构就可以实现，这里以求最大值为例进行说明。

```
Begin                      Begin
  Input a,b                  Input a,b
  max←a                      max←a
  if a>b                     if max<b
    max←a                      max←b
  else                       output  max
    max←b                  End
  output  max
End
```

上面分别使用两种方法实现了求最大值的求解，可以比较这两种算法的特点。以上算法只是简单地对两个数值进行比较，如果要在一组数中找出其中最大的，就需要使用循环结构去判断。从一组数中得到最大或最小的那个数，需要考虑数据组织及表达，例如，使用数组。

4．求数的位数

给定一个整数 n，如何计算得到它的位数？可以考虑的算法是，将该数循环除以 10 直到结果为 0 结束，把循环次数记录下来就是这个数的位数。

```
Begin
  count ←1
  Input  n
  n←n/10          //获取"个位"以外的其他整数位
  while n≠0 do     //如果 n 不为 0, 则说明还存在其他整数位
  {
    count←count +1
    n←n/10          //将 n 除以 10 的结果重新赋值给 n
  }
  output  count
End
```

要注意的是, 这个算法对数 n 是破坏性操作, 即经过这个算法后, n 的值已经变为 0 了。如果程序或算法在之后还需要用到这个数, 则应考虑使用 n 的一个副本进行操作。

10.7.2　迭代

迭代是一种建立在循环基础上的算法, 也是常用算法。在数学中, 迭代经常被用来进行数值计算, 例如, 计算方程的解, 不断用变量的旧值递推新值的过程。复杂的例子不在本书中讨论, 这里讨论"判断一个整数是否为素数"的迭代算法。

算法思路: 素数是指只能被 1 和它本身整除的数。判断它的方法为: 将 n（是被判断的整数, 且 $n>2$) 作为被除数, 用 $2 \sim (n-1)$ 之间的各个整数轮流去除, 如果都不能整除, 则 n 是素数。下面用自然语言来描述以上算法。

```
Begin
  Step 1: 输入 n 的值
  Step 2: j=2 (准备用 j 去除 n)
  Step 3: n 被 j 除, 得到余数 a
  Step 4: 如果 a=0, 则表示 n 能被 j 整除, 输出信息"n 不是素数", 算法结束
          否则就是 n 不能被 j 整除, 进入下一步
  Step 5: 将 j 加 1 送回给 j
  Step 6: 如果 j<n, 则跳到 step 3 执行; 否则输出"n 是素数"的信息
End
```

在这个求素数的例子中, j 从 2 一直到 $n-1$, 需要迭代 $n-3$ 次。实际上, 可以改进这个算法, 对 n 计算它是不是素数, 并不需要如此之多次的迭代, 请分析并改进这个算法, 使迭代次数变得较少。

在这个例子中, 从 step 6 返回 step 3 进行重复计算的过程, 是根据"$j<n$"这个条件来计算的, 也就是说, 如果"$j<n$"这个条件成立, 这个迭代过程就一直进行下去, 直到这个条件不满足为止, 因此也就是循环结构中的 while 循环。

10.7.3　递归

在计算理论中, 并不区分递归和迭代, 而是把它们都叫作"算法"。这里把它们分开介绍, 主要的原因是, 这样做更适合设计的需要。

为了获得大型问题的解决方案, 常用的方法就是把该大型问题化解为一个或几个相似的、规模更小的子问题。对子问题可以采用同样的方法。这样, 一直递归下去, 直到子问题足够小, 成为一个基本情况, 这时可以直接给出子问题的解答。

一个算法是否叫作递归, 要看这个算法定义中是否包含它本身。递归是算法的自我调用。有

关求 N 的阶乘的计算就是最典型的递归结构。为了说明递归算法的结构，把这个问题从定义的角度进行展开。

假设阶乘函数的定义为：

$$\text{Factorial}(n) = \begin{cases} 1, & n = 0 \\ n \times \text{Factorial}(n-1), & n > 0 \end{cases}$$

仔细研究这个定义就会发现，解决递归问题包括两个途径，先从高到低进行分解，然后再从低到高解决它。图 10-8 所示为计算阶乘的递归步骤，这里假设 $n=5$。

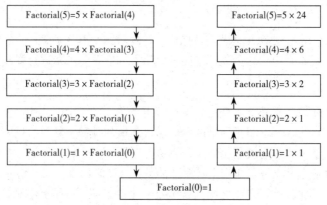

图 10-8　计算阶乘的递归步骤

递归作为一个重复过程，计算机实现容易。通常把对自身的调用看作产生一个副本，每次调用都有一个副本产生，因此容易使人迷惑：究竟是哪个副本在运行？从算法设计角度，这并不重要，重要的是递归将结束条件设计在请求继续活动之前。图 10-8 所示的递归过程的结束条件是 Factorial(0)=1，当这个过程被激活，也就是说，当递归进入这个步骤后，副本将停止产生，算法将处于等待状态的副本按照后进先出（LIFO）的原则依次处理（返回），最后得到运算结果。

从表面上看，这个过程需要花费更多时间或者更难。但从计算机处理来看，这个过程则相对人工的处理过程更加简单，而且能够实现输入不同的 n 值进行阶乘的计算。另外一方面，递归使得编程人员或者程序阅读人员在概念上更加容易理解。

每个递归过程都包含如下两个步骤：

① 一个能够不使用递归方法可以直接处理的基本情况。

② 一个常用的方法，能够将一种特殊的情况化解为一种或多种规模较小的情况，持续下去，最终将问题转换为对基本情况的求解。

上面的计算阶乘的示例，可以写成下面的 Factorial() 函数：

```
int  Factorial(int  n)
{
    if(n==0)
        return 1;
    else
        return  n*Factorial(n-1);
}
```

10.7.4　排序

排序是迭代的延续应用，是将一组原始数据按照递增或递减的规律进行重新排列的算法。常用的方法有选择排序和冒泡排序。选择排序算法的主要思想是，扫描数据序列，找到最小的数据，将该数据交换到序列最前面的位置，然后对其余数据序列重复前面的步骤直到数据全部排序为止。

对一组数的排序算法涉及数据形式和组织结构，为了简便，这里举例说明。假设有一组 6 个数：12、6、1、15、3、19，现在希望将该数组中的数据采用选择排序方法从小到大排列，排序过程如图 10-9 所示，图中的阴影方框表示未排序数据。

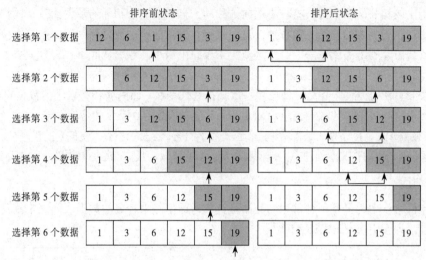

图 10-9　选择排序算法排序过程

选择排序算法的伪代码如下：

```
selectionSort(array A)
{
    for(int i=0;i<A.length-1;i++) {
        int  min=i                 //将下标 i 赋值给 min,min 变量用来记录最小值数据下标
        for(int j=i+1;j<A.length; j++) {        //从 i+1 之后的数据中找最小值
            if(A[j]<A[min]) {
                min=j                          //记录小于下标 i 的数据的下标
            }
        }
        if(i!=min) {     //如果 min 的值与 i 不相等，说明存在小于下标 i 的数据
            intswap=A[i]
            A[i]=A[min]
            A[min]=swap
        }
    }
}
```

图 10-9 所示的是 6 个数的排序，扫描次数为 5 次。那么对 n 个数的排序需要 $n-1$ 次扫描过程：第一次扫描过程将比较 n 个数，得到最小的那个数的位置，和第一个数的位置互换，比较次数为 $n-1$ 次；第二次扫描将从第二个数开始，得到次小的数与第二个数的位置互换，比较次数为 $n-2$ 次；最后一次比较最后的两个数，比较次数为 1 次。可以得到，对 n 个数选择法排序的比较次数为：$(n-1)+(n-2)+\cdots+2+1$，即 $n(n-1)/2$ 次。图 10-9 所示 6 个数的排序的比较次数为 15 次。

以算法的概念，扫描过程为外循环，扫描次数为 $n-1$ 次，每次扫描的过程为内循环，每次扫描中进行比较的次数为 $n-i$ 次，i 为外循环的次数。每次比较得到的结果是记录较大的那个数的位置，内循环结束，再进行位置的互换。

从图 10-9 可以看出，排序算法将已经被排序的数和未排序的数分成两部分，已经被排序过的数将不再对其扫描。

排序的另一种算法是冒泡排序，也将列表分为两部分：排序的和未排序的。冒泡法是从列表的最后开始比较相邻的两个数，将较小的向前移动，再和前一个相邻的数据比较，同样把较小的数向前移动，直到列表的开始。接着继续这个过程，找到的次小数排到列表的第二个位置，依次类推，直到结束。看上去就像一个个小水泡（未排序中最小的数）从底下"冒"上来，因此得名"冒泡排序法"。

冒泡法的算法也是两个循环，外循环每次扫描迭代一次，而内循环将较小的数据"冒"上来。同样，在已排序列表中，一次扫描就增加 1，而未排序的数据列表则相应减 1。

在计算机科学中，排序算法是常用算法，也是简单问题，但是仍然有大量的新的排序算法。排序不仅用在数值方面，也用在文本处理中。排序规则是递增或递减，其输出是原数据的一种重新排列。

10.7.5 查找

在计算机科学中，另外一种常用的算法是查找，即把一个特定的数据从列表中找到并提供它所在的位置（即索引），如图 10-10 所示。

图 10-10 有 10 个数据元素的有序数组

对于列表数据的查找有两种基本方法：顺序查找和折半查找。列表无序或有序，顺序查找都可实现，而折半查找必须使用在已经排序的列表中。

顺序查找从列表的第一个数据开始，当给定的数据与表中的数据匹配时，查找过程结束，给出这个数据所在列表的位置。

对数据量较小的列表，顺序查找是没有什么问题的。对大量数据的列表，这个算法的查找速度就变得非常慢。如果列表是无序的，则顺序查找是唯一的算法。对已经排序了的列表可以使用折半查找。当然，无序的列表也可以先进行排序再使用折半查找。

折半查找从列表的一半开始，比较列表处于一半（中间）位置的数据，判断是在前半部分还是后半部分（根据列表的排序确定）。无论在前半部分还是在后半部分，仍然从这部分的一半开始查找，然后再确定在这部分的前或后，依次类推，直到找到或者没有找到为止。通常可以根据这个过程设计算法，并确定折半查找的查找次数。

由于折半查找是从一半开始的，因此也叫作二分法。

二分查找算法（Binary Search）是指在一个有序数据集中，假设数据元素递增排列，查找项与数据集的中间位置的数据元素进行比较。如果查找项小于中间位置的数据元素，则只查找数据集的前半部分；否则，查找数据集的后半部分。

如果查找项等于中间位置的数据元素，则返回该中间位置的数据元素的地址，查找成功结束。二分查找算法的伪代码如下：

```
Func binarySearch(DataElement  searchItem)
{
```

```
      int   left=0;                //左边界初始为第一个元素下标
      int   right=length-1;        //右边界初始为最后元素下标
      int   mid=-1;                //记录中间位置，初始为-1
      boolean  found=false;        //标记是否找到了元素
      while(left<=right  and  !found)
      {
        mid=(left+right)/2;        //取中间位置元素下标
        if(list[mid]=searchItem)   //如果与中间位置数据相等，则查找成功
          found=true;
        else
          if(list[mid]>searchItem)
             right=mid+1;          //如果比中间位置数据小，则调整右边界
          else
             left=mid+1;           //如果比中间位置数据大，则调整左边界
      }
    if(found)
      return  mid;
    else
      return  -1;
   }
```

如果采用递归方式，二分查找算法的伪代码如下：

```
   int BinSearch(int Array[],int left,int right,int searchValue)
   {
      if(left<=right)
      {
         int mid=(left+right)/2;           //取中间位置元素下标
         if(searchValue==Array[mid])
           return mid;
         else if(searchValue<Array[mid])   //如果比中间位置数据小，则调整边界
                                           //递归查找
           returnBinSearch(Array,left,mid-1, searchValue);
         else if(searchValue>Array[mid])   //如果比中间位置数据大，则调整边界，
                                           //递归查找
           return BinSearch(Array,mid+1, right, searchValue);
      }
      else
         return -1;
   }
```

10.8　程序设计基础

10.8.1　程序设计语言分类

　　为了有效地实现人与计算机之间的通信，人们设计出多种词汇少、语法简单、意义明确的适合于计算机使用的语言，这样的语言被称为计算机语言。计算机语言从狭义的角度来看是计算机可以执行的机器语言。从广义角度看是一切用于人与计算机通信的语言，包括程序设计语言，各种专用的或通用的命令语言、查询语言、定义语言等。

　　程序设计语言泛指一切用于书写计算机程序的语言，包括汇编语言、机器语言以及称为高级

语言的完全符号形式的独立于具体计算机的语言。可以看出，程序设计语言是计算机语言的一个子集。程序设计语言可分为低级语言与高级语言两大类。低级语言是与机器有关的语言，包括机器语言和汇编语言。高级语言是与机器无关的语言。

1. 机器语言

机器语言是以"0""1"二进制代码形式表示的机器基本指令的集合，是计算机硬件唯一可以直接识别的语言。

机器语言是最早出现的计算机语言，属于第一代程序设计语言。使用机器语言编写程序是十分痛苦的，因为这种语言直观性较差、难阅读、难修改。而且，由于每台计算机的指令系统往往各不相同，所以，在一台计算机上执行的程序，要想在另一台不同的计算机上执行，必须重新编写程序，造成了重复工作。但是，由于使用的是针对特定型号计算机的语言，故而运算效率是所有语言中最高的。

2. 汇编语言

汇编语言是为了解决机器语言难于理解和记忆的缺点，用易于理解和记忆的名称和符号表示机器指令。例如，用 ADD 代表加法，MOV 代表数据移动等。

汇编语言比机器语言直观，使得程序的编写、纠错和维护变得相对简单。由于汇编语言还是针对特定硬件的一种程序设计语言，因此效率仍十分高，能准确发挥计算机硬件的功能和特长，程序精练而质量高，所以至今仍是一种常用而强有力的软件开发工具。但汇编语言基本上还是一条指令对应一种基本操作，对机器硬件十分依赖，移植性不好。

不论是机器语言还是汇编语言都是面向硬件具体操作的，要求使用者必须对硬件结构及其工作原理都十分熟悉，这对非计算机专业人员是难以做到的。

3. 高级语言

高级语言是人们为了解决低级语言的不足而设计的程序设计语言。它由一些接近于自然语言和数学语言的语句组成。因此，更接近于要解决问题的表示方法，并在一定程度上与机器无关。用高级语言编写的程序易学、易用、易维护。高级语言是有语法结构的，有着接近自然语意的指令集，用高级语言编写出的程序称为源程序，该程序需要通过编译系统编译或解释成可执行程序后才能被计算机执行。高级语言不依赖于计算机系统，不同的编译程序可以把相同的高级语言程序编译成不同计算机可执行的低级语言。这些低级语言是不同的，但它们的意义是一样的，执行效果是一样的。

10.8.2　程序设计语言的基本元素

程序设计语言的基本元素是指大多数高级程序设计语言的必不可少的组成元素。一般包括语句、表达式、注释、数据类型、程序控制结构、子例程等。

语句是组成语言的最小的独立元素。程序是计算机指令的序列，因此可以说程序是一个或多个计算机语句组成的序列。

语句本身是由许多语言元素组成的。在语句中，常用的语言元素包括变量、常量、运算符、表达式、函数、赋值等。

变量的名称应该遵循程序设计语言的标识符命名规则。不同的程序设计语言，标识符命名规则也不尽相同。为了增强程序源代码的可读性，变量的名称建议采用大小写字母结合的描述性名称。例如，用来存储学生姓名的 studentName 变量名称比 x 变量名称的可读性要高。

表达式是构成语句的重要元素。在程序设计语言中，表达式是常量、变量、运算符、函数调用等按照优先级规则组成的序列。一般来说，表达式的运算结果就是计算出一个值。

注释是程序中有助于理解代码的提示和说明。在处理注释时，任何编译程序或解释程序都会忽略注释。

注释是对代码或算法的详细描述。有专家认为，注释不是对代码的简单重复或解释，而应该是从更高层次上对代码的详细描述和说明。在程序诊断过程中，也经常会用到注释。可以把错误代码行加上注释，而不必真正地删除这些代码行，以方便对代码的诊断和修改。

在程序设计语言中，基本数据类型是由程序设计语言提供的语法元素。基本数据类型通过组合可以构成复杂的复合数据类型。一般来说，基本数据类型包括：整数类型、浮点数据类型、字符类型和字符串类型、布尔类型、枚举类型等。

如果程序只能顺序执行，那么程序的功能和效率将会受到极大影响。实际上，程序在执行过程中，可以根据需要改变程序的执行顺序。程序有 3 种基本结构类型，即顺序结构、条件分支结构和循环结构。循环语句常用的有 3 种，分别是 for 循环，do...while 循环和 until 循环。通常，如果循环次数能够确定，则使用 for 循环。除此以外，还有其他一些程序控制结构，例如异常处理等。

一般认为，子例程是某个主程序的一部分代码，该代码执行特定的任务并且与主程序中的其他代码相对独立。子例程又被称为子程序、过程、方法、函数等。在主程序中可以调用子例程来执行。

使用子例程有如下好处：可以降低开发和维护大型复杂程序的成本、提高程序的质量和可靠性，子例程可以集中成库，方便软件的共享和交易，缩短程序的开发时间。

10.8.3　面向过程与面向对象的语言

高级语言分为面向过程的语言和面向对象的语言，其中，面向过程是一种以过程为中心的编程思想。面向过程也可称之为面向记录编程思想，就是分析出解决问题所需要的步骤，然后用函数把这些步骤逐步实现，使用时逐个依次调用即可。面向对象是一种以事物为中心的编程思想。面向对象的程序设计将数据、方法通过封装成一个整体，供程序设计者使用。

以生活中常见的智能手机为例，面向过程的方法可以类比为开机、打电话、上网、关机等过程。在编程序的时候关心的是某一个过程，而不是手机本身。以下伪代码表达的是使用手机打电话的面向过程的编程过程。

```
void main()
{
    调用开机方法();
    调用打电话方法();
    调用上网方法();
    调用关机方法();
...
}
开机方法();
打电话方法();
上网方法();
关机方法();
    ...
```

面向对象的编程方法则需要首先建立一个手机的实体，再由实体引发事件，关心的是由手机实体抽象成的对象。手机这个对象首先有静态属性，例如品牌、颜色、手机号码等；还有自己的动态方法，例如设置手机属性、获取手机属性、开机、打电话等。以下代码表达了对手机实体的定义。

```
public class  TelePhone
{
    String brand="";
    String color="";
    String number="";
    void setBrand(String brand){…}
    void setColor(String color){ …}
    void setNumber(String number){ …}
    String getBrand(String brand){ …}
    String getColor(String color){ …}
    String getNumber(String number){ …}
    void 开机方法( ){ …}
    void 打电话方法( ){ …}
    void 上网方法( ){ …}
    void 关机方法( ){ …}
    …
}
```

定义了实体类之后，在编写面向对象的程序过程中，只需产生对象，调用对象提供的相应方法来实现相应的任务。以下伪代码表达的是使用手机打电话的面向对象的编程过程。

```
void  main()
{
    TelePhone phone=new TelePhone();      //产生手机对象
    phone.setBrand("iPhone");             //设置手机的品牌属性
    phone.setNumber("13800001234");       //设置手机的号码属性
    phone.开机方法( ){ …}                  //调用手机对象的开机方法
    phone.打电话方法( ){ …}                //调用手机对象的打电话方法
    phone.关机方法( ){ …}                  //调用手机的关机方法
}
```

面向过程是比较常见的思考方式，即使是面向对象的方法也含有面向过程的思想，因此可以说面向过程是一种基础的方法。面向过程设计程序遵循模块化、自顶向下、逐步求精的解决问题步骤。而面向对象首先把事物对象化，然后设计对象的属性与行为。这两种方法各有优点，当程序规模不是很大时，面向过程的方法体现出简单的优势。因为程序的流程很清楚，模块与函数可以很好地表现过程的顺序。

小　　结

利用计算机实现问题求解一般包括 5 个步骤：分析问题、建立模型、设计算法、编写程序、调试测试。算法就是解决问题的一系列步骤，是为解决问题而采用的方法和步骤。算法是程序设计的基础，算法的质量直接影响程序运行的效率。算法通常采用顺序、分支和循环 3 种控制结构。算法的表示可以通过多种形式，常用的有自然语言、传统流程图、N-S 图、伪代码等。本章介绍了几种最为典型的算法的例子，也是在计算机程序设计中最为常见的几种算法。程序设计语言包括汇编语言、机器语言以及高级语言。程序设计语言的基本元素一般包括语句、表达式、注释、数据类型、程序控制结构、子例程等。高级语言分为面向过程的语言和面向对象的语言，面向过程是一种以过程为中心的编程思想。面向对象是一种以事物为中心的编程思想，将数据、方法通过封装成为一个整体，供程序设计者使用。

习　题

一、综合题

1. 问题求解的一般过程是什么？

2. 阐述算法的定义和 5 个特征。

3. 为何要对算法进行评价？算法的复杂度如何衡量？

4. 算法的描述方法有哪些？

5. 分别用伪代码和流程图描述一个算法，要求重复输入 10 个数，求最小值和最大值，并显示结果。

6. 要求解表达式 $1+2+3+\cdots+n$ 的结果，请用伪代码描述该问题求解的递归算法。

7. 试用高级语言 C 编程实现 10.5.3 节中的求两个数的最大公约数算法。

二、网上练习

1. 排序算法都有哪些种类？分别在什么情况下适用？

2. 如何理解机器语言、汇编语言和高级语言的不同，以及各自的优缺点和适用情况？

3. 结构化程序设计语言有什么特点？有哪些代表性语言？

4. 面向对象程序设计语言有什么特点？有哪些代表性语言？

5. 高级语言为什么必须有翻译程序？翻译程序的实现途径有哪两种？

第 11 章 | 计算机发展前沿技术

计算机科学发展至今，取得了巨大的成就，从观念上改变了人们对世界的认识，将人类带入了信息时代，加速了人类社会的发展。在今天计算机科学技术已经成为人们日常生活工作中不可或缺的重要组成部分，而计算机技术的发展也将越来越多地影响人类社会的进步。

下一代计算机的发展将趋向超高速、超小型、并行处理和智能化，计算机技术主要朝着 3 个方向发展：一是向"快"的方向。计算机的速度将越来越快，性能也将越来越高，计算机的并行程度将更高，成千上万台的计算机协调工作。另一个方向就是向"广"度方向发展，计算机发展的趋势无处不在，应用范围更加广泛。近年来更明显的趋势是网络化向各个领域的渗透，即在广度上的发展开拓。第三个方向是向"深"度方向发展，即向信息的智能化方向发展。网络上有大量的信息，为了使这些信息转变成所需要的知识，同时又具有更加友好的人机界面，计算机将具备更多的智能成分。未来计算机将具有多种感知能力及一定的思考能力。人们可以用自然语言、手写文字，甚至可以用表情、手势来与计算机沟通，使人机交流更加快捷。让人能产生身临其境感觉的虚拟现实技术是这一领域发展的集中体现。

随着对量子、光子、分子和纳米计算机的研究，计算机将具有感知、思考、判断、学习及更高的自然语言处理能力，最终进入人工智能时代。计算机新技术的发展将推动新一轮计算革命，并对人类社会的发展产生深远的影响。

11.1 交互新技术

人机交互技术是指通过计算机系统的输入和输出设备，以某种有效方式实现人与系统对话互动的一种技术。人机交互技术研究人和计算机结合互动，需要计算机和人性化设计等各方面的知识，是一个典型的交叉性学科研究领域。简单地说，人机交互技术就是一门使得人类能够和计算机进行无缝连接、有效互动的一门技术。

人机交互是指人与计算机的互动和交流，其最终目的在于使计算机能善解人意，能领会和模仿人的语言和行为，让人类能够更有效、更自然地实现与机器之间的互动。要想使互动自然，就必须摒弃传统的输入/输出方式，使人与机器之间的沟通类似于人与人之间的沟通。而人与人之间的互动交流，很大程度上依赖于语音和视觉，所以人机交互必会沿着语音和视觉交互的方向发展。

传统的人机交互技术主要是通过鼠标、键盘等来实现的，随着科技的飞速发展，语音识别、手势识别、多点触摸、信息技术等超越传统的交互模式，让人们体会到了以前只有在科幻电影中才会出现的感觉。

11.1.1 动作识别人机交互

随着社会的飞速进步，人类对信息的获取、分析有了更高层次的要求，人类对于自然的认知首先是通过视觉观察获取的，把摄像头想象为眼睛来获取外界信息，把计算机想象成人类大脑，对获取信息进行分析处理的计算机视觉技术应运而生。计算机视觉是一门用计算机实现或模拟人类视觉功能的新兴学科，主要研究目标是使计算机具有通过二维图像认知三维环境信息的能力，这种能力不仅包括对三维环境中物体形状、位置、姿态、运动等几何信息的感知，而且还包括对这些信息的描述、存储、识别与理解。

电子技术、计算机技术和网络技术的快速发展给计算机视觉的成长提供了充分的理论基础，使其发展为现今计算机领域内的一个重要组成部分。

人的动作识别正是计算机视觉中的热点和难点，有着广阔的应用前景，例如检测视频中的运动目标，对视频中人的动作进行监控，给运动员的训练提供指导等。

11.1.2 声音识别人机交互

语音识别技术属于多维模式识别和智能计算机接口的范畴，其实现过程是在计算机或嵌入式设备中，首先建立特定人、特定词的语音特征库，然后将人的语音控制数据和特征库相匹配，即把人类的语音信号转变为相应的文本或命令的技术。通过语音控制远程设备是未来智能设备的基本要求。

语音识别一般分为两个步骤：首先是系统的训练阶段，其次是系统识别阶段。这两个阶段的任务重点各不相同，在第一阶段中，核心任务是建立识别基本单元的声学模型以及进行文法分析的语言模型等。在系统识别阶段中，根据不同的识别算法，分析出语音信号的特征参数，然后按照一定的判别准则测度与系统模型进行比较，通过判决得出识别结果。

11.1.3 情感识别交互

情感识别是通过人的语言、姿态、行为以及其他创造性的方式如音乐、文字等来交流，这些信息都是通过特定模式进行交流，并且这些模式可以通过计算机表现出来。计算机通过观察声音、表情、行为和情感产生的前提环境等信息来推断情感状态，如声音、表情、行为等信息，推断出人们潜在的情感状态。

情感计算是指关于情感或由情感引发的影响情感方面的计算。情感计算的目标是赋予计算机感知、理解与表达情感的能力，从而使计算机能够与人更加友好、和谐地交流。这个方向引起人工智能与计算机领域专家的兴趣，并成为近几年一种崭新的、充满希望的研究领域。情感计算的提出与迅速发展，一方面是感于人机交互和谐性的要求，希望计算机像人一样不但具备听、说、看、读的能力，而且能够理解喜、怒、哀、乐等情绪；另一方面也是基于计算的心理，希望把计算延伸至人的内心世界。

在智能计算的发展过程中，情感计算已经逐渐成为人机交互领域中的一个热点问题。要实现情感计算，涉及一系列理论和技术，具体研究内容包括：情感机理和描述；情感信号的获取和量化；情感信号的分析、建模与识别；情感理解和反馈；情感合成与表达等。情感计算研究的重点就在于通过各种传感器获取人的情感所引起的生理及行为变化的特征信号，建立"情感模型"，从而建立感知、识别和理解人类情感的能力，并能针对人类的情感做出灵敏、智能、友好反应的个人计算机系统。

情感识别也包括人脸表情研究，因为人脸表情在人们的交流中起着非常重要的作用，是人们进行语言交流的一种重要方式。在人类交往中，言语与表情经常是相互配合的，表情比语言更能显示情绪的真实性。心理学家研究发现，在人类进行会话交流传递信息时，语言内容占 7%，说话时语调占 38%，而说话人的表情占 55%，因此对表情的研究能深入了解人类的情感状态或心理状态。

计算机人脸识别是指利用计算机对人脸表情信息进行特征提取分析，依照人类的思维方式加以理解和归类，利用人类所具有的情感信息方面的先进知识，使计算机进行思考、联想及推理，进而从人脸表情信息中去理解分析人的情绪。

在人机交互中，结合听觉、视觉以及更多通道，如触觉、表情、情感状态等是必然的发展方向。计算机的人脸表情识别能力对计算机视觉系统、数据库的发展和建模都有重要作用。未来计算机的发展是以人为中心的，结合表情、语言、文字、手势、图像等与计算机以自然、并行、协作的方式进行人机对话，对于提高人机交互的自然性和高效性有重要意义。

另外，多媒体技术的快速发展，实时的多媒体信息在新型的人机交互环境中也起着越来越重要的作用，计算机能够采集用户的图像信息，然后形成计算机视觉，最后对采集到的多媒体信息进行处理和识别，完成人机间的自然交互。

现阶段静态图像的人脸表情识别技术的研究已较为成熟，而对于视频流中动态图像的人脸表情识别研究还处于初步阶段，仅仅基于单张静态图像的表情分析方法在视频流中并不适用。此外，捕获视频的硬件特性多种多样，对视频中处理的实时性表示，也对人脸表情识别提出了新的挑战。目前，国内外众多研究学者将人脸表情识别技术应用于实时视频信息，研究并开发出新型的人机交互系统。实时视频中人脸表情识别技术有着广阔的应用领域和诱人的应用前景。

近年来，眼球运动在人机交互、认知、药物效果、心理学等方面都起着重要的作用，不同领域的科学家对此进行了深入的研究。目前主要的眼球探测方法有：搜索线圈法、红外线眼动图法、影像跟踪法以及眼电技术。搜索线圈法是在使用者眼睛附近添加一个磁场并在眼球前段增加一个感应线圈，当使用者眼球运动时，感应线圈会产生感应电流，通过放大感应电流就可以判断眼球的运动状态。红外线眼动图法是以红外线来追踪眼球移动的位置，当用户移动眼球时，使用红外摄像机记录下其眼球移动情况，然后通过计算机图形学的方法来分析出其眼球移动的方向。眼电技术的基本原理是眼球的角膜端带正电，视网膜端带负电，当眼球转动时，眼球附近的皮层会产生细微的电量变化，通过置于人周围的电极获得电压信号，经过特征信号识别以后，可以判断人眼球运动状态。

11.1.4 可穿戴的交互设备

在信息时代的今天，每个人都要随时随地地处理大量的信息，因此需要一种便携的可随时随地接收处理这些信息的工具。便携式产品很多，各自都有自己的强大功能，有一种产品可以将其穿戴在使用者的身上，在操作时可以用手来操作，也可以通过声音甚至是人脑的思维来控制，这是穿戴式交互设备。

穿戴式产品主要是指一类微型或超微型的随身化产品，它以信息为主要处理对象，可以被人穿戴和控制。它是"以人为本，人机合一"这一理念的产物，体现了人机最佳协同状态。穿戴式产品从概念、人机关系、交互方式、功能、应用领域，以及设计和开发方法等诸多方面都远远超出了传统移动产品的范畴，这是一种全新的概念和模式。

可穿戴式的交互设备具备以下特征：可在运动状态下使用；使用的同时可腾出双手或用手做其他的事；这些特征也正是"人机合一，以人为本"的穿戴式产品的核心部分。

穿戴式设备的交互方式非常方便，它具备防震、防水、安装简便、使用便捷等一系列特点。当将衣物与产品相结合时，衣物的洗涤也不应当影响产品。

随着近年来电子、无线通信等技术的飞速发展，可穿戴传感器及其应用成为一个重要的研究方向。可穿戴的传感器主要包括4类：视觉传感器、生物电信测量传感器、力学传感器、定位传感器。

进入 21 世纪以来，可穿戴计算取得了显著进步，并开始进入普通人的视野和生活。一方面，移动互联网快速发展；无论是无线网络的承载能力和普及程度还是移动智能设备的性能都取得了长足的进步，这为可穿戴设备的开发提供了良好的技术基础。另一方面，人们对于更加自由、更加便捷、更加个性化的信息处理需求打开了可穿戴设备的应用市场。在此背景下，各 IT 企业纷纷涉足可穿戴设备的研发，产品形态各异。其中，一类是可实时在线联网的智能可穿戴设备，以 Strata 手表、Pebble 手表、Google 眼镜、Meta 增强现实眼镜等为代表；另一类是不可实时在线联网的外设式可穿戴设备，如 Nike Fuelband、Jawbone Up 手环等。同时，Facebook、Twitter、Evernote 等活跃于互联网和移动互联网应用领域的应用服务提供商纷纷涉足可穿戴计算领域，使得可穿戴计算的应用市场逐渐丰富起来。下面围绕选用的传感器类型，简单介绍该领域的应用。

① 基于可穿戴视觉传感器的行为识别及其应用。通过佩戴可穿戴视觉传感器，可以增强佩戴者对环境的感知能力，或者由传感器捕捉佩戴者的姿态（动作），增强其人机交互能力。例如，极富传奇色彩的科学家霍金先生，因身患严重的肌肉萎缩症，目前只能借助于可穿戴微型摄像头捕捉其眼球转动，从而完成与外界的交流。

② 基于可穿戴力学传感器的行为识别及其应用。行为识别中最典型的可穿戴力学传感器包括压力传感器、加速度计、陀螺仪等。可穿戴外骨骼机器人的传感与分析单元负责获取人的运动信息，并识别出相应的运动状态，相当于是整个系统的大脑。可穿戴力学传感器在运动分析与诊断方面正发挥着日益重要的作用。

③ 定位传感器在行为识别中的作用。可穿戴定位传感器，虽然通常不能直接提供行为特征信息，但其可以告知"行为者在哪里"，从而为行为识别提供重要的环境信息。融合语音传感器、烟雾传感器获取的信息可以增强对环境的感知，提高对异常行为的检测能力。类似地，嗅觉传感器、温度传感器、湿度传感器等，在一些特定的应用场合也能为行为识别提供有价值的环境信息。

11.2　高性能计算

高性能计算（High Performance Computing，HPC）是计算机科学中最具有挑战意义的研究方向，是计算机科学的一个分支，主要是指从体系结构、并行算法和软件开发等方面研究开发高性能计算机的技术。

具体来看，高性能计算指通常使用很多处理器（作为单个机器的一部分）或者某一集群中组织的几台计算机（作为单个计算资源操作）的计算系统和环境。本节简要介绍有关高性能计算的几个主题，并没有一个明显的界限进行高性能计算分类和定义。

11.2.1　新型计算机

1．光计算机

光计算机是由光代替电子或电流，实现高速处理大容量信息的计算机。为什么要研究光计算机呢？因为光计算机有许多优点。首先，传递信息速度快。电子运动速度在理想情况下是光速，但在导体中的速度，最高不会超过每秒 500 km，还不及光子流在导体中的10%。其次，可以很容易实现并行处理。电子是沿固定线路流动的，而利用反射镜、棱镜、分光镜等，可以随意控制和改变光束的方向，这样，在传递信息时，光束就不需要导体，可以相互交叉而不受损失。有人做过这样的比喻：如果将电子通道比作铁路网，光子通道比作空中航线，那么，作为"火车"的电子将沿着"铁轨"运行，当"火车"过"站"时，需降低速度。而作为"飞机"的光子却可以笔直地飞达目标，甚至在横越其他"飞机的航线"时，也不用减速。铁路网的密集度毕竟是有限的，而空中航线的密集度几乎是无限的，一块直径只有五分硬币大小的棱镜，通过信息的能力却是现在全世界电话电缆的许多倍。另外，光子无发热问题。电子会使计算机发热，而光子不会。1969年，研究光计算机的序幕由美国麻省理工学院的科学家揭开。1982年，英国研制出光晶体管。1986年，美国贝尔实验室发明了用半导体做成的光晶体管。然后，科学家们运用集成光路技术，把光晶体管、光源光存储器等元件集积在一块芯片上，制成集成光路，与集成电路相似。1990年，贝尔实验室制成了第一台光计算机，开创了光计算机的先河。预计21世纪，更加先进的光计算机必将出现。

光计算机比电子计算机更先进，它的运算速度至少比现在的计算机快1 000倍，高达一万亿次每秒，存储容量比现在的计算机大百万倍。

2. 量子计算机

量子理论与相对论是20世纪物理学的两个最为重要的成就，无论是在科学领域还是技术领域，都对人类社会的发展起到了非常大的推动作用。与此同时，另一个对人类社会进步起到不可小觑贡献的新技术——电子计算机和信息技术科学，也得到飞速发展。随着人类社会的不断发展，产生信息量成指数的增长，我们的处理器已经几乎达到了极限，因此在处理这些信息方面已经慢慢地体现出了经典计算机的不足。因此，发展新的技术来解决，应对日益增长的处理需求非常急迫。1982年，诺贝尔物理学奖获得者，美国著名物理学家费曼提出了量子计算机的设想。从此，量子理论与计算机科学开始了完美的结合。因此，实际上是信号源的不同物理状态，可以按照人们的规定对特定的物理状态进行编码。编码再通过特定的介质传播，就是信息的传输。信息的处理就是物理状态按照人们事先安排好的规则进行不断的演化。经典的信息论建立在经典物理规律上，即在经典信息论里，信息总是对应着某一个经典的物理状态。信息的处理也是满足经典物理规律的。随着处理器的不断精细化，量子现象不可避免地表现出来，制约了信息处理能力的发展。如果把信息对应到满足量子规律的一个物理状态上，就自然地产生了量子信息。如果把这些对应着相应信息的量子物理态，按照满足量子理论规律的方法进行演化，就产生了量子信息处理。能完成量子信息处理工作的设备就是量子计算机，量子计算机的计算能力是非常惊人的。

量子计算机是遵循量子规律的一个能够进行信息处理的物理设备，量子计算机是通过模拟量子系统随时间的演化，从而达到计算的目的。与经典计算机一样，在计算机开始工作以前得事先给出具体的算法，从而使计算机完成相关的计算任务。量子算法就是将一系列量子逻辑门按照设计者的意愿排列起来，以实现量子系统对时间的特定规律的演化。

目前，世界上不少国家的科学家正在使用不同的技术路线研制计算能力更强、效率更高的量子计算机。2010年11月，伦敦帝国学院和澳大利亚昆士兰大学的联合研究小组宣布设计出一种拓扑容错量子计算机方案。加拿大D-Wave系统公司于2011年5月成功开发世界上第一台量子计算机工作模型机，该计算机处理器测试包含了128超导磁量子比特和2.4万个约瑟夫森结装置，使其成为目前世界上最复杂的超导电路。

传统计算机用电位高低表示0和1以进行运算，量子计算机则用原子的自旋等粒子的量子力学状态来表示0和1，称为量子比特。随着量子比特数目的增加，其运算能力也呈指数级增加。如何进一步高效地扩展量子比特数目，是当前量子信息研究领域面临的严峻挑战。

耶鲁大学正在研发一种量子比特，其工作方式与集成电路的方式一样，能够同时让多个量子比特处于纠缠状态。尽管量子比特的数量增加得很慢，但研究人员控制量子交互作用的精确度已经提高了1 000倍。加州大学圣巴巴拉分校的研究人员正在设计一个具有4个量子比特、5个谐振器的设备，并计划用这个标准的微电子组件来迫使量子发生纠缠，未来该系统将增加到 8 个量子比特和 9 个谐振器。

未来 5～10 年量子计算机的研制将取得重要突破。各国竞争的焦点包括：量子芯片（半导体量子芯片、超导量子芯片、离子芯片、光子集成芯片等）、量子编程、量子测量以及量子芯片微纳结构材料等相关研究。

3. 生物计算机

人类有一门学科叫仿生学，即通过对自然界生物特性的研究与模仿，来达到为人类社会更好地服务的目的。典型的例子，通过蜻蜓的飞行制造出了直升机；对青蛙眼睛的表面"视而不见"、实际"明察秋毫"的认识，研制出了电子蛙眼；对苍蝇飞行的研究，仿制出一种新型导航仪——振动陀螺仪，它能使飞机和火箭自动停止危险的"跟头"飞行，当飞机强烈倾斜时，能自动得以平衡，使飞机在最复杂的急转弯时也万无一失；对"变色龙"的研究，产生了隐身科学和保护色的应用。仿生学同样可应用到计算机领域中。

科学家通过对生物组织体研究，发现组织体是由无数的细胞组成，细胞由水、盐、蛋白质和核酸等有机物组成，而有些有机物中的蛋白质分子像开关一样，具有"开"与"关"的功能。因此，人类可以利用遗传工程技术，仿制出这种蛋白质分子，用来作为元件制成计算机。科学家把这种计算机叫作生物计算机。

生物计算机有很多优点，主要表现在以下几方面：

① 它体积小，功率高。在 $1mm^2$ 的面积上，可容纳几亿个"电路元件"，比目前的集成电路小得多，用它制成的计算机，已经不像现在计算机的形状了，可以嵌入桌面、墙壁等地方。

② 生物计算机具有永久性和很高的可靠性。当我们在运动中，不小心受伤，甚至不使用药物，过几天伤口就愈合了。这是因为人体具有自我修复功能。同样，生物计算机也有这种功能，当它的内部芯片出现故障时，不需要人工修理，能自我修复。

③ 生物计算机的元件是由有机分子组成的生物化学元件，它们是利用化学反应工作的，所以，只需要很少的能量就可以工作，因此，不会像电子计算机那样，工作一段时间后，机体会发热。

1983 年，美国公布了研制生物计算机的设想之后，立即激起了发达国家的研制热潮。当前，美国、日本、德国和俄罗斯的科学家正在积极开展生物芯片的开发研究。从 1984 年开始，日本每年用于研制生物计算机的科研投入达数十亿日元。

目前，生物芯片仍处于研制阶段，但在生物元件，特别是生物传感器的研制方面已取得不少实际成果。这将会促使计算机、电子工程和生物工程这 3 个学科的专家通力合作，加快研究开发生物芯片。

生物计算机一旦研制成功，可能会在计算机领域引起一场划时代的革命。

4. 化学计算机

化学计算属于一门新兴的前沿领域，化学计算机不同于传统的电子计算机，它通过化学反应中物质浓度的改变，来实现信息传递及运算。1994 年，Showalter 实验室采用 BZ 振荡系统首次实验实现逻辑门，该逻辑门通过激发波在几何结构通道中的时空交互，来传递和处理信息。随后人们通过采用不同的 BZ 反应以及合理地调整通道的结构，相继设计出布尔逻辑门、多值逻辑门、计数器、半位二进制加法器等，所有这些化学计算机设备都依赖于几何约束的激发波传播媒介，脉冲在通道结构中的交叉点交互以实现计算。

11.2.2　大规模并行计算技术

为了理解并行计算机，不妨看看"流水线技术"。下面以汽车装配为例了解流水线的工作方式。假设装配一辆汽车需要 4 个步骤：①冲压：制作车身外壳和底盘等部件；②焊接：将冲压成型后的各部件焊接成车身；③涂装：将车身等主要部件进行清洗、化学处理、打磨、喷漆烘干；④总装：将各部件组装成车。每一个制造步骤分别需要一名工人，共 4 名工人可以有两种不同的生产组织方式。

如果不采用流水线，每一辆车都需要依次经过上述 4 个步骤装配完成之后，下一辆汽车才开始装配，即同一时刻只有一辆汽车在装配。最早期的工业制造采用的就是这种原始方式，在某个时段中一辆汽车在进行装配时，其他 3 个工人处于闲置状态，显然这是对资源的极大浪费。

流水线方式是一种能有效利用资源的方法。在第一辆汽车冲压完成进入焊接工序的时候，立即开始进行第二辆汽车的冲压，而不是等到第一辆汽车经过全部 4 个工序后开始。之后的每一辆汽车都是在前一辆冲压完毕后立刻进入冲压工序，这样在后续生产中就能够保证 4 个工人一直处在（并行）运行状态，不会造成人员闲置。这样的生产方式就好似流水川流不息，因此被称为流水线。

计算机 CPU 的工作也可以大致分为指令的获取、解码、运算和结果的写入 4 个步骤。受流水线思想的启发，指令也可以连续不断地进行处理，在同一个较长的时间段内，显然拥有流水线设计的 CPU 能够处理更多的指令。这样实现多条指令的并行运行，而不是等到一条指令执行完成后，再取下一条指令。目前单 CPU 或多 CPU 都采用并行计算，提高了处理能力，实现了多任务处理。

因此，并行计算是指同时使用多种计算资源解决计算问题的过程，是提高计算机系统计算速度和处理能力的一种有效手段。它的基本思想是用多个处理器来协同求解同一问题，将被求解的问题分解成若干个部分，各部分均由一个独立的处理机来计算。并行计算系统即可以是专门设计的、含有多个处理器的超级计算机，也可以是以某种方式互连的多台计算机构成的机群（Cluster）。

并行计算基于一个简单的想法：N 台计算机应该能够提供 N 倍计算能力，不论当前计算机的速度如何，都可以期望将求解的问题在 $1/N$ 的时间内完成。显然，这只是一个理想的情况，因为被求解的问题在通常情况下都不可能被分解为完全独立的各个部分，而是需要进行必要的数据交换和同步。尽管如此，并行计算仍然可以使整个计算机系统的性能得到实质性的改进，而改进的程度取决于欲求解的问题自身的并行程度。

并行计算能做什么呢？并行计算的优点是具有巨大的数值计算和数据处理能力，能够被广泛地应用于国民经济、国防建设和科技发展中，如石油勘探、地震预测和预报、气候模拟和大范围天气预报、新型武器设计、核武器系统的研究模拟、航空航天飞行器、卫星图像处理、天体和地球科学、实时电影动画系统及虚拟现实系统等。以高性能计算技术领先的美国提出了一个计划，利用并行计算技术解决目前所遇到的挑战。美国政府将这个计划命名为 HPCC。该计划要解决的"巨大挑战"问题主要包括以下 10 个：

① 磁记录技术：要在一平方厘米的磁盘表面压缩记录 10 亿位数据。

② 新药研制：特别是防治癌症与艾滋病新药的研制。

③ 高速城市交通：新型低噪声飞机的研制，空气动力学的计算。

④ 催化剂设计：改变至今为止多数催化剂靠经验设计的习惯，转向计算机辅助设计主要分析这些复杂系统的大规模量子化学模型。

⑤ 燃料燃烧原理：通过化学动力学计算，揭示流体力学的作用，研制新型发动机。

⑥ 海洋模型模拟：对海洋活动与大气流的热交换进行整体海洋模拟。

⑦ 臭氧层空洞：研究控制臭氧消耗过程的化学和动力学机制。

⑧ 数学解剖：如三维 CT 图像处理、人脑主题模型、三维生物结构与四维时间结构。

⑨ 蛋白质结构设计：使用计算机模拟，对蛋白质组成的三维结构进行研究。

⑩ 密码破译技术：破译长位数的密码，主要是寻找一个大数的两个素因子。

很显然，在提高计算性能方面，大规模并行计算具有独特的优势。现在国内外努力发展的高性能计算机，就是并行计算的杰出代表。2018 年 11 月 12 日，新一期全球超级计算机 500 强榜单在美国达拉斯发布，美国超级计算机"顶点"蝉联冠军，每秒 20 亿亿次，中国超算"神威·太湖之光"和"天河二号"位列第三和第四名。

11.2.3　大数据智能处理

自古代的结绳记事起，人类就开始用数据来表征自然和社会，伴随着科技和社会的发展进步，数据的数量不断增多，质量不断提高。工业革命以来，人类更加注重数据的作用，不同的行业先后确定了数据标准，并积累了大量的结构化数据，计算机和网络的兴起，大量数据分析、查询、处理技术的出现，使得高效处理大量的传统结构化数据成为可能。而近年来，随着互联网的快速发展，音频、文字、图片视频等半结构化、非结构化数据大量涌现，社交网络、物联网、云计算等的广泛应用，使得个人可以更加准确快捷的发布、获得数据。在科学研究、互联网应用、电子商务等诸多应用领域，数据规模、数据种类正在以极快的速度增长，大数据时代已悄然降临。

首先，全球数据量出现爆炸式增长，数据成了当今社会增长最快的资源之一。根据国际数据公司 IDG 的监测统计，即使在遭遇金融危机的 2009 年全球信息量也比 2008 年增长了 62%，达到 80 万 PB（1 PB 等于 10 亿吉比特），到 2011 年全球数据总量已经达到 1.8 ZB（1 ZB 等于 1 万亿吉比特），并且以每两年翻一番的速度飞速增长，预计到 2020 年全球数据量总量将达到 40 ZB，10 年间增长 20 倍以上，到 2020 年，地球上人均数据预计将达 5 247 GB。在数据规模急剧增长的同时，数据类型也越来越复杂，包括结构化数据、半结构化数据、非结构化数据等多种类型，其中采用传统数据处理手段难以处理的非结构化数据已接近数据总量的 75%。

如此增长迅速、庞大繁杂的数据资源，给传统的数据分析、处理技术带来了巨大的挑战。为了应对这样的新任务，与大数据相关的大数据技术、大数据工程、大数据科学和大数据应用等迅速成为信息科学领域的热点问题，得到了一些国家政府部门、经济领域以及科学领域有关专家的广泛关注。

大数据是需要新处理模式才能具有更强的决策力、洞察发现力和流程优化能力的海量、高增长率和多样化的信息资产，大数据有 4 个基本特征：数据规模大（Volume）、数据种类多（Variety）、数据要求处理速度快（Velocity）、数据价值密度低（Value），即所谓的四 V 特性。这些特性使得大数据区别于传统的数据概念。大数据的概念与海量数据不同，后者只强调数据的量，而大数据不仅用来描述大量的数据，还更进一步指出数据的复杂形式、数据的时间特性以及对数据的分析等专业化处理，最终获得有价值信息的能力。

与传统海量数据的处理流程相类似，大数据的处理也包括获取与特定的应用相关的有用数据，并将数据聚合成便于存储、分析、查询的形式；分析数据的相关性，得出相关属性；采用合适的方式，将数据分析的结果展示出来等过程。大数据要解决的核心问题与相应的这些步骤相关。

通常认为，数据是大数据要处理的对象，大数据技术流程应该从对数据的分析开始，实际上，规模巨大，种类繁多，包含大量信息的数据是大数据的基础，数据本身的优劣对分析结果有很大的影响，有一种观点认为，数据量大了可以不必强调数据的质量，允许错误的数据进入系统，对比分析。大量的数据中包含少量的错误数据影响不大，事实上如果不加约束，大量错误数据就可能导致得到完全错误的结果。正是数据获取技术的进步促成了大数据的兴起，如果通过简单的算法处理大量的数据就可以得出相关的结果，则解决问题的困难就转到了如何获取有效的数据。对于实际应用来说，并不是数据越多越好，获取大量数据的目的是尽可能正确、详尽地描述事物的属性，对于特定的应用数据必须包含有用的信息，拥有包含足够信息的有效数据才是大数据的关键。有了原始数据，要从数据中抽取有效的信息，将这些数据以某种形式聚集起来，对于结构化数据，此类工作相对简单。而大数据通常处理的是非结构化数据，数据种类繁多，构成复杂，需要根据特定的应用，从数据中抽取相关的有效数据，同时尽量摒除可能影响判断的错误数据和无关数据。

数据分析是大数据处理的关键，大量的数据本身并没有实际意义，只有针对特定的应用分析这些数据，使之转化成有用的结果，海量的数据才能发挥作用。当前，对非结构化数据的分析仍缺乏快速、高效的手段，一方面是数据不断快速的产生、更新，另一方面是大量的非结构化数据难以得到有效的分析，大数据的前途取决于从大量未开发的数据中提取有价值的数据。价值被隐藏起来的数据和价值被真正挖掘出来的数据之间的差距很大，对多种数据类型构成的异构数据集进行交叉分析的技术，是大数据的核心技术之一。此外，大数据的一类重要应用是利用海量的数据，通过运算分析事物的相关性，进而预测事物的发展。与只记录过程，关注状态，简单生成报表的传统数据不同，大数据不是静止不动的，而是不断地更新、流动，不只记录过去，更反映未来发展的趋势。过去，较少的数据量限制了发现问题的能力，而现在，随着数据的不断积累，通过简单的统计学方法就可能找到数据的相关性，找到事物发生的规律，指导人们的决策。

数据显示是将数据经过分析得到的结果以可见或可读形式输出，以方便用户获取相关信息。对于传统的结构化数据，可以采用数据值直接显示、数据表显示、各种统计图形显示等形式表示数据，而大数据处理的非结构化数据，种类繁多，关系复杂，传统的显示方法通常难以表现，大量的数据表、繁乱的关系图可能使用户感到迷茫，甚至可能误导用户。利用计算机图形学和图像处理的可视计算技术成为大数据显示的重要手段之一，将数据转换成图形或图像，用三维形体来表示复杂的信息，直接对具有形体的信息进行操作，更加直观，方便用户分析结果。若采用立体显示技术，则能够提供符合立体视觉原理的绘制效果，表现力更为丰富。对于传统的数据表示方式，图表、数据通常是二维的，用户与计算机交互容易，而通过三维表现的数据，通常由于数据过于复杂，难以定位而交互困难，可以通过最近兴起的动作捕捉技术，获取用户的动作，将用户与数据融合在一起，使用户直接与绘制结果交互，便于用户认识、理解数据。数据显示以准确、方便地向用户传递有效信息为目标，显示方法可以根据具体应用需要来选择。

大数据需要充分、及时地从大量复杂的数据中获取有意义的相关性，找出规律。数据处理的实时要求是大数据区别于传统数据处理技术的重要差别之一。一般而言，传统的数据处理应用对时间的要求并不高。先存储后处理的批处理模式通常不能满足需求，需要对数据进行流处理。由于这些数据的价值会随着时间的推移不断减少，实时性成了此类数据处理的关键。而数据规模巨大、种类繁多、结构复杂，使得大数据的实时处理极富挑战性。数据的实时处理要求实时获取数据，实时分析数据，实时绘制数据，任何一个环节都会影响系统的实时性。当前，互联网络以及各种传感器快速普及，实时获取数据难度不大；实时分析大规模复杂数据是系统的瓶颈，也是大数据领域亟待解决的核心问题；数据的实时绘制是可视计算领域的热点问题。

当今社会，互联网络和传感器技术飞速发展，大规模非结构化数据快速积累，大数据是一种新兴的理论，在其发展过程中还将面临多种挑战。

1. 不能完全代替传统数据

当前大数据尚不能完全取代传统结构数据，尽管大数据关注的非结构化数据的绝对数据量占总数据量的 75%，但由于非结构化数据的价值偏低，有效的非结构化数据与结构化数据相比并不占绝对优势，对于某些特定的应用，结构化数据仍然占据主导地位。

2. 数据保护

大数据时代，互联网络的发展使得获取数据十分便利，给信息安全带来了巨大的挑战。当前数据安全形势不容乐观，需要保护的数据量增长已超过了数据总量的增长。据 IDG 统计：2010年仅有不到 1/3 的数据需要保护，到 2020 年这一比例将超过 2/5。2012 年的统计显示，虽然有 35%的信息需要保护，但实际得到保护的不到 20%。在亚洲、南美等新兴市场，数据保护的缺失更加严重。首先个人隐私更容易通过网络泄露，随着电子商务、社交网络的兴起，人们通过网络联系的日益紧密，将个人的相关数据足迹聚集起来分析，可以很容易获取个人的相关信息，隐私数据就可能暴露，而数据在网络上的发布机制使得这种暴露似乎防不胜防。在国家层面，大数据可能给国家安全带来隐患，如果在大数据处理方面落后，就可能导致数据的单向透明。美国发布在数据研发计划，大力发展大数据技术就有增强国家安全方面的战略考虑。量子通信研究成为热点，正是回应了全世界对数据保护的关切。

3. 相关性预知

大数据时代，人们不再认为数据是静止和陈旧的，而是流动的、不断更新的。大数据是人们获得新认知，创造新的价值的源泉，通过分析数据的相关性可能预知事物的发展方向。

11.2.4　虚拟现实和 3D 打印

1. 虚拟现实

虚拟现实（Virtual Reality，VR）技术是利用计算机图形学技术，在计算机中对真实的客观世界进行逼真的模拟再现。通过利用传感器技术等辅助技术手段，让用户在虚拟空间中有身临其境之感，能与虚拟世界的对象进行相互作用且得到自然的反馈。概括地说，虚拟现实是人们通过计算机对复杂数据进行可视化操作与交互的一种全新的方式。与传统的人机界面以及流行的视图操作相比，虚拟现实在技术思想上有了质的飞跃。

虚拟现实中的"现实"泛指在物理意义上或功能意义上存在于世界上的任何事物或环境，它可以是实际上可实现的，也可以是实际上难以实现或根本无法实现的。而"虚拟"是指用计算机生成的意思。因此，虚拟现实是指用计算机生成的一种特殊环境，人可以通过使用各种特殊装置将自己"投射"到这个环境中，并操作、控制环境，实现特殊的目的，即人是这种环境的主宰。

从本质上来说，虚拟现实就是一种先进的计算机用户接口，它通过给用户同时提供诸如视觉、听觉、触觉等各种直观而又自然的实际感知交互手段，最大限度地方便用户的操作。根据虚拟现实技术所应用的对象不同，其作用可表现为不同的形式，例如将某种概念设计或构思可视化和可操作化，实现逼真的遥控现场效果，达到任意复杂环境下的廉价模拟训练的目的等。

在一般计算机技术所具有的视觉感知之外，还存在听觉感知、视觉感知、触觉感知、运动感知，甚至于味觉感知、嗅觉感知等。我们将具有一切人所具有的感知功能的理想化模拟环境称为虚拟现实技术。然而出于相关技术（特别是传感技术）的限制，目前的虚拟现实技术仅具有视觉、听觉、触觉、运动等几种感知功能。

虚拟现实技术的特点决定了它可以渗透到人们工作和生活的每个角落，也决定了其人类社会的非凡意义。正因为如此，和其他很多信息技术一样，早在信息技术领域的专家未把它的理论和技术探讨得十分清楚时，虚拟现实技术便已渗透到教育、科学、技术、工程、医学、文化、娱乐等各个领域中，并受到各领域人群的极大关注。

具有强大功能的虚拟现实技术同样可以应用于科学馆、博物馆之类的场所。例如，"场馆互动演示、科技馆互动演示、数字化博物馆、数字化科技馆、科学试验演示、视景仿真演示、基因试验演示、未来重要规划演示、模拟驾驶演示、碰撞演示等。

世界上所有一流的科学馆都在用虚拟现实技术推动科学普及，虚拟现实技术可以与科技馆的功能进行完美结合。在当前传统的声、光、电展览已经很难吸引观众兴趣的情况下，利用虚拟现实技术用鲜活的图形表达枯燥的数据获得了大众的青睐，从而使科技馆进入公众可参与交互式的新时代，再次引发观众的浓厚兴趣，进而达到科普的目的。

在军事领域，虚拟现实在提高军队训练质量、节约训练经费，缩短武器装备的研制周期，提高指挥决策水平等方面都发挥着极其重要的作用。虚拟军事训练有 3 种训练模式：单兵模拟训练、近战战术训练和联合指挥训练。单兵模拟训练包含战斗机虚拟训练模拟器；近战战术训练供作战人员在人工合成环境中完成作战训练任务；联合指挥训练是在网络技术的支持下，在虚拟环境下进行对抗作战演习和训练，如同在真实的战场上。此外，虚拟制造技术也广泛应用于武器的研制上。

在工业仿真中，利用虚拟样机技术可对模型进行各种动态性能分析，并改进样机设计方案，用数字化形式代替传统的实物样机试验，可以减少产品开发费用和成本，提高产品质量及性能。该项技术一出现就受到了工业发达国家有关科研机构和企业的重视，著名的实例就是波音 777 飞机利用虚拟现实成功设计出来。

在医学界，虚拟现实技术主要用于虚拟解剖、虚拟实验室和虚拟手术等。在虚拟医学实验室，人们可以恍如真实地了解实验的原理和步骤，对一些有毒的实验进行虚拟检验等。传统的手术训练一般是采用现场观察和操作以及动物实验等方法进行的，但这些方法不能重复进行，或者会给操作对象带来一定程度的伤害，而利用虚拟现实技术，训练者可以进入手术情景进行外科手术训练。虚拟内窥镜手术是虚拟现实在医学上最广泛和成熟的应用。

在农业领域，除了利用虚拟制造技术来研制农业机械外，还利用软件模拟生物的真实环境和生长过程或通过传感器采集信息重构生命过程，如重现农作物生产过程中的病虫害和治理、计算出污染程度等，以杜绝农作物的污染源，对于食品安全而言，意义深远。

在灾难模拟与重现方面，虚拟现实技术正在发挥着惊人的作用，如矿山事故模拟与分析、火灾重现、飞机遇难模拟、交通事故再现和犯罪现场重现等。这些虚拟现实技术产生的"重现"与分析，对减少和避免灾难的发生意义重大。

2．3D 打印技术

3D 打印始于 20 世纪 90 年代，基本原理是断层扫描的逆过程，断层扫描是把某个东西"切"成无数叠加的片，3D 打印则是一片一片地打印，然后叠加到一起，成为一个立体物体。3D 打印机就是可以"打印"出真实 3D 物体的一种设备，功能上与激光成型技术一样，采用分层加工、叠加成形，即通过逐层增加材料来生成 3D 实体，与传统的去除材料加工技术完全不同。称之为"打印机"是参照了其技术原理，因为分层加工的过程与喷墨打印十分相似。

3D 打印机又称快速成型机，可支持多种材料，较为普遍的有树脂、尼龙、石膏、塑料等可塑性较强的材料。

3D 打印技术的程序：首先要在计算机屏幕上设计出所要打印物品的蓝图，然后设计出形状以及颜色，最后按下打印按钮即可。此时，可以看到一台带有喷嘴的打印机，将需要的物品慢慢打印出来。

3D 打印技术的魅力在于它不需要在工厂操作，汽车小零件、灯罩、小提琴等小件物品只需要一台类似台式计算机的小打印件即可，放在办公室或者房间的角落中。而自行车、汽车仪表板、飞机等大件物品，则需要更大的打印机。只需要在打印过程中，控制特定的材料及精密度。

与传统技术相比，3D 打印技术还拥有如下优势：通过摒弃生产线而降低了成本；大幅减少了材料浪费；还可以制造出传统生产技术无法制造出的外形，让人们可以更有效地设计出飞机机翼或热交换器；另外，在具有良好设计概念和设计过程的情况下，3D 打印技术还可以简化生产制造过程，快速有效又廉价地生产出单个物品。

大多数金属和塑料零件为了生产而设计，这就意味着它们会非常笨重，并且含有与制造有关但与其功能无关的剩余物。3D 打印技术则完全不同，打印出的零件更加精细轻盈，当材料没有了生产限制后，就能以最优化的方式来实现其功能，因此，与机器制造出的零件相比，打印出来的产品的重量要轻 60%，并且同样坚固。

随着 3D 打印机的处理能力不断提升，它能处理的原材料更多了，包括用于生产的塑料、金属以及树脂等。3D 打印机开始更多地被用来生产成品，能在计算机上设计出的形状，3D 打印机都可以将其变成实物。人们可以先打印一些样品，如果该产品具有市场就可以大规模生产。对投资者和新兴公司来说，这是一个好消息，因为制造新产品的风险和成本都降低了。并且，就像开发软件工程师可以通过共享软件代码进行合并一样，工程师们也开始在开发设计上进行合作以设计出新产品和新的硬件设施。3D 打印技术不只在工业设计、零件制造等方面大放异彩，同时也越来越受到医疗行业者的关注与重视。

11.3　人　工　智　能

人工智能（Artificial Intelligence，AI）也称机器智能，最初是在 1956 年的 Dartmouth（达特茅斯）学会上提出的。它是计算机科学、控制论、信息论、神经生理学、心理学、语言学等多种学科互相渗透而发展起来的一门综合性学科。从计算机应用系统的角度出发，人工智能是研究如何制造智能机器或智能系统来模拟人类智能活动的科学。

人工智能技术同原子能技术、空间技术一起被称为 20 世纪三大科技成就。它是计算机科学的一个分支；人工智能中的专家系统、机器学习、自然语言理解等分支领域已经投入使用。一个智能化信息处理的时代正向我们走来。

近年来，计算机网络，特别是因特网的迅猛发展和广泛应用，又为人工智能提供了新的广阔天地。它的研究领域不仅包括计算机科学，而且还包括脑科学、认知科学、神经生理学、逻辑学、语言学、心理学、行为科学、生命科学、信息科学、系统科学、数理科学等诸多学科领域。是一门综合性的交叉学科和边缘学科。

人工智能作为一门学科，其研究目标就是制造智能机器和智能系统，实现智能化社会。当前，机器智能已表现出相当高的水平，例如，在机器博弈、自动推理、定理证明、模式识别、机器学习、知识发现以及规划、调度、控制等方面，都已达到或接近能同人类抗衡和媲美的水平。

11.3.1　人工智能技术求解问题的独到之处

人工智能技术在解决复杂问题时有其独到之处——启发式方法。例如，启发式搜索解决分油问题。

1．问题描述

我国有这样一个流传已久，被称作"韩信分油"的算术游戏："3 斤葫芦、7 斤罐、10 斤油篓分一半"，就是用 3 斤、7 斤和 10 斤这样 3 种容器来分出两个 5 斤，而量器只能是这 3 种东西。

2．算法分析

针对上述问题，一般的思路是进行试探——回溯，以求找到可行解。由于搜索的路径不同会产生不同的解决方案，在所有可行的解决方案中显然存在最好的方法，可以通过最少的步骤来完成分油，而盲目搜索却不一定能保证得到最优解。对于本问题，可以使用以下启发式规则在加快搜索效率的同时求得最优方法，对于本规则求得解的最优性，这里不予证明。

描述方式：(A，B，C)。其中：A 表示"10 斤油篓"容器，B 表示"7 斤罐"容器，C 表示"3 斤葫芦"容器。在此"容器"称瓶。

初始条件：(10，0，0)；目标状态：(5，5，0)。

搜索图如图 11-1 所示。

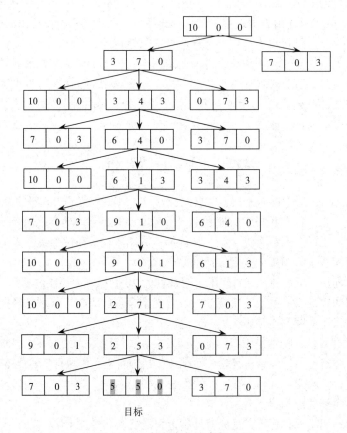

图 11-1　启发式方法求解过程

3．性能分析

用 10、7、3 三个瓶等分 10 单位油有如下最优步骤：

$$(10,0,0) \rightarrow (3,7,0) \rightarrow (3,4,3) \rightarrow (6,4,0) \rightarrow (6,1,3) \rightarrow$$
$$(9,1,0) \rightarrow (9,0,1) \rightarrow (2,7,1) \rightarrow (2,5,3) \rightarrow (5,5,0)$$

这就是找到分油次数最少的最优路径，搜索步长共：Total steps=9。

4．启发式规则

① 状态不能重复。

② 遵循容量大的瓶往容量小的瓶倒油优先规则，具体可分为下面 3 种情况（不妨假设 3 个瓶从大到小分别为（A、B、C）：

I．如果 B 空，则从 A 往 B 中倒。

II．如果 C 满，则把 C 中的油倒到 A。

III．如果 C 不满且 B 不空，则 B 往 C 中倒。

由于要把 A 中的油等分成两份，而 B 和 C 的容量均不为 A 容量的一半，所以只有尽量通过经由 C 瓶的倒油分割才能分出单独较小份额的油，然后通过这些小份额油量的合并，才可能快速地得到总额等于 A 一半的油量，所以上面规则具有启发性，并且可以快速找到最优解。对此，这里不予严格的证明。

搜索过程中各个时刻的状态可用三元组（A,B,C）表示，它对应某个时刻大小油瓶中的油量。最大瓶 A（称为桶）的状态由上述二元组计算得出，为了程序设计方便，这里没有列出。算法的目的是通过启发式方法以最少的步骤完成从某一给定状态（本题为（10,0,0））到目标状态（本题为（5,5,0））的搜索。

算法流程如图 11-2 所示。

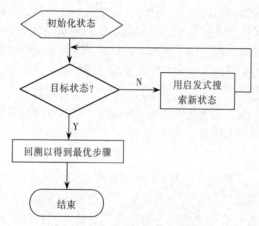

图 11-2　启发式方法求解流程图

人工智能技术采用启发式方法，就是根据问题本身的特性和专业的经验引导求解过程向最有希望的方向进行。从初始状态开始，经过如上 9 个步骤达到了目标状态。启发式问题求解方法是人工智能中最具代表性的一个重要的问题求解方法。它利用了问题本身的特性和人的经验，所以比穷举法更具有智能。这个例子中问题是有精确解的，另一类问题本身没有精确解，这种情况下，只能采用启发式方法，利用专家的经验一步一步摸索着求解。有时可能找不到解，甚至给出错误的解，这也说明启发式并不完美，但是，它毕竟对那些传统方法解决不了的问题提供了求解的方法。这也正是人工智能技术的魅力所在。

11.3.2　人工智能的应用领域

1．博弈问题

能够求解难题的下棋（如象棋）程序是人工智能的第一个大成就。早在计算机诞生的前夜，著名的数学家和计算机学家阿伦·图灵（Alan Turing）已经设计了一个能够下国际象棋的纸上程序，并经过一步一步的人为推演，实现了第一个国际象棋的程序化博弈。那些世界上最著名的科学家，如计算机创始人冯·诺依曼，信息论创始人科劳德·香农，人工智能的创始人麦卡锡等人都曾涉足计算机博弈领域，并做出过非常重要的贡献。

计算机博弈经过一代又一代学者的艰苦奋斗和坎坷历程，终于在 20 世纪的八九十年代，以计算机程序战胜棋类领域的天才而享誉世界。其中最为著名的则是 1997 年 5 月 IBM "深蓝"战胜世界棋王卡斯帕罗夫，成为计算机科学史上一个不朽的丰碑。2017 年引起世界广泛关注的"人机大战"，阿尔法围棋（AlphaGo）以 3:0 完胜人类围棋世界冠军柯洁，新版的阿尔法围棋甚至产生大量自我对弈棋局。也就是让计算机能像人一样，能够思维、判断和推理，做出理性的决策。显然这是对于人类思维的挑战。

科学研究是没有止境的，对于人类思维过程的研究更是长期而持续的挑战。计算机博弈技术依然是极富挑战性的研究课题。今天的计算机程序能够下出锦标赛水平的各种方盘棋、十五子棋和国际象棋。另一种问题求解程序把各种数学公式符号汇编在一起，其性能达到很高的水平，并正在为许多科学家和工程师所应用。有些程序甚至还能够用经验来改善其性能。

2. 机器学习

机器学习是机器具有智能的重要标志，同时也是机器获取知识的根本途径。正如香农所说："一台计算机若不会学习，就不能说它有智能。"机器学习主要研究如何使计算机能够模拟或实现人类的学习功能。机器获取知识的能力，一种是人类采用归纳整理，并用计算机可接受处理的方式输入到计算机中，让计算机"接受"；另一种是让计算机使用一些学习算法进行自主学习（如实例学习、机械学习、归纳学习）等。这一理论正在创立，还远未达到理想境地。

机器学习是一个难度较大的研究领域，它与认知科学、神经心理学、逻辑学等学科都有着密切的联系，并对人工智能的其他分支，如专家系统、自然语言理解、自动推理、智能机器人、计算机视觉、计算机听觉等方面，也会起到重要的推动作用。这一研究领域，受到了人们越来越多的关注，已成为计算机科学技术领域中研究方向之一。

3. 专家系统

专家系统是一个智能计算机程序系统，其内部含有大量的某个领域专家水平的知识与经验，能够利用人类专家的知识和解决问题的方法来处理该领域的问题。也就是说，专家系统是一个具有大量的专门知识与经验的程序系统，它应用人工智能技术和计算机技术，根据某领域一个或多个专家提供的知识和经验，进行推理和判断，模拟人类专家的决策过程。以便解决那些需要人类专家处理的复杂问题。简而言之，专家系统是一种模拟人类专家解决领域问题的计算机程序系统。

专家系统是人工智能中最重要的也是最活跃的一个应用领域，它实现了人工智能从理论研究走向实际应用、从一般推理策略探讨转向运用专门知识的重大突破。专家系统是早期人工智能的一个重要分支，它可以看作是一类具有专门知识和经验的计算机智能程序系统，一般采用人工智能中的知识表示和知识推理技术来模拟，通常由该领域专家才能解决的复杂问题。专家系统是人工智能最成功的应用领域之一。例如，德国博世（BOSCH）公司生产的 KYS650 汽车故障诊断仪就是此类产品的典型代表。这套软件包含了一个几乎世界上所有车型的资料库和一个故障诊断专家系统，像很多专家系统一样，它能把许多看似复杂的问题化解成为若干个是/否判断，使用者只需按照操作提示就可以操作的机器。

专家系统在矿物勘测、化学分析、规划和医学诊断方面也达到了人类专家的水平。

4．模式识别

模式识别就是通过计算机用数学技术来研究模式的自动处理和判读方法。用计算机实现模式（文字、声音、人物、物体等）的自动识别，是开发智能机器的一个关键的突破口，也为人类认识自身智能提供线索。计算机识别的显著特点是速度快、准确性和效率高。识别过程与人类的学习过程相似，以"语音识别"为例：语音识别就是让计算机能听懂人说的话，一个重要的例子就是七国语言（英、日、意、韩、法、德、中）口语自动翻译系统。该系统实现后，人们出国预定旅馆、购买机票、在餐馆对话和兑换外币时，只要利用电话网络和互联网，就可用手机、电话等与"老外"通话。

5．自然语言理解

自然语言的处理是人工智能技术应用于实际领域的典型范例，经过多年艰苦努力，这一领域已获得了大量令人瞩目的成果。目前该领域包括，如何让计算机理解人类的自然语言，即让计算机能"听懂""看懂"人类的语言。

主要研究方面是如何完成自然语言输入、摘要生成、文本释义以及机器翻译等问题。

目前，自然语言理解已经编写出能够从内部数据回答用自然语言提出问题的程序，这些程序通过阅读文本材料和建立内部数据库，能够把句子从一种语言翻译为另一种语言，执行用英语给出的指令和获取知识等。自然语言处理研究的难题是语义研究。语义研究实际是对人脑功能的模拟，是让计算机能够进行知识推理。这一领域已经取得了很大成效。

6．人工神经网络

由于冯·诺依曼体系结构的局限性，数字计算机存在着一些目前尚无法解决的问题。人们一直在寻找新的信息处理机制，神经网络计算就是其中的一种方法。

人工神经网络是研究如何试图用大量的处理单元（包括人工神经元、处理元件、电子元件等）模仿人脑神经系统工程结构和工作机理的，它是由研究人脑的奥秘中得到启发而发展起来的。目前，人工神经网络已经在模式识别、图像处理、组合优化、自动控制、信息处理、机器人学等领域获得了日益广泛的应用。

7．自动定理证明

利用计算机进行自动定理证明（ATP）是人工智能研究中的一个重要方向，它使很多非数学领域的任务，如信息检索、机器人规划和医疗诊断等，都可以转化为一个定理证明问题。

机器定理证明是人工智能的重要研究领域，它的成果可应用于问题求解、自然语言理解、程序验证和自动程序设计等方面。数学定理证明的过程尽管每一步都很严格有据，但决定采取什么样的证明步骤，却依赖于经验、直觉、想象力和洞察力，需要人的智能。因此，数学定理的机器证明和其他类型的问题求解，就成为人工智能研究的起点。17 世纪中叶，莱布尼兹就提出过用机器实现定理证明的思想。20 世纪 50 年代，由于数理逻辑的发展和计算机的应用，使这一想法变为现实。

8．机器人学

机器人学是人工智能研究中日益受到重视的一个领域。这个领域的研究问题覆盖了从机器人手臂的最佳移动到实现机器人目标的动作序列的规划方法等各个方面。目前，它的研究涉及电子学、控制论、系统工程、机械、仿生、心理等多个学科。

在上海世博会上日本馆中展出了一款仿真机器人，能够演奏出一首悦耳动听的茉莉花小提琴曲。

在工业方面，机器人能够替人去做危险高、强度高的工作，有效地保证了人身安全和工作效率。美国海洋学家利用水下机器人"杰森"探测到了海底深处一次火山喷发现象，并用视频记录下来，这台机器人上面安装着具有高分辨率的摄像机。可以在超过 7 000 m 的海下正常工作。为深海勘探做出了贡献。

在军事领域，各种各样的机器人将代替人类去工作，在战场上起到非常重要的作用，将大大减少人类的伤亡和损失。

9. 计算机视觉

计算机视觉是一门用计算机实现或模拟人类视觉功能的新兴学科，其主要研究目标是使计算机具有通过二维图像认知三维环境信息的能力，这种能力不仅包括对三维环境中物体形状、位置、姿态、运动等几何信息的感知，而且还包括对这些信息的描述、存储、识别与理解。目前，计算机视觉已在人类社会的许多领域得到成功应用。例如，在图像、图形识别方面有指纹识别、染色体识别等；在航天与军事方面有卫星图像处理、飞行器跟踪、景物识别、目标检测等；在医学方面有图像的脏器重建、医学图像分析等；在工业方面有各种监测系统和生产过程监控系统等。如今，无感支付已经广泛应用，刷脸支付也正在进入大众视野，通过计算机视觉不断的深入应用，人类的生活将变得更加便利。

10. 智能信息检索技术

数据库系统是存储某个学科大量数据的计算机系统，随着应用的进一步发展，存储的信息量越来越大，因此解决智能检索的问题便具有实际意义。

智能信息检索系统应具有如下功能：

① 能理解自然语言，允许用自然语言提出各种询问。

② 具有推理能力，能根据存储的事实，演绎出所需的答案。

③ 系统具有一定常识性知识，以补充学科范围的专业知识。系统根据这些常识，将能演绎出一些答案来。

实现这些功能需要应用人工智能的方法。

据此前百度公布的信息显示，百度已经建成全球规模最大的深度神经网络，这一称为"百度大脑"的智能系统，可以理解分析 200 亿个参数，随着成本降低和计算机软硬件技术的进步，再过 20 年，用计算机模拟一个 10～20 岁人类的智力"一定可以做到"。

在信息高速发展的今天，人工智能在互联网企业竞争中越来越占据着核心地位，相信随着时间的推移，人工智能可以渗透到互联网更多的领域。

11.3.3　人工智能的未来

人工智能自从 20 世纪 50 年代被提出以来，其发展可谓日新月异。从其取得的举世瞩目的成就可以看出，人工智能是人类智能发展的结晶，是人类智能进步道路上迸发出的美丽的火花。它通过模拟人类智能认识世界、改变世界，极大地延伸和扩展了人类的能力，成为人类生活生产过程中不可或缺的一部分。

1. 人工智能的发展趋势

技术的发展总是超乎人们的想象，要准确地预测人工智能的未来是不可能的。但是，从目前的一些前瞻性研究可以看出，未来人工智能可能会向以下几方面发展：模糊处理、并行化、神经网络和机器情感。

2．人工智能的发展潜力巨大

人工智能作为一个整体的研究才刚刚开始，离我们的目标还很遥远，但人工智能在某些方面将会有大的突破。

① 自动推理是人工智能最经典的研究分支，其基本理论是人工智能其他分支的共同基础。一直以来自动推理都是人工智能研究的最热门内容之一，其中知识系统的动态演化特征及可行性推理的研究是最新的热点，已经取得很大的突破。

② 机器学习的研究取得长足的发展。许多新的学习方法相继问世并获得了成功的应用，如增强学习算法等。现有的方法处理在线学习方面尚不够完美，寻求一种新的方法，以解决移动机器人、自主 agent、智能信息存取等研究中的在线学习问题是研究人员共同关心的问题，相信不久会在这些方面取得更大突破。

③ 自然语言处理是 AI 技术应用于实际领域的典型范例，经过 AI 研究人员的艰苦努力，这一领域已获得了大量令人瞩目的理论与应用成果。许多产品已经进入了众多领域。智能信息检索技术在 Internet 技术的影响下，近年来迅猛发展，已经成为了 AI 的一个独立研究分支。由于信息获取与精化技术已成为当代计算机科学与技术研究中迫切需要研究的课题,将 AI 技术应用于这一领域的研究是人工智能走向应用的契机与突破口。从近年的人工智能发展来看，这方面的研究已取得了可喜的进展。

例如，IBM 公司已经为加州劳伦斯·利弗莫尔国家实验室制造了 ASCIWhite 计算机，具有人脑的部分智力能力。而且正在开发更为强大的新型巨能机"蓝色牛仔"（Blue Jean），其研究者保罗·霍恩称，这台计算机的智力水平大致与人脑相当。

2013 年 1 月谷歌宣布，雷·库兹韦尔（Ray Kurzweil）加入谷歌，成为谷歌工程师总监，他研发的重心即让计算机能够真正理解甚至说出自然语言。随着人工智能领域深度学习，库兹韦尔想要打造一台巨能机,这台超级计算机能模拟人的大脑功能。这个项目称为大脑活动图项目（Brain Activity Map），它是在分子层面上来模拟大脑运作，从而让计算机具有人的大脑功能，来打造更好的人工智能技术。

人工智能一直处于计算机技术的前沿，它的发展很大程度上决定于计算机技术的发展情况。现今，人工智能的研究成果很多已经进入到人们的日常生活中。将来，人工智能技术的发展还会给人们的生活、生产和教育带来更大的影响。

11.4　数字化生存

我们生活在一个数字化、信息化和网络化的社会里，网络无处不在，数字化、网络化、信息化使人的生存方式发生了巨大的变化，并由此带来一种全新的生存方式，越来越多的家庭日常用品网络化和智能化。网络带给人们便利的同时，也冲击着人们的传统观念，网络依赖也严重地影响和制约着人们的健康生活和全面发展。

11.4.1　数字化地球

1998 年 1 月 31 日，美国副总统戈尔在加利福尼亚科学中心发表了题为"数字地球：21 世纪认识我们这个星球的方式"（The Digital Earth: Understanding Our Planet in the 21st Century）的讲话，正式提出了"数字地球"的概念。他说：一场新的技术革命正在使我们获取、存储、处理和显示信息的方法发生天翻地覆的变化，它使得人们所处的星球以及周围环境、文化现象等史无前例的海量数据的处理成为可能，而它们中的大部分信息是有关地球的——即与地表位置有关的信息。戈尔的这篇演讲，第一次提出了数字地球（Digital Earth）的概念。

戈尔演讲中提到的"新的技术革命"，就是目前已经成熟和有待于深开发的诸多信息技术，如计算机网络通信、卫星遥感（RS）、全球定位系统（GPS）、地理信息系统（GIS）、虚拟现实（VR）、海量数据存储、数据库等。通过这些支撑技术的通力协调，人们有望建立一个覆盖全球每个角落的地球信息模型，实现对地球多分辨率和三维的表示。"数字地球"就是信息时代人类对地球的虚拟表示，它是一个虚拟的地球。

1999 年 11 月，首届"数字地球"国际会议在北京中科院召开。来自 27 个国家的 500 余名代表关于数字地球的技术和前景展开了广泛的交流和讨论。专家认为"数字地球"是地图测绘、航空卫星遥感、探空和深钻的深化，是对地测绘系统（EOS）、全球定位系统（GPS）与地理信息系统（GIS）的综合，从而实现地球圈层间物质流、能量流与信息流数据的进一步集成。它将在全球气候变化、自然灾害防治与响应、新能源控测、农业与食品安全和城市规划管理等方面发挥战略性作用。

1. 数字化地球的概念

数字地球主要指应用地理信息系统、遥感、全球定位系统等技术，以数字的方式获取、处理和应用关于地球自然和人文因素的空间数据，并在此基础上解决全球各种问题。如今，信息技术革命席卷全球，使人类对地球空间数据进行处理、分析的技术手段和观念发生了翻天覆地的变化。在这种情况下，人们可以把地理坐标集成起来，形成一个数字地球。借助于这个数字地球，人们无论走到哪里，都可以按地球坐标了解地球上任何一处、任何方面的信息。数字地球是对真实地球及其相关现象统一性的数字化重视和认识，核心思想有两点：一是用数字化手段统一性处理地球问题；二是最大限度地利用信息资源。数字地球由下列体系构成：数据获取与更新体系、数据处理与存储体系、信息提取与分析体系、数据与信息传播体系、数据库体系、网络体系、专用软件体系等。数字地球可以包容 80%以上的人类信息资源，是未来信息资源的主体核心。

2. 相关技术

数字地球是借用对地观测、计算机、互联网等技术，把地球上每一点的相关信息按地理坐标加以整理，然后构成一个全球的信息模型。这样，人们就可以快速、形象、完整地了解地球上的任何一点、任何方面的信息。

主要包含以下方面的技术：

（1）3S 技术

3S 是地理信息系统（GIS）、遥感（RS）和全球定位系统（GPS）在应用上密切关联的高新技术的统称。3S 技术的集成是当前测绘技术、摄影测量和遥感技术、地图制图技术、图形图像技术、地理信息技术、计算机技术、专家系统和定位技术及数据通信技术的结合与综合应用。

地理信息系统（Geographic Information System，GIS）是通过计算机技术，对各种地理环境信息进行采集、存储、检索、分析和显示，一般包括数据源选择和规范化、资料编辑预处理、数据输入、数据管理、数据分析应用和数据输出、制图六部分。计算、存储、网络技术等信息技术的发展为信息共享创造了条件，GIS 作为直接反映信息的最佳方式之一，无疑将成为利用信息技术共享信息的最佳途径之一。

遥感技术（Remote Sensing，RS）是指通过某种传感器装置，在不与被研究对象直接接触的情况下，获取其特征信息（一般是电磁波的发射辐射和发散辐射），并对那些信息进行提取、加工、表达和应用的一门科学技术。现代遥感的发展趋势：①追求更高的空间分辨率；②追求更高的光谱分辨率；③综合多种遥感器的遥感卫星平台；④多波段、多极化、多模式合成孔径雷达卫星；⑤斜视、立体观测、干涉测量技术的快速发展。目前，遥感技术的应用领域不断扩展，从传统的军事侦察和测绘发展到林业、地质、农业、气象、环境、考古和工程选址等众多领域，是人类发展史上又一次意义更大的飞跃。

全球定位系统（Global Positioning System，GPS）是一种同时接收来自多个卫星的电波信号，以卫星为基准求出接收点位置的技术。GPS 系统主要由三大组成部分，即空间星座部分、地面监控部分和用户设备部分。全球卫星定位系统具有定位、导航、跟踪（监控）、制图和测时等基本功能。军事应用包括军事导航、目标跟踪、导弹制导、战场搜救、军工勘测与制图等；民用的领域更广，车船导航、森林防火、工程测绘、矿产勘查、国土规划、大坝监测、气象应用等。

中国北斗卫星导航系统（BeiDou Navigation Satellite System，BDS）是中国自行研制的全球卫星导航系统。是继美国全球定位系统（GPS）、俄罗斯格洛纳斯卫星导航系统（GLONASS）、欧洲伽利略卫星导航系统（Galileo satellite navigation system）之后第四个成熟的卫星导航系统。北斗卫星导航系统由空间段、地面段和用户段三部分组成，可在全球范围内全天候、全天时为各类用户提供高精度、高可靠定位、导航、授时服务，并具短报文通信能力，定位精度为水平 10 m、高程 10 m，测速精度为 0.2 m/s，授时精度 10 ns。

（2）数据仓库技术

为了有效地管理各种信息，满足事务处理的需要，数据库系统作为数据管理手段，被广泛用于各种信息管理系统中，随着信息技术的飞速发展和企业界不断提出新的需求，以面向事务处理的数据库系统已不能满足需要。目前信息系统已不再局限于管理，而是面向决策处理，也就是决策支持系统（DSS），它以分析处理为基础。人们逐渐尝试对数据库系统中的数据进行再加工，形成一个综合的、面向分析的环境，以更好地支持决策分析。

空间数据仓库就是对空间数据进行管理的数据仓库，事实上，由于空间数据本身具有的特点，给空间数据仓库带来了许多更为复杂的特性与关键技术。空间数据仓库是支持管理决策过程的、面向主题的、集成的、随时间而变的、持久的空间数据集合。

在具体内容上，空间数据仓库将会复杂、丰富得多。与数据仓库相比较，它具有管理空间数据、管理全球数据、可提供全球范围的决策管理支持等特点，对数据的管理也就提出了更高的要求。

数字地球的建立是一项庞大而复杂的工程，数字地球中的空间数据仓库的实现也有它本身的复杂性。它的实现有赖于其中某些关键技术的实现。①高速计算、高速传输、海量存储；②异质异构数据存储管理；③元数据标准体系；④数据挖掘；⑤互操作。

（3）图像处理技术

数字地球数据中包含了大量的高分辨率卫星影像，对图像进行描述、分割、变换、编码、存储、分析等都是不可或缺的关键技术。

（4）虚拟现实技术

虚拟现实是由高性能计算机软、硬件和各类先进的传感器创建的特殊的信息环境，是一个由视觉、听觉、触觉及味觉等组成的逼真的感观世界。虚拟现实有 7 个特征：仿真性、交互性、人工性、沉感性、电子现场、全身心投入和网络化通信。

虚拟现实是多学科、多技术相互融合和集成的高技术体系。它以科学计算、网络多媒体技术和高级的三维可视化等为基础，突破了界面的限制，不仅能从外部去观察信息，而且能内部观察、体验信息，通过视觉、听觉、触觉、嗅觉等方式在事物内部拓展出一个多维的信息空间，获得身临其境的感觉。

3．主要应用

数字工程的应用不是单一行业内部信息的数字化应用，也不是单个企业或部门的办公自动化和网络化，它从整个社会协同发展的角度关注信息化建设中的各种问题，为信息资源的合理配置、实时传输、综合应用提供了完善的理论技术基础和标准框架，保证了信息社会健康、有序、合理地发展。从数字工程的角度来看，共享方式避免了数据的重复建设，而且保证了数据平台建设过程中的专业性和唯一性，进一步保证了数字工程应用中信息的准确性。从国民经济发展的角度来说，只有信息在全社会范围内的共享才能真正使各种信息资源达到合理配置，各种应用才能突破行业、专业等方面的限制，一个理想的信息社会也才能真正得以实现。

在数字工程应用中，其端对端连接的特点涵盖了从数据采集、共享、传输到具体应用的整个过程，这种连接是实时、高效的，该特点导致了数字工程应用于许多端到端的实时应用中，例如应急系统中对信息的实时获取并进行及时的决策，这解决了防灾救灾中的时效性问题；数字化战争中实时掌握战场信息并进行远程指挥，实现了"决胜于千里之外"的目标。

（1）数字地球与信息保障体系

数字地球所拥有的海量空间信息数据将为政治、经济和军事应用提供丰富的数据，其提供的数据和信息将在农业、林业、水利、地矿、交通、通信、城市建设、教育、资源、环境、人口、海洋、军事以及社会生活等领域产生巨大的社会和经济效益。

（2）数字地球与城市建设

基于卫星定位、遥感遥测、地理信息系统等技术，把与空间有关的城市区域内的数据资源进行整合，建立虚拟仿真的城市模型，支持城乡规划、城市建设、城市管理、各类资源的开发利用以及其他社会经济管理等。

（3）数字地球与智能化交通

利用控制技术、人工智能技术、高速网络技术、虚拟仿真技术、3S技术和电子地图等技术来辅助交通管理，以提高通行效率，改善安全状况，减少环境污染，提高城市交通的效率和质量。

（4）数字地球与现代化战争

1991年结束的海湾战争标志着信息化战争的开始，"数字战场"的概念出现了。"数字战场"就是利用现代化信息技术快速、准确、容量大的特点，把指挥部门与战场武器系统、各参战部队、后勤系统乃至单兵有机地联系起来，组成一个网络，实现最短时间的各方信息交互，使战场信息资源在整个作战范围内实现共享，最终实现战场通信、指挥、控制、情报、监视和侦察等功能的一体化。

（5）数字地球与精细农业

我国的农业、农村和农民问题，既关系国家的经济繁荣，也关系到国家的稳定，党和政府历来高度重视。十五届三中全会对我国农业发展提出了新的目标，明确了"科技兴农"的方针，提出了"农业信息化"的战略。农业信息化是现阶段发展中国农业的重要技术手段。现在，一些发达国家已经开始利用卫星图像和全球定位系统来指导农业生产，卫星上安有一个红外线接收器，对地面的水分和叶绿素高度敏感，能提供方圆60 km精确的地面信息，同一片农作物的不同长势、同一片耕地的不同湿度甚至病虫害的分布，都能精确显示。人们还可以在收割机上安装全球定位系统和一架精密天平，能即时计算出产量。

精细农业可以在多源、多维、时态性和大规模数据量的优势下，形成动态空间信息系统，对农业的某些自然现象或生产、经济过程进行模拟和虚拟，如对土地资源动态模拟，对土壤中残留杀虫剂的迁移过程模拟；虚拟农作物生长过程，自然灾害的侵袭乃至农产品的市场流通等。

精细农业是 21 世纪农业发展的方向，也是数字地球的一项重要工程，它是农业发展的必然趋势，也是中国农业的必由之路。

（6）数字地球与全球变化有利于社会可持续发展

利用数字地球可以对全球变化的过程、规律、影响以及对策进行各种模拟和仿真，从而提高人类应付全球变化的能力。数字地球可以广泛地应用于对全球气候变化、海平面变化、荒漠化、生态与环境变化、土地利用变化的监测。与此同时，利用数字地球还可以对社会可持续发展的许多问题进行综合分析与预测。

11.4.2　物联网

自 20 世纪 90 年代以来，计算机与网络飞速发展，1983 年 1 月 1 日，美国的 ARPA 网络全部切换到 TCP/IP 通信协议，互联网络诞生了，它就像空气一样渗入到人们工作、生活的每一个角落。在互联网络上，许多新技术不断涌现，新的计算机应用模式，如即时通信、电子商务、物联网等无处不在。

1．物联网的概念

物联网（The Internet of Things）的定义有多种，普遍认可的一种是：通过射频识别技术、红外感应器、全球定位系统、激光扫描器等信息传感设备，按规定协议，将任何物品通过有线与无线方式与互联网连接，进行通信和信息交换，以实现智能化识别、定位、跟踪、监控和管理的一种网络。简而言之，物联网就是物物相连的互联网。

物联网有两层含义：第一，物联网的基础和支撑仍是功能强大的计算机系统，它是以计算机网络为核心进行延伸和扩展而成的网络；第二，其用户端已延伸和扩展到了众多物品与物品之间，进行数据交换和通信，以实现许多全新的系统功能。

物联网是个新兴领域，人们对它的认知还在不断充实与完善中。物联网是信息技术发展的前沿，其实施对一个国家具有基础性、战略性、规模性以及广泛的产业拉动性等特征，物联网应用一旦推广后，将引发工农业生产与社会生活的深刻变革。

从逻辑层面上物联网的总体架构，可分为感知层、接入层、处理层与应用层等 4 个层面。可以看出，与传统信息系统架构相比，基于物联网的信息系统多了一个感知层。

（1）感知层

感知层是由遍布各种建筑、楼宇、街道、公路桥梁、车辆、地表和管网中的各类传感器、二维条形码、RFID 标签和 RFID 识读器、摄像头、GPS、M2M 设备及各种嵌入式终端等组成的传感器网络。感知层的主要功能是实现对物体的感知、识别、监测或采集数据，以及反应与控制等。感知层是物联网的基础，也是物联网系统与传统信息系统最大的区别所在。感知层的发展，主要以更高的性能、更低的功耗、更小的体积、更低的成本提供更具灵敏性、可靠性和更全面的对象感知能力，将给信息系统带来质的飞跃。

（2）接入层

接入层是各类有线与无线节点、固定与移动网关组成的各种通信网络与互联网的融合体，是相对成熟的部分。现有可用网络包括互联网、广电网络、通信网络等。

（3）处理层

处理层由目录服务、管理、U-Web 服务、建模与管理、内容管理、空间信息管理等组成，实现对应用层的支持。该层的发展是物联网管理中心、资源中心、云计算平台、专家系统等对海量信息的智能处理。

（4）应用层

应用层将物联网技术与各类行业应用相结合，实现无所不在的智能化应用，如物流、安全监测、农业、灾害监控、危机管理、军事、医疗护理等领域。物联网通过应用层实现信息技术与各行业专业应用的深度融合。

物联网的建设是复杂的，就如当计算机安装了网卡的时候，它就具备了上网能力。与此相似，当每一件物品都赋予了一个二维码标签或 RFID 标签的时候，这个物品就可以被相应的传感设备所感知和读取，从而连接到物联网中。只是物物相连是没有意义的，物联网能提供什么样的服务才是物联网的意义所在。

2. 物联网关键技术

为了创造人、事、时、地、物都能相互联系与沟通的物联网环境，以下几项技术将起关键作用，其发展与成熟程度也将左右物联网的发展。

（1）射频识别技术

射频识别（Radio-Frequency Identification，RFID）技术是利用射频信号及其空间耦合和传输特性进行的非接触式双向通信，实现对静止或移动物体的自动识别并进行数据交换的一种识别技术。RFID 系统的数据存储在射频标签（RFID Tag）中，其能量供应及与识读器之间的数据交换不是通过电流而是通过磁场或电磁场进行的。射频识别系统包括射频标签和识读器两部分。射频标签粘贴或安装在产品或物体上，识读器读取存储于标签中的数据。

RFID 具有识读距离远、识读速读快、不受环境限制、可读/写性好、能同时识读多个物品等优点。

（2）无线传感器网络

无线传感器网络（Wireless Sensor Network，WSN）是一种可监测周围环境变化的技术，它通过传感器和无线网络的结合，自动感知、采集和处理其覆盖区域中被感知对象的各种变化的数据，让远端的观察者通过这些数据判断对象的运行状况或相关环境的变化等，以决定是否采取相应行动，或由系统按相关模型的设定自动进行调整或响应等。无线传感器网络有极其广阔的应用空间，如环境监测、水资源管理、生产安全监控、桥梁倾斜监控、家中或企业内的安全性监控及员工管理等。在物联网中通过与不同类型的传感器搭配，可拓展出各种不同类型的应用。

（3）嵌入式技术

嵌入式技术（Embedded Intelligence）是一种将硬件和软件结合、组成嵌入式系统的技术。嵌入式系统是将微处理器嵌入到受控器件内部，为实现特定应用的专用计算机系统。嵌入式系统只针对一些特殊的任务，设计人员能对它进行优化、减小尺寸、降低成本、大量生产。嵌入式系统在工业控制、交通管理、信息家电等领域有着广泛的应用。

（4）纳米与微机电系统

为让所有对象都具备联网及数据处理能力，运算芯片的微型化和精准度的重要性与日俱增。在微型化上，利用纳米技术开发更细微的机器组件，或创造出新的结构与材料，以应对各种恶劣的应用环境；在精准度方面，近年微机电技术已有突破性进展，在接收自然界的声、光、震动、温度等模拟信号后转换为数字信号，再传递给控制器响应的一连串处理的精准度提升了许多。由于纳米及微机电技术应用的范围遍及信息、医疗、生物、化学、环境、能源、机械等各领域，能发挥出电气、电磁、光学、强度、耐热性等全新物质特性，也将成为物联网发展的关键技术之一。

　　物联网是互联网的应用拓展，与其说物联网是网络，不如说物联网是业务和应用。因此，应用创新是物联网发展的核心，以用户体验为核心的创新 2.0 是物联网发展的灵魂。家庭物联网应用（即我们常说的智能家居）已经成为各国物联网企业全力抢占的制高点，作为目前全球公认的最后 100 m 主要技术解决方案，基于 IEEE 802.15.4 标准的低功耗局域网协议（ZigBee）得到了全球主要国家前所未有的关注。

　　物联网作为新一代信息技术的代表，它对社会国民经济各个领域的影响不亚于互联网的诞生对人类生活的影响，物联网将在行业应用中得到大力发展和广泛应用。如今 5G 时代的到来，进一步加快了物联网全面进入人类生活的脚步。

11.4.3　智慧地球

　　智慧地球分成三个要素，即 "3I"：物联化、互联化、智能化，是指把新一代的 IT、互联网技术充分运用到各行各业，把感应器嵌入、装备到全球的医院、电网、铁路、桥梁、隧道、公路、建筑、供水系统、大坝、油气管道，通过互联网形成 "物联网"；而后通过超级计算机和云计算，使得人类以更加精细、动态的方式生活，从而在世界范围内提升 "智慧水平"，最终就是 "互联网+物联网=智慧地球"。在智慧地球上，人们将看到智慧的医疗、智慧的电网、智慧的油田、智慧的城市、智慧的企业等。雄安新区欲成中国智慧城市新样板。

11.4.4　区块链

　　区块链（Blockchain）是分布式数据存储、点对点传输、共识机制、加密算法等计算机技术的新型应用模式。它本质上是一个去中心化的数据库，同时作为比特币的底层技术，是一串使用密码学方法相关联产生的数据块，每一个数据块中包含了一批次比特币网络交易的信息，用于验证其信息的有效性（防伪）和生成下一个区块。

　　一般说来，区块链系统由数据层、网络层、共识层、激励层、合约层和应用层组成。

　　数据层封装了底层数据区块以及相关的数据加密和时间戳等技术；

　　网络层则包括分布式组网机制、数据传播机制和数据验证机制等；

　　共识层主要封装网络节点的各类共识算法；

　　激励层将经济因素集成到区块链技术体系中来，主要包括经济激励的发行机制和分配机制等；

　　合约层主要封装各类脚本、算法和智能合约，是区块链可编程特性的基础；

　　应用层则封装了区块链的各种应用场景和案例。

　　该模型中，基于时间戳的链式区块结构、分布式节点的共识机制、基于共识算力的经济激励和灵活可编程的智能合约是区块链技术最具代表性的创新点

　　区块链的发展阶段，第一个是数字货币阶段，例如近几年出现的比特币；第二个是智能合约阶段，即人们普遍认为目前处于 2.0 阶段，现在利用区块链技术已经实现了很多智能合约的应用，包括金融级的应用和非金融级的应用。区块链未来将进入 3.0 阶段，成为价值互联网阶段，成为数字经济的一个阶段。

11.4.5　自动驾驶

　　自动驾驶汽车（Autonomous Vehicles；Self-piloting Automobile）又称无人驾驶汽车、计算机驾驶汽车、或轮式移动机器人，是一种通过计算机系统实现无人驾驶的智能汽车。在 20 世纪已有数十年的历史，21 世纪初呈现出接近实用化的趋势。

谷歌自动驾驶汽车于 2012 年 5 月获得了美国首个自动驾驶车辆许可证。2018 年 5 月 14 日，深圳市向腾讯公司核发了智能网联汽车道路测试通知书和临时行驶车号牌，与该号牌对应的腾讯自动驾驶汽车可以在深圳市指定路段进行道路测试，测试期间必须配备驾驶员和安全员。

自动驾驶汽车依靠人工智能、视觉计算、雷达、监控装置和全球定位系统协同合作，让计算机在没有人类主动的操作下，自动安全地操作机动车辆。汽车自动驾驶技术是物联网技术的应用之一。

11.4.6　云计算

云计算（Cloud Computing）的定义有多种说法，现阶段广为接受的是美国国家标准与技术研究院（NIST）的定义：云计算是一种按使用量付费的模式，这种模式提供可用的、便捷的、按需的网络访问，进入可配置的计算资源共享池（资源包括网络、服务器、存储、应用软件、服务），只需投入很少的管理工作，或与服务供应商进行很少的交互，就能快速获取到这些资源。

云计算是通过使计算分布在大量的分布式计算机上，而非本地计算机或远程服务器中，企业数据中心的运行将与互联网更相似。这使得企业能够将资源切换到需要的应用上，根据需求访问计算机和存储系统。

好比是从古老的单台发电机模式转向了电厂集中供电模式。它意味着计算能力也可以作为一种商品进行流通，就像煤气、水电一样，取用方便，费用低廉。最大的不同在于，它是通过互联网进行传输的。

事实证明，云计算可以降低成本、提高灵活性和弹性，以及优化资源利用，从而提高竞争力。云计算的主要应用场景有：基础结构即服务（IaaS）和平台即服务（PaaS）、私有云和混合云、测试和开发、大数据和分析、文件存储等方面。

随着云计算的不断成熟，目前云计算已被广泛应用于电子商务、城市大脑、教育、医疗、交通、政务、游戏、机场、生物科学、汽车、物流等行业。

小　结

本章是对计算机学科前沿的展望，首先介绍了交互技术，然后讲解了高性能计算、人工智能、数字化生存等技术和思想，讲解了智能的兴起和无处不在计算的进展；然后，讲解了各种新技术对人类的影响，介绍了数字化时代，人类生存所面临的问题和挑战；还讲解了计算机发展到今天，所面临的新挑战，介绍了光计算、量子计算、生物计算和神经网络的前沿发展，这些新的交叉学科，为计算的研究和应用开辟了新的思路。

习　题

一、综合题

1. 什么是人机交互技术？
2. 语音识别一般为分哪些步骤？
3. 什么是光计算机？
4. 光计算机有哪些优点？
5. 并行计算的基本思想是什么？

6. 什么是虚拟现实技术?

7. 3D 打印技术的基本原理是什么?

8. 什么是人工智能技术的启发式方法?

9. 什么是计算机视觉?

10. 什么是数字地球?

二、网上练习

1. 并行计算和串行计算工作原理有什么不同?

2. 查询网格计算的演化过程和云计算的原理。

参 考 文 献

[1] 陆汉权. 计算机科学基础[M]. 北京：电子工业出版社，2011.

[2] 陈国良. 计算思维导论[M]. 北京：高等教育出版社，2012.

[3] 唐培和，徐奕奕，王曰凤. 计算思维导论[M]. 桂林：广西师范大学出版社，2012.

[4] 李廉. 计算思维：概念与挑战[J]. 中国大学教学，2012（1）：7-12.

[5] 战德臣，聂兰顺. 大学计算机：计算思维导论[M]. 北京：电子工业出版社，2013.

[6] 龚沛曾，杨志强. 大学计算机[M]. 6版. 北京：高等教育出版社，2013.

[7] 耿国华. 大学计算机基础[M]. 2版. 北京：高等教育出版社，2013.

[8] 战德臣，聂兰顺，张丽杰. 大学计算机：计算与信息素养[M]. 2版. 北京：高等教育出版社，2014.

[9] 郝兴伟. 大学计算机：计算思维的视角[M]. 3版. 北京：高等教育出版社，2014.

[10] 李凤霞，陈宇峰，史树敏. 大学计算机[M]. 北京：高等教育出版社，2014.

[11] 王移芝. 大学计算机[M]. 5版. 北京：高等教育出版社，2015.

[12] 唐培和，徐奕奕. 计算思维：计算机科学导论[M]. 北京：电子工业出版社，2015.

[13] 山东省教育厅. 计算机文化基础 [M]. 11版. 青岛：中国石油大学出版社，2017.

[14] 帕森，奥加. 计算机文化[M]. 田丽韫，等，译. 北京：机械工业出版社，2001.

[15] 布莱恩特. 深入了解计算机系统[M]. 龚奕利，雷迎春，译. 北京：中国电力出版社，2006.

[16] 约翰森堡. 大学算法教程[M]. 方存正，曹华明，译. 北京：清华大学出版社，2011.

[17] 佛罗赞. 计算机科学导论[M]. 刘艺，等，译. 北京：机械工业出版社，2004.

[18] JEANNETTE M W. Computational Thinking[M]. Communications of the ACM，2006，49（3）.

[19] 西普塞. 计算理论导论[M]. 2版. 唐常杰，陈鹏，向勇，译. 北京：机械工业出版社，2006.